工程薄壳稳定性

（分析卷）

Stabilility of Engineering Thin Shells

Volume I:　Analysis

王　博　郝　鹏　田　阔　著

科　学　出　版　社

北　京

内 容 简 介

薄壳是工程领域的关键承载部件，对其开展轻量化设计是高端装备研制的永恒主题。随着尺寸大型化、构型复杂化、承载重型化的发展趋势，薄壳结构模型规模、变量数目及非线性程度均大幅提升，导致其结构设计同时面临模型、分析与优化三重复杂度挑战，被认为是最复杂的结构优化难题之一。本书作者及团队长期从事工程薄壳稳定性设计理论与方法研究，相关成果已应用于多型航空航天装备结构强度与轻量化设计。本书从工程薄壳高效线性屈曲/后屈曲分析方法、缺陷数据库、含缺陷工程薄壳承载力评估方法、高精度稳定性实验等方面，介绍了国内外研究现状以及团队代表性研究成果。

本书适用于高等院校力学、飞行器设计、机械设计相关专业教师及研究生、航空航天工程研制单位结构设计人员阅读使用。

图书在版编目(CIP)数据

工程薄壳稳定性. 分析卷/王博, 郝鹏, 田阔著. —北京: 科学出版社, 2023.10

ISBN 978-7-03-076503-1

I. ①工… II. ①王… ②郝… ③田… III. ①壳体基础 IV. ①TU48

中国国家版本馆 CIP 数据核字(2023)第 189254 号

责任编辑: 刘信力／责任校对: 邹慧卿

责任印制: 张 伟／封面设计: 无极书装

科学出版社 出版

北京东黄城根北街 16 号

邮政编码: 100717

http://www.sciencep.com

北京建宏印刷有限公司印刷

科学出版社发行 各地新华书店经销

*

2023 年 10 月第 一 版 开本: 720 × 1000 1/16

2023 年 10 月第一次印刷 印张: 18

字数: 358 000

定价: 188.00 元

(如有印装质量问题, 我社负责调换)

序

薄壳稳定性是固体力学的一个传统的重要研究方向，一批著名的中外力学家在这一方向上有很多经典的研究成果。近年来，新材料、高新技术装备、计算机等领域的迅猛发展，对薄壳稳定性的研究提出了大量的新需求，也为研究工作提供了很多新的手段，使得该方向的研究再次受到广泛重视。尤为突出的是，航空航天装备正朝着超大运力、宽速域飞行等方向发展，给工程薄壳精细分析与设计带来诸多挑战。发展工程薄壳高精度数值方法，构建稳定性分析设计技术体系，是实现我国航天航空装备精细化设计与轻量化水平跃升及弯道超车的重要途径。

王博教授带领团队针对航空航天装备研制中存在的实际问题与需求，深挖力学问题，建立了工程薄壳稳定性的高精度快速后屈曲数值分析与优化设计的理论和方法，完成了一批具有创新性的设计。该书系统总结了王博教授及团队十余年来在该领域辛勤耕耘获得的丰硕成果，全书具有三大特点：一是形成了“分析理论、设计方法、实验技术”的全方面总结，逻辑严密，形成了完整的学术链条；二是基础理论与工程实际问题高度结合，所研究的问题与案例来源于航空航天装备型号研制过程中的实际任务，具有很强的工程背景；三是兼顾了经典理论与创新方法、理论推导与软件工具，既可供相关专业人员作为理论学习参考，也可作为工程技术人员案头工具书。内容深入浅出，丰富详实，兼顾了不同学科读者的阅读习惯。

期望该书能够吸引更多的对于工程薄壳稳定性这一方向的关注，面向新材料、高新技术装备、计算机等领域迅猛发展的新需求，开展材料–结构一体化的创新研究，为我国先进装备设计制造高质量发展提供坚实的科技支撑。同时，相关技术的发展也能服务我国经济主战场，可推广至如商用客机、航空发动机、高铁和列车等系列民用重大装备的研制，这也是技术研发升级带动国民经济进步的有效手段。

程耿东

中国科学院院士

大连理工大学教授

前　言

壳体稳定性是力学和机械设计领域的重要研究课题。自 1891 年 Brain 提出平板面内受压屈曲问题开始，众多知名力学家如 Lorenz、Timoshenko、Von Mises 等都为其发展做出了重要贡献。早期实验研究表明：薄壳轴压屈曲临界载荷的实验值远小于理论值。仅这一问题就长期困扰着学术界，并引发了长达半个多世纪的板壳稳定性研究浪潮，涌现出一批重要理论，如 von Kármán 和钱学森提出了圆柱壳非线性稳定理论，Donnell 进一步发展了非线性大挠度理论，Koiter 引入初始缺陷敏感度概念并提出了初始后屈曲理论，Stein 提出了非线性前屈曲一致理论等。从文献来看，20 世纪 70 年代，结构稳定性研究到达了高峰，正如 Hutchinson 和 Budiansky 在 1979 年所言，“人人都热衷屈曲稳定性问题 (Everyone loves a buckling problem.)”。国内众多力学前辈，如钱伟长、张维、钱令希、叶开沅、胡海昌、黄克智、刘人怀、郑晓静、周又和等力学家也为推动结构稳定性理论发展做出了贡献。

近二十年来，各国在探索深空、深海需求牵动下竞相提出了大量工程计划，相应的航空、航天、航海装备大型化、结构设计精细化需求加大，装备受压承力结构大量使用了蒙皮桁条、网格加筋、泡沫夹层等相对于光壳复杂得多的工程薄壳结构，所采用的新材料体系应接不暇，壁面刚度、强度增强的薄壳结构方案更是复杂多样。这使得面向工程薄壳结构的稳定性研究又重新得到学术界和工程界的共同关注——老问题开新花，尤其是数值计算和结构实验技术的快速发展，更加丰富了这一领域的研究内涵和研究手段。

2007 年我在程耿东院士指导下博士毕业，工作后作为高校教师有幸参与了如“长征 5 号”运载火箭等几个重要的新一代航天装备研制项目。当时，多位航天老专家和我讲，新型号火箭对轻质高承载提出的设计要求之高前所未有，不仅缺少新型高效的承力薄壳结构方案，更缺少有效的精细化设计手段。正是在这样的背景下，我和我后来指导的一批学生一起，在开展航天结构优化设计的十几年过程中，越来越深地走进了工程薄壳结构稳定性分析与设计理论和方法的研究，渐渐地在结构稳定性数值分析模型、折减因子精准确定、后屈曲优化设计、高精度稳定性实验、可靠性优化设计等方面取得了一些成果，国内外学者也开始关注我们的工作，一些重要的科研机构，如德国宇航中心、美国密歇根大学、美国南卡罗来纳大学等也主动与我们开展了合作。我们团队在这个方向上的研究特点是能够相对综合地在数值分析优化、实验分析验证和自主软件工具研发等多个角度开展工作，很多研究成果不仅在学术界产生了影响，更重要的是在航空航天领域得到了实际应用，帮助我们国家航天、航空总体设计单位解决了型号研制过程中的大量难题。

为了更好地向读者分享我们的研究成果，团队将十余年成果进行系统性的整理与提炼，分卷出版。主要内容涵盖了工程薄壳稳定性数值分析、高效后屈曲分析、缺陷敏感性分析、考虑缺陷的结构稳定性设计、可靠性优化设计、高精度稳定性实验及相关设计软件等。除了两名主要助手郝鹏教授、田阔副教授做了较大贡献外，马祥涛副教授、杜凯繁高级工程师、毕祥军教授等，以及我指导的很多博士生、硕士生也为本书内容做出了贡献。另外，为呈现更多有前景的研究方向，我与李锐教授合作的基于辛力学框架的屈曲响应高效数值解、与天津科技大学李建宇教授合作的缺陷在失稳过程中的不确定性定量化等内容，也在书中以专门章节呈现。未来，我们将结合更新的研究成果，尤其是工程设计遇到的实际问题，继续推出综合卷。希望本书能起到抛砖引玉的作用，为从事工程薄壳结构分析与设计的科技工作者提供有益参考。

在此，要特别感谢国家杰出青年科学基金 (11825202)、基金委联合基金项目 (U21A20429) 和“科学探索奖”的资助，以及共同参与这项工作的航空航天结构工程师朋友们长期以来的鼎力支持。同时，衷心感谢我的导师程耿东院士对我 25 年来的培养和指导，并感谢他为本书作序。

由于作者水平有限，不少内容还有待完善和深入研究，书中难免存在不妥之处，恳请广大读者不吝指正。

王　博

2023 年 9 月于大连理工大学

目　　录

第 1 章 绪　　论

1.1 典型工程薄壳概述

薄壳结构因其高比刚度、比强度的优点，常作为装备的典型主承力构件，广泛应用于火箭级间段、火箭燃料贮箱、飞机机身、飞船密封舱、储油罐等，如图 1.1 所示。薄壳结构典型的工况类型为：轴压、内压、外压等工况，以及多种工况的组合。在这些工况下，薄壳结构发生的屈曲模式主要包括：整体型屈曲、蒙皮或筋条局部型屈曲。通过合理的结构设计可以有效提高薄壳结构的抗屈曲能力，进而保证装备的承载性能。

火箭级间段

火箭燃料贮箱

飞机机身

飞船密封箱

储油罐

图 1.1　工程领域中典型薄壳结构示意图 [1−5]

工程薄壳结构主要采用金属材料和复合材料。按照结构形式，可将工程薄壳结构分为四种类型：单层薄壳结构、层合薄壳结构、加筋薄壳结构和夹芯薄壳结构，如图 1.2 所示。

单层薄壳结构是最基础的薄壳结构，以金属材料的薄壳结构为主，其加工制造工艺成熟，在工程领域应用最广 [6,7]。随着复合材料理论与制造加工技术的发展，采用更轻质、性能更优异的复合材料替代传统金属材料的趋势越发明显，复合材料在比刚度、比强度以及可设计性方面均优于传统金属材料 [8]。复合材料层

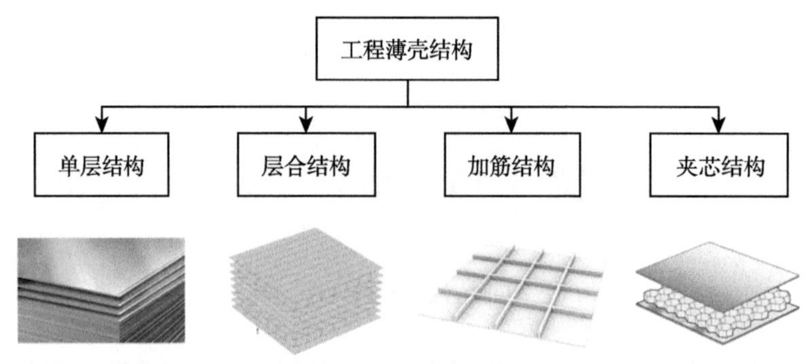

图 1.2 工程薄壳结构分类

合薄壳是一种由单层纤维增强复合材料构成的复合材料结构，不同层的材料使用黏合剂黏合起来，极大提升了结构的强度和耐久性 [9,10]。近年来，随着制造工艺的不断发展，自动铺丝机和自动铺带机等先进制造技术相继出现，突破了复合材料直线铺丝的传统工艺，实现了在单层复合材料中纤维角度连续可变 [11,12]，因此曲线纤维增强复合材料结构大量出现并受到广泛关注。这类结构可以根据应力分布的强弱区域更加灵活地改变纤维路径，极大地挖掘了复合材料结构的承载潜能，同时增强了复合材料结构力学性能的可设计性 [13−15]。然而，随着装备结构尺寸不断增大、承载需求不断增加，薄壁光筒壳结构在达到设计极限后只能通过加厚蒙皮等方式来提升承载能力，伴随而来的是结构超重、承载效率的损失，亟须发展具有更高承载性能的薄壳结构形式 [16−19]。

加筋薄壳是一种具有高承载效率的薄壳结构形式，在工程领域应用也较为广泛 [20,21]。加筋薄壳结构由蒙皮和筋条组成，通过在薄壳表面布置横向或纵向加强筋的方式可以有效增大结构抗弯刚度，进而提升结构抗屈曲及抗弯曲性能 [22−24]。典型加筋构型包括正置正交加筋、三角形加筋 (横置和竖置)、斜置正交加筋、Kagome 加筋等，如图 1.3 所示，典型截面形状如 T 型、工字型、U 型和帽型等 [25]。近年来，随着制造能力的快速发展，产生了越来越多的创新构型，其中具有代表性的包括层级加筋、曲线型加筋结构和非均匀加筋结构 [26−28]，如图 1.4 所示。层级加筋结构相较传统单层级的加筋结构具有更大的设计空间，且由于局部抗失稳能力增强 [29]，这类结构也具备更优异的抵抗缺陷的能力。同样地，复杂载荷工况下的薄壳结构设计，曲线型加筋形式也具有更灵活的设计空间，进一步提高了结构轻量化设计潜力。面向非均匀承载结构优化设计问题，非均匀筋条布局设计能够实现更高的承载效率 [30]。在材料使用方面，现有的化学铣切和机械铣切工艺等金属成型工艺十分成熟，金属加筋薄壳仍然是使用最广泛的承载结构。随着复合材料的兴起，国外弹箭体关键部段已逐步开始采用复合材料加筋薄壳结构 [31,32]。

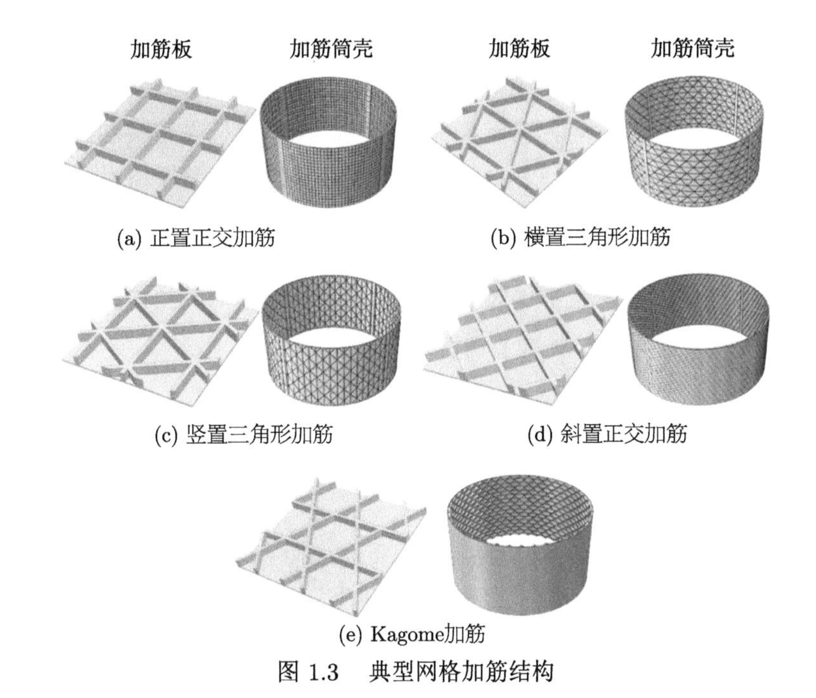

(a) 正置正交加筋　(b) 横置三角形加筋

(c) 竖置三角形加筋　(d) 斜置正交加筋

(e) Kagome加筋

图 1.3　典型网格加筋结构

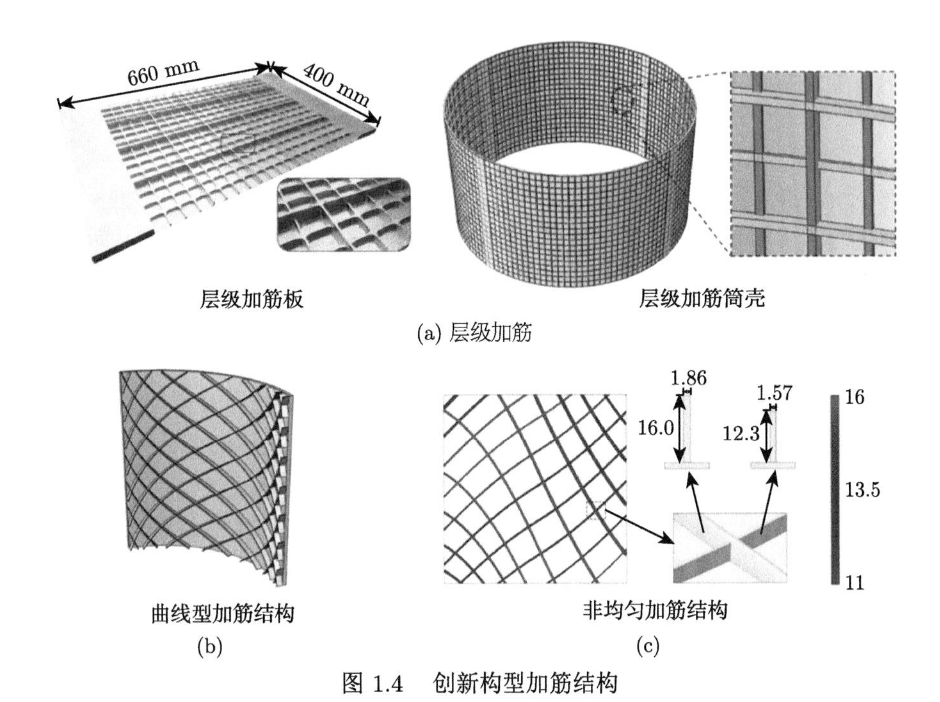

(a) 层级加筋

(b)　(c)

图 1.4　创新构型加筋结构

夹芯薄壳结构也是一种重要的轻质多功能结构，如图 1.5。夹芯薄壳结构主要由上下面板与不同的芯体 (格栅、点阵、蜂窝、波纹和褶皱) 构成。这种结构形式不仅增大了夹芯的惯性矩，而且提高了夹芯的比刚度，使得夹芯薄壳结构具有质量轻、弯曲刚度大等优点 [33]。大量的理论模型和实验结果指出夹芯薄壳的稳定性要优于加筋薄壳 [34,35]。同时，夹芯结构还能够兼具不同的功能性，如结构散热 [36]、振动控制 [37] 和能量吸引 [38] 等性能。多样的芯体形式和丰富的功能特性，为夹芯薄壳结构带来了更优异的可设计性，促进了未来薄壳结构向轻量化、多功能化和智能化发展 [39,40]。

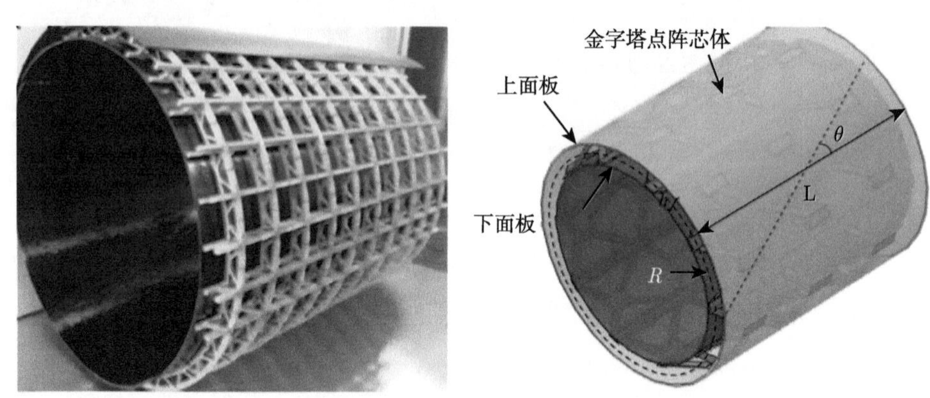

图 1.5　典型夹芯薄壳结构 [41,42]

1.2　工程薄壳稳定性概述

薄壳结构稳定性是固体力学领域的一个重要分支，具有很长的研究历史。早在 1744 年，Euler[43] 就意识到结构稳定性的重要，在平截面假设，即 Euler-Bernoulli 假定基础上发表了关于柱体稳定理论的研究，之后又提出了基于小挠度的 Euler 临界载荷理论。随后，Lagrange[44,45] 详细研究了柱体屈曲的大变形理论。然而关于薄壳稳定性的研究工作比板、梁结构要晚得多。这一方面与当时曲面薄壳难以加工有关，另一方面也说明薄壳稳定性理论研究的困难程度。Lorenz[46]，Timoshenko [47]，Von Mises [48] 等较早开展了薄壳结构稳定性的研究，给出了薄壳在轴向、外压载荷作用下的理论解。随着研究的深入，薄壳线性屈曲分析理论进入了飞速发展期，一系列线弹性薄壳理论的论著相继问世，其中尤以 Timoshenko 的 “弹性稳定理论”[49] 以及 Donnell 的 “薄壳理论”[50] 为代表，给出了大量简单几何薄壳的临界载荷计算方法。然而，即使针对精心制作的实验件进行实验，所得的实验值也远小于经典薄壳理论的预测值。在当时，已有理论无法解释与实验的巨大偏差，为此学者们通过不断探索尝试找出偏差的原因。Von Karman 和钱

学森 [51,52]，Donnell 和 Wan[53] 就对薄壳的弹性后屈曲性能开展了广泛研究，尝试从薄壳非线性稳定性理论角度，阐释经典理论所得屈曲载荷与实验结果的显著差异。Donnell[54] 对受轴压圆柱壳的理论与实验不一致的问题首先作了解释，认为由线性理论计算得到的分支点临界载荷不足以准确描述实验现象，还须结合非线性有限挠度理论计算其后屈曲状态。Von Karman 和钱学森 [55] 在 Donnell 大挠度方程基础上，引入与薄壳实际屈曲模态相似的菱形挠度函数，得到了轴压下完善圆柱壳后屈曲状态曲线。Stein[56,57] 提出了 "非线性前屈曲协调理论"。该方法在前屈曲分析中，考虑了与后屈曲一致的边界条件、弯曲效应以及非线性影响，最终得到了比经典解稍低的屈曲临界载荷 [58]。经过长期研究与实践，直至 20 世纪 50 年代，人们才充分认识到，不可避免的薄壳初始缺陷和非线性后屈曲行为之间的相互作用是造成理论解与实验巨大差异的原因。初始缺陷包括薄壳几何形貌偏差、边界条件偏差、薄壳几何、载荷的偏心甚至前屈曲变形等，其中影响最大的是薄壳几何形貌偏差。Koiter[59] 首先开展了初始后屈曲理论和缺陷敏感性方面研究，采用渐近方法分析初始后屈曲路径，认为初始后屈曲的局部响应决定了薄壳结构对于缺陷的敏感程度，并由此提出了 "缺陷敏感性" 的概念。

上述理论是现代薄壳稳定性理论的重要组成部分，促使学者们认识到理论解与实验之间存在巨大差异的原因。但由于各种理论本身的局限性，相关机理的解释还不够充分。后续 Hoff 等 [60] 以及 Thielemann 和 Esslinger [61] 在其工作中总结了可能造成后屈曲承载力折减的物理特征。Hutchinson[62] 将 Koiter 弹性稳定理论推广至塑性范围，建立了一套能综合反映结构几何缺陷、几何非线性和物理非线性的稳定性分析模型。另外，国内的学者也在薄壳稳定性方面做了大量工作，如胡海昌 [63] 关于大挠度和变分原理的研究，钱令希等 [64,65]、黄克智等 [66,67] 关于薄壳弹塑性屈曲方面的研究。正是这些学者们开创性的工作，极大地丰富了近代薄壳稳定性理论，推动了国内薄壳理论分析研究发展。沈惠申 [68] 在综合分析现有理论与实验成果的基础上，进一步建立了弹性薄壳屈曲的边界层理论。该理论认为在圆柱薄壳屈曲问题中，非线性前屈曲行为仅在支承边界附近的一个窄层起主要作用，将 Karman-Donnell 的非线性大挠度方程化为边界层型方程，并采用摄动法得到了高阶渐近分析结果，有效地推动了非线性弹性板壳稳定理论的发展。周承倜 [69,70] 针对具有初始缺陷的薄壳塑性屈曲问题提出了一种理论分析方法，利用一系列的各向异性线弹性解来逼近一个非线性塑性解，建立了薄壳线弹性与非线性弹塑性问题之间的映射关系。

近年来，随着计算机能力的飞速提高，数值分析方法成为薄壳稳定性分析的重要手段。其中有限元法 (FEA) 是最具代表性的数值分析方法，能够同时考虑薄壳结构的几何非线性和材料非线性，并且能够准确模拟复杂结构形式以及边界载荷条件，能够考虑多类型初始缺陷 (几何缺陷、刚度缺陷、边界缺陷等)，极大地拓宽了经典薄壳稳定性理论的适用性。美国洛克希德 • 马丁 (Lockheed Martin) 公司开发了通用薄壳非线性有限元分析软件 STAGS[71]，后被广泛应用于加筋板壳的后屈曲分析中 [72]。Lockheed Palo Alto 实验室研发出 PANDA2 软件 [73−75]，主要用于加筋板壳优化设计。目前以板壳非线性理论为基础的稳定性分析方法已集成于 ABAQUS[76]、ANSYS[77]、NASTRAN[78] 等商用有限元软件中。Arbocz 等 [79] 基于 STAGS 软件进行了薄壳几何缺陷敏感性分析。Wu 等 [80] 基于 NASTRAN 软件采用牛顿–拉弗森 (Newton-Raphson) 平衡迭代法 [81] 对轴压加筋柱壳结构进行了后屈曲分析和优化。Shanmugam 和 Arockiasamy[82] 比较了轴侧压作用下加筋板实验和 ABAQUS 软件计算得到的屈曲响应。Bisagni[83] 在与实验结果的对比中发现 ABAQUS 显式动力学分析能够有效捕捉圆柱壳后屈曲路径。类似的还有 Lanzi 等 [84,85]、Rahimi 等 [86]、Degenhardt 等 [87]、方岱宁 [88]、龙连春 [89] 的工作。

有限元方法的快速发展大大提高了薄壳结构稳定性分析能力。然而伴随着航空航天装备大尺寸、轻量化、高可靠性等发展趋势，有限元方法在处理大型工程薄壳结构稳定性分析时面临分析精度不足、计算成本高等挑战。近年来，随着等几何分析方法 [90−92]，等效刚度类方法 [93−97] 等先进方法的提出，在一定程度上缓解了计算负担。但是对于工程薄壳结构稳定性的研究仍需要深入，除了对于大型结构降低计算成本的难题，诸如材料损伤甚至裂纹 [98−101]，复合材料层间脱胶 [102−104] 等问题对于薄壳屈曲性能影响的研究都还处于起步阶段，高效精确的有限元求解格式 [105−108] 还需要不断创新。

1.3 工程薄壳缺陷敏感性分析概述

对于薄壳结构的轴压失稳问题，早期的实验值与经典弹性理论预测值存在巨大的差异，如图 1.6 所示，实验得到的临界屈曲载荷甚至不足理论值的 1/3，且实验数据表现出极大的离散性，这引起了诸多学者的重视和努力。20 世纪 60 年代，美国国家航空航天局 (NASA) 推出了一系列有关航空航天薄壳结构设计的规范和报告 [109−112]，其中最著名的就是 NASA SP-8007[109]。该规范基于大量实验结果，利用半经验法给出了不同径厚比下薄壳结构的轴压屈曲临界载荷折减因子 (Knockdown Factor，KDF)，我国现行规范 [113] 也是基于苏联经验，根据实验结果给出了贮箱设计的实验修正系数。尽管加工工艺和材料体系不断更新，但这些早期给出的折减因子建议值 (给定径厚比下) 目前仍在沿用。这意味着早期折减因子建议值相对不断改进的加工工艺和积累的质量控制经验将显得愈发保守，导致结构承载效率无法有效发挥。伴随我国重型运载火箭等装备跨越式提高的发射载荷，火箭的直径和结构重量将大幅度提高，由于折减因子的过于保守带来的重量冗余问题将更加显现，因此不同薄壳结构的轴压失稳折减因子建议值亟待更新。NASA 和欧盟第七框架计划 (7th Framework Programme，FP7) 已分别于 2007 和 2012 年，专门立项研究含缺陷圆柱壳结构的承载力精细分析与折减因子预测理论和方法 [114,115]，并且一致认为这是未来大直径重型运载火箭结构减重的新途径。NASA 甚至预测，折减因子的精确估计方法可以使未来重型运载火箭的大直径网格加筋结构减重 20%。我国也于 2013 年立项研究计及缺陷敏感性的网格加筋圆柱壳结构轻量化设计理论与方法，针对加筋圆柱壳结构开展了高精度数值模拟、缺陷敏感性分析、高精度折减因子预测、计及缺陷敏感性的加筋圆柱壳结构优化设计等研究工作，相关研究成果将会为新一代航天圆柱壳结构的折减因子设计准则和相关行业标准的形成起到推动作用。

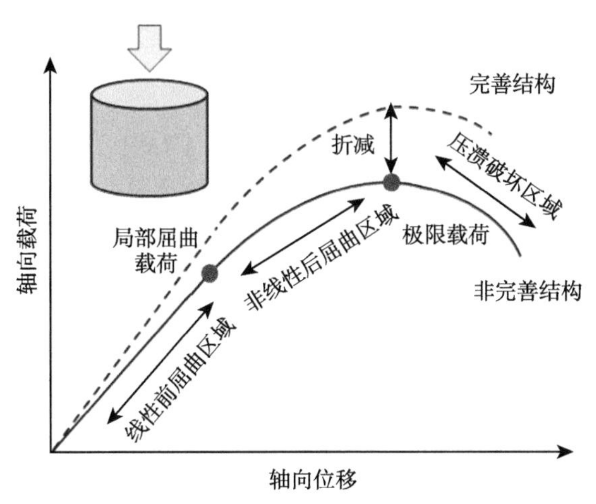

图 1.6 完善与不完善结构承载性能差异

由于实验成本较大，确定薄壳结构的轴压失稳折减因子无法过多依赖实验，且实验过程包含了诸多不可控因素，人为因素造成的实验偏差也会导致实验精度不足。在这种情况下，精细数值分析方法成了获得含初始缺陷薄壳结构承载能力及缺陷敏感性评估的有效途径。薄壳结构初始缺陷来源广，其形成与加工工艺、运输、装配过程密切相关，主要包括刚度缺陷、边界缺陷和几何缺陷等三种类型 [116]，如图 1.7 所示。其中，几何缺陷对结构承载力的影响最大 [117]，也因此吸引了大量学者开展研究。

(1) 几何缺陷。薄壳结构上出现的几何缺陷表现为实际结构与理想几何模型之间的形貌偏差，主要是在加工制造、运输、装配等过程中产生的。数值分析中可通过对模型节点坐标进行修正的方式将几何缺陷引入模型中。几何缺陷的形状可以为单点凹陷、正弦波、非直非圆、母线偏移、圆度或双曲型等形式。工程薄壳一般会同时包含上述三种类型的缺陷，但研究表明 [120,121] 几何缺陷对圆柱壳等薄壳结构的极限承载力影响最为显著。

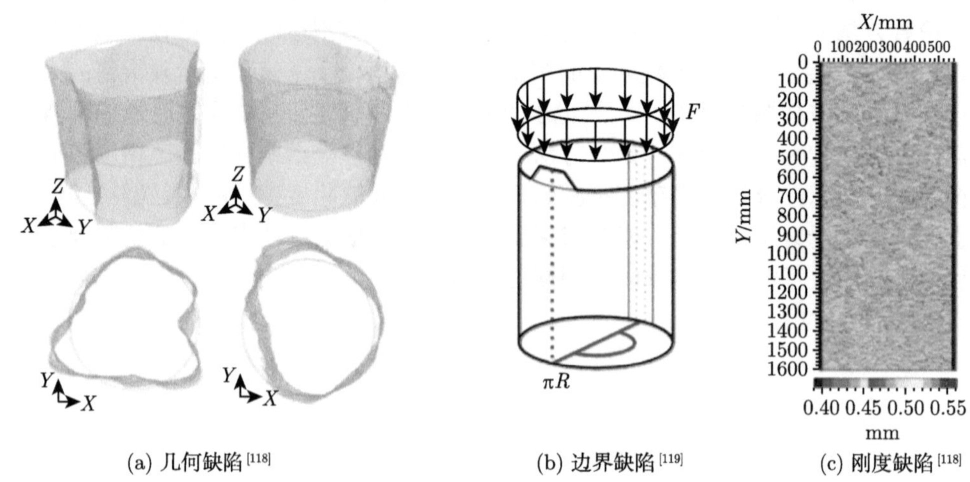

(a) 几何缺陷 [118]　(b) 边界缺陷 [119]　(c) 刚度缺陷 [118]

图 1.7　典型缺陷类型示意图

(2) 边界缺陷。相比于理想情况下的边界加载条件，边界缺陷导致在薄壳结构的边界处出现加载不对称、加载局部偏差等非均匀加载情况，这会使得在薄壳边界处产生局部弯矩，造成薄壳结构的极限承载力大幅折减。Kriegesmann 等 [119] 建议使用垫片来模拟薄壳结构的边界缺陷，即在薄壳边界形成一个边缘凸起。通过逐渐增大边界缺陷幅值和缺陷宽度，可以得到边界缺陷敏感性曲线。Arbelo 等 [122] 指出这种缺陷类型会使缺陷敏感性曲线收敛，可得到屈曲载荷的下限值。

(3) 刚度缺陷。薄壳结构的刚度缺陷导致实际圆柱壳相较于理想圆柱壳产生刚度偏差，其因素主要包括厚度偏差和材料属性偏差等。对于金属薄壳结构，刚度缺陷主要是由于加工厚度不均匀导致的。Degenhardt 等 [123] 提出可以采用超声扫描技术来对加工成型后的薄壳结构进行厚度测量。此外，对于由多个壁板焊接而成的薄壳结构和加筋薄壳结构，焊缝厚度和筋条厚度的不均匀也会导致刚度缺陷。而复合材料薄壳结构的缺陷类型除了包含金属薄壳结构的刚度缺陷类型外，还因复合材料的特殊性而产生了新的缺陷类型，主要包括：铺层间隙、铺层重叠、树脂分布错位、主铺层角偏差及分层等刚度缺陷类型 [116]。

1.4　工程薄壳设计概述

结构优化方法是 20 世纪 60 年代随着计算机的应用而迅速发展起来的，已成为计算力学的一个重要分支。该方法是在满足约束条件下按预定目标求出最优方案的设计方法，其过程大致为假设–分析–校核–重新设计，应用领域涉及航空航天、汽车、建筑、能源行业，解决的问题涵盖提高结构刚度、强度、稳定性和安全寿命等性能、降低应力变形等响应、结构轻量化设计等诸多方面。

航空航天领域对结构重量、安全性和可靠性有着严格的要求 [124]，产品设计需要通过多轮精细分析以满足各功能性要求，结构优化设计往往耗时长但附加值较高。结构减重的同时还要保证各结构部段不同的功能性要求：如仪器舱由于要保证内部仪器的正常工作就需对结构基频范围有所限定，还要注意结构性开口附近的强度问题；再如部段间的连接结构级间段，通常由蒙皮桁条或网格加筋结构组成，作为主承力结构需要考虑轴压稳定性要求；再如用作芯级燃料贮箱的网格加筋结构，除了需要关注轴压稳定性问题外，还需考虑内压对承载力的影响。以我国航天行业标准《运载火箭强度设计》(QJ 20595—2016) 为例，主要包括载荷分析、结构设计、强度分析、强度实验及可靠性评估等步骤。各步骤之间是相互交叉，反复迭代的过程，设计流程如图 1.8 所示。

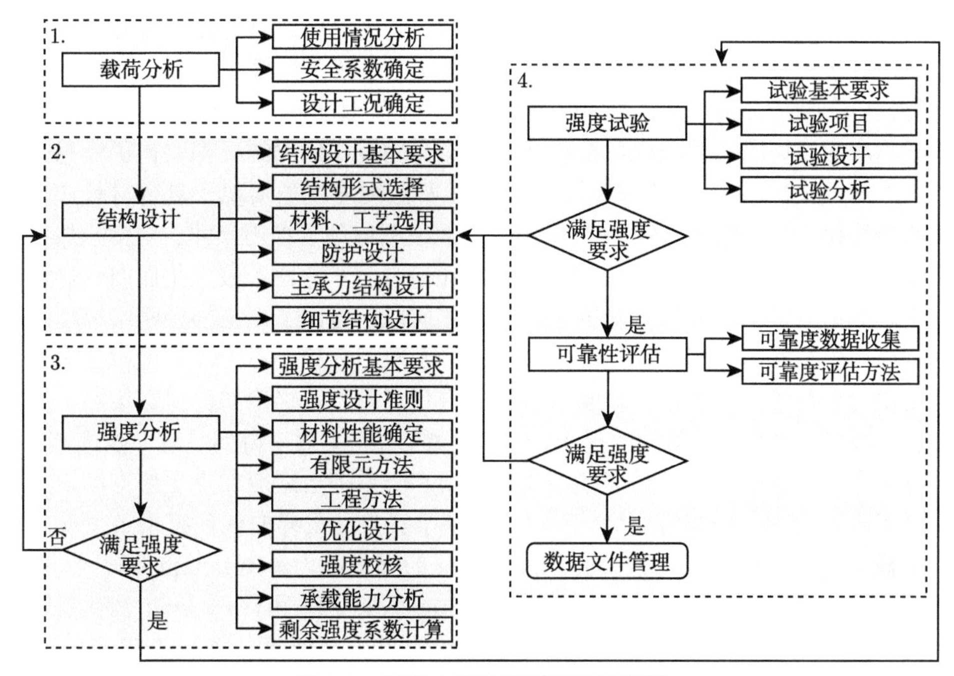

图 1.8 运载火箭结构强度设计流程

针对薄壳结构优化设计研究，主要可以概括为以下几个方面：(1) 最小化结构重量；(2) 最大化结构性能 (包括屈曲临界载荷、极限载荷、折减因子)；(3) 多目标、多性能优化。早期的优化工作中更多地采用了敏度类 [125−127]、单纯形法 [128,129]、参数优选等优化方法 [130−132]，设计变量主要包括蒙皮厚度、筋条高度、筋条宽度等。近年来，由于制造工艺的进步，复合材料加筋、非均匀网格加筋等复杂薄壳结构应用更广泛，其优化问题的研究工作也更多。此类优化问题常为多峰问题，且设计变量多含筋条数量等离散变量，采用传统优化方法有较大的局限性，因此以遗传算法 (GA)[133] 为代表的智能算法备受关注。它具有无需约束函数和目标函数的梯度信息、直接对问题的编码串进行操作、可全局寻优等多种特点，适用于复杂薄壳结构的优化问题。但受限于遗传算法的随机搜索策略，其优化过程需要大量迭代，高昂的计算成本使得基于遗传算法的大部分工作 [134−137] 都是基于等效模型开展。但等效模型的适用条件较为苛刻 (密筋结构时较为准确)，且只能进行整体屈曲性能分析。

为克服计算成本问题，代理模型 (Surrogate Model 或 Metamodel)[138] 被逐渐应用于网格加筋结构的优化设计中，该方法可以形象地理解为“设计黑匣子”。其核心思想是利用设计空间中已知设计点的信息来预测未知设计点的信息，数学本质即利用近似方法对离散数据进行拟合插值来实现对未知点响应的预测，进而实现设计参数 (输入) 与响应参数 (输出) 间的全局映射。目前较为成熟的代理模型方法有多项式响应面模型、Kriging 模型、径向基函数模型、人工神经网络模型等。Venkataraman 等 [139]，Haftka 等 [140] 和 Rikards 等 [141] 较早地开展了基于响应面模型的加筋柱壳屈曲优化，其拟合精度和优化结果都取得了满意的效果。李烁等 [142] 和荣晓敏等 [143] 基于人工神经网络模型实现了复合材料加筋板壳的轻量化设计。周思达等 [144] 采用响应面模型得到了加筋尺寸、角度与加筋柱壳结构承载力及质量间的关系。Lanzi 和 Giavotto[85] 考虑了最大化屈曲临界载荷和极限载荷及最小化结构重量的多目标优化问题，对比了人工神经网络模型、径向基函数模型和 Kriging 模型的优化结果，发现三者相差不大，最优设计也与实验结果吻合得很好。近年来，随着各类先进代理模型策略诸如变保真策略、自适应加点技术、主动学习模型的提出，代理模型的精度、效率得到了进一步提高。郝鹏等 [145−147] 构建了双层代理模型优化框架和一系列自适应加点更新准则，大幅缩减了设计周期。田阔等 [148,149] 提出了基于竞争性采样的代理模型及变保真度代理模型框架，提高了工程薄壳后屈曲优化的寻优能力。Kolahchi 等 [150] 以最大化屈曲承载力为目标，在主动学习 Kriging 框架下采用 Grey wolf 优化器对多级加筋筒开展了确定性优化。此外，Chen 等 [151]，吴浩等 [152]，Mukhopadhyay 等 [153]，Luersen 等 [154] 也基于代理模型对加筋结构开展了优化设计工作。大量研究工作 [155−157] 已经证实了代理模型在工程结构优化中的高效性和可靠性。

现有结构优化方法结合代理模型技术已经可以有效处理工程薄壳结构确定性设计问题。然而，不确定性客观存在于各种工程结构中，使得结构承载性能也具有不确定性。当下大部分工程结构仍采用基于安全系数的确定性设计思想，并根据工程师的经验设置较大的安全系数来试图确保结构安全。然而，结构不确定性呈现来源广、随机性强和时变性显著等特点，简单的安全系数通常不能客观表征不确定性的传播规律，更难以合理评估其对结构服役性能的影响 [158,159]。此外，不确定性因素耦合作用，将会使结构尤其非线性结构系统的性能产生较大的偏差，甚至可能导致结构功能或性能失效。因此，面向典型高安全性要求的航天装备，发展计及各类不确定性因素的可靠度优化设计方法十分必要。孟增等 [160] 以典型加筋筒为例探究了几何模型参量，材料属性不确定性对结构屈曲承载性能的影响。郝鹏等 [161] 结合实际工艺参数，发展了一套面向含开口曲筋加强板的多层级不确定性优化设计方法。Wang[162] 等结合 Kriging 代理模型对复合材料圆柱壳屈曲承载性能不确定性开展了研究。虽然近年来工程结构的可靠度优化设计已得到越来越广泛的关注，但现有方法仍很难同时兼顾精度、效率与稳健性，尤其对于极小失效概率要求的航天装备，还需结合结构特点，从可靠度算法层面进行深入挖掘。

在我国载人登月、深空探测等国家重大需求牵引下，航天装备正朝着重型化、极端承载、极致轻量化设计和高可靠度方向发展，其面临的设计、制造、发射和运行环境更加严酷，这对航天装备的使役性能安全提出了新的挑战。可以预见，随着航天装备尺寸规模和复杂程度的跨越式增加，结构失效模式增多且相应的力学分析计算量激增，常规优化设计方法造成的冗长设计周期已无法适应当下快节奏发射的需求。为克服上述挑战，本书以精度，效率为抓手，从高效结构分析—快速结构优化设计—高精度稳定性实验—多层级一体化软件平台四个方面构建了一套完整的面向航空航天典型薄壁结构优化设计一体化流程，如图 1.9 所示。其中高效结构分析方法是基础，涵盖了快速线性屈曲、非线性后屈曲分析，高精度等效模型技术，工程薄壳缺陷数据库以及等几何分析加速方法，力求保证计算精度的前提下大幅缩减计算耗时；在此基础上开展快速结构优化设计，囊括多层级分布式优化设计方法、创新构型设计方法、高保真度代理模型优化技术以及虑及多源不确定性的可靠性、鲁棒性优化设计，缩短研发周期的同时为结构极致轻量化设计提供有力支撑；同时为避免数值分析结果与实际结构承载性能之间出现较大差异性，开展高精度稳定性实验对数值分析及优化设计进行指导是十分必要的。本书从实验工装设计、实验件装配、加载以及观测技术入手，形成了面向航天结构的高精度实验系统，有效保障高精度实验结果。依托工业装备结构分析国家重点实验室，开展了一系列工程薄壳轴压、外压实验，积累了大量宝贵的实验数据，为验证分析结果、指导优化设计提供保障；最后，为固化分析经验、降低入门门槛，本书开发了基于现代数字化技术的模块化结构分析模板软件，将上述高效结构分析、快速优化设计方法以及实验结果进行汇总并集成于可视化软件，方便操作的同时有效降低工程师使用门槛，可进一步缩短产品研发设计周期。

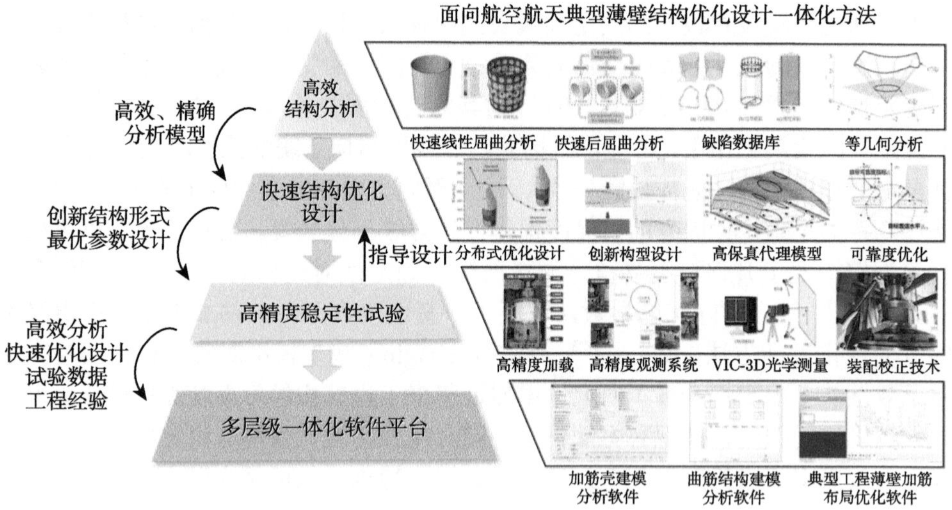

图 1.9　面向航空航天典型薄壁结构优化设计一体化方法

参 考 文 献

[1] Hilburger M W, Waters W A, Jr, Haynie W T, et al. Buckling test results and preliminary test and analysis correlation from the 8-foot-diameter orthogrid-stiffened cylinder test article TA02 NASA/TP-2017-219587, L-20801, NF1676L-26704, 2017.

[2] 张智慧. 7A52 铝合金厚板窄间隙激光填丝焊接特性及组织性能调控研究 [D]. 哈尔滨: 哈尔滨工业大学, 2018.

[3] 谢岩峰. 基于双目视觉的机器人自动制孔系统设计及试验研究 [D]. 哈尔滨: 哈尔滨工业大学, 2017.

[4] 王梅宝. 大尺寸飞行器质心柔性测量关键技术研究 [D]. 哈尔滨: 哈尔滨工业大学, 2020.

[5] 王伟魁. 储罐罐底腐蚀声发射检测信号处理关键技术研究 [D]. 天津: 天津大学, 2011.

[6] Australia S, Zealand S N. Cold-Formed Steel Structures[M]. Stondards, Australia, 2005.

[7] 赵威, 何宁, 李亮, 武凯. 薄壁结构的高效铣削加工 [J]. 航空精密制造技术, 2002(06): 12-15.

[8] Galos J. Thin-ply composite laminates: a review[J]. Composite Structures, 2020, 236(3): 111920.

[9] Kawabe K, Matsuo T, Maekawa Z I. New Technology for Opening Various Reinforcing Fiber Tows[J]. Journal of the Society of Materials Science Japan, 1998, 47(7): 727-734.

[10] Bhuvanesh K M, Sathiya P. Methods and materials for additive manufacturing: A critical review on advancements and challenges[J]. Thin-Walled Structures, 2020, 159(2).

[11] Setoodeh S, Guerdal Z, Watson L T. Design of variable-stiffness composite layers using cellular automata[J]. Computer Methods in Applied Mechanics and Engineering, 2006, 195(9/12): 836-851.

[12] Nik M A, Fayazbakhsh K, Pasini D, et al. A comparative study of metamodeling methods for the design optimization of variable stiffness composites[J]. Composite Structures,

2014, 107(Jan.): 494-501.

[13] Albazzan M A, Harik R, Tatting B F, et al. Efficient design optimization of nonconventional laminated composites using lamination parameters: a state of the art. Composite Structures, 2019, 209(Feb.): 362-374.

[14] Nikbakt S, Kamarian S, Shakeri M. A review on optimization of composite structures Part I: Laminated composites[J]. Composite Structures, 2018: 158-185.

[15] Kuder I K, Arrieta A F, Raither W E, et al. Variable stiffness material and structural concepts for morphing applications[J]. Progress in Aerospace Sciences, 2013, 63(Nov.): 33-55.

[16] Alhaja H Mad A, Mittelstedt C. Minimum weight design of curvilinearly grid-stiffened variable-stiffness composite fuselage panels considering buckling and manufacturing constraints [J]. Thin-Walled Structures, 2021, 161: 107526.

[17] Zarei M, Rahimi G H, Hemmatnezhad M . On the buckling resistance of grid-stiffened composite conical shells under compression[J]. Engineering Structures, 2021, 237(61-73): 112213.

[18] Alhajahmad A, Mittelstedt C. Design tailoring of curvilinearly grid-stiffened variable-stiffness composite cylindrically curved panels for maximum buckling capacity [J]. Thin-Walled Structures, 2020, 157: 107132.

[19] Alhajahmad A, Mittelstedt C. Buckling performance of curvilinearly grid-stiffened tow-placed composite panels considering manufacturing constraints [J]. Composite Structures, 2021, 260: 113271.

[20] Vasiliev V V, Barynin V A, Razin A F. Anisogrid composite lattice structures-Development and aerospace applications[J]. Composite Structures, 2012, 94(3): 1117-1127.

[21] 张卫红, 章胜冬, 高彤. 薄壁结构的加筋布局优化设计 [J]. 航空学报, 2009, 030(011): 2126-2131.

[22] Liu Y, Day M L. Bending collapse of thin-walled circular tubes and computational application[J]. Thin-Walled Structures, 2008, 46(4): 442-450.

[23] Easton M, Song W Q, Abbott T. A comparison of the deformation of magnesium alloys with aluminium and steel in tension, bending and buckling[J]. Materials & Design, 2006, 27(10): 935-946.

[24] Falzon B G, Faggiani A. The use of a genetic algorithm to improve the postbuckling strength of stiffened composite panels susceptible to secondary instabilities[J]. Composite Structures, 2012, 94(3): 883-895.

[25] Wang D, Abdalla M M. Global and local buckling analysis of grid-stiffened composite panels[J]. Composite Structures, 2015, 119: 767-776.

[26] Hao P, Wang B, Tian K, et al. Fast procedure for Non-uniform optimum design of stiffened shells under buckling constraint[J]. Structural and Multidisciplinary Optimization, 2017, 55(4): 1503-1516.

[27] Wang D, Abdalla M M, Wang Z P, et al. Streamline stiffener path optimization (SSPO) for embedded stiffener layout design of non-uniform curved grid-stiffened composite

(NCGC) structures[J]. Computer Methods in Applied Mechanics and Engineering, 2019, 344: 1021-1050.

[28] Wang D, Yeo S Y, Su Z, et al. Data-driven streamline stiffener path optimization (SSPO) for sparse stiffener layout design of non-uniform curved grid-stiffened composite (NCGC) structures[J]. Computer Methods in Applied Mechanics and Engineering, 2020, 365: 113001.

[29] Li M, Lai C, Zheng Q, et al. Design and mechanical properties of hierarchical isogrid structures validated by 3D printing technique[J]. Materials & Design, 2019, 168: 107664.

[30] Liu D, Hao P, Zhang K, et al. On the integrated design of curvilinearly grid-stiffened panel with non-uniform distribution and variable stiffener profile[J]. Materials & Design, 2020, 190: 108556.

[31] 刘明泽, 闫恩玮, 黄雪萌, 等. 某型机外翼典型盒段样件复材加筋壁板制造技术研究 [J]. 橡塑技术与装备, 2020, 46(02): 36-40.

[32] 蒲永伟, 湛利华. 航空先进复合材料帽型加筋构件制造关键技术探究 [J]. 航空制造技术, 2015, 473(004): 78-81.

[33] Evans A G, Hutchinson J W, Fleck N A, et al. The topological design of multifunctional cellular metals[J]. Progress in Materials Science, 2001, 46(3-4): 309-327.

[34] Vijayakumar S. Parametric based design of CFRP honeycomb sandwich cylinder for a spacecraft[J]. Composite Structures, 2004, 65(1): 7-12.

[35] Ross C T F, Terry A, Little A P F. A design chart for the plastic collapse of corrugated cylinders under external pressure[J]. Ocean Engineering, 2001, 28(3): 263-277.

[36] Liu T, Deng Z C, Lu T J. Bi-functional optimization of actively cooled, pressurized hollow sandwich cylinders with prismatic cores[J]. Journal of the Mechanics & Physics of Solids, 2007, 55(12): 2565-2602.

[37] Isaac C W, Pawelczyk M, Wrona S. Comparative study of sound transmission losses of sandwich composite double panel walls[J]. Applied Sciences, 2020, 10(4): 1543.

[38] Su P B, Han B, Mao Y, et al. Axial compressive collapse of ultralight corrugated sandwich cylindrical shells[J]. Materials & Design, 2018, 160, 325-327.

[39] 熊健, 李志彬, 刘惠彬, 等. 航空航天轻质复合材料壳体结构研究进展 [J]. 复合材料学报, 2021, 38(6): 1629-1650.

[40] Vasiliev V V, Barynin V A, Razin A F. Anisogrid composite lattice structures–development and aerospace applications[J]. Composite Structures, 2012, 94(3): 1117-1127.

[41] Yang J, Xiong J, Ma L, et al. Study on vibration damping of composite sandwich cylindrical shell with pyramidal truss-like cores[J]. Composite Structures, 2014, 117: 362-372.

[42] Xiong J, Feng L, Ghosh R, et al. Fabrication and mechanical behavior of carbon fiber composite sandwich cylindrical shells with corrugated cores[J]. Composite Structures, 2016, 156: 307-319.

[43] Euler L. De fractionibus continuis dissertatio[J]. Commentarii Academiae Scientiarum Petropolitanae, 1744: 98-137.

[44] Lagrange J L. Méchanique Analitique[M]. Vve Desaint, 1788.

[45] Lagrange J L. De la résolution des équations numériques de tous les degrés[M]. Duprat, an VI, 1798.

[46] Lorenz R. Achsensymmetrische verzerrungen in dünnwandigen hohlzylindern. VDI-Z [J]. 1908, 52(43): 1706-1713.

[47] Timoshenko S P. Einige stabilitätsprobleme aus der elastizitätstheorie. Zeitschr Math. and Phys., 1910, 58(4): 337-385.

[48] Von Mises R. Der kritische außendruck zylindrischer rohre[J]. Z VDI. 1914, 58: 750-755.

[49] Timoshenko S P. Theory of Elastic Stability [M]. New York: McGraw-Hill, 1936.

[50] Donnell L H. Stability of thin-walled tubes under torsion[R]. NASA TR 1933, 479: 75-116.

[51] Von Karman T, Tsien H S. The buckling of thin cylindrical shells under axial compression[J]. J. Aeron Sci., 1941, 8: 303-312.

[52] Von Karman T, Tsien H S. The buckling of spherical shell by external pressure[J]. J. Aeronaut. Sci., 1937, 7: 4350.

[53] Donnell L H, Wan C C. Effect of imperfections on buckling of thin cylinders and columns under axial compression[J]. J Appl Mech ASME, 1950, 17: 73-83.

[54] Donnell L H. A new theory for the buckling of thin cylinders under axial compression and bending[J]. Trans. ASME, 1934, 56: 795-806.

[55] Von Karman T, Tsien H S. The buckling of thin cylindrical shell under axial compression[J]. J. Aeronaut. Sci., 1941, 8: 303.

[56] Stein M. The effect on the buckling of perfect cylinders of probuckling deformations stresses, induced by edge Support[R]. NASA TND-1510. Dec, 1962. 217227.

[57] Stein M. The influence of prebuckling deformations and stresseson the buckling of perfect cylinders[R]. NASA TR-190. Feb, 1964.

[58] Stein M. Some recent advances in the investigation of shell buckling[J]. AIAA J., 1968(6).

[59] Koiter W T. Over de stabiliteit van het elastisch evenwicht[D]. Polytechnic Institut Delft, 1945.

[60] Hoff N J, Madsen W A, Moyers J A. Postbuckling equilibrium of axially compressed circular cylindrical shell[J]. AIAA J., 1966(4): 126133.

[61] Thielemann W F, Esslinger M E. On the postbuckling equilibrium and stability of thin-walled circular cylinders under axial compression[J]. In: Niordson F I, Editor. Theory of Thin Shells. New York: Springer, 1969: 264-293.

[62] Hutchinson J W. Advances in Applied Mechanics[M]. Vol. 14, New York: Academic Press, 67.

[63] 胡海昌. 弹性力学的变分原理及其应用 [M]. 北京: 科学出版社, 1981.

[64] 钱令希, 钟万勰. 以薄膜理论为基础的锥壳极限分析 [J]. 大连工学院学刊, 1964(02): 1-17.

[65] 王志必, 邓可顺, 钱令希. 圆环载荷作用下球壳的极限分析及其实验验证 [J]. 大连理工大学学报, 1993(S2): 141-147.

[66] 黄克智, 夏之熙. 板壳理论 [M]. 北京: 清华大学出版社, 1987.
[67] 黄克智, 郑兆昌. 以环肋加强的圆柱壳在液压作用下的总体稳定 [J]. 固体力学学报, 1981(03): 271-286.
[68] 沈惠申. 板壳后屈曲行为 [M]. 上海: 上海科学技术出版社, 2002.
[69] 周承倜. 薄壳弹塑性稳定性理论 [M]. 北京: 国防工业出版社, 1979.
[70] 周承倜. 有初始缺陷的加肋薄壳的塑性稳定性理论 [J]. 大连工学院学报,1978(02):1-27.
[71] Rankin C C, Brogan F A, Loden W A, et al. STAGS User's Manual Version 2.4[M]. Lockheed Martin Advanced Technology Center, Rept. LMSC PO32594, 1997.
[72] Thurston G A, Brogran F A, Stehlin P. Postbuckling analysis using a general purpose core[J]. AIAA Journal, 1986, 24: 1013-1020.
[73] Bushnell D. PANDA2-Program for minimum weight design of stiffened, composite, locally buckled panels[J]. Computers & Structures, 1987, 25(4): 469-605.
[74] Bushnell D. Recent enhancements to PANDA2[C]. 37th AIAA/ASME/ASCE/AHS/ASC Structures, Structural Dynamics, and Materials Conference, Salt Lake City, AIAA-96-1337, 1996.
[75] Bushnell D, Bushnell W D. Approximate method for the optimum design of ring and stringer stiffened cylindrical panels and shells with local, inter-ring, and general buckling modal imperfections[J]. Computers & Structures, 1996, 59(3): 489-527.
[76] Smith M. ABAQUS/standard User's Manual, Version 2017[M]. Providence, RI: Simulia, 2017.
[77] ANSYS. ANSYS User's Manual, Version 13.0[M]. 2010.
[78] NASTRAN. M S C MMSC Marc User's Manual[M]. Santa Ana: MSC Software Corporation, 2000.
[79] Arbocz J. The Imperfection Data Bank, a Mean to Obtain Realistic Buckling Loads[M]. Berlin: Springer, 1982: 535-567.
[80] Wu H, Yan Y, Yan W, et al. Adaptive approximation-based optimization of composite advanced grid-stiffened cylinder[J]. Chinese Journal of Aeronautics, 2010, 23(4): 423-429.
[81] Crisfield M A. A faster modified Newton-Raphson iteration[J]. Computer Methods in Applied Mechanics and Engineering, 1979, 20(3): 267-278.
[82] Shanmugam N E, Arockiasamy M. Local Buckling of stiffened plates in offshore structures[J]. Journal of Constructional Steel Research, 1996, 38(1): 41-59.
[83] Bisagni C. Numerical analysis and experimental correlation of composite shell buckling and post-buckling[J]. Composites Part B: Engineering, 2000, 31(8): 655-667.
[84] Lanzi L. A numerical and experimental investigation on composite stiffened panels into post-buckling[J]. Thin-Walled Structures, 2004, 42(12): 1645-1664.
[85] Lanzi L, Giavotto V. Post-buckling optimization of composite stiffened panels: Computations and experiments[J]. Composite Structures, 2006, 73(2): 208-220.
[86] Rahimi G H, Zandi M, Rasouli S F. Analysis of the effect of stiffener profile on buckling strength in composite isogrid stiffened shell under axial loading[J]. Aerospace Science

and Technology, 2013, 24(1): 198-203.

[87] Degenhardt R, Kling A, Rohwer K, Orifici A C, Thomson R S. Design and analysis of stiffened composite panels including post-buckling and collapse[J]. Computers & Structures, 2008, 86(9): 919-929.

[88] Zhao Y N, Chen M, Yang F, et al. Optimal design of hierarchical grid-stiffened shells based on linear buckling and nonlinear collapse analyses[J]. Thin-Walled Structures, 2017, 119: 315-323.

[89] 龙连春, 赵斌, 陈兴华. 薄壁加筋圆柱壳稳定性分析及优化 [J]. 北京工业大学学报, 2012, 38(7): 997-1003.

[90] Cottrell J A, Hughes T J R, Bazilevs Y. Isogeometric Analysis: Toward Integration of CAD and FEA[M]. John Wiley & Sons, 2009.

[91] Cottrell J A, Reali A, Bazilevs Y, et al. Isogeometric analysis of structural vibrations[J]. Computer Methods in Applied Mechanics and Engineering, 2006, 195(41-43): 5257-5296.

[92] Bazilevs Y, Calo V M, Cottrell J A, et al. Isogeometric analysis using T-splines[J]. Computer Methods in Applied Mechanics and Engineering, 2010, 199(5-8): 229-263.

[93] Hohe J, Beschorner C, Becker W. Effective elastic properties of hexagonal and quadrilateral grid structures[J]. Composite Structures, 1999, 46(1): 73-89.

[94] Timoshenko S P, Woinowsky K S. Theory of plates and shells. 2nd Ed. [M]. NewYork: McGraw-Hill, 1959.

[95] Kollár L, Hegedus I. Analysis and design of space frames by the continuum method[J]. Developments in Civil Engineering, 1985, 10.

[96] Chen H J, Tsai S W. Analysis and optimum design of composite grid structures[J]. Journal of Composite Materials, 1996, 30(4): 503-534.

[97] Phillips J L. Structural Analysis and Optimum Design of Geodesically Stiffened Composite Panels[D]. Virginia Tech., 1990.

[98] Krajcinovic, D. Damage Mechanics[M]. North-Holland, Amsterdam: Elsevier Science Publishers.

[99] Rabotnov Y N. On the equations of state for creep[J] . Progress in Applied Mechanics, 307-315.

[100] McClintock F A. A criterion for ductile fracture by the grow th of holes[J]. J. of App. Mech. 35 : 363-371.

[101] Rice J R, Tracy D M. On the ductile enlargement of voids in triaxial stress fields[J]. J. of Mech. and Physics, 17: 201-217.

[102] Gay D. Composite Materials: Design and Applications[M]. CRC Press, 2014.

[103] Ho M, Wang H, Lau K. Effect of degumming time on silkworm silk fibre for biodegradable polymer composites[J]. Applied Surface Science, 2012, 258(8): 3948-3955.

[104] Ho M, Wang H, Lau K, et al. Interfacial bonding and degumming effects on silk fibre/polymer biocomposites[J]. Composites Part B: Engineering, 2012, 43(7): 2801-2812.

[105] ElDamatty A A, Nassef A O. A finite element optimization technique to determine critical imperfections of shell structures[J]. Struct. Mutidisc Optim., 23: 75-87.

[106] Lee W J, Lee B C. An effective finite rotation formulation for geometrical non-linear shell structures[J]. Computational Mechanics, 27: 360-368.

[107] Laurent H, Rio G. Formulation of a thin shell finite element with continuity C0 and converted material frame notion[J]. Computational Mechanics, 27: 218-232.

[108] Kolahi A S and Crisfield M A. A large-strain elasto-plastic shell formulation using the Morley triangle[J]. Int. J. for Numerical Methods in Engineering, 52: 829-849.

[109] Anonymous. Buckling of thin-walled circular cylinders[S]. NASA Space Vehicle Design Criteria, NASA SP-8007, 1965.

[110] Anonymous. Buckling of thin-walled truncated cones[S]. NASA Space Vehicle Design Criteria, NASA SP-8019, 1968.

[111] Anonymous. Buckling of thin-walled doubly curved shells[S]. NASA Space Vehicle Design Criteria, NASA SP-8032, 1969.

[112] PetersonJ P. Buckling of stiffened cylinders in axial compression and bending—A review of test data[R]，NASATND-5561, 1969.

[113] 周家麟. 推进剂金属贮箱设计规范 [S]. 中国运载火箭技术研究院标准，1999.

[114] Hilburger M W. Developing the next generation shell buckling design factors and technologies[C]. 53rd AIAA/ASME/ASCE/AHS/ASC Structures, Structural Dynamics and Materials Conference, Honolulu, AIAA-2012-1686, 2012.

[115] Degenhardt R. New robust design guideline for imperfection sensitive composite launcher structures[J]. Engineering, Materials Science, 2014.

[116] Wagner H N R, Hühne C, Niemann S. Robust knockdown factors for the design of axially loaded cylindrical and conical composite shells—development and validation[J]. Compos. Struct., 2017, 173: 281-303.

[117] Calladine C R. Understanding imperfection-sensitivity in the buckling of thin-walled shells[J]. Thin-Walled Structures, 1995, 23(1): 215-235.

[118] Arbelo M A, Degenhardt R, Castro S G P et al. Numerical characterization of imperfection sensitive composite structures[J]. Composite Structures, 2014, 108: 295-303.

[119] Kriegesmann B, Jansen E L, Rolfes R. Design of cylindrical shells using the single perturbation load approach—potentials and application limits[J]. Thin-Walled Structures, 2016, 108: 369-380.

[120] Babcock C D. The influence of the testing machine on the buckling of cylindrical shells under axial compression[J]. International Journal of Solids and Structures, 1967, 3(5): 809-817.

[121] Calladine C R, Barber J N. Simple experiments on self-weight buckling of open cylindrical shells[J]. Journal of Applied Mechanics, 1970, 37(4): 1150.

[122] Arbelo M A, Degenhardt R, Castro S G P, et al. Numerical characterization of imperfection sensitive composite structures[J]. Composite Structures, 2014, 108: 295-303.

[123] Degenhardt R, Kling A, Bethge A, et al. Investigations on imperfection sensitivity and

deduction of improved knock-down factors for unstiffened CFRP cylindrical shells[J]. Compos. Struct., 2010, 92(8): 1939-1946.

[124] 王斌. 结构多性能优化设计及其在航天结构设计中的应用 [D]. 大连: 大连理工大学, 2010.

[125] Schmit Jr L A, KICKER T P, Morrow W M. Structural synthesis capability for integrally stiffened waffle plates[J]. AIAA Journal, 1963, 1(12): 2820-2836.

[126] Jones R T, Hague D S. Application of multivariable search techniques to structural design optimization[J]. 1972.

[127] Gürdal Z, Gendron G. Optimal design of geodesically stiffened composite cylindrical shells[J]. Composites Engineering, 1993, 3(12): 1131-1147.

[128] SlMITSES G J, Ungbhakorn V. Minimum-weight design of stiffened cylinders under axial compression[J]. AIAA Journal, 1975, 13(6): 750-755.

[129] Simitses G J. Optimisation of stiffened cylindrical shells subjected to destabilizing loads[M]//Structural Optimisation: Status and Promise. AIAA Edition, 1993: 150.

[130] 李亚丽, 徐骏. LF6 筒体内壁网格的结构设计及化铣加工 [J]. 新技术新工艺, 2000(02): 15-16.

[131] 赵振, 刘才山, 陈滨, 张永. 薄壁加筋肋圆柱壳稳定性分析的参数化研究 [J]. 力学与实践, 2004(02): 17-21.

[132] 毛佳, 江振宇, 陈广南, 张为华. 轴压薄壁加筋圆柱壳结构优化设计研究 [J]. 工程力学, 2011, 28(08): 183-192.

[133] 玄光男，程润伟．遗传算法与工程优化 [M]. 北京: 清华大学出版社, 2004.

[134] Nagendra S, Haftka R, Gurdal Z. Design of a blade stiffened composite panel by genetic algorithm[C]//34th Structures, Structural Dynamics and Materials Conference. 1993: 1584.

[135] Jaunky N, Knight Jr N F, Ambur D R. Optimal design of general stiffened composite circular cylinders for global buckling with strength constraints[J]. Composite Structures, 1998, 41(3-4): 243-252.

[136] Ambur D R, Jaunky N. Optimal design of grid-stiffened panels and shells with variable curvature[J]. Composite Structures, 2001, 52(2): 173-180.

[137] Sadeghifar M, Bagheri M, Jafari A A. Multiobjective optimization of orthogonally stiffened cylindrical shells for minimum weight and maximum axial buckling load[J]. Thin-Walled Structures, 2010, 48(12): 979-988.

[138] 穆雪峰. 多学科设计优化代理模型技术的研究和应用 [D]. 南京: 南京航空航天大学, 2004.

[139] Venkataraman S, Haftka R, Johnson T. Design of shell structures for buckling using correction response surface approximations[C]//7th AIAA/USAF/NASA/ISSMO Symposium on Multidisciplinary Analysis and Optimization. 1998: 4855.

[140] Venter G, Haftka R, Chirehdast M, et al. Response surface approximations for fatigue life prediction[C]//38th Structures, Structural Dynamics, and Materials Conference. 1997: 1331.

[141] Rikards R, Abramovich H, Auzins J, et al. Surrogate models for optimum design of stiffened composite shells[J]. Composite Structures, 2004, 63(2): 243-251.

[142] 李烁, 徐元铭, 张俊. 复合材料加筋结构的神经网络响应面优化设计 [J]. 机械工程学报, 2006, 42(11): 115-119.

[143] 荣晓敏, 徐元铭, 吴德财. 复合材料格栅结构优化设计中的计算智能技术 [J]. 北京航空航天大学学报, 2006, 32(8): 926-929.

[144] 周思达, 刘莉, 朱华光. 网格整体加筋贮箱圆筒壳结构优化设计 [J]. 南京航空航天大学学报, 2010, 42(3): 363-368.

[145] Hao P, Wang B, Li G. Surrogate-based optimum design for stiffened shells with adaptive sampling[J]. AIAA Journal, 2012, 50(11): 2389-2407.

[146] Hao P, Feng S J, Li Y W, et al. Adaptive infill sampling criterion for multi-fidelity gradient-enhanced kriging model[J]. Structural and Multidisciplinary Optimization, 2020, 62: 353-373.

[147] Hao P, Feng S, Liu H, et al. A novel Nested Stochastic Kriging model for response noise quantification and reliability analysis[J]. Computer Methods in Applied Mechanics and Engineering, 2021, 384: 113941.

[148] Tian K, Ma X, Li Z, et al. A multi-fidelity competitive sampling method for surrogate-based stacking sequence optimization of composite shells with multiple cutouts[J]. International Journal of Solids and Structures, 2020, 193: 1-12.

[149] Tian K, Li Z, Huang L, et al. Enhanced variable-fidelity surrogate-based optimization framework by Gaussian process regression and fuzzy clustering[J]. Computer Methods in Applied Mechanics and Engineering, 2020, 366: 113045.

[150] Kolahchi R, Tian K, Keshtegar B, et al. AK-GWO: a novel hybrid optimization method for accurate optimum hierarchical stiffened shells[J]. Engineering with Computers, 2020: 1-13.

[151] Chen H, Meng Z, Zhou H. A hybrid framework of efficient multi-objective optimization of stiffened shells with imperfection[J]. International Journal of Computational Methods, 2020, 17(04): 1850145.

[152] Wu H, Yan Y, Yan W, et al. Adaptive approximation-based optimization of composite advanced grid-stiffened cylinder[J]. Chinese Journal of Aeronautics, 2010, 23(4): 423-429.

[153] Mukhopadhyay T, Chakraborty S, Dey S, et al. A critical assessment of Kriging model variants for high-fidelity uncertainty quantification in dynamics of composite shells[J]. Archives of Computational Methods in Engineering, 2017, 24(3): 495-518.

[154] Luersen M A, Steeves C A, Nair P B. Curved fiber paths optimization of a composite cylindrical shell via Kriging-based approach[J]. Journal of Composite Materials, 2015, 49(29): 3583-3597.

[155] Ong Y S, Nair P B, Keane A J. Evolutionary optimization of computationally expensive problems via surrogate modeling[J]. AIAA Journal, 2003, 41(4): 687-696.

[156] Wen J, Yang H, Jian G, et al. Energy and cost optimization of shell and tube heat exchanger with helical baffles using Kriging metamodel based on MOGA[J]. International Journal of Heat and Mass Transfer, 2016, 98: 29-39.

[157] Tjong W F, Kanok-Nukulchai W. A Kriging-based Finite Element Method for Analyses of Shell Structures[D]. Petra Christian University, 2008.

[158] 王晓军, 王磊, 邱志平. 结构可靠性分析与优化设计的非概率集合理论 [M]. 北京: 科学出版社, 2016.

[159] 吕震宙，冯蕴雯. 结构可靠性问题研究的若干进展 [J]. 力学进展, 2000, 30(1): 21-28.

[160] Meng Z, Yang D, Zhou H, et al. Convergence control of single loop approach for reliability-based design optimization[J]. Structural and Multidisciplinary Optimization, 2018, 57(3): 1079-1091.

[161] Hao P, Wang Y, Liu C, et al. Hierarchical nondeterministic optimization of curvilinearly stiffened panel with multicutouts[J]. AIAA Journal, 2018, 56(10): 4180-4194.

[162] Wang Z, Almeida J H S, Jr, St-Pierre L, et al. Reliability-based buckling optimization with an accelerated Kriging metamodel for filament-wound variable angle tow composite cylinders[J]. Composite Structures, 2020, 254: 112821.

第 2 章　工程薄壳稳定性数值分析方法

2.1　引　　言

屈曲载荷预测是工程薄壳结构分析中具有挑战性的问题。在早期研究中，主要采用解析方法进行屈曲载荷计算。20 世纪 90 年代初期，Timoshenko 等 [1] 建立了完善的薄壳结构经典小挠度理论，并给出了相应的微分方程及解的表达式。在经典小挠度理论中，假设薄壳结构在发生屈曲失稳前的应力状态是无矩状态，这可使薄壳结构的平衡方程线性化。1934 年，Donnell[2] 采用非线性大挠度理论计算薄壳结构的后屈曲状态，标志着近代稳定理论的起步。1941 年，Von Karman 和钱学森 [3] 从求解非线性大挠度方程出发，发展了后屈曲分析的一般方法。1964 年，Stein[4] 抛弃了非线性大挠度理论中对壳体前屈曲状态的薄膜应力假设，提出了前屈曲一致性理论，采用与边界方程相一致的非线性有矩方程来表示壳体的前屈曲状态，但该理论只适用于完善薄壳结构的分叉点的预测。早期解析方法更多关注理想壳体的屈曲载荷预测，但是难以解释实验值与经典弹性理论预测值存在的巨大差异。Koiter[5] 通过能量原理和能量准则给出了完善结构的失稳临界载荷，用分支点附近的总位能增量的高阶变分，研究了结构在无限邻近分叉点处的初始后屈曲阶段的平衡路径，并首次提出了缺陷敏感度的概念，这一里程碑式的研究成果揭示了缺陷是导致实验偏差过大的主要原因。后续 Budiansky[6,7] 和 Hutchinson 等 [8,9] 对 Koiter 初始后屈曲理论进行了丰富和扩展。

近年来，随着结构尺寸增加和结构层级丰富，工程薄壳越来越多地采用复合材料 [10−12] 等轻质材料或加筋 [13,14] 等轻质构型。薄壳结构自身的复杂性使得结构屈曲行为变得更为复杂。在以轴压载荷为代表的外部载荷作用下，薄壳结构往往呈现出线性屈曲–非线性后屈曲–压溃破坏的行为。为了准确追踪薄壳结构完整的平衡路径，必须综合考虑结构在加载过程中初始几何缺陷、材料特性的变化和几何构型的改变等非线性因素的影响，这远非经典弹性稳定理论所能囊括。随着计算能力的飞速提高，数值分析方法的普适性和高效性日益凸显，成为求解薄壳屈曲和后屈曲行为最有效的途径。其中有限元法是最具代表性的数值稳定性分析方法，能够同时考虑薄壳结构的几何非线性和材料非线性，并且能够准确地模拟边界条件、载荷施加方式、结构性开口、筋条形貌等模型细节。目前以板壳屈曲理论为基础的稳定性数值分析方法已集成于 ABAQUS 和 ANSYS 等商用有限元软件中，主要包括：特征值屈曲分析方法（Lanczos 法，子空间法等），隐式算法（弧长法，隐式动力学法等）和显式算法（显式动力学法等）。Wodesenbet 等 [15] 在 ANSYS 软件中建立了复合材料加筋圆柱壳的有限元模型，并采用 Lanczos 特征值屈曲分析方法获得了加筋薄壳结构的线性屈曲载荷和屈曲模态，进而通过参数分析确定了加筋圆柱壳的最优结构参数。Rahimi 等 [16] 分析了复合材料三角形加筋圆柱壳在轴压工况下的屈曲行为。Morozov 等 [17] 和张明利 [18] 基于特征值屈曲分析方法预测了等三角形加筋圆柱壳的整体型屈曲失稳载荷、筋条和蒙皮的局部型屈曲载荷。龙连春等 [19] 基于 APDL 语言建立了薄壁加筋圆柱壳的参数化有限元模型，并基于特征值屈曲分析方法研究了筋条数目对屈曲载荷和屈曲模态的影响。吴浩和燕瑛等 [20] 用弧长法对先进格栅加筋薄壳结构的后屈曲载荷进行求解，结果表明这种方法相比传统的以线性屈曲载荷为极限载荷的设计方法可进一步提高结构承载效率。李庆亚和董萼良等 [21] 对比了加筋圆柱壳后屈曲数值分析方法：弧长法、隐式动力学法和显式动力学法，并开展了轴压加筋薄壳结构后屈曲行为研究，以计算精度和计算效率为评价指标对上述方法进行了评估。赵雨浓等 [22] 基于非线性隐式动力学方法进行了多级加筋圆柱壳的后屈曲分析。郝鹏等 [23] 和王博等 [24] 针对加筋薄壳结构建立了高精度的显式动力学后屈曲分析方法，可有效捕捉后屈曲载荷与失稳波形，具有较强的计算稳定性，经与实验结果对比，验证了显式动力学后屈曲分析方法具有较高的预测精度。其后，显式动力学方法被应用至各类复杂薄壳结构的后屈曲分析及优化设计 [23,25]。

本节将介绍常用的稳定性数值分析方法，包括瑞利–里茨法、特征值分析方法、隐式分析方法、显式动力学分析方法，分析不同方法的特点，并为后续优化设计提供有效的数值分析手段。

2.2 瑞利–里茨法

根据能量原理可知，在受压情况下薄壳结构从平面状态进入邻近的弯曲状态时，外部荷载所做的功等于形变势能的增加量。基于 Whitney[26] 提出的瑞利–里茨法（Rayleigh-Ritz Method），在屈曲临界状态时，由屈曲位移所引起的系统总势能 Π 由应变能 U_s 和外力功 W_e 所组成：

$$\Pi = U_s + W_e \tag{2-1}$$

其中应变能 U_s 表达式如下：

$$U_s = \frac{1}{2}\int_0^{2\pi R}\int_0^{L}\left(N_x\varepsilon_x + N_y\varepsilon_y + N_{xy}\gamma_{xy} + M_x\kappa_x + M_y\kappa_y + M_{xy}\kappa_{xy}\right)\mathrm{d}x\mathrm{d}y \tag{2-2}$$

式中，N 和 M 分别代表外力和外力矩，ε、γ 和 κ 分别代表面内应变、剪应变和曲率，L 代表薄壳高度，R 代表薄壳半径，薄壳坐标系如图 2.1 所示。

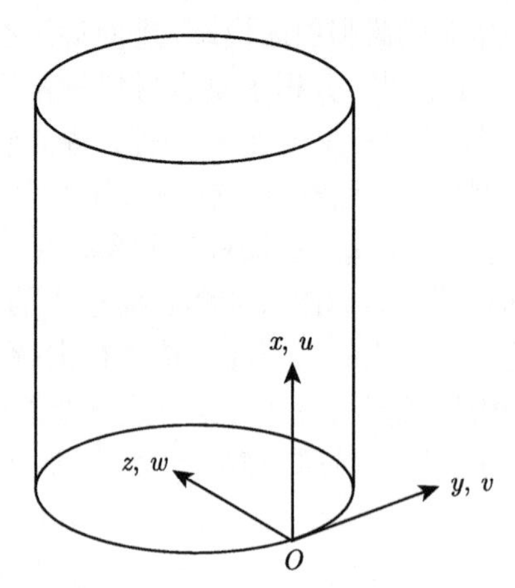

图 2.1　薄壳结构坐标示意图

根据经典层合板理论，一个等效的连续体平板结构的平衡方程可以表达为

$$\begin{bmatrix} \boldsymbol{N} \\ \boldsymbol{M} \end{bmatrix} = \begin{bmatrix} \boldsymbol{A} & \boldsymbol{B} \\ \boldsymbol{B} & \boldsymbol{D} \end{bmatrix} \begin{bmatrix} \boldsymbol{\varepsilon} \\ \boldsymbol{\kappa} \end{bmatrix} \tag{2-3}$$

$$\boldsymbol{\varepsilon} = \begin{bmatrix} \varepsilon_x \\ \varepsilon_y \\ \lambda_{xy} \end{bmatrix}, \quad \boldsymbol{\kappa} = \begin{bmatrix} \kappa_x \\ \kappa_y \\ \kappa_{xy} \end{bmatrix}, \quad \boldsymbol{N} = \begin{bmatrix} N_x \\ N_y \\ N_{xy} \end{bmatrix}, \quad \boldsymbol{M} = \begin{bmatrix} M_x \\ M_y \\ M_{xy} \end{bmatrix} \tag{2-4}$$

$$\begin{aligned} &\varepsilon_x = \frac{\partial u}{\partial x}, \quad \varepsilon_y = \frac{\partial v}{\partial y} - \frac{w}{\mathrm{R}}, \quad \gamma_{xy} = \frac{\partial u}{\partial y} + \frac{\partial v}{\partial x} \\ &\kappa_x = -\frac{\partial^2 w}{\partial x^2}, \quad \kappa_y = -\frac{\partial^2 w}{\partial y^2}, \quad \kappa_{xy} = -2\frac{\partial^2 w}{\partial x \partial y} \end{aligned} \tag{2-5}$$

$$\boldsymbol{A} = [A_{ij}], \quad \boldsymbol{B} = [B_{ij}], \quad \boldsymbol{D} = [D_{ij}] \tag{2-6}$$

式中，u、v 和 w 代表圆柱壳轴向、环向和径向位移分量。A_{ij}、B_{ij} 和 D_{ij} 分别代表结构的拉伸刚度、耦合刚度和弯曲刚度系数。将上述公式代入应变能公式中，

得到

$$
\begin{aligned}
U_s = \frac{1}{2}\int_0^{2\pi R}\int_0^L & \left[A_{11}\varepsilon_x^2 + 2A_{12}\varepsilon_x\varepsilon_y + A_{22}\varepsilon_y^2 + A_{66}\gamma_{xy}^2 + D_{11}\kappa_x^2\right. \\
& + 2D_{12}\kappa_x\kappa_y + D_{22}\kappa_y^2 + D_{66}\kappa_{xy}^2 \\
& \left. + 2\left(B_{11}\kappa_x\varepsilon_x + B_{12}\kappa_y\varepsilon_x + B_{21}\kappa_x\varepsilon_y + B_{22}\kappa_y\varepsilon_y + B_{66}\kappa_{xy}\varepsilon_{xy}\right)\right]\mathrm{d}x\mathrm{d}y
\end{aligned}
\tag{2-7}
$$

外力功 W_e 表达式为

$$
W_e = -\int_0^{2\pi R}\int_0^L P_{cr}^e R w \kappa_y \mathrm{d}x\mathrm{d}y - \frac{1}{2}\int_0^{2\pi R}\int_0^L \frac{P_{cr}^a}{2\pi R}\left(\frac{\partial w}{\partial x}\right)^2 \mathrm{d}x\mathrm{d}y \tag{2-8}
$$

当 $P_{cr}^e = 0$，P_{cr}^a 代表了轴压工况下薄壳结构的轴压屈曲载荷；当 $P_{cr}^a = 0$，P_{cr}^e 代表了内压工况（或者外压工况）薄壳结构的内压（或者外压）屈曲载荷；当这两项都不为零时，代表结构受到轴内压工况（或者轴外压工况），将给定的内压（或者外压）值 P_{cr}^e 代入公式中，求解出的 P_{cr}^a 值即代表了轴内压（或者轴外压工况）组合工况下薄壳结构的屈曲载荷。

根据薄壳屈曲模态的变形特征，可用傅里叶级数来表达简支边界条件下薄壳屈曲时的位移分量：

$$
u = \sum_{m=1}^{\infty}\sum_{n=1}^{\infty} A_{mn}\cos(m\alpha x)\sin(n\beta y) \tag{2-9}
$$

$$
v = \sum_{m=1}^{\infty}\sum_{n=1}^{\infty} B_{mn}\sin(m\alpha x)\cos(n\beta y) \tag{2-10}
$$

$$
w = \sum_{m=1}^{\infty}\sum_{n=1}^{\infty} C_{mn}\sin(m\alpha x)\sin(n\beta y) \tag{2-11}
$$

式中, $\alpha = \pi/L$，$\beta = 1/R$，m 为轴向半波数，n 为环向整波数。

将上述公式代入总势能表达式中，可得到总势能 Π 关于 A_{mn}、B_{mn} 和 C_{mn} 的函数。基于最小总势能原理，令 Π 关于 A_{mn}、B_{mn} 和 C_{mn} 的一阶偏导数均为零，则可推导得出薄壳结构整体型屈曲载荷 P_g：

$$
P_g = \frac{2R}{\pi}\left(\frac{L}{m}\right)^2 \frac{\begin{vmatrix} K_{11} & K_{12} & K_{13} \\ K_{21} & K_{22} & K_{23} \\ K_{31} & K_{32} & K_{33} \end{vmatrix}}{\begin{vmatrix} K_{11} & K_{12} \\ K_{21} & K_{22} \end{vmatrix}} \tag{2-12}
$$

$$K_{11} = A_{11}\left(\frac{m\pi}{L}\right)^2 + A_{66}\left(\frac{n}{R}\right)^2 - 2A_{16}\left(\frac{m\pi}{L}\right)\left(\frac{n}{R}\right) \tag{2-13}$$

$$K_{22} = A_{22}\left(\frac{n}{R}\right)^2 + A_{66}\left(\frac{m\pi}{L}\right)^2 - 2A_{26}\left(\frac{m\pi}{L}\right)\left(\frac{n}{R}\right) \tag{2-14}$$

$$\begin{aligned} K_{33} = & 2\left(D_{12}+2D_{66}\right)\left(\frac{m\pi}{L}\right)^2\left(\frac{n}{R}\right)^2 + D_{11}\left(\frac{m\pi}{L}\right)^4 + D_{22}\left(\frac{n}{R}\right)^4 \\ & - 4D_{16}\left(\frac{m\pi}{L}\right)^3\left(\frac{n}{R}\right) - 4D_{26}\left(\frac{m\pi}{L}\right)\left(\frac{n}{R}\right)^3 \end{aligned} \tag{2-15}$$

$$K_{12} = K_{21} = \left(A_{12}+A_{66}\right)\left(\frac{m\pi}{L}\right)\left(\frac{n}{R}\right) - A_{16}\left(\frac{m\pi}{L}\right)^2 - A_{26}\left(\frac{n}{R}\right)^2 \tag{2-16}$$

$$\begin{aligned} K_{13} = K_{31} = & - B_{11}\left(\frac{m\pi}{L}\right)^3 - \left(B_{12}+2B_{66}\right)\left(\frac{m\pi}{L}\right)\left(\frac{n}{R}\right)^2 \\ & + 3B_{16}\left(\frac{m\pi}{L}\right)^2\left(\frac{n}{R}\right) + B_{26}\left(\frac{n}{R}\right)^3 \end{aligned} \tag{2-17}$$

$$\begin{aligned} K_{23} = K_{32} = & - B_{22}\left(\frac{n}{R}\right)^3 - \left(B_{12}+2B_{66}\right)\left(\frac{m\pi}{L}\right)^2\left(\frac{n}{R}\right) \\ & + B_{16}\left(\frac{m\pi}{L}\right)^3 + 3B_{26}\left(\frac{m\pi}{L}\right)\left(\frac{n}{R}\right)^2 \end{aligned} \tag{2-18}$$

通过改变上述公式中 m 和 n 的值即可得到一系列屈曲载荷值，其中的最小值即为结构临界整体屈曲载荷，相对应的 m 和 n 值即为结构临界整体型屈曲模态的波数。通过上述瑞利–里茨法，即可快速计算出薄壳结构的线性整体屈曲载荷值。对于结构局部屈曲载荷，可对局部蒙皮或筋条施加适合的边界条件后，利用瑞利–里茨法求解。

2.3 特征值分析方法

在薄壳结构的初始设计阶段，常采用特征值屈曲分析方法来快速评估结构的线性屈曲载荷值。特征值屈曲分析方法，也称为线性屈曲分析方法。特征值屈曲分析方法考虑了结构的应力刚化效应。随着压应力逐渐增加，结构抵抗横向载荷的能力逐渐减小。当压应力增加到一定程度时，负的应力刚度将超过结构刚度，导致结构发生屈曲行为。

特征值屈曲问题的有限元方程可以写为

$$\{\boldsymbol{K} + \lambda\boldsymbol{G}\}\boldsymbol{\Phi} = \boldsymbol{0} \tag{2-19}$$

式中，$\boldsymbol{K}$ 代表刚度阵，$\boldsymbol{G}$ 代表几何刚度阵 (也称为应力刚度阵)，$\boldsymbol{\lambda}$ 代表特征值 (即线性屈曲载荷值)，$\boldsymbol{\Phi}$ 代表特征向量 (即屈曲模态)。

通过求解这一特征值方程，即可获得结构的线性屈曲载荷值和屈曲模态。需要注意的是，线性屈曲分析假设结构屈曲前处于小变形状态，材料处于弹性状态，因此屈曲前可以采用弹性分析来求解结构内部的应力。由于忽略了前屈曲非线性，线性屈曲分析往往过高估计了结构的屈曲载荷 [27,28]。

2.4 隐式分析方法

2.4.1 牛顿–拉弗森法

对于轴压下的薄壳结构，随着逐步加载结构可能呈现线性屈曲–非线性后屈曲–压溃破坏的行为，结构出现线性屈曲并不意味着丧失承载能力，随后进入非线性后屈曲状态后结构仍可继续承载，因此有必要对薄壳结构进行非线性后屈曲分析以获得其极限承载力。在结构非线性有限元分析中，平衡方程建立在变形后的构型上，而变形后的构型又是未知的、待求的，因此非线性有限元方程一般需要迭代求解。求解非线性有限元方程的通用方法是增量–迭代方法，即总的外载荷分成若干个载荷增量步而逐级加载，在每一个载荷增量步内采用平衡迭代，进而追踪薄壳结构的整个平衡路径。其中牛顿–拉弗森 (Newton-Raphson，N-R) 法是一种常用分析方法。一般来讲，基于准静态增量加载法的牛顿–拉弗森迭代可以较好地模拟结构的屈曲失稳演化历程。

假设结构在分析中的非线性平衡方程为

$$\boldsymbol{F}(\boldsymbol{u}) = \boldsymbol{R}(\boldsymbol{u}) - \boldsymbol{P} = \boldsymbol{0} \tag{2-20}$$

式中，$\boldsymbol{u}$ 为待求未知量，$\boldsymbol{P}$ 为独立于 $\boldsymbol{u}$ 的已知矢量，$\boldsymbol{R}(\boldsymbol{u})$ 为关于 $\boldsymbol{u}$ 的非线性函数。

对平衡方程中的 $\boldsymbol{F}(\boldsymbol{u})$ 在某一点 $\boldsymbol{u}_n$ 处作泰勒展开并只保留线性项，即

$$\boldsymbol{F}(\boldsymbol{u}_{n+1}) \approx \boldsymbol{F}(\boldsymbol{u}_n) + \left(\frac{\mathrm{d}\boldsymbol{F}}{\mathrm{d}\boldsymbol{u}}\right)_n \Delta\boldsymbol{u}_n = 0 \tag{2-21}$$

式中，$\dfrac{\mathrm{d}\boldsymbol{F}}{\mathrm{d}\boldsymbol{u}}$ 为切线矩阵，即

$$\boldsymbol{K}_T(\boldsymbol{u}) \approx \frac{\mathrm{d}\boldsymbol{F}}{\mathrm{d}\boldsymbol{u}} \approx \frac{\mathrm{d}\boldsymbol{R}}{\mathrm{d}\boldsymbol{u}} \tag{2-22}$$

因此，由式 (2-21) 可得

$$\Delta\boldsymbol{u}_n = (\boldsymbol{K}_{Tn})^{-1}(\boldsymbol{P} - \boldsymbol{R}_n) \tag{2-23}$$

于是得到牛顿–拉弗森方法的迭代公式：

$$\boldsymbol{u}_{n+1} = \boldsymbol{u}_n + \Delta \boldsymbol{u}_n \tag{2-24}$$

这种迭代方法可以使每个载荷增量的末端解达到收敛，从而有效减少累积误差。但每次迭代都需重新计算结构的切线刚度和不平衡力，并不断校正平衡解，需要进行不断的迭代，易产生收敛性问题。

2.4.2　弧长法

对于一些物理意义上不稳定的非线性静力分析问题，仅使用牛顿–拉弗森法可能会使切线刚度矩阵变为降秩矩阵，这将导致严重的收敛性问题。而弧长法可以较好地解决此类问题 [29,30]，其本质是一个 N 维空间中描述结构的平衡路径，而增量载荷的控制参数不作为整体变量，仅在原有结构平衡方程的基础上追加一个约束条件。不同的约束条件即对应不同的弧长法，如等弧长法 [31]、球面弧长法 [32]、加权修正弧长法 [33] 等。

目前，采用隐式后屈曲分析来求解结构非线性稳定性问题时普遍采用的是 Crisfield 等 [29] 改进的弧长法，该方法可以有效地跟踪加载过程中结构的载荷–位移全过程，直至发生破坏失效并最终获得结构的承载能力。

在结构非线性静力分析中，结构平衡方程可写为

$$\boldsymbol{F}(\boldsymbol{u}, \lambda) = \boldsymbol{q}_{\text{int}}(\boldsymbol{u}, \lambda) - \lambda \boldsymbol{q}_{\text{ext}} = \boldsymbol{0} \tag{2-25}$$

$$\boldsymbol{u}_{i+1} = \boldsymbol{u}_i + \Delta \boldsymbol{u}_{i+1} \tag{2-26}$$

$$\lambda_{i+1} = \lambda_i + \Delta \lambda_{i+1} \tag{2-27}$$

式中，$\boldsymbol{F}(\boldsymbol{u}, \lambda)$ 为不平衡力矢量，$\boldsymbol{q}_{\text{int}}$ 和 $\boldsymbol{q}_{\text{ext}}$ 分别为内力和外载荷矢量，$\Delta \boldsymbol{u}_i$ 和 $\Delta \lambda_i$ 分别为第 i 个增量步的总位移和总载荷增量。

在非线性跟踪分析中，适当调整每个增步中的弧长增量，对于最终是否能够达到计算收敛极为重要。为此，Crisfield[29] 建议了一种改进的约束方程：

$$(\Delta \boldsymbol{u}_i)^{\mathrm{T}} (\Delta \boldsymbol{u}_i) = \Delta l^2 \tag{2-28}$$

式中，Δl 为第 i 个增量步的弧长。

为了避免破坏刚度矩阵的对称性和带宽特性，λ 不作为整体变量。将迭代变形 $\boldsymbol{\delta}_i$ 分解为两个部分：

$$\boldsymbol{\delta}_i = -\boldsymbol{K}^{-1} \boldsymbol{F}(\lambda_i + \delta \lambda_i) = \boldsymbol{\delta}_i(\lambda_i) + \delta \lambda_i \boldsymbol{\delta}_T \tag{2-29}$$

新的变形增量为

$$\Delta \boldsymbol{u}_{i+1} = \Delta \boldsymbol{u}_i + \boldsymbol{\delta}_i \tag{2-30}$$

式中，$\boldsymbol{\delta}_T$ 为切线位移矢量，$\boldsymbol{K}$ 为切线刚度矩阵。将式 (2-29) 和式 (2-30) 代入式 (2-28) 后可得到关于未知载荷增量 $\delta\lambda_i$ 的二次方程，求解该方程即可跟踪结构的静力平衡路径。

2.5 显式动力学方法

显式动力学方法可以模拟薄壳结构的准静态加载过程，进而准确模拟结构后屈曲行为，预测得到结构极限承载力，该方法稳健、不存在收敛性问题，其控制方程的矩阵形式如下 [34]：

$$\boldsymbol{M}\boldsymbol{a}_t = \boldsymbol{F}_t^{\text{ext}} - \boldsymbol{F}_t^{\text{int}} - \boldsymbol{C}\boldsymbol{V}_t - \boldsymbol{K}\boldsymbol{U}_t \tag{2-31}$$

式中，$\boldsymbol{M}$ 为质量阵，$\boldsymbol{a}$ 为节点加速度矢量，$\boldsymbol{C}$ 为阻尼阵，$\boldsymbol{K}$ 为刚度阵，$\boldsymbol{V}$ 为节点速度矢量，$\boldsymbol{U}$ 为节点位移矢量，t 为时间，$\boldsymbol{F}_t^{\text{ext}}$ 为外力矢量，$\boldsymbol{F}_t^{\text{int}}$ 为内力矢量。

基于中心差分法对给出的控制方程进行显式的时间积分，根据一个增量步的动力学条件去计算下一个增量步的动力学条件：

$$\boldsymbol{a}_t = (\boldsymbol{U}_{t-\Delta t} - 2\boldsymbol{U}_t + \boldsymbol{U}_{t+\Delta t})/\Delta t^2 \tag{2-32}$$

$$\boldsymbol{V}_t = (\boldsymbol{U}_{t+\Delta t} - \boldsymbol{U}_{t-\Delta t})/2\Delta t \tag{2-33}$$

式中，Δt 代表时间增量。将式 (2-32) 和式 (2-33) 代入式 (2-31)，则原方程可表达为

$$\left(\frac{\boldsymbol{M}}{\Delta t^2} + \frac{\boldsymbol{C}}{2\Delta t}\right)\boldsymbol{U}_{t+\Delta t} = \boldsymbol{F}_t^{\text{ext}} - \boldsymbol{F}_t^{\text{int}} + \left(\frac{2\boldsymbol{M}}{\Delta t^2} - \boldsymbol{K}\right)\boldsymbol{U}_t - \left(\frac{\boldsymbol{M}}{\Delta t^2} - \frac{\boldsymbol{C}}{2\Delta t}\right)\boldsymbol{U}_{t-\Delta t} \tag{2-34}$$

从式 (2-34) 可以看出，待求的 $\boldsymbol{U}_{t+\Delta t}$ 仅由 $\boldsymbol{U}_t$ 和 $\boldsymbol{U}_{t-\Delta t}$ 决定，因此运动方程可直接求解，不需要像隐式算法中求解整体切线刚度矩阵而反复迭代，因此显式动力学方法不存在收敛性问题。

需要指出的是，显式动力学方法要求只有时间增量 Δt 非常小时，才能保证计算的精确性。如果时间增量大于稳定极限 Δt_{stable}，容易造成计算过程不稳定。稳定极限 Δt_{stable} 可基于逐个单元进行估算：

$$\Delta t_{\text{stable}} = \frac{L^e}{c_d} \tag{2-35}$$

$$c_d = \sqrt{\frac{E}{\rho}} \tag{2-36}$$

式中，L^e 为单元长度，c_d 为材料波速，E 为材料弹性模量，ρ 为材料密度。

由上式可知，有限元模型中的最小单元尺寸直接影响着显式动力学方法的计算效率，当有限元模型中有小尺寸加筋或者复杂结构细节时，往往导致最小单元尺寸较小，容易导致显式动力学计算时长过长。同时，为了保证显式动力学方法的计算稳定性，应尽量选择接近但不超过稳定极限的时间增量。显式动力学分析计算时长受模型最小单元尺寸和单元数影响较大，且加载速度过大带来的波动效应会对计算结果产生影响，因此应根据实际情况合理选择单元尺寸及加载速度等参数。

综上，对常用的工程薄壳稳定性数值分析方法从适用范围及方法特点两个方面进行了比较，如表 2.1。综合来看，不同的稳定性数值分析方法各有利弊：瑞利–里茨法适用于特定的载荷工况及边界条件，在适用范围上具有一定的局限性，但其计算效率较高；特征值分析方法适用于特征值线性屈曲载荷求解，计算效率适中，但无法考虑薄壳结构的前屈曲非线性和后屈曲承载能力，较多用于薄壳结构初始设计阶段；牛顿–拉弗森法适用于非线性前屈曲路径求解，但存在收敛问题，在很多情况下难以捕捉后屈曲载荷，计算效率适中；弧长法适用于非线性前屈曲和后屈曲路径求解，同样存在收敛问题，计算效率适中；显式动力学方法适用于非线性前屈曲和后屈曲路径求解，计算稳定、不存在收敛问题，但计算成本过大，主要用于薄壳结构精细设计阶段。

表 2.1 工程薄壳稳定性数值分析方法对比

数值方法	适用范围	方法特点
瑞利–里茨法	适用于特定的载荷工况及边界条件	基于能量原理，计算效率高
特征值分析方法	适用于特征值线性屈曲问题求解	计算效率适中
牛顿–拉弗森法	适用于非线性前屈曲路径求解	存在收敛问题，计算效率适中
弧长法	适用于非线性前屈曲和后屈曲路径求解	存在收敛问题，计算效率适中
显式动力学方法	适用于非线性前屈曲和后屈曲路径求解	无收敛问题，计算效率较低

参 考 文 献

[1] Timoshenko S P, Gere J M. Theory of Elastic Stability[M]. New York: McGraw-Hill, 1936: 285-286.

[2] Donnell L H. A new theory for the buckling of thin cylinders under axial compression and bending[J]. Trans. ASME, 1934, 56(3-11): 795-806.

[3] Von Karman, Tsien H S. The buckling of thin cylinders under axial compression[J]. Journal of Aeronaut. Sci., 1941, 8: 303-312.

[4] Stein M. The influence of prebuckling deformations and stresses on the buckling of perfect cylinders[R]. NASA TR R-190, 1964.

[5] Koiter W T. On the stability of elastic equilibrium[D]. Amsterdam: University of Delft, 1945.

[6] Budiansky B, Hutchinson J W. Dynamic Buckling of Imperfection-Sensitive Structures[M] //Applied Mechanics. Berlin, Heidelberg: Springer, 1966: 636-651.

[7] Budiansky B. Theory of Buckling and Post-Buckling Behavior of Elastic Structures[M] //Advances in Applied Mechanics. Elsevier, 1974, 14: 1-65.

[8] Hutchinson J W. Axial buckling of pressurized imperfect cylindrical shells[J]. AIAA Journal, 1965, 3(3-8): 1461-1466.

[9] Hutchinson J W. Imperfection sensitivity of externally pressurized spherical shells[J]. Journal of Applied Mechanics 1967, 34: 39-55.

[10] Topal U. Multiobjective optimization of laminated composite cylindrical shells for maximum frequency and buckling load[J]. Materials & Design, 2009, 30(7): 2584-2594.

[11] Wagner H N R, Köke H, Dähne S, et al. Decision tree-based machine learning to optimize the laminate stacking of composite cylinders for maximum buckling load and minimum imperfection sensitivity[J]. Composite Structures, 2019, 220: 45-63.

[12] Tian K, Wang B, Zhou Y, et al. Proper-orthogonal-decomposition-based buckling analysis and optimization of hybrid fiber composite shells[J]. AIAA Journal, 2018, 56(3-5): 1723-1730.

[13] Hao P, Wang B, Du K, et al. Imperfection-insensitive design of stiffened conical shells based on equivalent multiple perturbation load approach[J]. Composite Structures, 2016, 136: 405-413.

[14] Hao P, Wang B, Li G, et al. Hybrid optimization of hierarchical stiffened shells based on reduce-order method and finite element method[J]. Thin-Walled Structures, 2014, 82: 46-54.

[15] Wodesenbet E, Kidane S, Pang S S. Optimization for buckling loads of grid stiffened composite panels[J]. Composite Structures, 2003, 60(2): 159-169.

[16] Rahimi G H, Zandi M, Rasouli S F. Analysis of the effect of stiffener profile on buckling strength in composite isogrid stiffened shell under axial loading[J]. Aerospace Science and Technology, 2013, 24(1): 198-203.

[17] Morozov E V, Lopatin A V, Nesterov V A. Finite-element modelling and buckling analysis of anisogrid composite lattice cylindrical shells[J]. Composite Structures, 2011, 93(2): 308-323.

[18] 张明利. ISOGRID 加筋圆柱壳的力学性能分析 [D]. 北京: 北京工业大学, 2009.

[19] 龙连春, 赵斌, 陈兴华. 薄壁加筋圆柱壳稳定性分析及优化 [J]. 北京工业大学学报, 2012, 38(7): 997-1003.

[20] Wu H, Yang Y, Yan W, et al. Adaptive approximation-based optimization of composite advanced grid-stiffened cylinder[J]. Chinese Journal of Aeronautics, 2010, 23(4): 423-429.

[21] 李庆亚, 谭福颖, 乔玲, 等. 薄壁加筋圆柱壳后屈曲分析方法研究 [J]. 固体火箭技术, 2015, 38(4): 541-548.

[22] Zhao Y N, Chen M, Yang F, et al. Optimal design of hierarchical grid-stiffened shells based on linear buckling and nonlinear collapse analyses[J]. Thin-Walled Structures,

2017, 119: 315-323.

[23] Hao P, Wang B, Li G, et al. Surrogate-based optimization of stiffened shells including load-carrying capacity and imperfection sensitivity[J]. Thin-Walled Structures, 2013, 72: 164-174.

[24] Wang B, Du K F, Hao P, et al. Numerically and experimentally predicted knockdown factors for stiffened shells under axial compression[J]. Thin-Walled Structures, 2016, 109: 13-24.

[25] Wang B, Hao P, Li G, et al. Optimum design of hierarchical stiffened shells for low imperfection sensitivity[J]. Acta Mechanica Sinica, 2014, 30(3): 391-402.

[26] Whitney J M. Structural Analysis of Laminated Anisotropic Plates[M]. Lancaster: Technomic, 1987.

[27] Brendel B, Ramm E. Linear and nonlinear stability analysis of cylindrical shells[J]. Computers & Structures, 1980, 12(3-4): 549-558.

[28] Chang S C, Chen J J. Effectiveness of linear bifurcation analysis for predicting the nonlinear stability limits of structures[J]. International Journal for Numerical Methods in Engineering, 1986, 23(3-5): 831-846.

[29] Crisfield M A. A fast incremental/iterative solution procedure that handles "snap-through"[J]. Computers & Structures, 1981, 13(3-1): 55-62.

[30] Powell G, Simons J. Improved iteration strategy for nonlinear structures[J]. International Journal for Numerical Methods in Engineering, 2005, 17(10): 1455-1467.

[31] Riks E. An incremental approach to the solution of snapping and buckling problems[J]. International Journal of Solids and Structures, 1979, 15(7): 529-551.

[32] Carrera E. A study on arc-length-type methods and their operation failures illustrated by a simple model[J]. Computers & Structures, 1994, 50(2): 217-229.

[33] Zhu J F, Chu X T. An improved arc-length method and application in the post-buckling analysis for composite structures[J]. Applied Mathematics and Mechanics, 2002, 23(9): 1081-1088.

[34] Dokainish M A, Subbaraj K. A survey of direct time-integration methods in computational structural dynamics—I. explicit methods[J]. Computers & Structures, 1989, 32(6): 1371-1386.

第 3 章　工程薄壳高效线性屈曲分析方法

3.1　引　　言

近年来，随着航空航天装备结构尺寸的跨越式提升，作为主承力结构的工程薄壳结构的尺寸也大幅度地提高，导致薄壳结构的数值稳定性分析耗时激增，屈曲分析效率难题限制了其在快速设计及大规模结构优化中的应用。针对小直径 (3 m)、大直径 (5 m)、超大直径 (9 m) 加筋薄壳结构开展特征值屈曲分析，基于主流计算机配置，大直径和超大直径加筋薄壳结构的分析耗时分别约为小直径的 7 倍和 77 倍，可见结构尺寸的增大直接导致了屈曲分析耗时激增。因此，为了保证弹箭体结构的设计及研发周期，亟须针对薄壳结构开展高效线性屈曲分析方法的研究。常见的高效线性屈曲分析方法主要从结构等效和模型降阶两个角度来提高屈曲分析效率。

(1) 基于结构等效的薄壳结构高效线性屈曲分析方法。

针对加筋圆柱壳结构，最具代表性的分析方法为等效刚度法 (Smeared Stiffener Method, SSM)。SSM 最早由 Chen 和 Tsai[1] 提出，首先解析地获得筋条和蒙皮的等效刚度系数，进而将两者直接叠加获得加筋圆柱壳的等效刚度系数，最后基于瑞利–里茨法计算加筋圆柱壳的线性屈曲载荷值。张志峰 [2]，任明法等 [3]，石姗姗等 [4]，Vasiliev 等 [5] 和 Buragohain 等 [6,7]，分别基于 SSM 开展了复合材料加筋圆柱壳和格栅结构的高效线性屈曲分析与优化设计，在分析效率上具有显著优势。郝鹏等 [8] 针对多级加筋圆柱壳结构推导了 SSM 公式，大幅提高了初步设计阶段的分析效率。针对某些算例 [9,10] 中屈曲载荷的预测结果不准确，Zhang 等 [11] 考虑了筋条偏心导致的拉弯耦合刚度，提高了 SSM 的预测精度。Kidane 等 [12] 和 Wodesenbet 等 [13] 通过对加筋单胞进行内力和内力矩分析，解析地获得了加筋圆柱壳的等效刚度系数，然而该方法并没有考虑耦合刚度及筋条的横向应变和剪切应变的影响。在此基础上，Jaunky 等 [14] 基于最小总势能原理和静力条件对该方法进行了修正，可以考虑耦合刚度的影响，但却仅适用于对称铺层的复合材料加筋圆柱壳结构。为克服这一局限性，吴德财和徐元铭等 [15,16] 根据加筋单胞的受力特征提出了新的确定中性面的假设，建立了适用于多种加筋平板构型的等效方法。此外，范华林等 [17]、孙方方等 [18] 针对格栅结构和加筋圆柱壳结构，建立了高效的连续介质力学等效方法，形成了简便有效的等效分析模型，并通过面内承压实验和三点弯曲实验对方法的预测精度进行了验证。

对于传统的 SSM，由于采用解析法进行筋条等效，难以准确描述筋条与蒙皮之间的耦合关系，且基于梁假设的解析方法对筋条的弯曲刚度估计过高，导致预测的线性屈曲载荷普遍偏大。同时，加筋构型适用性也极大地制约着 SSM 的发展 [19]。当加筋构型变化时，SSM 均需重新进行解析推导，且当存在复杂加筋构型时推导过程将变得繁琐复杂，给选型优化设计造成了极大的难度 [19]。可以预见，加筋圆柱壳高效线性屈曲分析方法的研究趋势为借助高精度的等效方法对加筋圆柱壳进行等效，提高其预测精度及对新颖加筋构型的适用性。

相较于解析等效方法，数值等效方法具有更高的预测精度和适用性。最常用的周期性单胞结构数值等效方法有代表体元法 [20,21] 和渐近均匀化法 [22] 等。代表体元法具有非常清晰的力学概念且便于操作，但由于其不是基于严格的数学理论，导致其仅能提供等效刚度的近似估计 [23]。相较于代表体元法，渐近均匀化法基于摄动理论，具有严格的数学基础，表现出更高的预测精度 [24]。但由于其需要在每个节点上进行积分求解，导致其分析效率较低，限制了其在大规模优化设计中的应用。近年来，蔡园武和程耿东等 [24,25] 建立了渐近均匀化快速数值实现 (Numerical Implementation of Asymptotic Homogenization，NIAH) 方法，其在保证渐近均匀化法预测精度的前提下极大地提高了渐近均匀化分析效率。王博和田阔等 [26,27] 基于 NIAH 方法和瑞利—里茨法建立了数值等效刚度法 (Numerical-based Smeared Stiffener Method，NSSM)，可以快速预测加筋圆柱壳的线性屈曲载荷和屈曲模态，克服了传统的 SSM 预测精度较低、适用性较差的缺点。

(2) 基于模型降阶的薄壳结构高效线性屈曲分析方法。

为了精细地描述薄壳结构的屈曲失稳特征，如准确捕捉薄壳结构多样化的屈曲模态或者薄壳结构的开孔、焊缝等刚度突变区域的局部屈曲模态，需要划分大量的网格单元，导致建立的有限元模型规模较大，达到几十万甚至上千万个自由度。在这种情况下，基于全阶模型的有限元屈曲分析是十分耗时的，如何提高其有限元屈曲分析效率仍然是一个瓶颈问题。近年来，模型降阶技术在结构动力学等领域取得了飞速发展，其通过合理地构造减缩基，有效地降低了模型自由度，可以显著地提高结构有限元分析效率。代表性的动力模型降阶方法包括：Guyan 方法 [28,29]，模态综合法 [30]，Krylov 子空间法 [31]。特别地，针对薄壳结构，王文胜和程耿东等 [32,33] 建立了基于梁平截面假设的模型降阶方法并搭建了优化框架。在此基础上，王文胜和程耿东等 [34,35] 针对加筋圆柱壳的振动频率分析，提出了建立梁超单元和超梁降阶模型的方法，相比于传统模型降阶方法获得了更高的预测精度。针对上述方法难以准确捕捉局部振动模态的缺点，王博等 [36] 提出了一种基于多项式及梁单元形函数的模型降阶方法。

近年来，POD 方法成了一种非常有竞争力的模型降阶方法。POD 方法，也称之为 Karhunen-Loéve 分解方法，其本质为一种映射方法，可以将原空间的控制方程映射到某个正交子空间内，且需要保证系统在能量意义上映射误差最小 [37,38]。POD 方法已广泛应用于诸多领域，包括流体力学分析 [39]、结构振动分析 [40]、热传导分析 [41,42]、建筑能源预测 [43]，其在保证预测精度的前提下，有效地降低了分析效率。田阔等 [44] 基于 POD 方法推导了特征值屈曲分析的降阶有限元方程，并提出了有效的 POD 基构建及更新策略，搭建了 POD 线性屈曲分析方法。与全阶有限元方法对比表明，该方法对刚度突变的光筒壳、含开口光筒壳、加筋圆柱壳等结构的屈曲载荷和屈曲模态具有较高的预测精度，有效提高了薄壳结构的线性屈曲分析效率 [44−46]。

综上，本节将从结构等效和模型降阶两种途径出发，介绍等效刚度法、数值等效刚度法、POD 降阶屈曲分析方法、VCT(Vibvation Corvelation Technique) 方法等高效线性屈曲分析方法。为后续优化设计提供高效分析手段，从而提高工程薄壳优化效率。

3.2 等效刚度法 (SSM)

3.2.1 计算框架

SSM 是一种针对加筋圆柱壳结构的解析等效方法 [1]。对于 SSM，首先基于解析方法分别计算蒙皮和筋条的等效刚度系数，进而将这两部分进行直接叠加，获得加筋单胞的等效刚度系数：

$$\begin{aligned}[A_{ij}] &= [A_{ij}^{sk}] + [A_{ij}^{st}] \\ [B_{ij}] &= [B_{ij}^{sk}] + [B_{ij}^{st}] \\ [D_{ij}] &= [D_{ij}^{sk}] + [D_{ij}^{st}]\end{aligned} \tag{3-1}$$

式中，A_{ij}、B_{ij} 和 D_{ij} 分别代表加筋单胞的拉伸刚度、耦合刚度和弯曲刚度系数。上标 sk 和 st 分别代表蒙皮和筋条，下标 $i,j \in \{1,2,6\}$。

蒙皮的等效刚度系数可以根据经典层合板理论 [46,47] 求得

$$\begin{aligned}A_{ij}^{sk} &= \sum_{k=1}^{n} (\overline{Q}_{ij})_k (z_k - z_{k-1}) \\ B_{ij}^{sk} &= \frac{1}{2}\sum_{k=1}^{n} (\overline{Q}_{ij})_k (z_k^2 - z_{k-1}^2) \\ D_{ij}^{sk} &= \frac{1}{3}\sum_{k=1}^{n} (\overline{Q}_{ij})_k (z_k^3 - z_{k-1}^3)\end{aligned} \tag{3-2}$$

式中，$\overline{Q}_{ij}$ 代表偏轴模量，z 代表层合板沿厚度方向的坐标，k 代表层合板中的铺层序号。

基于文献 [12] 中的结构力学分析方法，可得筋条的等效刚度系数为

$$
[A_{ij}^{st}] = A^1 E_1 \begin{bmatrix} \dfrac{2c^3}{a} & \dfrac{2s^2c}{a} & 0 \\ \dfrac{2sc^2}{b} & \dfrac{2s^3+2}{b} & 0 \\ 0 & 0 & \dfrac{2sc^2}{b} \end{bmatrix}
$$

$$
[B_{ij}^{st}] = A^1 E_1 \begin{bmatrix} \dfrac{c^3t}{a} & \dfrac{s^2ct}{a} & 0 \\ \dfrac{sc^2t}{b} & \dfrac{(2s^3+2)t}{2b} & 0 \\ 0 & 0 & \dfrac{sc^2t}{b} \end{bmatrix}
$$

$$
[D_{ij}^{st}] = A^1 E_1 \begin{bmatrix} \dfrac{c^3t^2}{2a} & \dfrac{s^2ct^2}{2a} & 0 \\ \dfrac{sc^2t^2}{2b} & \dfrac{(2s^3+2)t^2}{4b} & 0 \\ 0 & 0 & \dfrac{sc^2t^2}{2b} \end{bmatrix} \tag{3-3}
$$

式中，$c = \cos\phi$，$s = \sin\phi$，ϕ 代表筋条与水平轴的夹角，通过改变夹角 ϕ 可以表征正置正交加筋构型或者三角形加筋构型。a 和 b 分别代表单胞的长度和宽度。t、A_1 和 E_1 分别代表筋条的厚度、横截面和纵向模量。需要指出的是，上述公式是针对三角形加筋单胞推导的 [12]，而对于其他复杂加筋构型，需要重新根据单胞结构特征进行重新推导。

通过上述公式，可以计算出加筋单胞的等效刚度系数 A_{ij}、B_{ij} 和 D_{ij}，将其代入 2.2 节的瑞利–里茨法公式，即可求解出加筋圆柱壳的线性屈曲载荷值及屈曲模态的波数。

3.2.2　SSM 的预测精度验证

本节以一个典型的正置正交加筋圆柱壳为例 [14]，验证 SSM 的预测精度。模型几何参数如下：圆柱壳直径 $D = 3000.0$ mm，圆柱壳高度 $L = 2000.0$ mm，蒙皮厚度 $t_s = 4.0$ mm，筋条高度 $h_r = 15.0$ mm，筋条厚度 $t_r = 9.0$ mm，环向筋条数目 $N_c = 25$，轴向筋条数目 $N_a = 90$。材料属性如表 3.1 所示：弹性模量 $E = 70000$ MPa，泊松比 $\nu = 0.33$，屈服强度 $\sigma_s = 563$ MPa，强度极限 $\sigma_b =$

630 MPa，延伸率 $\delta = 0.07$，密度 $\rho = 2.7 \times 10^{-6}$ kg/mm^3，结构质量 $W = 354$ kg。建立加筋圆柱壳有限元模型，经过单元收敛性分析，蒙皮处的单元尺寸选为 30 mm，筋条高度方向划分两层单元。设置简支边界条件，并基于特征值屈曲分析方法计算线性屈曲载荷，结果为 13542 kN，耗时 600 s。基于 SSM 计算的线性屈曲载荷为 12747 kN，相比于特征值屈曲分析方法结果的误差为 −5.9%。因为 SSM 基于解析方法进行求解，其计算耗时可忽略不计，相比于特征值屈曲分析方法具有明显的效率优势。

表 3.1　正置正交加筋圆柱壳材料属性

E/MPa	ν	σ_s/MPa	σ_b/MPa	δ
70000	0.33	563	630	0.07

进一步，验证 SSM 对于多级加筋圆柱壳的预测精度 [14]。多级加筋圆柱壳模型如图 3.1 所示，几何参数如下：圆柱壳直径 $D = 3000.0$ mm，圆柱壳高度 $L = 2000.0$ mm，蒙皮厚度 $t_s = 4.0$ mm，主筋高度 $h_{rj} = 23.0$ mm，主筋厚度 $t_{rj} = 9.0$ mm，轴向主筋数目 $N_{aj} = 30$，环向主筋数目 $N_{cj} = 6$，次筋高度 $h_{rn} = 11.5$ mm，次筋厚度 $t_{rn} = 9.0$ mm，主筋格栅中的轴向次筋数目 $N_{an} = 2$，主筋格栅中的环向次筋数目 $N_{cn} = 3$，如表 3.2 所示。蒙皮和筋条的材料属性如表 3.1 所示。结构质量 $W = 354$ kg。建立多级加筋圆柱壳的有限元模型，经过单元收敛性分析，确定蒙皮处的单元尺寸为 30 mm，筋条高度方向划分两层单元。设置简支边界条件，并基于特征值屈曲分析方法计算线性屈曲载荷，结果为 14790 kN，耗时 700 s。基于 SSM 计算的线性屈曲载荷为 14421 kN，相比于特征值屈曲分析方法结果的误差为 −2.5%，计算耗时可忽略不计。

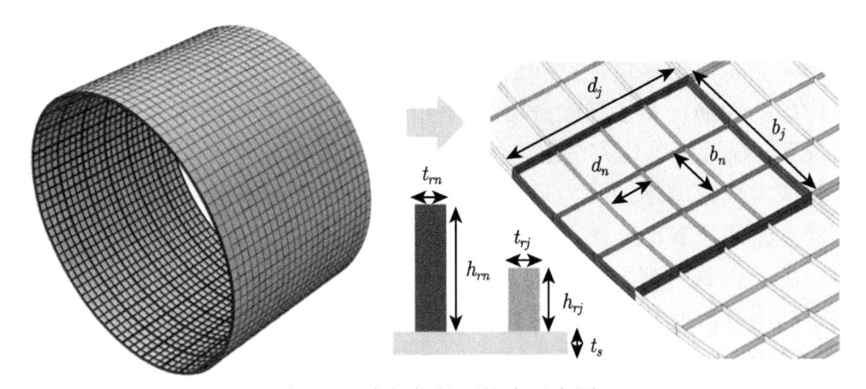

图 3.1　多级加筋圆柱壳示意图

通过上述加筋圆柱壳及多级加筋圆柱壳算例研究，SSM 相比于特征值屈曲分析方法具有显著的分析效率优势，预测精度基本满足需求。

表 3.2 多级加筋圆柱壳的几何参数

D/mm	L/mm	t_s/mm	t_{rj}/mm	t_{rn}/mm	h_{rj}/mm	h_{rn}/mm	N_{aj}	N_{cj}	N_{an}	N_{cn}
3000.0	2000.0	4.0	9.0	9.0	23.0	11.5	30	6	2	3

3.3 数值等效刚度法 (NSSM)

3.3.1 计算框架

SSM 中的等效刚度系数是基于解析方法推导的，为了进一步提高屈曲分析方法的预测精度，王博等 [26] 和田阔等 [27] 基于 NIAH 方法进行加筋单胞等效，并结合瑞利–里茨法建立了 NSSM 方法。

首先，介绍一下 NIAH 方法的基本原理及步骤。根据经典的渐近均匀化理论 [22]，周期性单胞结构的等效刚度系数 A_{ij}、B_{ij} 和 D_{ij} 的求解公式可以表达如下：

$$
\begin{aligned}
A_{ij} &= \frac{1}{|\varOmega|}\int_{\varOmega}\left(\boldsymbol{\varepsilon}_i^0-\boldsymbol{\varepsilon}_i^*\right)^{\mathrm{T}}\boldsymbol{c}\left(\boldsymbol{\varepsilon}_j^0-\boldsymbol{\varepsilon}_j^*\right)\mathrm{d}\varOmega \\
B_{ij} &= \frac{1}{|\varOmega|}\int_{\varOmega}\left(\boldsymbol{\varepsilon}_i^0-\boldsymbol{\varepsilon}_i^*\right)^{\mathrm{T}}\boldsymbol{c}\left(\bar{\boldsymbol{\varepsilon}}_j^0-\bar{\boldsymbol{\varepsilon}}_j^*\right)\mathrm{d}\varOmega \\
D_{ij} &= \frac{1}{|\varOmega|}\int_{\varOmega}\left(\bar{\boldsymbol{\varepsilon}}_i^0-\bar{\boldsymbol{\varepsilon}}_i^*\right)^{\mathrm{T}}\boldsymbol{c}\left(\bar{\boldsymbol{\varepsilon}}_j^0-\bar{\boldsymbol{\varepsilon}}_j^*\right)\mathrm{d}\varOmega
\end{aligned}
\tag{3-4}
$$

式中，$\varOmega$ 代表周期性单胞结构的体积，$\boldsymbol{c}$ 代表弹性矩阵，下标 $i,j\in\{1,2,6\}$。单位应变场包含三个单位面内应变场 $\boldsymbol{\varepsilon}_i^0$ 和三个单位弯曲应变场 $\bar{\boldsymbol{\varepsilon}}_i^0$，特征应变场包含三个特征面内应变场 $\boldsymbol{\varepsilon}_i^*$ 和三个特征弯曲应变场 $\bar{\boldsymbol{\varepsilon}}_i^*$。

对于渐近均匀化方法的传统数值求解方法，需要在每个单元上进行积分求解支反力和应变能。当周期性单胞结构中含有微结构时，如含有尺寸较小的加筋或者复杂构型的加筋，为了准确分析结构性能，需要针对微结构划分大量单元。在这种情况下，渐近均匀化方法的传统数值求解方法需要进行大量的单元积分求解，导致计算成本大幅度增加。为了提高渐近均匀化方法的求解效率，蔡园武和程耿东等 [24,25] 建立了 NIAH 方法，步骤如图 3.2 所示。

第一步：在商用有限元软件中建立单胞结构的有限元模型，此后的所有计算都是基于商用有限元软件。注意到单位应变场 $\boldsymbol{\varepsilon}_i^0$ 和 $\bar{\boldsymbol{\varepsilon}}_i^0$ 可以表示成相应的节点位移场 $\boldsymbol{\chi}_i^0$ 和 $\bar{\boldsymbol{\chi}}_i^0$ 与应变–位移矩阵 $\boldsymbol{B}$ 之间的乘积关系：

$$
\begin{aligned}
\boldsymbol{\varepsilon}_i^0 &= \boldsymbol{B}\boldsymbol{\chi}_i^0 \\
\bar{\boldsymbol{\varepsilon}}_i^0 &= \boldsymbol{B}\bar{\boldsymbol{\chi}}_i^0
\end{aligned}
\tag{3-5}
$$

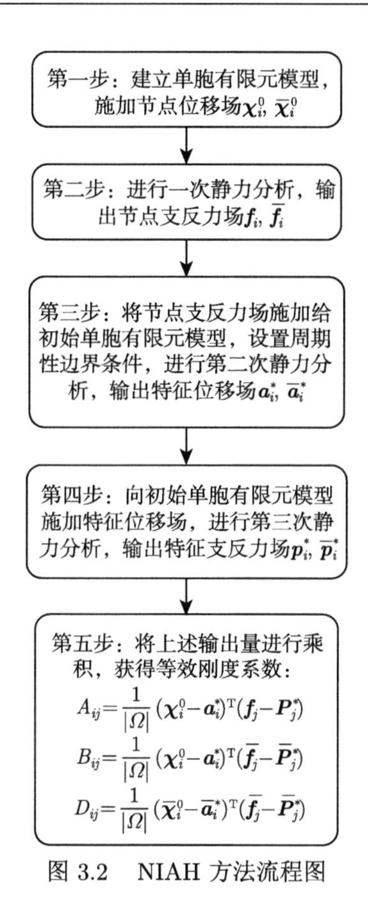

图 3.2　NIAH 方法流程图

根据上述公式，在有限元软件中将节点位移场 $\boldsymbol{\chi}_i^0$ 和 $\bar{\boldsymbol{\chi}}_i^0$ 施加到单胞模型每个节点上。

第二步：单胞结构节点支反力场 $\boldsymbol{f}_i$ 和 $\bar{\boldsymbol{f}}_i$ 可表示成节点位移场和刚度矩阵 $\boldsymbol{K}$ 之间的乘积关系，如下式所示，通过对单胞进行一次静力分析，即可由有限元软件输出 $\boldsymbol{f}_i$ 和 $\bar{\boldsymbol{f}}_i$：

$$
\begin{aligned}
&\boldsymbol{f}_i=\int_\Omega \boldsymbol{B}^{\mathrm{T}}\boldsymbol{c}\boldsymbol{\varepsilon}_i^0\mathrm{d}\Omega=\int_\Omega \boldsymbol{B}^{\mathrm{T}}\boldsymbol{c}\boldsymbol{B}\boldsymbol{\chi}_i^0\mathrm{d}\Omega=\int_\Omega \boldsymbol{B}^{\mathrm{T}}\boldsymbol{c}\boldsymbol{B}\mathrm{d}\Omega\boldsymbol{\chi}_i^0=\boldsymbol{K}\boldsymbol{\chi}_i^0\\
&\bar{\boldsymbol{f}}_i=\boldsymbol{K}\bar{\boldsymbol{\chi}}_i^0
\end{aligned}
\tag{3-6}
$$

第三步：将上一步输出的节点支反力场再施加到初始单胞有限元模型的每个节点上，设置周期性边界条件，经过第二次静力分析，即可输出单胞结构的特征

位移场 $\boldsymbol{a}_i^*$ 和 $\bar{\boldsymbol{a}}_i^*$：

$$\begin{aligned}\tilde{\boldsymbol{K}}\boldsymbol{a}_i^* &= \boldsymbol{f}_i \\ \tilde{\boldsymbol{K}}\bar{\boldsymbol{a}}_i^* &= \bar{\boldsymbol{f}}_i\end{aligned} \tag{3-7}$$

式中，$\tilde{\boldsymbol{K}}$ 是周期性边界条件下的结构刚度矩阵。

第四步：与第一步类似，特征应变场 $\boldsymbol{\varepsilon}_i^*$ 和 $\bar{\boldsymbol{\varepsilon}}_i^*$ 同样可以由相应的特征位移场 $\boldsymbol{a}_i^*$ 和 $\bar{\boldsymbol{a}}_i^*$ 与应变–位移矩阵 $\boldsymbol{B}$ 的乘积关系来表达：

$$\begin{aligned}\boldsymbol{\varepsilon}_i^* &= \boldsymbol{B}\boldsymbol{a}_i^* \\ \bar{\boldsymbol{\varepsilon}}_i^* &= \boldsymbol{B}\bar{\boldsymbol{a}}_i^*\end{aligned} \tag{3-8}$$

将特征位移场 $\boldsymbol{a}_i^*$ 和 $\bar{\boldsymbol{a}}_i^*$ 再施加到初始单胞有限元模型的每个节点上，进行第三次静力分析，可以得到相应的特征支反力场 $\boldsymbol{P}_i^*$ 和 $\bar{\boldsymbol{P}}_i^*$：

$$\begin{aligned}\boldsymbol{K}\boldsymbol{a}_i^* &= \boldsymbol{P}_i^* \\ \boldsymbol{K}\bar{\boldsymbol{a}}_i^* &= \bar{\boldsymbol{P}}_i^*\end{aligned} \tag{3-9}$$

第五步：将式 (3-5)∼ 式 (3-9) 代入式 (3-4) 中, 即可将周期性单胞结构的等效刚度系数用另一种更简洁的方式来进行表达和计算：

$$\begin{aligned}A_{ij} &= \frac{1}{|\Omega|}\left(\boldsymbol{\chi}_i^0 - \boldsymbol{a}_i^*\right)^{\mathrm{T}}\left(\boldsymbol{f}_j - \boldsymbol{P}_j^*\right) \\ B_{ij} &= \frac{1}{|\Omega|}\left(\boldsymbol{\chi}_i^0 - \boldsymbol{a}_i^*\right)^{\mathrm{T}}\left(\bar{\boldsymbol{f}}_j - \bar{\boldsymbol{P}}_j^*\right) \\ D_{ij} &= \frac{1}{|\Omega|}\left(\bar{\boldsymbol{\chi}}_i^0 - \bar{\boldsymbol{a}}_i^*\right)^{\mathrm{T}}\left(\bar{\boldsymbol{f}}_j - \bar{\boldsymbol{P}}_j^*\right)\end{aligned} \tag{3-10}$$

可以看出，式 (3-10) 中的每个系数均可基于商用有限元软件计算得出，无须采用传统渐近均匀化方法中的复杂积分求导。按照上述五步，加筋单胞的等效刚度系数 A_{ij}、B_{ij} 和 D_{ij} 可以快速获得。

在获得加筋单胞的等效刚度系数后，可以开展加筋圆柱壳结构的整体型屈曲载荷预测 P_g，NSSM 流程图如图 3.3 所示：第一步，从加筋圆柱壳中划分出代表性单胞结构，建立其有限元模型；第二步，基于 NIAH 方法计算单胞结构的等效刚度系数 A_{ij}、B_{ij} 和 D_{ij}；第三步，将上述等效刚度系数代入瑞利–里茨公式，计算得出整体型屈曲载荷值和屈曲模态波数。可以看出，NSSM 无须对加筋单胞进行解析推导，直接由脚本语言驱动有限元软件进行求解，操作简便。

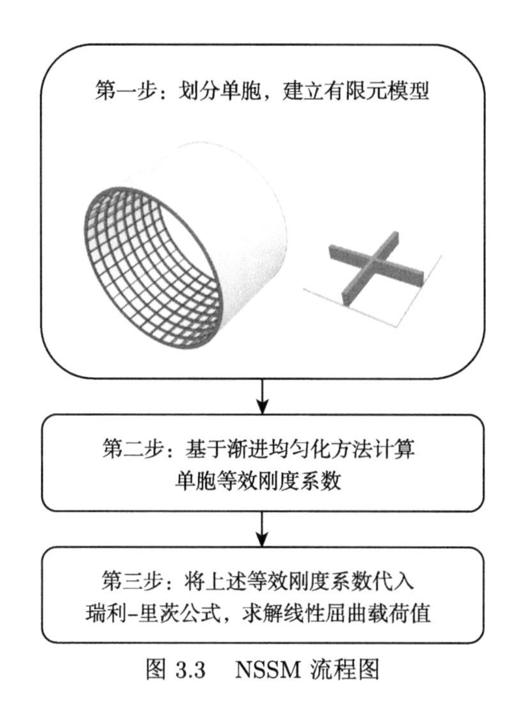

图 3.3 NSSM 流程图

针对多级加筋圆柱壳这类具有多种屈曲模态的复杂结构，本节补充了多级加筋圆柱壳多种屈曲模态的计算方法，从而提高了 NSSM 对多种屈曲模态的适用性。如图 3.4 所示，白色虚线围住的区域是整体屈曲发生的代表体元，由主筋的一半、次筋和蒙皮组成。针对这个代表体元，基于图 3.3 中的 NSSM 可以快速计算出整体屈曲载荷值 P_g。如图 3.4 所示，蓝色虚线围住的区域是半整体屈曲发生的代表体元，可以看作是发生在相邻主筋单胞里的局部屈曲。基于 NIAH 方法可以快速计算出半整体屈曲代表体元的等效刚度系数 A_{ij}^p、B_{ij}^p 和 D_{ij}^p。进而，将其代入 Chen 等 [1] 提出的加筋圆柱壳局部屈曲载荷计算公式，可以计算得出发生在多级加筋圆柱壳主筋格栅内的局部屈曲载荷，即多级加筋圆柱壳半整体屈曲载荷值 P_p：

$$P_p = 2\pi R\cdot\pi^2 \left[D_{11}^p \left(\frac{m}{b_j}\right)^4 + 2\left(D_{12}^p + 2D_{66}^p\right)\left(\frac{mn}{b_j\cdot d_j}\right)^2 + D_{22}^p\left(\frac{n}{d_j}\right)^4\right]\cdot\left(\frac{d_j}{n}\right)^2\cdot P_g \tag{3-11}$$

式中，b_j 和 d_j 分别代表相邻轴向和环向主筋的宽度，b_n 和 d_n 分别代表相邻轴向和环向次筋的宽度，h_{rj} 和 h_{rn} 分别代表主筋和次筋的筋高，t_{rj} 和 t_{rn} 分别代表主筋和次筋的筋厚，t_s 代表蒙皮厚度。

如果蒙皮或者筋条是由各向异性材料组成，其等效刚度系数可以基于经典层

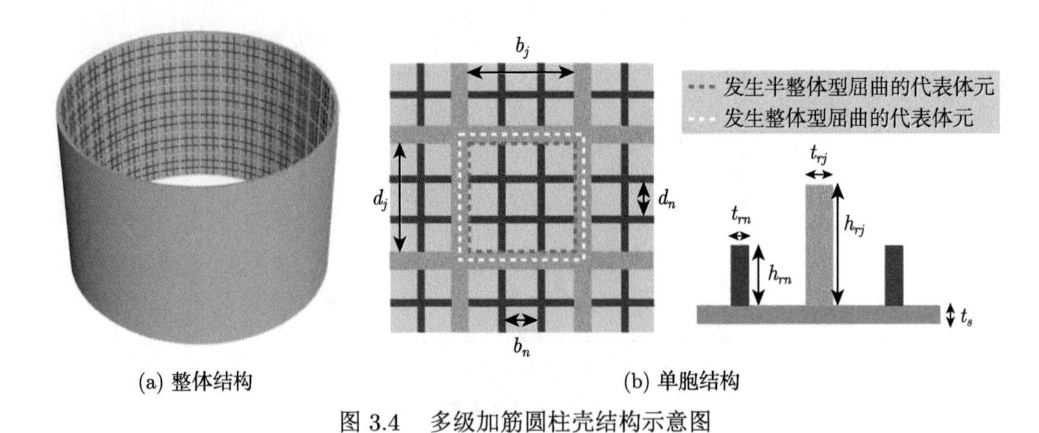

(a) 整体结构　　(b) 单胞结构

图 3.4　多级加筋圆柱壳结构示意图

合板理论 [46,47] 求得，如式 (3-2) 所示。如果蒙皮或者筋条的材料是各向同性材料，则其等效刚度系数可表达为

$$
\begin{aligned}
&A_{11}=A_{22}=\frac{Et}{1-\nu^2},\ A_{12}=\frac{\nu Et}{1-\nu^2},\ A_{16}=A_{26}=0,\ A_{66}=\frac{Et}{2(1+\nu)}\\
&B_{ij}=0\\
&D_{11}=D_{22}=\frac{Et^3}{12(1-\nu^2)},\ D_{12}=\frac{\nu Et^3}{12(1-\nu^2)},\ D_{16}=D_{26}=0,\ D_{66}=\frac{Et^3}{2(1+\nu)}
\end{aligned}
\tag{3-12}
$$

式中，E 和 ν 分别代表各向同性材料的杨氏模量和泊松比，t 代表蒙皮或者筋条的厚度。

进而，根据文献 [1] 给出的局部屈曲公式，可以推导出多级加筋圆柱壳结构中蒙皮局部型屈曲载荷 P_{sl}，主筋局部屈曲载荷 P_{rjl} 和次筋局部屈曲载荷 P_{rjn} 公式如下：

$$
\begin{aligned}
P_{sl}=2\pi R\cdot\pi^2&\left[D_{11}^{sl}\left(\frac{m}{b_n}\right)^4+2\left(D_{12}^{sl}+2D_{66}^{sl}\right)\left(\frac{mn}{b_n\cdot d_n}\right)^2+D_{22}^{sl}\left(\frac{n}{d_n}\right)^4\right]\\
&\cdot\left(\frac{d_n}{n}\right)^2\cdot P_g
\end{aligned}
\tag{3-13}
$$

$$
\begin{aligned}
P_{rjl}=2\pi R\cdot\pi^2&\left[D_{11}^{rjl}\left(\frac{m}{d_j}\right)^4+2\left(D_{12}^{rjl}+2D_{66}^{rjl}\right)\left(\frac{mn}{3d_j\cdot h_j}\right)^2+D_{22}^{rjl}\left(\frac{n}{3h_j}\right)^4\right]\\
&\cdot\left(\frac{d_j}{m}\right)^2\cdot P_g
\end{aligned}
\tag{3-14}
$$

$$P_{rnl}=2\pi R\cdot\pi^2\left[D_{11}^{rnl}\left(\frac{m}{d_n}\right)^4+2\left(D_{12}^{rnl}+2D_{66}^{rjl}\right)\left(\frac{mn}{3d_n\cdot h_n}\right)^2+D_{22}^{rnl}\left(\frac{n}{3h_n}\right)^4\right]\cdot\left(\frac{d_n}{m}\right)^2\cdot P_g \tag{3-15}$$

式中，下标 sl、rjl 和 rjn 分别代表蒙皮、主筋和次筋。

最终，分别计算上述屈曲模态所对应的屈曲载荷，并以最小值作为多级加筋圆柱壳的临界屈曲载荷值 P_{cr}，相应的屈曲模态即为多级加筋圆柱壳的临界屈曲模态：

$$P_{cr}=\min\left\{P_g,P_p,P_{sl},P_{rjl},P_{rnl}\right\} \tag{3-16}$$

由于上述五种屈曲模态的计算是相互独立的，本节采用并行计算的方式来进一步提高 NSSM 的分析效率。通过编写 Batch 脚本来实现 NSSM 的并行计算。同时，NSSM 可以显式地输出临界屈曲模态，而传统的有限元方法则需要使用者人工查看多级加筋圆柱壳的变形云图才能判断出临界屈曲模态，造成了在快速分析与优化过程中无法实时监控多级加筋圆柱壳屈曲模态的变化，这凸显了 NSSM 的简捷高效。

3.3.2 NSSM 的预测精度验证

首先，以文献 [49] 中一个正置正交复合材料加筋圆柱壳结构为例，比较传统 SSM 与 NSSM 的预测精度。正置正交加筋圆柱壳几何构型如图 3.5 所示，加筋圆柱壳直径 $D=900$ mm，高度 $L=1168$ mm，轴向筋条数量 $N_a=90$，环向筋条数量 $N_c=20$。蒙皮和筋条的材料属性如表 3.3 所示。蒙皮为对称铺层 $[0°/90°]_s$，蒙皮厚度 $t_s=1.22$ mm。筋条为单向铺层，筋条高度 $h_r=6.35$ mm，筋条厚度 $t_r=1.7$ mm。

表 3.3　正置正交复合材料加筋圆柱壳算例材料属性

	蒙皮	筋条
E_1/MPa	127500	64860
E_2/MPa	11300	3740
G_{12}/MPa	6000	930
ν_{12}	0.3	0.3

建立加筋圆柱壳有限元模型，经过单元收敛性分析后，蒙皮处的单元尺寸选为 25 mm，筋条高度方向划分两层单元。设置简支边界条件，并基于特征值屈曲分析方法计算线性屈曲载荷。基于精细有限元方法计算得出的线性屈曲载荷为 614 kN，与文献 [49] 给出的有限元结果一致，屈曲模态如图 3.5 所示。以此精细

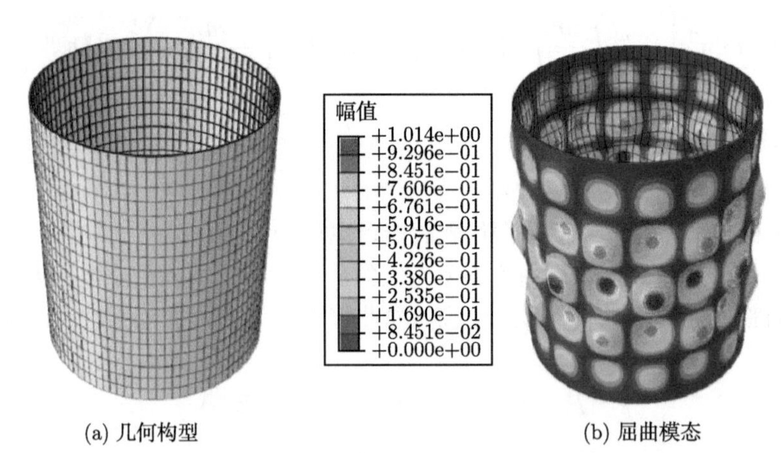

(a) 几何构型 (b) 屈曲模态

图 3.5 正置正交复合材料加筋圆柱壳

有限元方法结果为准来评估其他方法的预测精度。P_{cr} 代表屈曲载荷值，N_{ahw} 代表屈曲模态的轴向半波数，N_{chw} 代表屈曲模态的环向半波数。针对这一加筋圆柱壳模型，分别基于 SSM、NSSM 及混合模型方法进行预测。其中，混合模型方法 [49] 是先基于 SSM 进行加筋结构等效获得等效刚度系数，进而针对光筒壳有限元模型开展特征值屈曲分析，计算得出线性屈曲载荷和波形。将精细有限元方法、混合模型方法、SSM 和 NSSM 的预测结果列入表 3.4 中，对比可知，混合模型方法对屈曲载荷具有最大的预测误差 4.9%，同时其对屈曲模态屈曲波数的预测也是不准确的。从屈曲模态的预测精度来看，SSM 和 NSSM 的结果与精细有限元方法结果完全一致，相比于混合模型方法表现出更高的预测精度。从屈曲载荷预测精度来看，SSM 的相对误差为 3.4%，NSSM 的相对误差为 −1.1%，可见 NSSM 的预测精度更高，相较于传统 SSM 表现出预测精度上的优势。为了进一步探究 SSM 的主要误差来源，给出 SSM 和 NSSM 等效刚度系数的对比，如表 3.5 所示，其中略去为零的刚度系数项。需要指出的是，在等效的过程中，等效基准面选为筋条和蒙皮的接触面。同时，为了给 SSM 和 NSSM 等效刚度系数结果提供可信的评估，本节选用文献 [21] 中的代表体元法对单胞结构进行等效获得等效刚度系数来作为参考解。由文献 [21] 可知，代表体元法是一种精度较高的等效方法。根据表 3.5 的对比可知，NSSM 的等效刚度系数结果比 SSM 结果更接近于参考解。具体来说，对于 A_{ij} 的预测，SSM 和 NSSM 的预测结果非常接近，然而这两种方法针对耦合刚度系数 B_{ij} 和弯曲刚度系数 D_{ij} 的预测结果却表现出较大的差异，因而可以推断出 SSM 预测精度较低的原因在于针对 B_{ij} 和 D_{ij} 的预测不准确。可以看出，NSSM 预测的 B_{ij} 和 D_{ij} 与参考解非常接近，而 SSM 与参考解却表现出较大误差，如：D_{11} 误差为 4.4%，D_{12} 误差为 4.0%，D_{22} 误差为

9.9%，D_{66} 误差为 −18.2%，SSM 预测的 B_{12} 和 B_{66} 值为 0，而参考解给出的值却分别为 −8 和 36，这些误差都将影响线性屈曲载荷的预测精度。在 SSM 的假设中 [12]，假设筋条的横向刚度远小于纵向刚度，因而筋条表现得像梁结构一样，只可以承受轴向的载荷 [12,13]，因而导致等效得出的弯曲刚度系数比基准解大。同时，Buragohain 等 [7] 也指出 SSM 的主要误差来源是没有考虑筋条的横向和剪切应变。相比之下，NSSM 在对加筋单胞进行等效时没有引入额外的假设，进行等效求解的加筋单胞有限元模型具有和加筋圆柱壳整体结构一致的建模方式和单元假设，这样的处理有效地提高了预测精度。

表 3.4 轴压工况加筋圆柱壳多种屈曲分析方法预测结果对比

	精细有限元方法 [49]	混合模型方法 [49]	SSM[49]	NSSM
P_{cr}/kN	614	644	635	607
N_{ahw}	5	4	5	5
N_{chw}	16	14	16	16

表 3.5 SSM 与 NSSM 预测的等效刚度系数

	代表体元法	SSM	NSSM
A_{11}/(N/mm)	107558	105610	107558
A_{12}/(N/mm)	4166	4169	4167
A_{22}/(N/mm)	97835	96738	97835
A_{66}/(N/mm)	7341	7320	7337
B_{11}/N	77286	76687	77287
B_{12}/N	−8	0	−8
B_{22}/N	43451	43110	43452
B_{66}/N	36	0	47
D_{11}/(N·mm)	353298	368928	353469
D_{12}/(N·mm)	497	517	491
D_{22}/(N·mm)	192909	212028	192964
D_{66}/(N·mm)	1110	908	1216

由于很多等效方法仅适用于特定的加筋构型，其对整个设计空间内的设计点未必具有很高的预测精度。为了保证将等效方法用于大规模优化时具有可信性，须验证等效方法在设计空间的全局预测精度。本章以一个典型的金属正置正交加筋圆柱壳为例 [26]，验证 NSSM 在整个设计空间内的预测精度。该模型的几何参数、材料属性、边界条件、网格划分等与 3.2.2 节的模型保持一致。给出的设计空间如表 3.6 所示。在设计空间内抽取了 100 个样本点，并分别基于 SSM 和精细有限元方法进行线性屈曲载荷的预测，并以精细有限元方法的结果为基准值，计算出 SSM 在这 100 个样本点上的相对误差，并对其相对误差进行统计，得到了不

同误差空间内的样本点数目，如图 3.6 所示。从图中可以看出，SSM 的预测结果中，仅有 76%的样本点相对误差在 [−10%, 10%] 以内，其余的样本点误差较大，其中最大相对误差甚至接近 −60%。这意味着一旦基于 SSM 开展优化获得的设计点落入这个误差较大的区间，SSM 预测的结果将变得非常不可信，甚至有可能导致一个在实际使用中非常危险的设计。本章基于 NSSM 在相同的这 100 个样本点上进行线性屈曲载荷的预测，相对误差分布图如图 3.6 所示。可以看出，在 NSSM 的预测结果中，有 99%的样本点相对误差在 [−10%, 10%] 以内，这一预测结果显著优于 SSM。通过上述对比，可以直观地看出，NSSM 相比于 SSM 在设计空间具有更高的全局预测精度和预测鲁棒性，更适宜用于开展大规模的优化设计。

表 3.6 金属加筋圆柱壳算例设计空间

	t_s/mm	t_r/mm	h_r/mm	N_c	N_a
初始值	4.0	9.0	15.0	25	90
下限值	2.5	6.0	9.0	13	50
上限值	5.5	12.0	23.0	38	130

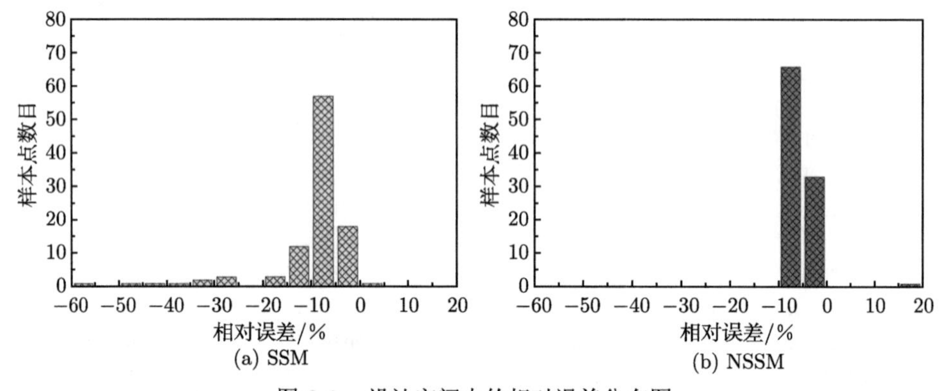

图 3.6 设计空间中的相对误差分布图

3.3.3 NSSM 的预测效率验证

伴随着加筋圆柱壳结构尺寸的跨越式提高，基于精细有限元方法的超大直径加筋圆柱壳的有限元屈曲分析效率也将受到极大的挑战。如表 3.7 所示，分别列出了三种不同尺寸的正置正交加筋圆柱壳模型参数，包括小直径加筋圆柱壳 (直径 3 m)，以及大直径加筋圆柱壳 (直径 5 m) 和超大直径加筋圆柱壳 (直径 9 m)。

其中，参考 3.3.2 节建立的直径为 3000 mm 的小直径加筋圆柱壳有限元模型，分别建立大直径和超大直径加筋圆柱壳的有限元模型，其中材料属性及边界条件设置与小直径加筋圆柱壳模型保持一致。经过单元收敛性研究，确定三个模型蒙皮处的单元大小分别为 25 mm、50 mm 和 75 mm，筋条高度方向均划分两层单元。所采用的计算机配置为 Intel Xeon E5-2687w@3.10GHz、64G RAM，同时文中其他计算都基于此计算机配置，不再赘述。由表 3.7 可见，三个模型的单元总数 E_{FEM} 分别为 56880、150000 和 451440，相应的有限元分析计算时间 T_{FEM} 由 600 s 增加至 4080 s，最后大幅度增加至 46080 s，如此巨大的计算成本导致其无法开展大规模的优化设计，制约了精细有限元法在超大直径加筋圆柱壳初步设计中的应用。作为对比，还采用 NSSM 计算了上述三个不同尺寸的加筋圆柱壳模型的线性屈曲载荷。其中，划分出的单胞模型中的单元尺寸与精细有限元方法保持一致。由表 3.7 可见，NSSM 中三个单胞模型的单元总数 E_{NSSM} 均为 32，NSSM 的计算时间 T_{NSSM} 均为 6 s。精细有限元方法的分析效率随结构尺寸的增大而大幅度增加，而 NSSM 由于仅在划分出的有限元单胞模型上进行等效计算，不受结构尺寸的影响，其分析效率相较于精细有限元法表现出极大的优势。

表 3.7 加筋圆柱壳结构尺寸对屈曲分析效率的影响

	小直径加筋圆柱壳	大直径加筋圆柱壳	超大直径加筋圆柱壳
D/mm	3000.0	5000.0	9000.0
L/mm	2000.0	3000.0	6000.0
t_s/mm	4.0	5.0	6.0
h_r/mm	15.0	15.0	15.0
t_r/mm	9.0	9.0	9.0
N_a	90	150	180
N_c	25	41	49
P_{NSSM}/kN	12917	15523	16959
P_{FEM}/kN	13542	16002	17279
ε	−4.6%	−3.0%	−1.9%
T_{NSSM}/s	6	6	6
T_{FEM}/s	600	4080	46080
E_{NSSM}	32	32	32
E_{FEM}	56880	150000	451440

需要指出的是，随着结构尺寸的增大，加筋圆柱壳在轴向和环向的单胞数逐渐增多，因而其单胞更趋近于周期性分布，更满足 NIAH 等效所需的周期性假设，使其预测误差也相应地减小。如表 3.7 所示，预测误差由 −4.6%降至 −3.0%，最终降至 −1.9%。

3.3.4 NSSM 对不同加筋构型适用性验证

针对传统的加筋圆柱壳构型 (正置正交 (Orthogrid)、横置三角形 (Triangle Grid)、竖置三角形 (Rotated Triangle Grid)、混合三角形 (Mixed Triangle Grid)) 及复杂的多级加筋壳构型 (多级正置正交 (Hierarchical Orthogrid)、多级三角形

(Hierarchical Triangle Grid))，验证 NSSM 的构型适用性。为了统一表征不同加筋构型的加筋密度，以环向和轴向加筋单胞的数目 C_c 和 C_a 代替原有的筋条数目 N_c 和 N_a，如图 3.7 所示。特别地，对于正置正交加筋圆柱壳，$C_c = 2(N_c - 1)$，$C_a = 2(N_a - 1)$。同时，在多级加筋壳的单胞中，主筋间嵌套了一个次筋，因而为保证设计空间的一致性，多级加筋壳 C_c 和 C_a 的取值空间应为传统加筋圆柱壳的一半。

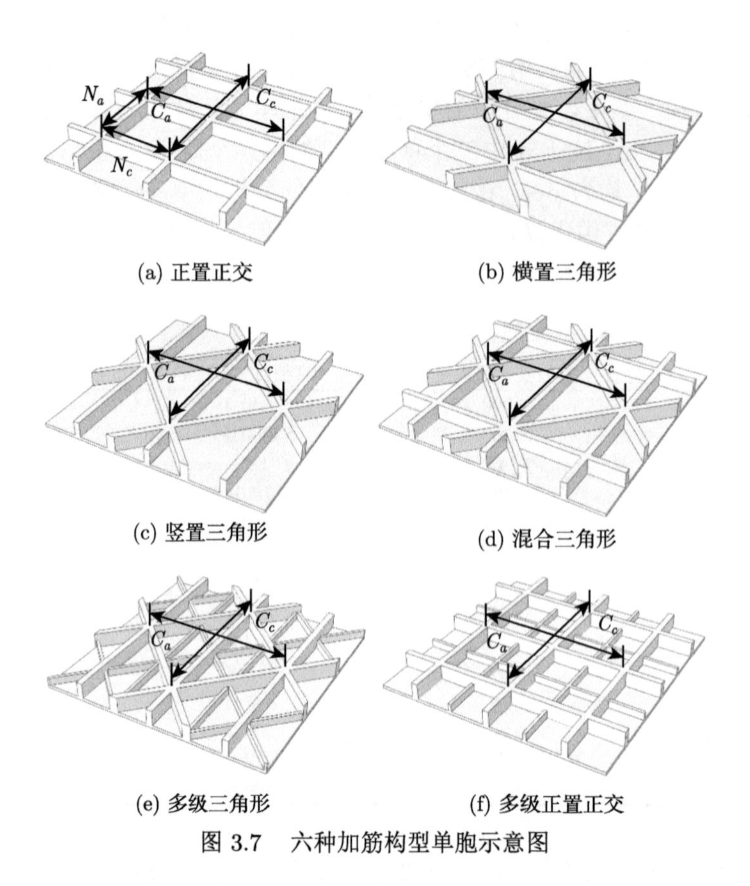

(a) 正置正交　(b) 横置三角形　(c) 竖置三角形　(d) 混合三角形　(e) 多级三角形　(f) 多级正置正交

图 3.7　六种加筋构型单胞示意图

六种加筋构型的模型参数如表 3.8 和表 3.9 所示。其中，正置正交加筋圆柱壳模型参数与 3.3.3 节建立的超大直径正置正交加筋圆柱壳模型参数相同，其他五种加筋圆柱壳的材料属性、单元尺寸及边界条件也均与正置正交加筋圆柱壳保持一致，同时保证六种加筋构型质量相等 $W = 3647$ kg。针对六种加筋构型，分别基于精细有限元方法和 NSSM 开展线性屈曲载荷的计算。由表 3.8 和表 3.9 的结果可知，NSSM 的预测误差较小，表明了 NSSM 较强的构型适用性，尤其是对多级加筋壳这种复杂的加筋构型。相应的屈曲波形图如表 3.9 所示。

表 3.8 传统加筋构型屈曲分析结果

	正置正交加筋圆柱壳	横置三角形加筋圆柱壳	竖置三角形加筋圆柱壳	混合三角形加筋圆柱壳
h_r/mm	15.0	15.0	15.0	14.3
t_r/mm	9.0	8.2	9.0	9.0
t_s/mm	6.0	5.7	5.7	5.7
C_a	90	90	90	90
C_c	24	24	24	24
P_{NSSM}/kN	16959	12967	19882	19699
P_{FEM}/kN	17279	13385	20279	19668
ε	−1.9%	−3.1%	−1.9%	0.1%
W/kg	3647	3647	3647	3647

表 3.9 多级加筋构型屈曲分析结果

	多级三角形加筋圆柱壳	多级正置正交加筋圆柱壳
h_j/mm	19.0	20.0
h_n/mm	8.0	10.0
t_j/mm	9.0	9.0
t_n/mm	7.7	9.0
t_s/mm	6.0	6.0
C_a	45	45
C_c	12	12
W/kg	3647	3647
P_{NSSM}/kN	21214	18456
P_{FEM}/kN	21530	18958
ε	−1.5%	−2.6%

3.3.5 NSSM 对不同载荷工况适用性验证

3.3.2 节已经验证了 NSSM 方法对轴压工况的有效性，下面将探讨其对外压工况的适用性。当加筋圆柱壳用于潜艇耐压壳时，其主要的载荷工况为外压工况。以文献 [50] 中外压加筋圆柱壳算例为例，几何构型如图 3.8(a) 所示。圆柱壳结构直径 $D = 230$ mm，圆柱壳结构高度 $L = 300$ mm。加筋圆柱壳为横置三角形加筋圆柱壳，其加筋单胞为等边三角形，边长为 52.13 mm。蒙皮和筋条的材料属性如表 3.10 所示。蒙皮铺层为 $[50°/-50°/50°/-50°/50°]$，蒙皮总厚度 $t_s = 1.0$ mm。筋条为单向铺层，筋条高度 $h_r = 3.8$ mm，筋条厚度 $t_r = 1.9$ mm。

表 3.10 六种加筋构型屈曲模态示意图

	正置正交加筋圆柱壳	横置三角形加筋圆柱壳	竖置三角形加筋圆柱壳	混合三角形加筋圆柱壳	多级正置正交加筋圆柱壳	多级三角形加筋圆柱壳
屈曲模态						

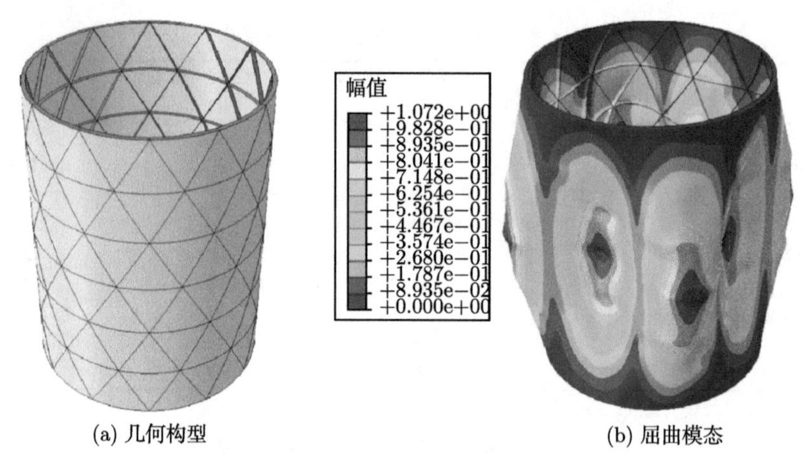

(a) 几何构型 (b) 屈曲模态

图 3.8 外压工况下等三角形加筋圆柱壳

建立加筋圆柱壳的精细有限元模型，蒙皮处的单元尺寸选为 5 mm，筋条高度方向划分两层单元。设置简支边界条件，并基于特征值屈曲分析计算线性屈曲载荷。在文献 [50] 中，基于精细有限元方法计算得出的线性屈曲载荷为 0.936 MPa，基于 SSM 计算得出的线性屈曲载荷为 1.091 MPa，其相较于精细有限元方法计算结果的相对误差为 16.6%，表明了 SSM 较低的预测精度。针对此模型，采用 NSSM，计算得出的线性屈曲载荷为 0.905 MPa，其相较于精细有限元方法结果的相对误差为 −3.3%，凸显了 NSSM 较高的预测精度。由文献 [50] 可知，实验结果为 0.955 MPa，NSSM 预测的线性屈曲载荷结果与实验结果相对误差仅为 −5.2%，表明了 NSSM 在实际结构设计应用中的可信性。相比之下，SSM 与实验结果的误差达到了 14.2%，这进一步凸显了 NSSM 在处理外压工况时的预测精度优势。同时，NSSM 预测的结果略低于实验载荷值，保证了方法在初始设计中的安全性和可靠性，而 SSM 明显过高估计了实际载荷值，如果以其作为设计载荷，极有可能导致不安全的设计。上述屈曲载荷结果均列入表 3.11 中。

表 3.11 外压工况加筋圆柱壳算例材料属性

E_1/MPa	E_2/MPa	G_{12}/MPa	G_{13}/MPa	G_{23}/MPa	$\nu 12$
84560	68600	4900	4900	1960	0.3

当加筋圆柱壳用于运载火箭燃料贮箱时，虽然加筋圆柱壳结构承受的主要载荷工况为轴压工况，但由于液体燃料的作用，加筋圆柱壳同时还受到内压影响，下面将验证 NSSM 对于轴内压组合工况的适用性。

本节包含正置正交加筋圆柱壳、竖置三角形加筋圆柱壳和横置三角形加筋圆柱壳三个算例。除了加筋构型不同外，三个模型采用了相同的几何尺寸和材料属性。三个算例模型参数如下：加筋圆柱壳直径 $D = 5000$ mm，加筋圆柱壳结构高

度 $L = 7000$ mm。轴向加筋单胞数目 $C_a = 60$，环向加筋单胞数目 $C_c = 16$。蒙皮和筋条的材料属性如表 3.12 所示。蒙皮铺层为 $[0°/90°/0°/90°]_{2s}$，共计 16 层，蒙皮总厚度 $t_s = 5.0$ mm。筋条为单向铺层，筋条高度 $h_r = 8.0$ mm，筋条厚度 $t_r = 3.0$ mm。

表 3.12 外压工况加筋圆柱壳多种预测方法屈曲结果对比

	实验结果 [50]	精细有限元方法 [50]	SSM[50]	NSSM
P_{cr}/MPa	0.955	0.936	1.091	0.905
N_{ahw}	1	1	1	1
N_{chw}	8	8	8	8

建立加筋圆柱壳有限元模型，经过单元收敛性分析后，蒙皮处的单元尺寸选为 50 mm，筋条高度方向划分两层单元。材料属性如表 3.13 所示，设置简支边界条件，并基于特征值屈曲分析方法计算线性屈曲载荷。分别基于精细有限元方法和 NSSM 计算加筋圆柱壳的线性屈曲载荷值，包括无内压、0.1 MPa 内压和 0.2 MPa 内压三种内压情况，线性屈曲载荷值结果如表 3.14 所示，屈曲模态如图 3.9~ 图 3.11 所示。以精细有限元方法结果为基准值，可以看出 NSSM 的相对误差较小，均在 2.5%以内，表现出较高的预测精度，也表明了 NSSM 对三种加筋构型具有很好的构型适用性。通过对比三种内压情况下的线性屈曲载荷值，可以发现，内压可以显著提高结构的承载能力：对于正置正交加筋圆柱壳，0.2 MPa 内压情况下加筋圆柱壳的线性屈曲载荷相比于无内压情况提高了 97.4%；对于竖置三角形加筋圆柱壳，0.2 MPa 内压情况下加筋圆柱壳的线性屈曲载荷相比于无内压情况提高了 87.1%；对于横置三角形加筋圆柱壳，0.2 MPa 内压情况下加筋圆柱壳的线性屈曲载荷相比于无内压情况提高了 97.4%。由此可以看出，内压对加筋圆柱壳结构承载性能具有较大影响。为了准确评估燃料贮箱中加筋圆柱壳结构承载性能，需要考虑内压的影响。

表 3.13 轴内压工况加筋圆柱壳算例材料属性

E_1/MPa	E_2/MPa	G_{12}/MPa	G_{13}/MPa	G_{23}/MPa	ν_{12}
123550	87080	5695	5695	5695	0.32

表 3.14 轴内压工况加筋圆柱壳线性屈曲载荷计算结果

	P_{FEM}/kN	P_{NSSM}/kN	ε
正置正交加筋圆柱壳 (无内压)	3415	3361	−1.6%
正置正交加筋圆柱壳 (0.1 MPa 内压)	5711	5725	0.2%
正置正交加筋圆柱壳 (0.2 MPa 内压)	6740	6826	1.3%
竖置三角形加筋圆柱壳 (无内压)	4611	4614	0.1%
竖置三角形加筋圆柱壳 (0.1 MPa 内压)	7526	7566	0.5%
竖置三角形加筋圆柱壳 (0.2 MPa 内压)	8629	8611	−0.2%
横置三角形加筋圆柱壳 (无内压)	4781	4853	1.5%
横置三角形加筋圆柱壳 (0.1 MPa 内压)	6471	6628	2.4%
横置三角形加筋圆柱壳 (0.2 MPa 内压)	7177	7355	2.5%

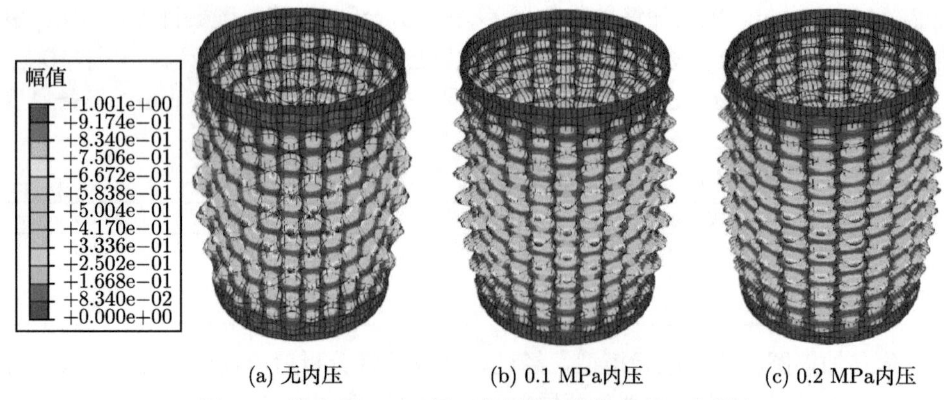

(a) 无内压 (b) 0.1 MPa内压 (c) 0.2 MPa内压

图 3.9 轴内压工况正置正交加筋圆柱壳算例屈曲模态

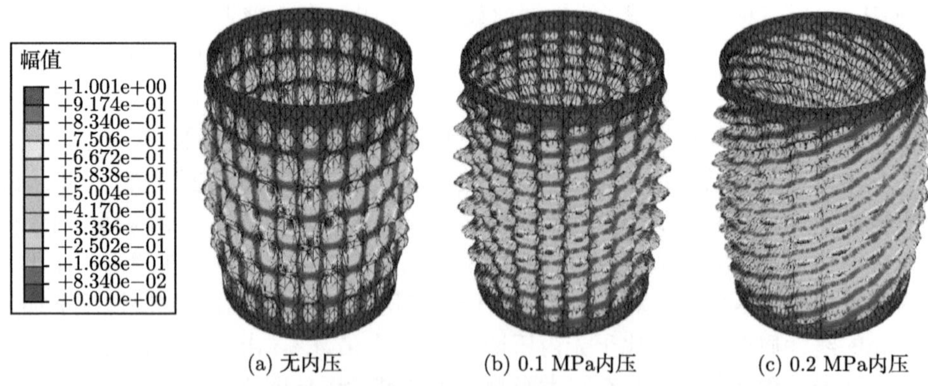

(a) 无内压 (b) 0.1 MPa内压 (c) 0.2 MPa内压

图 3.10 轴内压工况竖置三角形加筋圆柱壳算例屈曲模态

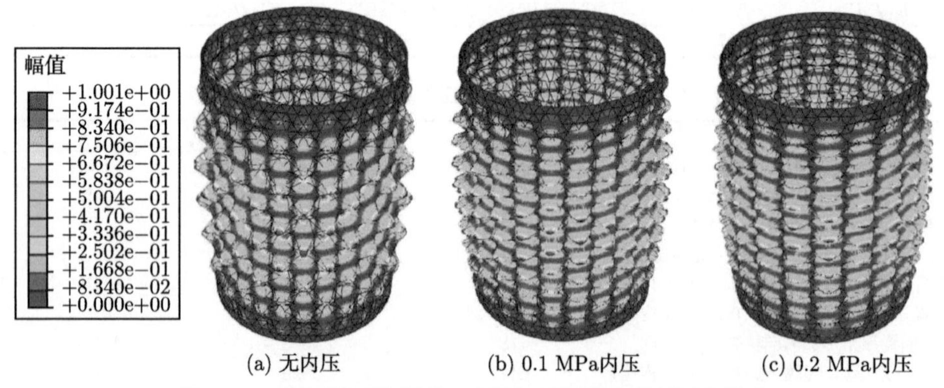

(a) 无内压 (b) 0.1 MPa内压 (c) 0.2 MPa内压

图 3.11 轴内压工况横置三角形加筋圆柱壳算例屈曲模态

本节还探讨了 NSSM 对轴外压工况的适用性。当加筋圆柱壳用于水下耐压壳的发射阶段时，其主要的载荷工况为轴压与外压同时加载工况。

以文献 [51] 中外压加筋圆柱壳算例为例，采用了四个典型加筋薄壳算例用于验证 NSSM 的精度。圆柱壳直径 $D = 1000$ mm。薄壳采用 2024 铝合金材料，材料属性如下：弹性模量 E =76169 MPa，泊松比 $\nu = 0.3$，屈服强度 $\sigma_s = 339.6$ MPa，极限强度 $\sigma_b = 437.9$ MPa，密度 ρ =2.7×10^{-6} kg/mm^3。加筋薄壳算例的加筋类型为正置正交和竖三角，蒙皮厚度为 t_s，筋高为 h_r，筋厚为 t_r，纵向筋条数目为 N_c，环向筋条数目为 N_a，模型示意图如图 3.12 所示，四个模型的具体参数如表 3.15 所示。

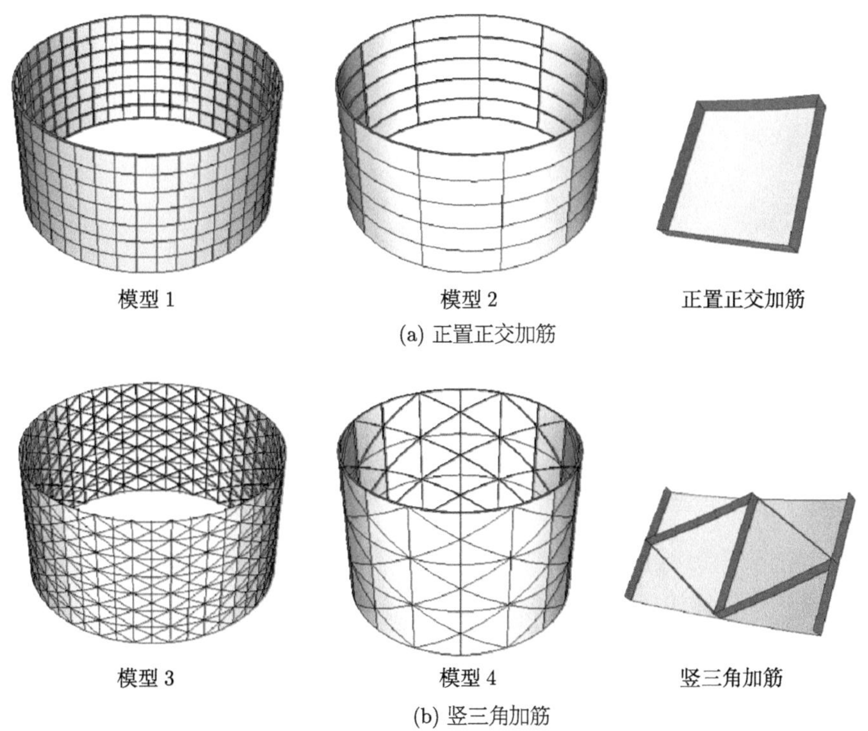

(a) 正置正交加筋

(b) 竖三角加筋

图 3.12 四个加筋薄壳算例示意图

表 3.15 四个加筋薄壳算例几何参数

	模型 1	模型 2	模型 3	模型 4
t_s	2.0	3.0	2.0	3.0
h_r	10.0	8.0	8.0	8.0
t_r	3.0	4.0	2.5	4.0
N_c	7	5	—	—
N_a	45	12	25	9

首先建立加筋圆柱壳有限元模型，经过单元收敛性分析后，蒙皮处的单元尺寸选为 5 mm，筋条高度方向划分两层单元。设置简支边界条件，并基于特征值屈曲分析方法计算线性屈曲载荷。采用 NSSM，对模型 1 算例进行轴压为 200 kN 下的外压失稳模拟，得到纵向失稳波数量为 1，环向失稳波数量为 16，与精细有限元方法所得失稳波数完全相同，如图 3.13 所示。分别基于精细有限元方法和 NSSM 计算加筋圆柱壳的线性屈曲载荷值，线性屈曲载荷值结果如图 3.14 所示。共进行了 84 次计算，NSSM 与精细有限元的误差最大为 5.7%，表现出较高的预测精度，也表明了 NSSM 对两种加筋构型和轴外压工况具有很好的构型适用性。从图 3.14 中可以看出，随着轴压的增加，外压临界值首先缓慢降低。当轴压增大至薄壳的临界轴压载荷时，薄壳的外压临界值迅速降低。

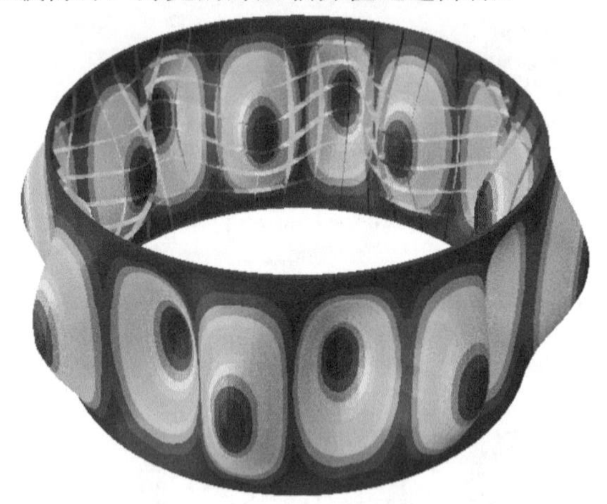

图 3.13　模型 1 模型轴压为 200 kN 下的精细有限元模型失稳波形示意图

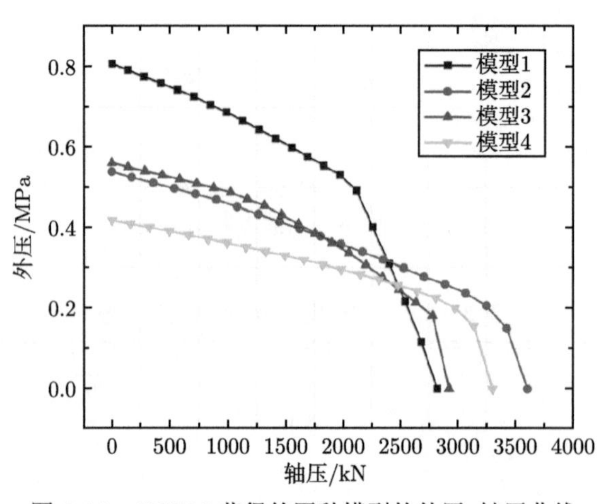

图 3.14　NSSM 获得的四种模型的外压–轴压曲线

3.4 POD 降阶屈曲分析方法

3.4.1 计算框架

本节建立了基于 POD 降阶的线性屈曲分析方法。特征值屈曲分析的有限元方程如式 (2-19) 所示。通过求解这一特征值方程，即可获得结构的线性屈曲载荷值和屈曲模态。假设全阶模型的自由度为 M，则矩阵 $\boldsymbol{K}$ 和 $\boldsymbol{G}$ 的阶数为 $M\times M$。本节提出的 POD 屈曲分析方法的主要目标就是减少矩阵 $\boldsymbol{K}$ 和 $\boldsymbol{G}$ 的阶数。如图 3.15 所示，POD 屈曲分析方法的步骤如下：

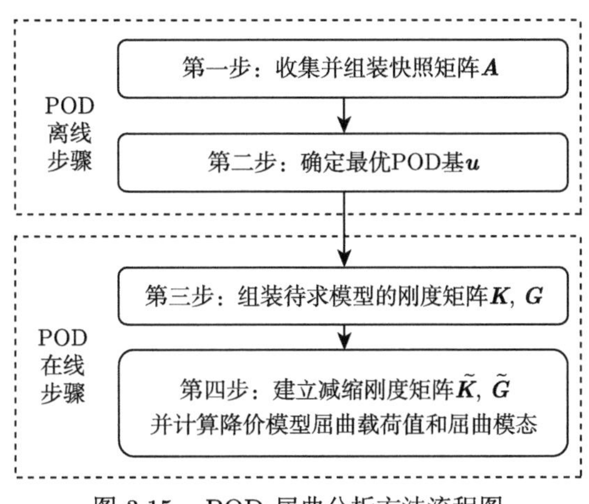

图 3.15　POD 屈曲分析方法流程图

第一步：从前期实验、数值或者解析结果中收集或求解屈曲模态的特征向量值，进而建立起快照矩阵 $\boldsymbol{A}$：

$$\boldsymbol{A}=\{\boldsymbol{\varPhi}_{(n_1)},\boldsymbol{\varPhi}_{(n_2)},\cdots,\boldsymbol{\varPhi}_{(n_L)}\}\tag{3-17}$$

式中，$\varPhi_{(n_j)}$ 为特征向量值，$j=1,2,\cdots,L$。如果收集获得的特征向量数目为 L，则矩阵 $\boldsymbol{A}$ 的阶数为 $M\times L$，其中 $L\leqslant M$。

第二步：基于快照矩阵 $\boldsymbol{A}$ 求解相关矩阵 $\boldsymbol{R}$，其中相关矩阵 $\boldsymbol{R}$ 的阶数为 $L\times L$。

$$\boldsymbol{R}=\boldsymbol{A}^{\mathrm{T}}\boldsymbol{A}\tag{3-18}$$

进而，求解相关矩阵 $\boldsymbol{R}$ 的特征值 β_j 和特征向量值 $\boldsymbol{\varphi}_j$，并且将特征值 β_j 从大到小进行排序：

$$\begin{aligned}&\boldsymbol{R}\boldsymbol{\varphi}_j=\beta_j\boldsymbol{\varphi}_j,\quad j=1,2,\cdots,l\\&l\leqslant L,\quad \beta_1\geqslant\beta_2\geqslant\cdots\beta_j>0\end{aligned}\tag{3-19}$$

基于下面的公式，求得 POD 基 $\boldsymbol{u}_j$：

$$\boldsymbol{u}_j = \frac{1}{\sqrt{\beta_j}}\boldsymbol{A}\boldsymbol{\varphi}_j \tag{3-20}$$

根据截断误差的筛选准则，获得前 r 阶最优 POD 基：

$$r = \operatorname{argmin}\{I(r) : I(r) \leqslant \delta\}, \quad I(r) = 1 - \frac{\sum_{i=1}^{r}\beta_i}{\sum_{i=1}^{l}\beta_i} \tag{3-21}$$

式中，argmin 代表寻找最小的阶数 r，使其满足 $I(r) \leqslant \delta$，其中 $I(r)$ 是前 r 阶 POD 基的截断相对误差，δ 为截断值，其值取为 0.01。也就是说，截断的前 r 阶 POD 基在全部的 POD 基中是占优的，能以最小截断相对误差的代价来最大化地捕捉系统总能量。

以上两步为 POD 屈曲分析方法的离线步骤 (Offline Steps)，需要在开展 POD 屈曲分析的在线步骤 (Online Steps) 前完成。下面首先介绍在线步骤。

第三步：为待求的结构组集刚度阵 $\boldsymbol{K}$ 和 $\boldsymbol{G}$。将待求的结构的特征向量表示成 POD 基的线性组合：

$$\begin{aligned}\boldsymbol{\Phi} &= a_1u_1 + a_2u_2 + \dots + a_ru_r \\ &= \boldsymbol{u}\boldsymbol{\alpha}\end{aligned} \tag{3-22}$$

式中，$\boldsymbol{\alpha}$ 代表 POD 基的线性加权系数，其阶数为 $r \times M$。$\boldsymbol{u}$ 代表 POD 基，其阶数为 $M \times r$。

第四步：将式 (3-22) 代入式 (2-19) 中，得到下式：

$$\begin{aligned}&\{\boldsymbol{K}+\lambda\boldsymbol{G}\}\boldsymbol{\Phi} = \mathbf{0} \\ &\{\boldsymbol{K}+\lambda\boldsymbol{G}\}\boldsymbol{u}\boldsymbol{a} = \mathbf{0} \\ &\{\boldsymbol{K}\boldsymbol{u}+\lambda\boldsymbol{G}\boldsymbol{u}\}\boldsymbol{\alpha} = \mathbf{0}\end{aligned} \tag{3-23}$$

然后，在上述公式的左右两端分别乘以 $\boldsymbol{u}^{\mathrm{T}}$，可以得到

$$\begin{aligned}&\boldsymbol{u}^{\mathrm{T}}\{\boldsymbol{K}\boldsymbol{u}+\lambda\boldsymbol{G}\boldsymbol{u}\}\boldsymbol{\alpha} = \mathbf{0} \\ &\{\boldsymbol{u}^{\mathrm{T}}\boldsymbol{K}\boldsymbol{u}+\lambda\boldsymbol{u}^{\mathrm{T}}\boldsymbol{G}\boldsymbol{u}\}\boldsymbol{\alpha} = \mathbf{0} \\ &\{\tilde{\boldsymbol{K}}+\lambda\tilde{\boldsymbol{G}}\}\boldsymbol{\alpha} = \mathbf{0}\end{aligned} \tag{3-24}$$

式中，$\tilde{\boldsymbol{K}} = \boldsymbol{u}^{\mathrm{T}}\boldsymbol{K}\boldsymbol{u}$，$\tilde{\boldsymbol{G}} = \boldsymbol{u}^{\mathrm{T}}\boldsymbol{G}\boldsymbol{u}$，矩阵 $\tilde{\boldsymbol{K}}$ 和 $\tilde{\boldsymbol{G}}$ 的阶数为 $r \times r$。

通过 POD 方法进行模型降阶后，有限元模型的阶数大幅度减少，由 $M \times M$ 降至 $r \times r$，$r \leqslant M$。对降阶模型开展特征值分析，可以获得特征值 $\boldsymbol{\lambda}$ 和特征向量 $\boldsymbol{\alpha}$。全阶模型可以计算出 M 阶特征值，而降阶模型可计算出 r 阶特征值，这表明降阶模型只能预测待求结构的前 r 阶屈曲载荷值。对于工程中的屈曲问题，往往只关注第一阶屈曲载荷值，因此本节提出的 POD 屈曲分析方法具有可适用性。通过式 (3-24) 计算求得特征向量 $\boldsymbol{\alpha}$ 后，将特征向量 $\boldsymbol{\alpha}$ 再代入式 (3-22) 中，可以求得 POD 预测的屈曲模态 $\boldsymbol{\Phi}$。

3.4.2 光筒壳算例适用性验证

本节建立了一个混杂纤维薄壳结构的算例，来验证提出的 POD 降阶屈曲分析方法的有效性。混杂纤维复合材料由基体和多种纤维混杂而成，表现出优异的力学性能，同时保证了较低的材料成本。本节所采用的混杂纤维由碳纤维、玻璃纤维和环氧树脂基体组成。根据文献 [52] 可知，RoHM(Rule of Hybrid Mixtures) 方法适合用于预测混杂纤维复合材料的纵向模量，半解析的修正 Halpin-Tsai 公式适合用于横向模量和剪切模量的预测。下面给出混杂纤维复合材料等效模量的计算公式。

根据 RoHM 方法，混杂纤维复合材料纵向模量计算公式如下：

$$E_1 = E_{1c}V_{fc} + E_{1g}V_{fg} + E_mV_m \tag{3-25}$$

式中，E_{1c}、E_{1g} 和 E_m 分别代表碳纤维、玻璃纤维和环氧树脂基体的纵向模量，V_{fc}、V_{fg} 和 V_m 分别代表碳纤维、玻璃纤维和环氧树脂基体的体分比。其中，$V_{fc} + V_{fg} + V_m = 100\%$。

类似地，RoHM 公式也同样可以用于预测混杂纤维复合材料的纵向泊松比 ν_{12}，密度 ρ 和单位质量下的材料成本：

$$\nu_{12} = \nu_{12c}V_{fc} + \nu_{12g}V_{fg} + \nu_{12m}V_m \tag{3-26}$$

$$\rho = \rho_cV_{fc} + \rho_gV_{fg} + \rho_mV_m \tag{3-27}$$

式中，ν_{12c}、ν_{12g} 和 ν_{12m} 分别代表碳纤维、玻璃纤维和环氧树脂基体的纵向泊松比。ρ_c、ρ_g 和 ρ_m 分别代表碳纤维、玻璃纤维和环氧树脂基体的密度。

基于修正的 Halpin-Tsai 公式，混杂纤维复合材料的横向模量 E_2 和剪切模量 G_{12} 的表达式如下：

$$E_2 = \left(\frac{1 + \xi_{E2}(\eta_cV_{fc} + \eta_gV_{fg})}{1 - (\eta_cV_{fc} + \eta_gV_{fg})}\right) \cdot E_m, \quad \eta_c = \frac{\left(\dfrac{E_{2c}}{E_m}\right) - 1}{\left(\dfrac{E_{2c}}{E_m}\right) + \xi_{E2}}, \quad \eta_g = \frac{\left(\dfrac{E_{2g}}{E_m}\right) - 1}{\left(\dfrac{E_{2g}}{E_m}\right) + \xi_{E2}} \tag{3-28}$$

$$G_{12}=\left(\frac{1+\xi_{G12}\left(\lambda_c V_{fc}+\lambda_g V_{fg}\right)}{1-\left(\lambda_c V_{fc}+\lambda_g V_{fg}\right)}\right)\cdot G_{12m}$$

$$\lambda_c=\frac{\left(\dfrac{G_{12c}}{G_{12m}}\right)-1}{\left(\dfrac{G_{12c}}{G_{12m}}\right)+\xi_{G12}},\quad \lambda_g=\frac{\left(\dfrac{G_{12g}}{G_{12m}}\right)-1}{\left(\dfrac{G_{12g}}{G_{12m}}\right)+\xi_{G12}} \tag{3-29}$$

式中，E_{2c} 和 E_{2g} 分别代表碳纤维和玻璃纤维的横向模量。G_{12c}、G_{12g} 和 G_{12m} 分别代表碳纤维、玻璃纤维和环氧树脂基体的剪切模量。在上述公式中，ξ_{E2} 和 ξ_{G12} 是横向模量和剪切模量的拟合参数，文献 [52] 通过与实验数据进行数据拟合，确定了 ξ_{E2} 和 ξ_{G12} 的取值为 1.165 和 1.01。

混杂纤维薄壳结构直径 500 mm，高度 510 mm。蒙皮铺层角度为 [0°/90°/0°/90°/0°]s，单层厚度为 0.125 mm。混杂纤维和基体的材料属性如表 3.16 所示。基于式 (3-25)~ 式 (3-29)，可以计算出混杂纤维复合材料的等效模量、等效密度。对于初始设计 ($V_{fc}=60\%$, $V_{fg}=0\%$, $V_m=40\%$)，计算结果为：$E_1=159200$ MPa，$E_2=8588.2$ MPa，$\nu_{12}=0.26$，$G_{12}=4410.5$ MPa，$\rho=1.51\times10^{-6}$ kg/mm^3。建立混杂纤维薄壳的有限元模型，经过单元收敛性分析，确定单元尺寸 5 mm。边界条件为两端简支。基于特征值屈曲分析方法计算混杂纤维薄壳结构全阶模型的线性屈曲载荷值为 155.64 kN，相应的一阶屈曲模态波形图如图 3.16(a) 所示。

表 3.16　混杂纤维和基体的材料属性

E_{1c}/MPa	E_{1g}/MPa	E_{2c}/MPa	E_{2g}/MPa	E_m/MPa	G_{12c}/MPa	G_{12g}/MPa
263000	72400	19000	72400	3500	27600	30200
G_{12m}/MPa	ν_{12c}	ν_{12g}	ν_{12m}	ρ_c/(kg/mm^3)	ρ_g/(kg/mm^3)	ρ_m/(kg/mm^3)
1290	0.2	0.2	0.35	1.75×10^{-6}	2.55×10^{-6}	1.15×10^{-6}

基于初始设计全阶模型的屈曲结果，提取其前 20 阶屈曲模态特征值向量，组装成初始快照矩阵。由于 POD 方法计算得出的相关矩阵的前 20 阶特征值 β_j 非常接近，根据式 (3-19) 的筛选准则，无法达到 POD 基的截断条件，因而无须对前 20 阶 POD 基进行截断，因而 20 阶 POD 基全部保留。对模型进行降阶，矩阵 $\boldsymbol{K}$ 和 $\boldsymbol{G}$ 的阶数由 112326 × 112326 降至 20 × 20。基于降阶模型开展特征值屈曲分析，计算得出的线性屈曲载荷值为 155.64 kN，与全阶模型的计算结果一致。降阶模型预测的一阶屈曲模态波形图如图 3.16(b) 所示，其与全阶模型的预测结果一致。全阶模型的计算时间为 118 s，而 POD 降阶模型的计算时间仅为 0.01 s，表明了本节提出的 POD 屈曲分析方法具有巨大的分析效率优势。

在验证了 POD 屈曲分析方法对初始设计点的预测精度后，将进一步研究其

表 3.17 混杂纤维薄壳结构设计空间与预测屈曲载荷对比

	初始值	下限值	上限值
V_{fc}	60%	0%	65%
V_{fg}	0%	0%	65%
V_m	40%	35%	100%
基于 POD 屈曲分析方法的线性屈曲载荷值/kN	155.64	155.64	—
基于精细有限元方法的线性屈曲载荷值/kN	155.64	—	—
相对误差	0%	—	—

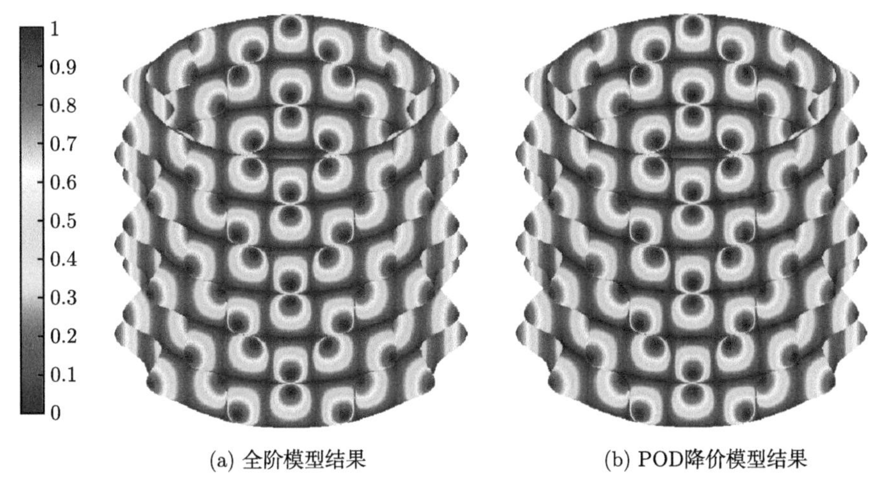

(a) 全阶模型结果　　(b) POD降价模型结果

图 3.16 混杂纤维薄壳算例一阶屈曲模态波形图

在整个设计空间内的预测精度。首先，基于拉丁超立方采样 (Latin Hypercube Sampling, LHS) 方法在设计空间抽样 100 次，设计空间如表 3.17 所示。其后，在这 100 个抽样点上，分别基于全阶模型和降阶模型计算线性屈曲载荷值，并比较两者在每个点上的相对误差值。相对误差分布图如图 3.17 所示，其中灰色区域代表不满足约束条件的不可设计域。在可设计域内，靠近初始快照区域，抽样点的预测精度较高；远离初始快照区域，抽样点的预测精度相对较低。整体来看，大多数的抽样点都具有较高的预测精度，其中最大相对误差为 5.94%。如果设计者可以接受这样的预测精度，则后续的优化设计可以基于当前的 POD 降阶模型开展；如果预测精度不满足要求，则可以通过增加 POD 快照矩阵阶数的方式，来提高 POD 降阶模型的预测精度。

本节将设计空间边界处的设计点 (即具有最大预测误差的设计点 ($V_{fc} = 0\%$, $V_{fg} = 65\%$)) 的前 20 阶全阶模型屈曲模态特征值添加至初始 POD 快照矩阵中，生成混合 POD 快照矩阵，其 POD 基的阶数也由初始的 20 阶增至 40 阶。根据 POD 基截断误差的筛选准则，可获得 POD 基截断相对误差曲线如图 3.20 所示。可以看出，随着截断的 POD 基的数目逐渐增加，POD 基截断相对误差逐渐减小。本节建立的 POD 屈曲分析方法要求截断相对误差不超过 1%，从图 3.18 可以看出，当截断的 POD 基数目为 26 时，截断相对误差满足筛选准则。因而，截断的 26 个 POD 基在全部的 POD 基中是占优的，且能以最小数目 POD 基的代价来最大化地捕捉系统的总能量。进而，基于混合 POD 快照矩阵建立降阶模型，其在整个设计空间内的预测误差分布如图 3.19 所示。通过与基于初始 POD 快照矩阵的降阶模型的预测误差分布图 (图 3.17) 对比，可以看出基于混合 POD 快照矩阵的降阶模型具有更优异的预测精度，最大相对误差仅为 0.43%。

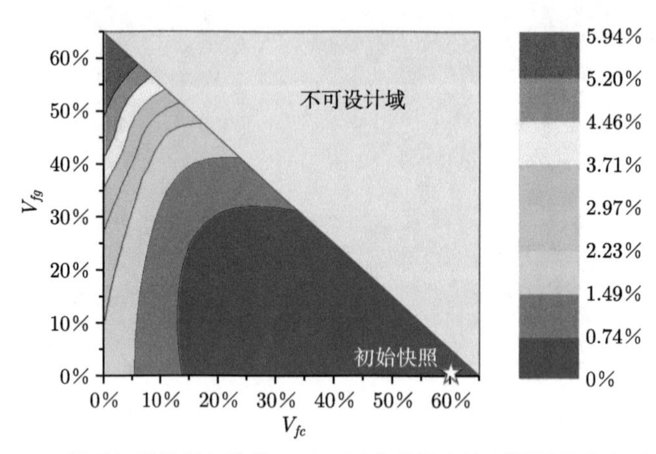

图 3.17　基于初始快照矩阵的 POD 屈曲分析方法预测误差分布示意图

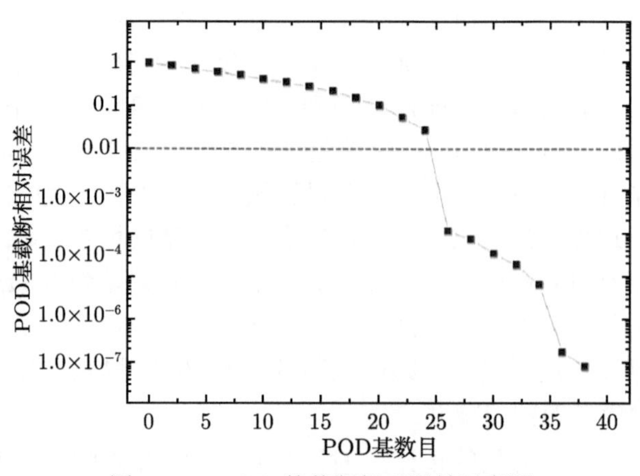

图 3.18　POD 基截断相对误差示意图

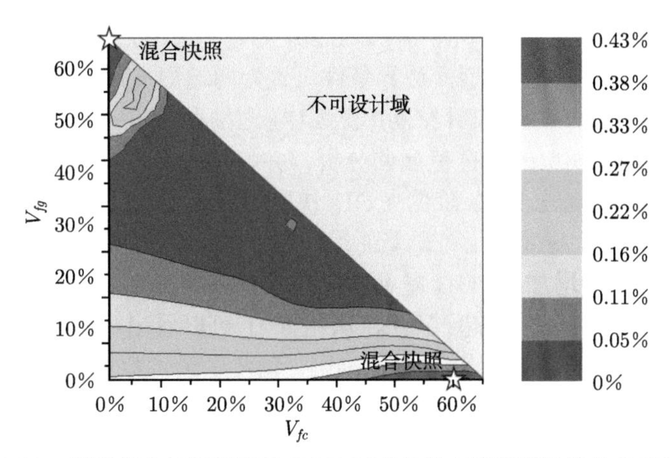

图 3.19 基于混合快照矩阵的 POD 屈曲分析方法预测误差分布示意图

3.4.3 含开口光筒壳算例适用性验证

本节以含开口混杂纤维薄壳算例来进一步验证提出的 POD 降阶屈曲分析方法的有效性。本节采用的含开口混杂纤维薄壳结构示意图如图 3.20 所示，薄壳结构的直径 500 mm，高度 510 mm。蒙皮铺层角度为 $[45°/0°/45°/45°/45°]_s$，单层厚度为 0.125 mm。混杂纤维复合材料中 V_{fc}、V_{fg} 和 V_m 分别为 40%、20%和 40%。薄壳结构上含有三个矩形开孔，开孔长度和宽度均为 50 mm。三个开孔的中心点的坐标分别为 (0, 250, 115) mm，(240, 250, 395) mm 和 (120, 250, 255) mm。混杂纤维和基体的材料属性和材料成本与 3.4.2 节的模型保持一致。基于式 (3-26)~ 式 (3-30)，可以计算出混杂纤维复合材料的等效模量、等效密度：$E_1 =$

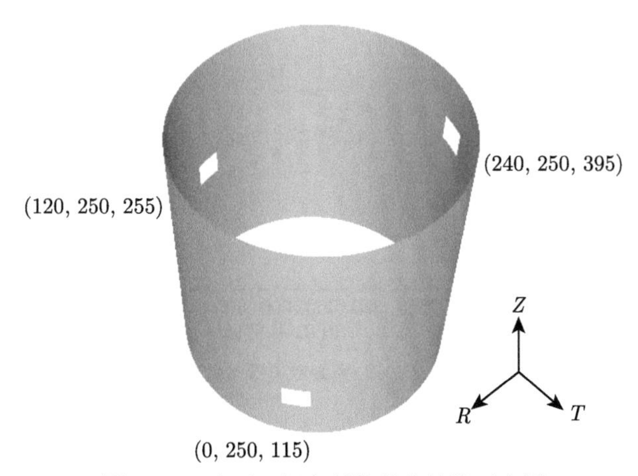

图 3.20 含开口混杂纤维薄壳结构示意图

120080 MPa，$E_2 = 9630$ MPa，$\nu_{12} = 0.26$，$G_{12} = 4429.2$ MPa。建立含开口混杂纤维薄壳结构的有限元模型，边界条件设置为两端固支，单元尺寸为 5 mm。

首先基于 LHS 方法在设计空间 (表 3.18) 内抽取 100 个样本点，针对这 100 个样本点开展全阶模型的特征值屈曲分析，并收集每个样本点的前 10 阶特征值屈曲模态向量，组装成 1000 阶的 POD 快照矩阵。根据 POD 基截断误差筛选准则，可获得 POD 基截断相对误差曲线如图 3.21 所示。可以看出，随着截断的 POD 基的数目逐渐增加，POD 基截断相对误差不断减小。本节建立的 POD 分析框架要求截断相对误差不超过 1%，从图 3.21 可以看出，当截断的 POD 基的数目为 50 时，截断相对误差满足筛选准则。确定了最优数目的 POD 基后，建立起阶数为 50×50 的 POD 降阶模型。

表 3.18　含开口混杂纤维铺薄壳结构设计空间

	初始值	下限值	上限值
$\theta_1/(^\circ)$	45	−45	90
$\theta_2/(^\circ)$	0	−45	90
$\theta_3/(^\circ)$	45	−45	90
$\theta_4/(^\circ)$	45	−45	90
$\theta_5/(^\circ)$	45	−45	90
基于 POD 屈曲分析方法的线性屈曲载荷值/kN	79.0	—	—
基于全阶模型的线性屈曲载荷值/kN	78.1	—	—
相对误差	1.1%	—	—

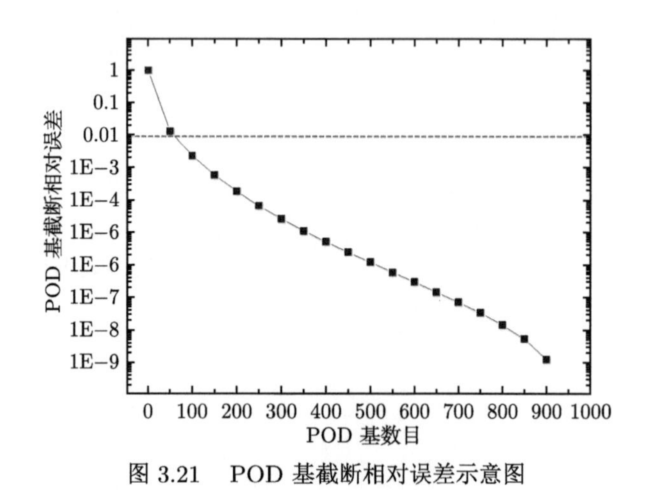

图 3.21　POD 基截断相对误差示意图

基于降阶模型开展初始设计的特征值屈曲分析，计算得出的线性屈曲载荷值为 79.0 kN，与基于全阶模型的计算结果相对误差为 1.1%，获得了很高的预测精度，相应结果列入表 3.18 中。基于全阶模型的计算时间为 106 s，而 POD 降阶模型的计算时间仅为 0.01 s，表明了本节提出的基于 POD 的屈曲分析方法巨大的分析效率优势。在验证了 POD 屈曲分析方法对初始设计点的预测精度后，将进一步研究其在设计空间内的预测精度。首先，基于 LHS 方法在设计空间抽样 10 次，设计空间如表 3.18 所示。其后，在这 10 个抽样点上，分别基于全阶模型和降阶模型计算线性屈曲载荷值，并比较两种模型在每个抽样点上的相对误差值。10 个抽样点的相对误差值如表 3.19 所示，其中最大相对误差为 2.4%，最小相对误差为 1.0%，表明了 POD 屈曲分析方法在整个设计空间内具有较高的预测精度，也因此保证了基于 POD 降阶模型开展优化设计的可信性。

表 3.19 POD 屈曲分析方法在含开口混杂纤维薄壳设计空间中预测误差结果

	POD 屈曲分析结果/kN	全阶模型屈曲分析结果/kN	相对误差
验证点 1	93.6	92.0	1.7%
验证点 2	89.4	87.3	2.4%
验证点 3	81.4	80.6	0.9%
验证点 4	98.4	97.0	1.4%
验证点 5	101.6	100.5	1.1%
验证点 6	59.1	57.7	2.4%
验证点 7	86.6	85.0	1.9%
验证点 8	99.2	97.7	1.5%
验证点 9	80.7	79.7	1.3%
验证点 10	77.3	76.5	1.0%

3.5 振动相关技术 (VCT) 方法

3.5.1 经典 VCT 方法

近年来，随着运载火箭回收重复利用概念的提出，特别是民用航天公司如 SpaceX 等的快速发展，运载火箭逐渐向可回收的方向发展。而运载火箭的结构在重复利用之前需要再次评估其飞行性能。在此背景之下，通过屈曲实验技术中的非破坏性检测方法 (Non-destructive Method) 来预测含缺陷薄壁圆柱壳结构的极限承载力再次引起研究者的兴趣，因为其可以预测缺陷敏感结构的屈曲载荷而不会对薄壳结构产生破坏。其中振动相关技术 (Vibration Correlation Technique, VCT) 便是一种典型的非破坏性检测方法，早在 20 世纪便得到了广泛应用 [53,54]。其基本思想是通过测量结构在受载状况下的一系列固有频率，然后监控固有频率在不断增加的压缩载荷水平下的变化，绘制一条拟合曲线来表示施加载荷与结构固有频率的平方之间的关系，并将曲线外推至零频率，得到待求结构的预测屈曲载荷，而不会对结构造成破坏。2002 年，Singer 等 [55] 对 VCT 的原理及其应用进行了综述。文章中提到，该方法还可用来确定结构的实际原位边界条件。因此，

VCT 方法有两大主要应用方向：一是通过确定结构的原位边界条件，再代入原始模型中，改善屈曲载荷的预测结果 [56]；二是建立起通过实验确定的轴向压缩载荷与结构受载条件下的固有频率之间的函数关系，然后基于此关系预测结构的屈曲载荷。

基于频率的平方和压缩载荷之间的线性关系，该方法作为一种成熟的实验方法已经成功地应用于梁、柱、板等结构当中 [57−60]。近年来，各国学者开始将 VCT 方法逐步应用于壳体结构之中，但是由于壳体结构对缺陷的高度敏感性，使用 VCT 预测壳体的屈曲载荷还不够成熟 [61−64]。Abramovich 等 [59] 最先在曲面加筋板上应用二次拟合函数拟合压缩载荷与固有频率的平方之间的关系，进而得到 VCT 预测屈曲载荷。Souza 等 [65,66] 同样提出了一种新的固有频率与施加的压缩载荷之间的函数关系，从而使 VCT 方法对加筋圆柱壳获得了更高的预测精度，如图 3.22(a) 所示。Arbelo 等 [62−64]，Kalnins 等 [67] 和 Skukis 等 [68,69] 在 Souza 等工作的基础上提出了一种改进的 VCT 经验公式来预测金属和复合材料的光筒壳的屈曲载荷，如图 3.22(b) 所示，经过验证，与实验结果有很好的一致性。Franzoni 等 [70] 基于自由振动的线性 Flügge-Luré-Byrne 壳理论，成功推导了缺陷敏感的各向同性材料圆柱壳的 VCT 理论公式，并进行了数值验证，为 VCT 提供了理论依据。在此基础之上，Franzoni 等 [71] 进行了高保真度实验，验证了 VCT 出色的预测准确性。另外，VCT 预测正交异性材料圆柱壳的轴向屈曲载荷的有效性经由屈曲实验得到了充分的验证 [72]。Rahimi 等 [73] 将 VCT 应用于小尺寸菱形加筋复合材料圆柱壳的临界屈曲载荷的预测，实验结果表明 VCT 的预测误差小于 3%。

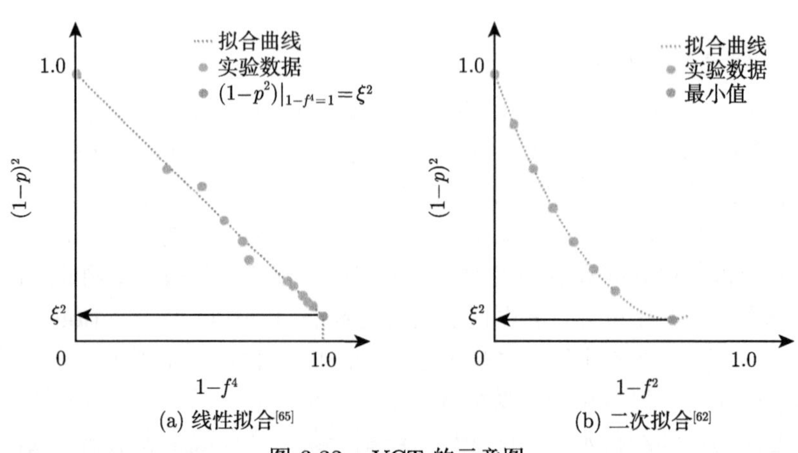

(a) 线性拟合[65] (b) 二次拟合[62]

图 3.22 VCT 的示意图

综上所述，VCT 可以被视为一种含缺陷壳体结构的屈曲载荷数值预测方法，而不仅仅是一种非破坏性实验技术。为了保证 VCT 作为数值预测方法的有效性和鲁棒性，有必要基于具有各种结构类型和缺陷形式的典型薄壳结构验证算例对 VCT 进行研究。根据上述文献可以发现：(1)VCT 的研究很少关注加筋圆柱壳或圆锥壳；(2) 大多数 VCT 相关研究都集中在实测缺陷上；(3) 圆柱壳的 VCT 理论公式是基于两端简支边界条件下推导而来的，但少有研究关注两端固支边界下 VCT 的应用。因此，该方向有较大的研究潜力，亟待开展进一步的研究。此外，由于传统的 VCT 方法需要进行重复的特征值分析，当薄壳结构的有限元模型具有很大的自由度时，单次特征值分析的计算耗时较长，从而导致 VCT 的计算成本过高。因此，对 VCT 中重复的特征值分析过程进行加速，建立一种高效的 VCT 方法具有较大的工程和研究意义。

VCT 的基本原理来源于梁结构，其理论依据是施加外载荷与结构自由振动的固有频率的平方之间的线性关系，该线性关系可通过简支梁推导得到。Franzoni 等 [70] 基于线性 Flügge 壳理论，详细推导了轴向加载下边界条件为两端简支的各向同性圆柱壳结构的 VCT 理论公式，为该方法在柱壳结构上的应用提供了一定的理论依据。不足之处在于，虽然在数学推导上简支边界条件因其具有简洁的表达式和便于推导的特点而被广泛应用，但在实际工程应用中有限元分析更多地采用了固支边界条件，其他边界条件诸如固支–简支、固支–自由等也常有涉及。同时，本节的研究对象是运载火箭中的薄壁圆柱壳结构，包括圆柱壳和加筋圆柱壳。因此，有必要将 VCT 理论公式推广至两端固支边界条件的圆柱壳及加筋圆柱壳结构当中，并以此建立一套针对含缺陷薄壳结构的通用 VCT 计算框架。

本节将介绍经典 VCT 方法的理论基础和数值计算框架，从轴向加载下柱壳结构的自由振动分析出发，根据控制方程推导轴向加载下两端固支边界条件的柱壳结构 VCT 理论公式，为 VCT 在预测柱壳结构实际承载能力中的适用性提供理论依据。

考虑图 3.23 所示的典型柱壳结构，其轴向长度为 L，壳体厚度恒定为 h，中间表面半径为 R，$h = R$。定义无量纲化坐标 $s = x/R$ 代替轴向坐标 x，即坐标 s、θ、z 分别表示柱壳的长度方向、圆周方向和中面法线方向，相对应的壳体中面位移分别为 u、v、w (方向如图 3.23 中所示)。依据文献 [74]，柱壳自由振动的运动微分方程可用矩阵形式表示为

$$[L]\{u_i\} = 0 \tag{3-30}$$

其中，$[L]$ 为矩阵形式的微分算子，$\{u_i\}$ 为位移向量 $[u, v, w]^{\mathrm{T}}$。

根据 Donnell-Mushtari 壳理论及 Flügge 壳理论的相关修正，并考虑初始应力对振动控制方程的影响，微分算子 $[L]$ 可表示为如下式：

$$[L] = [L_{D-M}] + k[L_F] + \frac{1}{C_N}[L_i] \tag{3-31}$$

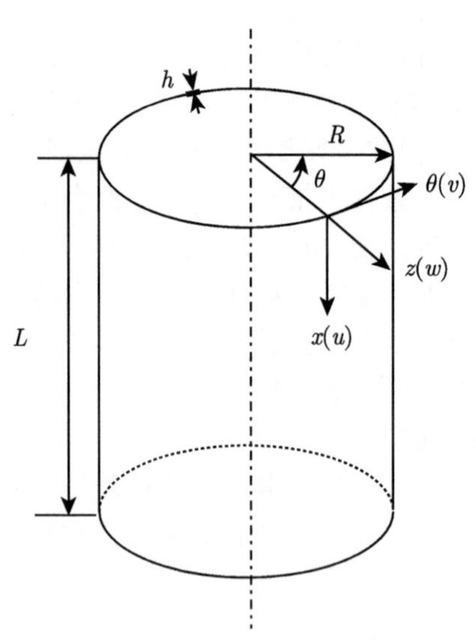

图 3.23　柱壳结构几何示意图

其中，$[L_{D-M}]$ 为 Donnell-Mushtari 壳理论微分算子项，$[L_F]$ 为 Flügge 壳理论修正项，$[L_i]$ 为初始应力状态下的附加项，$k=h^2/12R^2$，$C_N=Eh/\left(1-\nu^2\right)$。

这三个微分算子可分别表示为

$$[L_{D-M}]=\begin{bmatrix} \dfrac{\partial^2}{\partial s^2}+\dfrac{1-\nu}{2}\dfrac{\partial^2}{\partial\theta^2}-F_q & \dfrac{1+\nu}{2}\dfrac{\partial^2}{\partial s\partial\theta} & \nu\dfrac{\partial}{\partial s} \\ \dfrac{1+\nu}{2}\dfrac{\partial^2}{\partial s\partial\theta} & \dfrac{1-\nu}{2}\dfrac{\partial^2}{\partial s^2}+\dfrac{\partial^2}{\partial\theta^2}-F_q & \dfrac{\partial}{\partial\theta} \\ \nu\dfrac{\partial}{\partial s} & \dfrac{\partial}{\partial\theta} & 1+k\nabla^4+F_q \end{bmatrix} \tag{3-32}$$

$$[L_F]=\begin{bmatrix} \dfrac{1-\nu}{2}\dfrac{\partial^2}{\partial\theta^2} & 0 & -\dfrac{\partial^3}{\partial s^3}+\dfrac{1-\nu}{2}\dfrac{\partial^3}{\partial s\partial\theta^2} \\ 0 & \dfrac{3\,(1-\nu)}{2}\dfrac{\partial^2}{\partial s^2} & -\dfrac{3-\nu}{2}\dfrac{\partial^3}{\partial s^2\partial\theta} \\ -\dfrac{\partial^3}{\partial s^3}+\dfrac{1-\nu}{2}\dfrac{\partial^3}{\partial s\partial\theta^2} & -\dfrac{3-\nu}{2}\dfrac{\partial^3}{\partial s^2\partial\theta} & 1+2\dfrac{\partial^2}{\partial\theta^2} \end{bmatrix} \tag{3-33}$$

$$[L_i]=\begin{bmatrix} \begin{bmatrix} N_\theta\dfrac{\partial^2}{\partial\theta^2}+N_x\dfrac{\partial^2}{\partial s^2} \\ +2N_{x\theta}\dfrac{\partial^2}{\partial s\partial\theta} \end{bmatrix} & 0 & -N_\theta\dfrac{\partial}{\partial s} \\ 0 & \begin{bmatrix} N_\theta\dfrac{\partial^2}{\partial\theta^2}+N_x\dfrac{\partial^2}{\partial s^2} \\ +2N_{x\theta}\dfrac{\partial^2}{\partial s\partial\theta} \end{bmatrix} & N_\theta\dfrac{\partial}{\partial\theta}+2N_{x\theta}\dfrac{\partial}{\partial s} \\ -N_\theta\dfrac{\partial}{\partial s} & N_\theta\dfrac{\partial}{\partial\theta}+2N_{x\theta}\dfrac{\partial}{\partial s} & \begin{bmatrix} -N_\theta\dfrac{\partial^2}{\partial\theta^2}-N_x\dfrac{\partial^2}{\partial s^2} \\ -2N_{x\theta}\dfrac{\partial^2}{\partial s\partial\theta} \end{bmatrix} \end{bmatrix} \tag{3-34}$$

其中，ν 为泊松比，N_x、$N_{x\theta}$、N_θ 为初始应力，$\nabla^4=\nabla^2\nabla^2$，$F_q$ 和 ∇^2 的表达式为

$$F_q=\rho\frac{(1-\nu^2)R^2}{E}\frac{\partial^2}{\partial t^2} \tag{3-35}$$

$$\nabla^2\equiv\frac{\partial^2}{\partial s^2}+\frac{\partial^2}{\partial\theta^2} \tag{3-36}$$

式中，ρ 为材料密度，E 为杨氏模量，t 为时间变量。

考虑到工况为轴压失稳，因此只需考虑轴向应力 N_x 的影响，可近似假设 $N_{x\theta}=N_\theta=0$，故式 (3-34) 可以简化为式 (3-37) 的形式：

$$[L_i]=\begin{bmatrix} N_x\dfrac{\partial^2}{\partial s^2} & & \\ & N_x\dfrac{\partial^2}{\partial s^2} & \\ & & -N_x\dfrac{\partial^2}{\partial s^2} \end{bmatrix} \tag{3-37}$$

考虑两端均为固定支座的边界条件，约束条件可以写作如下形式：

$$u=v=w=\frac{\partial w}{\partial s}=0 \quad (s=0,\ \ s=l/R) \tag{3-38}$$

因此，可以将柱壳运动微分方程的位移函数设为如下形式，该位移函数形式对任意边界条件均成立 [74]：

$$\left.\begin{aligned} u(s,\theta,t)&=A_{mn}\mathrm{e}^{\lambda_m s}\cos n\theta\cos\omega t \\ v(s,\theta,t)&=B_{mn}\mathrm{e}^{\lambda_m s}\sin n\theta\cos\omega t \\ w(s,\theta,t)&=C_{mn}\mathrm{e}^{\lambda_m s}\cos n\theta\cos\omega t \end{aligned}\right\} \tag{3-39}$$

其中，A_{mn}、B_{mn}、C_{mn} 为振幅系数，ω 为结构自由振动的固有频率，λ_m 为不定系数。对于两端固支边界条件，$\lambda_m=\dfrac{(2m+1)\,\pi R}{2l}$[74,76,77]。此外，轴向半波数 m 和周向波数 n 的取值范围分别为 (1,2,$\cdots$) 和 (0,1,2,$\cdots$)。

将假设的位移函数代入方程 (3-30) 中，便可以根据 A_{mn}、B_{mn}、C_{mn} 获得如下频率特征方程组：

$$\begin{bmatrix} \bar{\Omega}_{mn}-H_{11} & H_{12} & H_{13} \\ -H_{12} & \bar{\Omega}_{mn}-H_{22} & H_{23} \\ -H_{13} & H_{23} & \bar{\Omega}_{mn}-H_{33} \end{bmatrix} \begin{Bmatrix} A_{mn} \\ B_{mn} \\ C_{mn} \end{Bmatrix} = \begin{Bmatrix} 0 \\ 0 \\ 0 \end{Bmatrix} \tag{3-40}$$

其中，H_{ij} 取决于参数 m、n 以及柱壳的一些力学特性和几何特征，$\bar{\Omega}_{mn}$ 为频率参数。H_{ij} 和 $\bar{\Omega}_{mn}$ 具体表达式如下：

$$\begin{gathered} H_{11}=-\lambda_m^2+\frac{1-\nu}{2}n^2\,(1+k) \\ H_{12}=\frac{1+\nu}{2}\lambda_m n \\ H_{13}=\nu\lambda_m-k\left(\lambda_m^3+\frac{1-\nu}{2}\lambda_m n^2\right) \\ H_{22}=n^2-(1+3k)\,\frac{1-\nu}{2}\lambda_m^2 \\ H_{23}=-n+k\frac{3-\nu}{2}\lambda_m^2 n \\ H_{33}=1+k\left(\lambda_m^2-n^2\right)^2+k\left(1-2n^2\right) \\ \bar{\Omega}_{mn}=\frac{\rho\,(1-\nu^2)}{E}R^2\bar{\omega}_{mn}^2+\frac{N_x\lambda_m^2}{C_N} \end{gathered} \tag{3-41}$$

移项后可得

$$\bar{\omega}_{mn}^2=\frac{E}{\rho R^2\,(1-\nu^2)}\left(\bar{\Omega}_{mn}-\frac{\lambda_m^2}{C_N}N_x\right) \tag{3-42}$$

$$\bar{\omega}_{mn}^2=\omega_{mn}^2-\frac{\lambda_m^2}{\rho h R^2}N_x \tag{3-43}$$

其中，$\bar{\omega}_{mn}$ 为负载条件下的固有频率。

令 $N_x = \dfrac{P}{2\pi R}$，其中 P 为轴向压缩载荷，则将式 (3-43) 化为如下更为简洁的形式：

$$P = G\left(\bar{\omega}_{mn}^2 - \omega_{mn}^2\right) \tag{3-44}$$

$$G = -\frac{2\pi\rho h R^3}{\lambda_m^2} \tag{3-45}$$

依据文献 [74]，柱壳结构的固有频率随着轴压载荷 P 的增大而降低，当固有频率降为 0 时，便得到柱壳的线性屈曲载荷 P_{CR}，即

$$P_{CR} = G\left(\bar{\omega}_{mn}^2 - \omega_{mn}^2\right)\big|_{\bar{\omega}_{mn}^2=0} = -G\,\omega_{mn}^2 \tag{3-46}$$

将式 (3-44) 与 (3-46) 两式相除，便可得到柱壳的 VCT 理论公式：

$$P/P_{CR} = 1 - \bar{\omega}_{mn}^2/\omega_{mn}^2 \tag{3-47}$$

令 $p = P/P_{CR}$，$f = \bar{\omega}_{mn}/\omega_{mn}$，式 (3-47) 可表示为

$$p = 1 - f^2 \tag{3-48}$$

对式 (3-48) 进行变换，以参数形式 $(1-f^2)$ 中的负载固有频率的平方来表示参数形式 $(1-p)^2$ 中的施加载荷的平方 [70]，即

$$(1-p)^2 = f^4 = \left[1-(1-f^2)\right]^2 \tag{3-49}$$

式 (3-49) 通过解析关系表明，$(1-p)^2$ 通过二阶方程与 $(1-f^2)$ 相关。这种二次关系更适合于完善的壳体结构。由于考虑到壳体结构存在缺陷且对缺陷很敏感，因此与线性屈曲载荷 P_{CR} 相比，实际屈曲载荷将大大下降。所以对于含缺陷的壳结构，如参考文献 [70] 中所建议的那样对等式 (3-49) 进行修改后，以下的二次形式更为合适：

$$(1-p)^2 = A(1-f^2)^2 + B(1-f^2) + C \tag{3-50}$$

其中，参数 A、B 和 C 是根据施加的载荷与实验或数值结果测得的固有频率之间的最佳拟合过程确定的系数。因此，式 (3-50) 的极小值为

$$(1-f^2)_{\text{Minimum}} = -\frac{B}{2A} \quad \rightarrow \quad (1-p)^2_{\text{Minimum}} = \xi^2 = -\frac{B^2}{4A} + C \tag{3-51}$$

在确定 ξ 后，VCT 预测的屈曲载荷 P_{VCT} 可表示为

$$P_{\text{VCT}} = (1-\xi)P_{CR} \tag{3-52}$$

通过比较式 (3-48) 中的 VCT 公式与参考文献 [70] 中的 VCT 公式，可以发现在两端简支边界条件和两端固支边界条件下圆柱壳的 VCT 公式在形式上是相同的。也就是说，它们可以使用相同的计算过程即式 (3-49)~ 式 (3-52) 来实现。此外，值得注意的是式 (3-39) 所表达的位移函数形式对于任意边界条件的圆柱壳均成立，而不同的边界条件所对应的 λ_m 有所不同，其取值在文献 [74] 中有完整论述和汇总。因此，对于任意边界条件的各向同性圆柱壳均可以得到相同形式的 VCT 理论公式，采用通用的 VCT 方法来预测屈曲载荷。

利用上述 VCT 技术结合有限元方法可以快速精确地预测壳体结构的屈曲载荷，基于上述圆柱壳 VCT 的理论公式推导，由此提出 VCT 方法的通用计算方案流程，如图 3.24 所示。其详细实现步骤如下：

步骤 1：计算待求结构的线性屈曲载荷 P_{CR}，并将其作为 VCT 预测方法的参考值。

步骤 2：向待求结构逐步施加载荷比例为 0~70%(间隔为 10%，共 8 个)P_{CR} 的外载荷，计算不同载荷大小对应的待求结构的一阶负载固有频率 $\bar{\omega}_{mn}$。

步骤 3：根据计算得到的载荷和固有频率结果，对于 $(1-p)^2$ 与 $(1-f^2)$ 间的最佳二次关系进行拟合。由式 (3-52) 求得拟合曲线极小值 ξ^2。

步骤 4：根据求得的 P_{CR} 和 ξ^2，由式 (3-53) 可以得到 VCT 方法预测的待求结构的屈曲载荷 $P_{\text{VCT}}=(1-\xi)P_{CR}$。

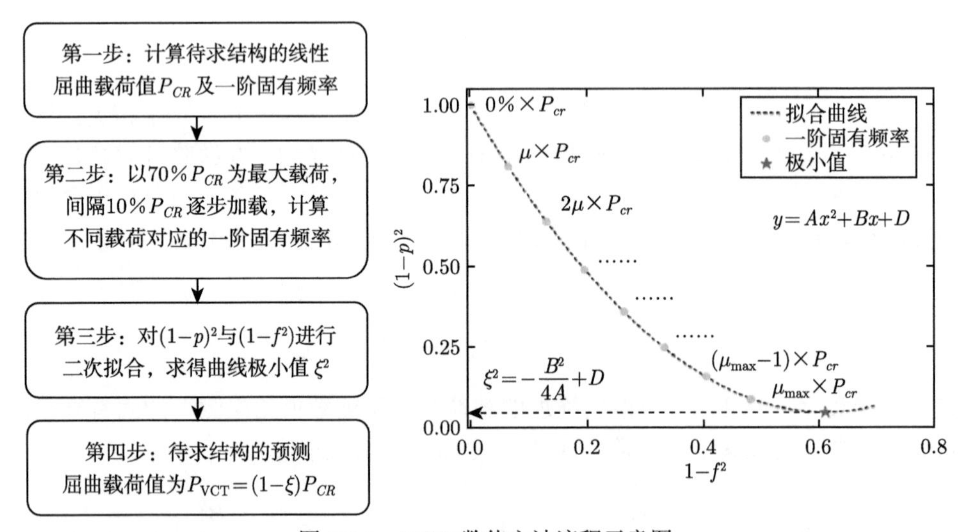

图 3.24 VCT 数值方法流程示意图

由上述步骤可知，VCT 数值预测方法的计算耗时主要集中在计算线性屈曲载荷 P_{CR} 和重复的振动分析过程这两大部分，虽然相比显式动力学方法已有很大提升，但是在重复的振动特征值分析这部分仍有不少提升空间 [70]。因此，在 VCT 数值方法的基础之上，可以采用 POD 降阶分析方法进一步加速 VCT 的计算过程。

3.5.2 POD 加速的 VCT 方法

本节将 3.4 节中介绍的 POD 降阶分析方法结合至 VCT 数值方法当中，得到一种预测薄壳结构承载能力的数值方法。首先，针对 VCT 中的重复特征值分析耗时较大的问题，建立基于 POD 降阶技术的振动分析方法，然后将 POD 集成到 VCT 方法当中，提出基于 POD-VCT 技术的薄壳结构承载能力快速预测方法的数值计算框架。

振动分析的有限元特征方程可以写为

$$\boldsymbol{K}\boldsymbol{r} - \lambda\boldsymbol{M}\boldsymbol{r} = \boldsymbol{0} \tag{3-53}$$

其中，$\boldsymbol{K}$ 代表刚度矩阵，$\boldsymbol{M}$ 代表质量矩阵，λ 表示特征值 (即固有频率值)，$\boldsymbol{r}$ 表示特征向量 (即振动模态)。求解该特征值方程，即可获得结构的固有频率及对应的振动模态。

假设全阶模型的自由度为 n，则刚度矩阵 $\boldsymbol{K}$ 和质量矩阵 $\boldsymbol{M}$ 的阶数为 $n\times n$。本节介绍的 POD 降阶分析方法的主要目的便是减少矩阵 $\boldsymbol{K}$ 和 $\boldsymbol{M}$ 的阶数，实现对 $n\times n$ 全阶系统的降阶。

将待求的结构的特征向量 $\boldsymbol{r}$ 表示成 POD 基的线性组合：

$$\boldsymbol{r} = \alpha_1 u_1 + \alpha_2 u_2 + \ldots + \alpha_m u_m = \boldsymbol{u}\boldsymbol{\alpha} \tag{3-54}$$

其中，$\boldsymbol{\alpha}$ 为待求的 POD 基的线性加权系数向量，阶数为 $m\times n$。$\boldsymbol{u}$ 为 POD 基，阶数为 $n\times m$。

将式 (3-54) 代入式 (3-53) 中，得到下式：

$$\{\boldsymbol{K}\boldsymbol{u} - \lambda\boldsymbol{M}\boldsymbol{u}\}\boldsymbol{\alpha} = \boldsymbol{0} \tag{3-55}$$

然后，在式 (3-55) 的左右两端左乘一个 $\boldsymbol{u}^{\mathrm{T}}$，可以得到

$$\left\{\boldsymbol{u}^{\mathrm{T}}\boldsymbol{K}\boldsymbol{u} - \lambda\boldsymbol{u}^{\mathrm{T}}\boldsymbol{M}\boldsymbol{u}\right\}\boldsymbol{\alpha} = \boldsymbol{0} \tag{3-56}$$

其中，降阶刚度矩阵 $\boldsymbol{K}_R$ 和降阶质量矩阵 $\boldsymbol{M}_R$ 可以表示为

$$\boldsymbol{K}_R = \boldsymbol{u}^{\mathrm{T}}\boldsymbol{K}\boldsymbol{u}, \quad \boldsymbol{M}_R = \boldsymbol{u}^{\mathrm{T}}\boldsymbol{M}\boldsymbol{u} \tag{3-57}$$

其中，矩阵 $\boldsymbol{K}_R$ 和 $\boldsymbol{M}_R$ 的阶数为 $m\times m$。将式 (3.57) 代入式 (3.56) 中，可以得到

$$\{\boldsymbol{K}_R - \lambda\boldsymbol{M}_R\}\boldsymbol{\alpha} = \boldsymbol{0} \tag{3-58}$$

由式 (3-53) 和式 (3-58) 可以看出，全阶系统的阶数为 $n\times n$，而降阶系统的阶数为 $m\times m$，m 远小于 n。因此，有限元模型的阶数通过 POD 方法进行降阶处理后已经大幅度减少。对式 (3-58) 的降阶特征值方程进行求解，可以得到特征值 λ 和特征向量 $\boldsymbol{\alpha}$。但是，不同于全阶模型可以计算 n 阶的特征值，降阶模型仅能计算出 m 阶特征值，因此降阶后的模型仅能预测待求结构前 m 阶的振动固有频率。对于 VCT 数值预测方法来说，仅需要求得结构的一阶固有频率，因此本节介绍的 POD 降阶分析方法对于 VCT 来说具有可行性。

下面介绍 POD 基 $\boldsymbol{u}$ 的计算步骤。首先，从待求结构的数值或解析结果中收集或求解振动模态的特征向量值，进而建立起快照矩阵 $\boldsymbol{A}$:

$$\boldsymbol{A}=\{\boldsymbol{r}_1,\boldsymbol{r}_2,\cdots,\boldsymbol{r}_k\} \tag{3-59}$$

其中，$\boldsymbol{r}_1,\boldsymbol{r}_2,\cdots,\boldsymbol{r}_k$ 为特征向量值。如果收集获得的特征向量数目为 k，则矩阵 $\boldsymbol{A}$ 的阶数为 $n\times k$，k 远小于 n。

然后，基于快照矩阵 $\boldsymbol{A}$ 求解相关矩阵 $\boldsymbol{R}$，其中矩阵 $\boldsymbol{R}$ 的阶数为 $k\times k$:

$$\boldsymbol{R}=\boldsymbol{A}^{\mathrm{T}}\boldsymbol{A} \tag{3-60}$$

进而，求解相关矩阵 $\boldsymbol{R}$ 的特征值 β_j 和特征向量 $\boldsymbol{\varphi}_j$ 并将特征值 β_j 从大到小进行排序:

$$\begin{aligned}&\boldsymbol{R}\boldsymbol{\varphi}_j=\beta_j\boldsymbol{\varphi}_j,\quad j=1,\ 2,\cdots,l\\&l\leqslant k,\quad \beta_1\geqslant\beta_2\geqslant\ldots\geqslant\beta_j>0\end{aligned} \tag{3-61}$$

基于如下公式可以求得 POD 基 $\boldsymbol{u}_j$:

$$\boldsymbol{u}_j=\frac{1}{\sqrt{\beta_j}}\boldsymbol{A}\boldsymbol{\varphi}_j \tag{3-62}$$

根据截断误差的筛选准则，求得前 m 阶最优 POD 基:

$$m=\operatorname{argmin}\left\{I\left(m\right):I\left(m\right)\leqslant\delta\right\},\quad I\left(m\right)=1-\frac{\sum\limits_{i=1}^{m}\beta_i}{\sum\limits_{i=1}^{l}\beta_i} \tag{3-63}$$

其中，argmin 表示寻找最小的阶数 m，使其满足 $I\left(m\right)\leqslant\delta$，$I\left(m\right)$ 为前 m 阶 POD 基的截断相对误差，δ 为截断值，其值可取为 0.01。由此可以说，截断后的前 m 阶 POD 基在全部的 POD 基中是占优的，即以最小截断相对误差为代价最大化地捕捉系统的总能量，实现进一步降阶。

VCT 数值方法需计算得到待求结构在承受不同载荷水平时的一阶固有频率。首先，应采用 POD 降阶技术对全阶模型进行降阶，根据式 (3-46) 计算不同载荷水平时结构的降阶刚度矩阵 $\boldsymbol{K}_R$ 和降阶质量矩阵 $\boldsymbol{M}_R$。最后，根据式 (3-47) 中的降阶特征值方程即可求解得到固有频率的近似值。因此该方法的关键在于 POD 基 $\boldsymbol{u}$ 的选取和计算。根据先验知识，在载荷比例为 0~70%(间隔为 10%，共 8 个) 的 VCT 方法中，选取载荷比例为 0 和 50%时待求结构的振动方程特征向量 $\boldsymbol{r}_0$ 和 $\boldsymbol{r}_5$ 作为 POD 基 $\boldsymbol{u}$，在与同样计算耗时的其他选取方案对比时计算精度最高，能够最大地平衡缩减计算耗时与提高精度间的矛盾。此时 POD 基 $\boldsymbol{u}$ 可表示为

$$\boldsymbol{u} = [\boldsymbol{r}_0, \boldsymbol{r}_5] \tag{3-64}$$

在确定 POD 基的选取后，在 VCT 数值方法流程的基础上，集成 POD 降阶分析方法，得到改进后的基于 POD-VCT 技术预测薄壳结构极限承载力的数值方法。POD-VCT 方法的通用计算流程如图 3.25 所示，其具体步骤如下所示：

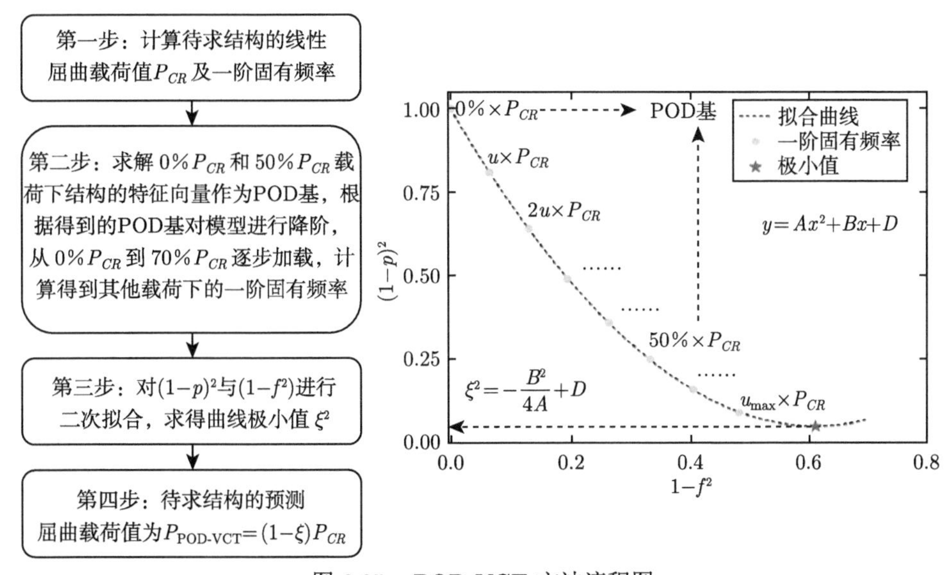

图 3.25 POD-VCT 方法流程图

步骤 1： 计算待求结构的线性屈曲载荷值 P_{CR}。

步骤 2： 组装待求结构承受载荷比例为 0~70%(间隔为 10%，共 8 个)P_{CR} 时的刚度矩阵 $\boldsymbol{K}$ 和质量矩阵 $\boldsymbol{M}$，由于承受载荷过程中质量矩阵 $\boldsymbol{M}$ 保持不变，故组装一次即可。

步骤 3： 根据式 (3-53) 的全阶特征值方程求解载荷比例为 0 和 50%P_{CR} 时待求结构的特征值 λ_0 和 λ_5 以及特征向量 $\boldsymbol{r}_0$ 和 $\boldsymbol{r}_5$，根据式 (3-54) 建立 POD

基 $\boldsymbol{u}$。

步骤 4：根据式 (3-57) 即可求得结构的降阶刚度矩阵 $\boldsymbol{K}_R$ 和降阶质量矩阵 $\boldsymbol{M}_R$。

步骤 5：求解式 (3-58) 中的降阶特征值方程，其中 λ 是特征值，$\boldsymbol{\alpha}$ 是相应的特征向量。

步骤 6：根据步骤 2 中组装的不同载荷水平下结构的刚度矩阵 $\boldsymbol{K}$ 和质量矩阵 $\boldsymbol{M}$，以及步骤 3 中建立的 POD 基 $\boldsymbol{u}$，重复步骤 4 和 5，即可得到待求结构承受不同载荷比例时负载固有频率 $\bar{\omega}_{mn}$ 的近似值。

步骤 7：依据 VCT 理论公式，将求得的数据点变换后，对 $(1-p)^2$ 和 $(1-f^2)$ 进行最佳二次拟合，获得拟合曲线极值 ξ^2。

步骤 8：由曲线极值 ξ^2 和线性屈曲载荷值 P_{CR} 即可求得预测的待求结构极限承载力 $P_{\text{POD-VCT}} = (1-\xi)\,P_{CR}$。

3.5.3 算例验证

本节开展了三个典型算例来验证所提出的 POD-VCT 方法相比于传统 VCT 方法及高保真度的显式动力学方法的预测精度和效率，并探究提出的 POD-VCT 方法对于不同薄壳结构构型、几何缺陷类型和材料属性的适用性。三个算例包括含实测缺陷的圆柱壳，含屈曲模态缺陷的复合材料圆柱壳，以及含实测缺陷和多点凹陷的组合缺陷多级加筋圆柱壳。三个算例均为轴压工况，边界条件为两端固支。

1. 含实测缺陷的圆柱壳算例验证

作者通过锻造和机铣工艺制造了 5 个 1 m 直径薄壳结构，命名为 W1~W5，并测量了其缺陷数据。本节以 W1 为例，对比实验结果及其他屈曲分析方法，进行 POD-VCT 方法精度及效率验证。W1 的几何构型如图 3.26 所示。圆柱壳直径 $D = 1000$ mm，圆柱壳高度 $L = 600$ mm，蒙皮厚度 $t_s = 1.5$ mm。为了便于加载和固定，在 W1 两端设计 T 形环。T 形环的厚度 $t_{\text{ring}} = 6.0$ mm，宽度 $W_{\text{ring}} = 30.0$ mm。W1 采用各向同性的铝合金材料，材料属性见表 3.20。其中，E 表示弹性模量，ν 表示泊松比，ρ 表示密度，σ_s 表示屈服应力，σ_b 表示极限应力，δ 表示材料伸长率。两端 T 形环翼板采用固支边界条件。有限元模型的网格单元类型采用具有 4 个节点、每个节点具有 5 个自由度和缩减积分的四边形壳单元，简称为 S4R5 单元。经网格收敛性分析后确定网格大小的全局尺寸为 8.0 mm。

通过对 W1 表面形状进行光学扫描，可以测量出圆柱壳的初始几何缺陷 [81]，实测缺陷分布 [64] 如图 3.26(c) 所示。将实际测得的缺陷引入该圆柱壳的完善有限元模型中得到含实测缺陷的 W1 有限元模型。如表 3.20 所示，显式动力学方法预测的极限载荷 Pco 为 479.3 kN，与屈曲实验结果 (482.2 kN) 相比，其相对

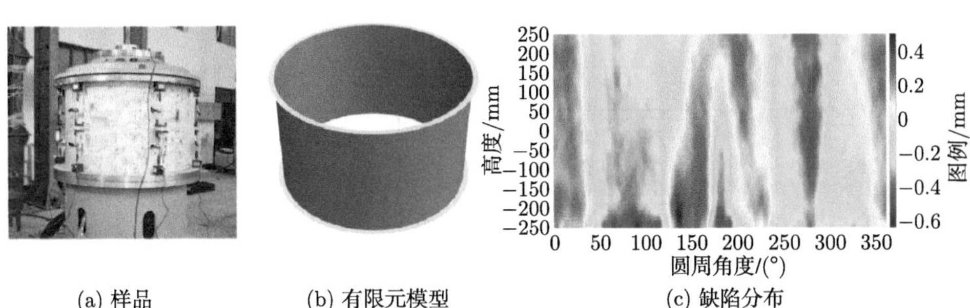

(a) 样品 (b) 有限元模型 (c) 缺陷分布

图 3.26 圆柱壳算例几何构型和缺陷分布

表 3.20 圆柱壳和多级加筋圆柱壳的材料属性

	圆柱壳	多级加筋圆柱壳
E/MPa	70000	76169
ν	0.3	0.3
ρ/(kg/mm^3)	2.7×10^{-6}	2.7×10^{-6}
σ_s/MPa	315	340
σ_b/MPa	430	438
δ	0.1	0.129

误差仅为 −0.6%。显然，显式动力学方法可以实现较高的预测精度，但其单次计算时间需 40 min，在屈曲分析或者优化计算中效率过低。

对含实测缺陷的圆柱壳模型采用 VCT 方法进行预测。首先，根据瑞利–里茨法计算 W1 的临界线性屈曲载荷值 P_{CR}[82,83]。其次，计算 W1 的一阶固有频率。再次，根据二阶拟合得到不同载荷水平下施加载荷 $(1-p)^2$ 与一阶固有频率 $(1-f^2)$ 之间的关系，然后通过二次方程计算得到 $(1-p)^2$ 的最小值 ξ^2，如图 3.27 所示。最后，基于 P_{CR} 和 ξ，计算预测的 W1 的屈曲载荷 P_{VCT}。如表 3.21 所示，VCT 预测屈曲载荷 P_{VCT} 为 485.8 kN。与显式动力学方法的结果相比，VCT 的预测误差为 1.4%，表明 VCT 的预测准确性较高。在计算时间上，VCT (3.7 min) 比显式动力学方法 (40 min) 减少了 91%，证明了 VCT 的高预测效率。

在此基础之上，研究了 POD-VCT 的有效性。表 3.22 列出了不同载荷作用下 W1 的一阶固有频率的计算结果，从表里可以看出，POD 具有很高的逼近能力。根据一阶固有频率的计算结果，预测屈曲载荷 $P_{\mathrm{POD\text{-}VCT}}$ 为 487.3 kN，与 P_{VCT} 相比，相对误差为 0.3%。因此，当使用 VCT 达到相似的预测精度时，提出的 POD-VCT 方法需要较少的计算成本，计算耗时比 VCT 降低了 56.8%。综上所述，对比屈曲实验结果，显式动力学分析结果和 VCT 结果，验证了所提出的 POD-VCT 方法在屈曲载荷方面的高预测精度。另外，充分证明了所提出的 POD-VCT 方法的高预测效率，同时验证了该方法对于含实测缺陷的圆柱壳的有效性。

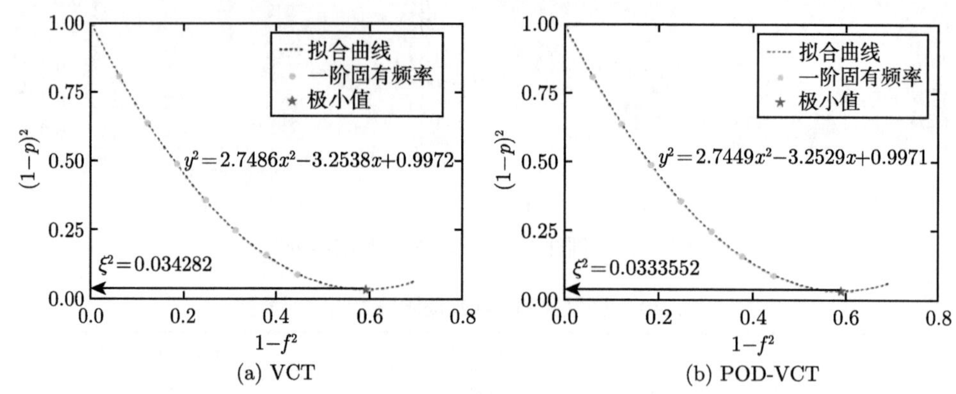

(a) VCT　　(b) POD-VCT

图 3.27　圆柱壳的 VCT 和 POD-VCT 拟合结果对比

表 3.21　不同方法得到的 W1 的屈曲载荷结果

	屈曲实验 [81]	显式动力学	VCT	POD-VCT
屈曲载荷/kN	482.2	479.3	485.8	487.3
与显式动力学的相对误差	—	—	1.4%	1.7%
与 VCT 的相对误差	—	—	—	0.3%
计算时间/min	—	40.0	3.7	1.6

表 3.22　VCT 和 POD-VCT 在施加不同载荷下圆柱壳的一阶固有频率

载荷比例	VCT 一阶固有频率/Hz	POD-VCT 一阶固有频率/Hz	相对误差
$0\%\times P_{CR}$	275.89	275.89	0.00%
$10\%\times P_{CR}$	267.51	267.52	0.00%
$20\%\times P_{CR}$	258.56	258.58	0.01%
$30\%\times P_{CR}$	249.15	249.17	0.01%
$40\%\times P_{CR}$	239.21	239.22	0.00%
$50\%\times P_{CR}$	228.66	228.66	0.00%
$60\%\times P_{CR}$	217.36	217.39	0.01%
$70\%\times P_{CR}$	205.17	205.34	0.08%

2. 含模态缺陷的复合材料圆柱壳算例验证

在本算例中讨论提出的 POD-VCT 方法对含模态缺陷的复合材料圆柱壳的有效性。复合材料圆柱壳的几何构型如图 3.28 所示。壳体直径 $D = 500$ mm，壳体长度 $L = 510$ mm。其复合材料铺层的堆叠序列为 $[\pm53°/\pm8°/\pm90°/\pm68°/\pm38°]$，铺层的参考主方向为轴向 (即铺层角度为铺层方向与轴向之间的夹角)，序列最左边为蒙皮最里层。复合材料圆柱壳的总层数为 10，单层厚度为 0.125 mm，故蒙皮的总厚度为 1.25 mm。表 3.23 列出了单层 CFRP 复合材料的材料属性。其中，E_1 表示纵向模量，E_2 表示横向模量，G_{12} 表示剪切模量，ν_{12} 表示泊松比。复合材料圆柱壳有限元模型两端边缘采用固支边界条件。有限元模型的网格单元类型采用 S4R5 单元。经网格收敛性分析后确定网格大小的全局尺寸为 6.8 mm。

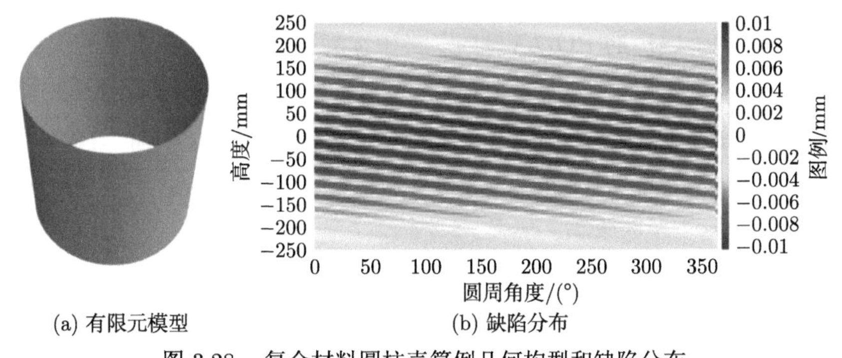

图 3.28 复合材料圆柱壳算例几何构型和缺陷分布

表 3.23 复合材料圆柱壳算例材料属性

E_1/MPa	E_2/MPa	G_{12}/MPa	ν_{12}	ρ/(kg/mm^3)
123600	8700	5700	0.32	1.6×10^{-6}

采用有限元法计算复合材料圆柱壳的线性屈曲载荷值和屈曲模态。将复合材料圆柱壳的一阶屈曲模态响应作为其模态缺陷，且模态缺陷的幅度设置为 0.01 mm，即 0.008 倍蒙皮厚度。复合材料圆柱壳的缺陷分布如图 3.28 所示。然后，将模态缺陷引入复合材料圆柱壳的完善有限元模型中，以生成含模态缺陷的复合材料圆柱壳。如表 3.24 所示，采用显式动力学方法预测的坍塌荷载 P_{co} 为 220.5 kN，而显式动力学分析的计算时间为 37.0 min。

表 3.24 不同方法得到的含模态缺陷复合材料圆柱壳的屈曲载荷结果

	显式动力学	VCT	POD-VCT
屈曲载荷/kN	220.5	218.1	222.6
与显式动力学的相对误差	—	−1.0%	0.9%
与 VCT 的相对误差	—	—	2.0%
计算时间/min	37.0	2.0	1.2

对于含模态缺陷复合材料圆柱壳，分别使用 VCT 和 POD-VCT 预测屈曲载荷值。表 3.25 列出了含缺陷复合材料圆柱壳在不同施加载荷下的一阶固有频率

结果。通过比较 VCT 和 POD-VCT 计算的一阶固有频率，可以发现 POD-VCT 的频率计算误差非常小。对这些结果进行二阶拟合，并如图 3.29 所示计算最小值 ξ^2 的值。如表 3.24 所示，预测的 P_{VCT} 和 $P_{\text{POD-VCT}}$ 为 218.1 kN 和 222.6 kN，相对误差为 2.0%。与显式动力学方法的结果相比，VCT 和 POD-VCT 的预测误差分别为 −1.0%和 0.9%，突出了该方法的高预测精度。从计算时间的角度来看，POD-VCT 的计算时间仅为 1.2 min，比显式动力学方法 (37 min) 和 VCT (2.0 min) 分别减少了 96.8%和 40.0%，突出了该方法在计算效率上的优势。总之，通过本算例验证了所提出的 POD-VCT 方法在预测准确性和效率方面的优势。同时验证了该方法对含模态缺陷和各向异性复合材料的薄壳结构具有较好的适用性。

表 3.25 VCT 和 POD-VCT 在施加不同载荷下复合材料圆柱壳的一阶固有频率

载荷比例	VCT 一阶固有频率/Hz	POD-VCT 一阶固有频率/Hz	相对误差
0%×P_{CR}	386.05	386.05	0.00%
10%×P_{CR}	374.02	374.05	0.01%
20%×P_{CR}	361.49	361.62	0.04%
30%×P_{CR}	348.38	348.60	0.06%
40%×P_{CR}	334.60	334.71	0.03%
50%×P_{CR}	319.98	319.98	0.00%
60%×P_{CR}	304.24	304.47	0.08%
70%×P_{CR}	286.69	288.12	0.50%

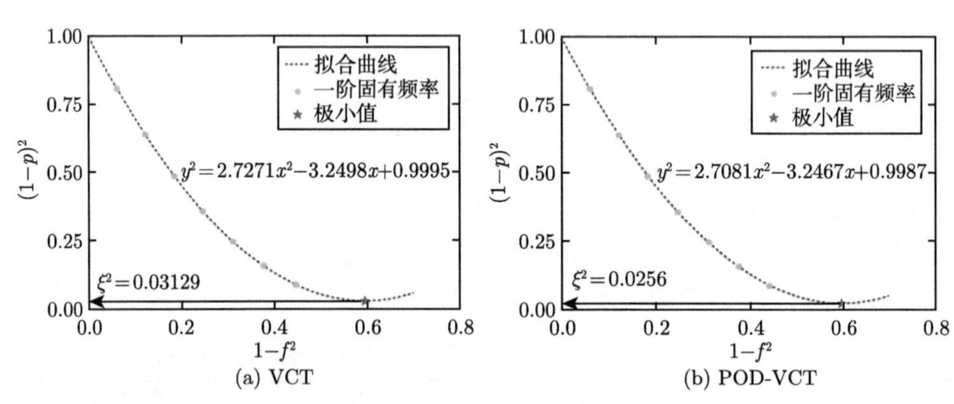

图 3.29 复合材料圆柱壳的 VCT 和 POD-VCT 拟合结果对比

3. 含组合缺陷的多级加筋圆柱壳算例验证

多级加筋圆柱壳的几何构型如图 3.30 所示，圆柱壳直径 $D = 1600$ mm，圆柱壳高度 $L = 1000$ mm，蒙皮厚度 $t_s = 1.8$ mm。采用正置正交加筋，具有主次两级加筋网格，主加强筋的高度 $h_{rj} = 16.9$ mm，次加强筋的高度 $h_{rn} = 8.6$ mm，

主加强筋的厚度 $t_{rj}=2.6$ mm，次加强筋的厚度 $t_{rn}=2.5$ mm。轴向主加强筋的数量 $N_{aj}=4$，轴向主加强筋之间的轴向次加强筋数量 $N_{an}=2$。周向主加强筋的数量 $N_{cj}=45$，周向主加强筋之间的周向次加强筋数量 $N_{cn}=2$。表 3.19 列出了多级加筋圆柱壳的材料属性和力学性能。有限元模型的网格单元类型采用 S4R5 单元。经网格收敛性分析后确定单元尺寸为 10.0 mm。

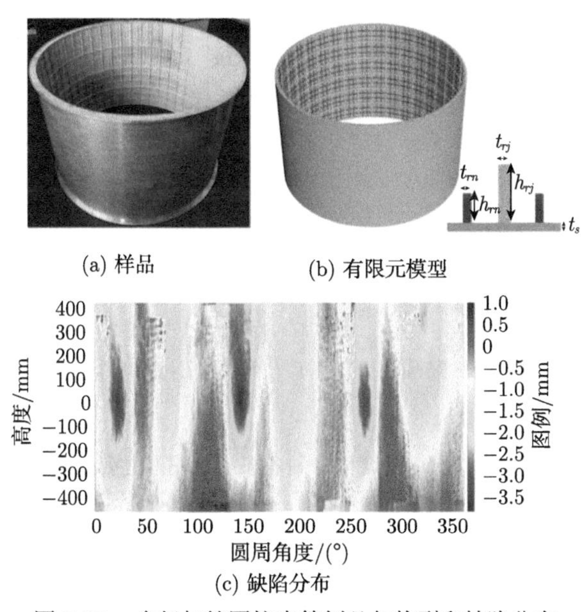

图 3.30 多级加筋圆柱壳算例几何构型和缺陷分布

针对此算例，研究提出的 POD-VCT 方法预测含组合缺陷的多级加筋圆柱壳的屈曲载荷的能力。这里的组合缺陷包括由多点最不利扰动载荷法引入的多点凹陷和实测缺陷。施加的径向扰动载荷为 4 kN。多个扰动载荷的位置分别为 (66°, 500 mm)，(186°, 500 mm) 和 (306°, 500 mm)。图 3.31 展示了多级加筋圆柱壳的缺陷分布。

通过显式动力学方法预测的含缺陷多级加筋圆柱壳的极限载荷 P_{CO} 为 3399.1 kN，如表 3.26 所示。单次显式动力学分析的计算时间需要 121 min。分别采用 VCT 和 POD-VCT 预测含缺陷多级加筋圆柱壳的屈曲载荷来进行对比。首先，根据 NSSM 计算多级加筋圆柱壳的临界线性屈曲载荷 P_{CR}。然后，计算多级加筋圆柱壳的一阶固有频率，如表 3.27 所示。可以发现 VCT 和 POD-VCT 的计算结果非常接近。根据上述结果，使用二阶拟合来计算 ξ^2 的值。如表 3.26 所示，预测的 P_{VCT} 和 $P_{\text{POD-VCT}}$ 分别为 3395.1 kN 和 3417.6 kN，相对误差为 −0.6%。与显式动力学方法的结果相比，VCT 和 POD-VCT 的预测误差分别为 −0.1%和 0.5%，表明 POD-VCT 具备较高的预测精度。此外，POD-VCT 的计算时间 (6.5 min) 比显式动力学方法 (121 min) 和 VCT (10 min) 分别减少了 94.6%和 35.0%。因此，通过此算例验证了所提出的 POD-VCT 方法对于含组合缺陷的多级加筋圆柱壳的有效性。

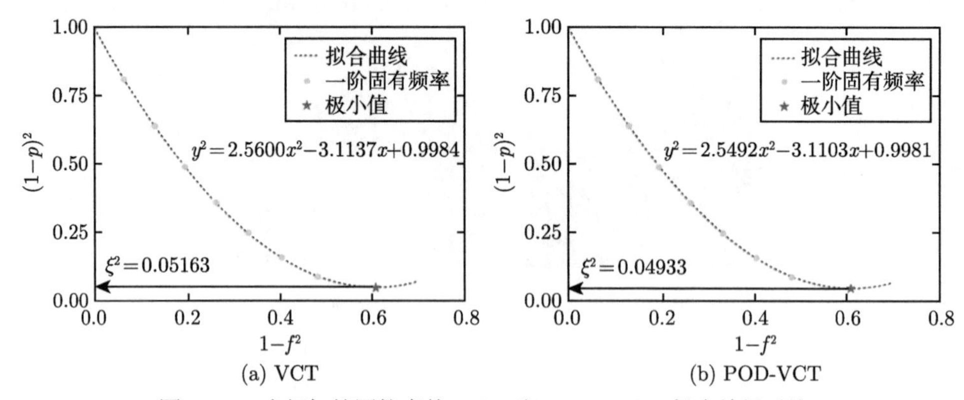

(a) VCT (b) POD-VCT

图 3.31 多级加筋圆柱壳的 VCT 和 POD-VCT 拟合结果对比

表 3.26 不同方法得到的含组合缺陷多级加筋圆柱壳的屈曲载荷结果

	显式动力学	VCT	POD-VCT
屈曲载荷/kN	3399.1	3395.1	3417.6
与显式动力学的相对误差	—	−0.1%	0.5%
与 VCT 的相对误差	—	—	−0.6%
计算时间/min	121.0	10.0	6.5

表 3.27 VCT 和 POD-VCT 在施加不同载荷下多级加筋圆柱壳的一阶固有频率

载荷比例	VCT 一阶固有频率/Hz	POD-VCT 一阶固有频率/Hz	相对误差
$0\%\times P_{CR}$	224.21	224.21	0.00%
$10\%\times P_{CR}$	217.00	217.01	0.00%
$20\%\times P_{CR}$	209.28	209.29	0.00%
$30\%\times P_{CR}$	201.39	201.42	0.01%
$40\%\times P_{CR}$	192.68	192.68	0.00%
$50\%\times P_{CR}$	183.40	183.40	0.00%
$60\%\times P_{CR}$	173.15	173.19	0.02%
$70\%\times P_{CR}$	161.17	161.57	0.25%

参 考 文 献

[1] Chen H J, Tsai S W. Analysis and optimum design of composite grid structures[J]. Journal of Composite Materials, 1996, 30(4): 503-534.

[2] 张志峰. 先进复合材料格栅加筋结构优化设计与损伤分析 [D]. 大连: 大连理工大学, 2008.

[3] Ren M F, Li T, Huang Q Z, et al. Numerical investigation into the buckling behavior of advanced grid stiffened composite cylindrical shell[J]. Journal of Reinforced Plastics and Composites, 2014, 33(16): 1508-1519.

[4] 石姗姗, 孙直, 任明法, 等. 格栅非均匀分布效应对复合材料格栅加筋圆锥筒壳稳定性的影响 [J]. 工程力学, 2012, 29(4): 43-48.

[5] Vasiliev V V, Barynin V A, Razin A F. Anisogrid composite lattice structures–Development and aerospace applications[J]. Composite Structures, 2012, 94(3): 1117-1127.

[6] Buragohain M, Velmurugan R. Optimal design of filament wound grid-stiffened composite cylindrical structures[J]. Defence Science Journal, 2011, 61(1): 88-94.

[7] Buragohain M, Velmurugan R. Buckling analysis of composite hexagonal lattice cylindrical shell using smeared stiffener model[J]. Defence Science Journal, 2009, 59(3): 230-238.

[8] Hao P, Wang B, Li G, et al. Hybrid optimization of hierarchical stiffened shells based on smeared stiffener method and finite element method[J]. Thin-Walled Structures, 2014, 82: 46-54.

[9] Jones R M. Buckling of circular cylindrical shells with multiple orthotropic layers and eccentric stiffeners[J]. AIAA Journal, 1968, 6(12): 2301-2305.

[10] Sadeghifar M, Bagheri M, Jafari A A. Buckling analysis of stringer-stiffened laminated cylindrical shells with nonuniform eccentricity[J]. Archive of Applied Mechanics, 2011, 81(7): 875-886.

[11] Zhang B, Zhang J, Wu Z, et al. A load reconstruction model for advanced grid-stiffened composite plates[J]. Composite Structures, 2008, 82(4): 600-608.

[12] Kidane S, Li G, Helms J, et al. Buckling load analysis of grid stiffened composite cylinders[J]. Composites Part B: Engineering, 2003, 34(1): 1-9.

[13] Wodesenbet E, Kidane S, Pang S S. Optimization for buckling loads of grid stiffened composite panels[J]. Composite Structures, 2003, 60(2): 159-169.

[14] Jaunky N, Knight Jr N F, Ambur D R. Formulation of an improved smeared stiffener theory for buckling analysis of grid-stiffened composite panels[J]. Composites Part B: Engineering, 1996, 27(5): 519-526.

[15] 吴德财, 徐元铭, 贺天鹏. 新的复合材料格栅加筋板的平铺等效刚度法 [J]. 力学学报, 2007, 39(4): 495-502.

[16] 吴德财, 徐元铭, 万青. 先进复合材料格栅加筋板的总体稳定性分析 [J]. 复合材料学报, 2007, 24(2): 168-173.

[17] 范华林, 金丰年, 方岱宁. 格栅结构力学性能研究进展 [J]. 力学进展, 2008, 38(1): 35-52.

[18] Sun F F, Fan H L, Zhou C W, et al. Equivalent analysis and failure prediction of quasi-isotropic composite sandwich cylinder with lattice core under uniaxial compression[J]. Composite Structures, 2013, 101: 180-190.

[19] Nampy S N, Smith E C. Stiffness analysis of closed cross-section composite grid-stiffened cylinders[C]. Proceedings of 51st AIAA/ASME/ASCE/AHS/ASC Structures, Structural Dynamics and Materials Conference, Orlando, FL, AIAA, 2010: 1-13.

[20] Quek S C, Waas A M, Shahwan K W, et al. Analysis of 2D triaxial flat braided textile composites[J]. International Journal of Mechanical Sciences, 2003, 45(6-7): 1077-1096.

[21] Martinez O A, Sankar B V, Haftka R T, et al. Micromechanical analysis of composite corrugated-core sandwich panels for integral thermal protection systems[J]. AIAA Journal, 2007, 45(9): 2323-2336.

[22] Lee C Y, Yu W. Homogenization and dimensional reduction of composite plates with in-plane heterogeneity[J]. International Journal of Solids and Structures, 2011, 48(10): 1474-1484.

[23] 蔡园武. 周期性板结构的渐近均匀化方法及微结构优化 [D]. 大连: 大连理工大学, 2014.

[24] Cheng G D, Cai Y W, Xu L. Novel implementation of homogenization method to predict effective properties of periodic materials[J]. Acta Mechanica Sinica, 2013, 29(4): 550-556.

[25] Cai Y W, Xu L, Cheng G D. Novel numerical implementation of asymptotic homogenization method for periodic plate structures[J]. International Journal of Solids and Structures, 2014, 51(1): 284-292.

[26] Wang B, Tian K, Hao P, et al. Numerical-based smeared stiffener method for global buckling analysis of grid-stiffened composite cylindrical shells [J]. Composite Structures, 2016, 152: 807-815.

[27] Tian K, Wang B, Zhang K, et al. Tailoring the optimal load-carrying efficiency of hierarchical stiffened shells by competitive sampling [J]. Thin-Walled Structures, 2018, 133: 216-225.

[28] Guyan R J. Reduction of stiffness and mass matrices[J]. AIAA Journal, 1965, 3(2): 380.

[29] Irons B. Structural eigenvalue problems-elimination of unwanted variables[J]. AIAA Journal, 1965, 3(5): 961-962.

[30] MacNeal R H. A hybrid method of component mode synthesis[J]. Computers & Structures, 1971, 1(4): 581-601.

[31] Bai Z. Krylov subspace techniques for reduced-order modeling of large-scale dynamical systems[J]. Applied Numerical Mathematics, 2002, 43(1-2): 9-44.

[32] 王文胜, 程耿东, 李取浩. 基于梁平截面假设的复杂细长结构动力模型简化方法 [J]. 计算力学学报, 2012, 29(3): 295-299.

[33] Wang W S, Cheng G D, Li Q H. Fast dynamic performance optimization of complicated beam-type structures based on two new reduced physical models[J]. Engineering Optimization, 2013, 45(7): 835-850.

[34] 王文胜, 程耿东, 郝鹏. 基于超梁降阶模型的蒙皮加筋圆柱壳频率分析 [J]. 固体火箭技术, 2015, 38(3): 401-406.

[35] Cheng G D, Wang W S. Fast dynamic analysis of complicated beam-type structure based on reduced super beam model[J]. AIAA Journal, 2014, 52(5): 952-963.

[36] Wang B, Li Y W, Hao P, et al. Free vibration analysis of beam-type structures based on novel reduced-order model[J]. AIAA Journal, 2017, 55(9): 3143-3152.

[37] Breuer K S, Sirovich L. The use of the Karhunen-Loéve procedure for the calculation

of linear eigenfunctions[J]. Journal of Computational Physics, 1991, 96(2): 277-296.

[38] Liang Y C, Lee H P, Lim S P, et al. Proper orthogonal decomposition and its applications—Part I: Theory[J]. Journal of Sound and Vibration, 2002, 252(3): 527-544.

[39] Berkooz G, Holmes P, Lumley J L. The proper orthogonal decomposition in the analysis of turbulent flows[J]. Annual Review of Fluid Mechanics, 1993, 25(1): 539-575.

[40] Han S, Feeny B. Application of proper orthogonal decomposition to structural vibration analysis[J]. Mechanical Systems and Signal Processing, 2003, 17(5): 989-1001.

[41] 胡金秀, 郑保敬, 高效伟. 基于特征正交分解降阶模型的瞬态热传导分析 [J]. 中国科学: 物理学, 力学, 天文学, 2015, 1: 81-92.

[42] 胡金秀, 高效伟. 变系数瞬态热传导问题边界元格式的特征正交分解降阶方法 [J]. 物理学报, 2016, 65(1): 1-17.

[43] 李康吉. 建筑室内环境建模, 控制与优化及能耗预测 [D]. 杭州: 浙江大学, 2013.

[44] Tian K, Wang B, Zhou Y, et al. Proper-orthogonal-decomposition-based buckling analysis and optimization of hybrid fiber composite shells[J]. AIAA Journal, 2018, 56(5): 1723-1730.

[45] Tian K, Ma X T, Li Z C, et al. A multi-fidelity competitive sampling method for surrogate-based stacking sequence optimization of composite shells with multiple cutouts[J]. International Journal of Solids and Structures, 2020, 193: 1-12.

[46] Tian K, Huang L, Sun Y, et al. Fast buckling load numerical prediction method for imperfect shells under axial compression based on POD and vibration correlation technique[J]. Composite Structures, 2020, 252: 112721.

[47] Jones R M. Mechanics of Composite Materials[M]. Washington, DC: Scripta Book Company, 1975.

[48] Reddy J N. Mechanics of Laminated Composite Plates and Shells: Theory and Analysis[M]. CRC Press, 2004.

[49] Wang D, Abdalla M M. Global and local buckling analysis of grid-stiffened composite panels[J]. Composite Structures, 2015, 119: 767-776.

[50] Zhang Z Z, Chen H R, Ye L. A stiffened plate element model for advanced grid stiffened composite plates/shells[J]. Journal of Composite Materials, 2011, 45(2): 187-202.

[51] Wang B, Yang M S, Zeng D J, et al. Post-buckling behavior of stiffened cylindrical shell and experimental validation under non-uniform external pressure and axial compression[J]. Thin-Walled Structures, 2021, 161: 107481.

[52] Banerjee S, Sankar B V. Mechanical properties of hybrid composites using finite element method based micromechanics[J]. Composites Part B: Engineering, 2014, 58: 318-327.

[53] Sommerfeld A. Eine einfache Vorrichtung zur Veranschaulichung des Knickungsvorganges[J]. Zeitschrift des Verein Deutscher Ingenieure (ZVDI), 1905: 1320-1323.

[54] Chu T H. Determination of Buckling Loads by Frequency Measurements[D]. California: California Institute of Technology, 1949.

[55] Singer J, Arbocz J, Weller T. Buckling Experiments: Experimental Methods in Buckling of Thin-Walled Structures, Volume 2[M]. New York: Shells Built-up Structures, 2002.

[56] Singer J, Abramovich H. Vibration techniques for definition of practical boundary conditions in stiffened shells[J]. AIAA Journal, 1979, 17(7): 762-769.

[57] Plaut R H, Virgin L N. Use of frequency data to predict buckling[J]. Journal of Engineering Mechanics, 1990, 116(10): 2330-2335.

[58] Virgin L N, Plaut R H. Effect of axial load on forced vibrations of beams[J]. Journal of Sound and Vibration, 1993, 168(3): 395-405.

[59] Abramovich H, Govich D, Grunwald A. Buckling prediction of panels using the vibration correlation technique[J]. Progress in Aerospace Sciences, 2015, 78: 62-73.

[60] Shahgholian-Ghahfarokhi D, Aghaei-Ruzbahani M, Rahimi G. Vibration correlation technique for the buckling load prediction of composite sandwich plates with iso-grid cores[J]. Thin-Walled Structures, 2019, 142: 392-404.

[61] Labans E, Abramovich H, Bisagni C. An experimental vibration-buckling investigation on classical and variable angle tow composite shells under axial compression[J]. Journal of Sound and Vibration, 2019, 449: 315-329.

[62] Arbelo M A, de Almeida S F M, Donadon M V, et al. Vibration correlation technique for the estimation of real boundary conditions and buckling load of unstiffened plates and cylindrical shells[J]. Thin-Walled Structures, 2014, 79: 119-128.

[63] Arbelo M A, Castro S G P, Khakimova R, et al. Improving the correlation of finite element models using vibration correlation technique on composite cylindrical shells[C]. 51th Israel Annual Conference on Aerospace Sciences. 2014.

[64] Arbelo M A, Kalnins K, Ozolins O, et al. Experimental and numerical estimation of buckling load on unstiffened cylindrical shells using a vibration correlation technique[J]. Thin-Walled Structures, 2015, 94: 273-279.

[65] Souza M A, Fok W C, Walker A C. Review of experimental techniques for thin-walled structures liable to buckling[J]. Experimental Techniques, 1983, 7(9): 21-25.

[66] Souza M A, Assaid L M B. A new technique for the prediction of buckling loads from nondestructive vibration tests[J]. Experimental Mechanics, 1991, 31(2): 93-97.

[67] Kalnins K, Arbelo M, Ozolins O, et al. Experimental nondestructive test for estimation of buckling load on unstiffened cylindrical shells using vibration correlation technique[J]. Shock and Vibration, 2015, 2015: 1-8.

[68] Skukis E, Ozolins O, Kalnins K, et al. Experimental test for estimation of buckling load on unstiffened cylindrical shells by vibration correlation technique[J]. Procedia Engineering, 2017, 172: 1023-1030.

[69] Skukis E, Ozolins O, Andersons J, et al. Applicability of the vibration correlation technique for estimation of the buckling load in axial compression of cylindrical isotropic shells with and without circular cutouts[J]. Shock and Vibration, 2017, 2017: 1-14.

[70] Franzoni F, Degenhardt R, Albus J, et al. Vibration correlation technique for predicting the buckling load of imperfection-sensitive isotropic cylindrical shells: an analytical and numerical verification[J]. Thin-Walled Structures, 2019, 140: 236-247.

[71] Franzoni F, Odermann F, Lanbans E, et al. Experimental validation of the vibration

correlation technique robustness to predict buckling of unstiffened composite cylindrical shells[J]. Composite Structures, 2019, 224: 111107.1-111107.9.

[72] Franzoni F, Odermann F, Wilckens D, et al. Assessing the axial buckling load of a pressurized orthotropic cylindrical shell through vibration correlation technique[J]. Thin-Walled Structures, 2019, 137: 353-366.

[73] Rahimi G H. Prediction of the critical buckling load of stiffened composite cylindrical shells with lozenge grid based on the nonlinear vibration analysis[J]. Modares Mechanical Engineering, 2018, 18(4): 135-143.

[74] Leissa A W. Vibration of Shells[M]. Washington: NASA, 1973.

[75] Farshidianfar A, Oliazadeh P. Free vibration analysis of circular cylindrical shells: comparison of different shell theories[J]. International Journal of Mechanics and Applications, 2012, 2(5): 74-80.

[76] Zhang X M, Liu G R, Lam K Y. Coupled vibration analysis of fluid-filled cylindrical shells using the wave propagation approach[J]. Applied Acoustics, 2001, 62(3): 229-243.

[77] Wang C, Lai J C S. Prediction of natural frequencies of finite length circular cylindrical shells[J]. Applied Acoustics, 2000, 59(4): 385-400.

[78] Gontkevich V S. Natural oscillations of closed cylindrical shells with various boundary conditions[J]. Prikladnaya Mekhanika, 1963, 9: 216-220.

[79] Gontkevich V S. Natural Vibrations of Plates and Shells[S]. Naukova Dumka, Kiev, 1964.

[80] Lam K Y, Loy C T. Influence of boundary conditions for a thin laminated rotating cylindrical shell[J]. Composite Structures, 1998, 41(3-4): 215-228.

[81] Wang B, Zhu S, Hao P, et al. Buckling of quasi-perfect cylindrical shell under axial compression: a combined experimental and numerical investigation[J]. International Journal of Solids and Structures, 2018, 130: 232-247.

[82] Kidane S, Li G, Helms J, et al. Buckling load analysis of grid stiffened composite cylinders[J]. Composites Part B: Engineering, 2003, 34(1): 1-9.

[83] Hao P, Wang B, Li G, et al. Hybrid optimization of hierarchical stiffened shells based on smeared stiffener method and finite element method[J]. Thin-Walled Structures, 2014, 82: 46-54.

[84] Castro S G P, Zimmermann R, Arbelo M A, et al. Geometric imperfections and lower-bound methods used to calculate knock-down factors for axially compressed composite cylindrical shells[J]. Thin-Walled Structures, 2014, 74: 118-132.

第 4 章　工程薄壳高效后屈曲分析方法

4.1　引　　言

在工程薄壳实际承载过程中，结构发生局部屈曲后，并不意味着完全丧失承载能力，随后进入非线性后屈曲状态后结构仍可继续承载。相比于以结构线性屈曲临界载荷为指标的传统设计方法，允许结构发生后屈曲行为的结构设计方法能够进一步提高结构效率 [1]。显然，薄壳结构的后屈曲破坏问题包含了材料非线性和几何非线性，这远非经典线弹性稳定理论所能囊括。随着 20 世纪 90 年代以来计算能力的飞速提高，有限条元法、有限元法等数值分析方法得到了极大的发展，可考虑分析过程中的材料非线性、几何非线性，并且能够准确地模拟边界条件、载荷施加方式、结构性开口、筋条形貌等模型细节特征。欧洲飞机工业开展了名为 POSICOSS 和 COCOMAT 的两项研究，对加筋薄壳进行了线性屈曲、后屈曲直至压溃破坏的分析方法研究 [2,3]。Wu 等 [4] 基于 NASTRAN 软件采用牛顿–拉弗森 (Newton-Raphson) 平衡迭代法 [5] 对轴压加筋薄壳结构进行了后屈曲分析和优化设计，类似的还有 Degenhardt 等 [6] 的工作。这种迭代方法可以使每个载荷增量的末端解达到收敛，从而有效减少累积误差。但对于一些物理意义上不稳定的非线性后屈曲分析，使用牛顿–拉弗森法可能会使正切刚度矩阵变为降秩矩阵，这将导致严重的收敛问题。由 Riks[7] 提出的位移控制弧长法 (Displacement Controlled Arc-Length Method) 可以较好地解决该问题，后来又被 Powell[8] 和 Crisfield[9,10] 加以修正和发展，成为目前结构非线性隐式后屈曲分析普遍采用的方法 [11,12]。需要说明的是，对于具有复杂构型的薄壳结构，轴压作用下蒙皮局部失稳有可能先于结构整体失稳发生。在局部失稳点附近，上述隐式迭代算法可能出现收敛问题，而此时结构往往还有较大的承载能力，这种情况下隐式算法将会严重低估薄壳结构的极限承载力。

在隐式算法中，较具代表性的快速后屈曲分析方法是 Koiter 方法 [13]，其基于摄动理论来预测薄壳结构在临界载荷附近的初始后屈曲路径，解决了传统非线性有限元结构重分析效率低的难题，具有快速后屈曲分析及缺陷敏感性分析能力 [14–16]。目前，Koiter 方法已应用于平板、槽形截面柱以及复合材料圆柱壳等结构的快速后屈曲分析及缺陷敏感性分析。上述 Koiter 方法主要采用线性屈曲假设，易过高估计屈曲载荷，从而影响屈曲后路径的预测精度和缺陷敏感性分析的准确性。为此，Cohen[17]，Fitch[18]，Arbocz 和 Hol[19,20] 对传统的 Koiter 方法的渐近展开形式进行了修正，使其能够考虑前屈曲非线性行为。此外，梁珂等 [21−23] 将 Koiter 方法与弧长法相结合，提出了 Koiter-Newton 法，通过在整个平衡路径上使用渐近展开式，能够分析任意形式的几何缺陷对结构后屈曲承载能力的影响。孙宇等 [24] 借助特征值迭代方法和组合近似法 (Combined Approximations，CA)，提出了一种 CA 加速的 Koiter 方法，能够快速确定结构的极值点和分叉点，显著提高了 Koiter 方法的计算效率，已用于圆柱壳、锥壳以及加筋柱壳的快速后屈曲分析及缺陷敏感性分析中。

近年来，非线性显式动力学分析开始被广泛应用于薄壳结构的后屈曲分析中。该方法利用中心差分法对控制方程进行显式的时间积分，用一个增量步的动力学条件即可计算出下一增量步的动力学条件，计算过程不存在收敛问题，可模拟结构从线性屈曲到非线性后屈曲直至压溃破坏的全过程。Lanzi[23−26] 针对复合材料加筋板比较了特征值屈曲分析、隐式弧长法、隐式动力学和显式动力学分析四种有限元数值方法的计算结果以及实验得到的结构极限载荷，验证了显式动力学分析的可靠性。Huang 等 [27] 则详细讨论了显式动力学分析中单元密度、加载速度等因素对轴压蒙皮桁条结构后屈曲计算结果的影响，并与我国航天部门采用的工程算法进行了比较。Rikards 等 [28] 也基于 ANSYS/LS-DYNA 软件中的显式动力学方法对加筋薄壳进行了后屈曲分析和优化。面向航天主承力舱段研制，郝鹏等 [29] 和王博等 [30] 针对加筋薄壳结构建立了高精度的显式动力学后屈曲分析方法，可有效捕捉后屈曲载荷与失稳波形，具有较强的计算稳定性，经过与实验结果对比 [30]，验证了显式动力学后屈曲分析方法具有较高的预测精度。其后，显式动力学方法被王博等 [31] 和郝鹏等 [32] 应用至多级加筋圆柱壳的后屈曲分析及优化设计。但需要注意的是，分析模型中的最小单元尺寸直接影响显式动力学的计算耗时，过高的计算成本限制了显式动力学方法在薄壳结构分析及优化设计过程中的应用。针对上述问题，田阔等 [33,34]、郝鹏等 [35−37] 提出了基于 NIAH 等效模型的后屈曲分析方法，通过对具有较小尺寸的筋条进行均匀化等效，将加筋薄壳等效为光筒壳，有效地提高了基于显式动力学方法的加筋薄壳后屈曲分析效率，并在多级加筋圆柱壳、开口补强加筋圆柱壳、级间段、非均匀贮箱等结构中获得了应用。

综上，本节将分别介绍基于 NIAH 等效模型的后屈曲分析方法、CA 加速的 Koiter 方法等高效后屈曲分析方法，可为后续开展后屈曲优化设计建立高效可靠的分析模型，有助于提高后屈曲优化效率。

4.2 基于 NIAH 等效模型的后屈曲分析方法

4.2.1 多级加筋圆柱壳自适应等效模型分析方法

为了准确评估薄壳结构的极限承载性能，需要基于高精度的有限元方法对薄壳结构进行后屈曲分析，如显式动力学方法，但其后屈曲分析耗时较长。针对于传统加筋薄壳结构，可以直接对周期性加筋结构进行均匀化等效，从而建立等效模型来提高精细模型的后屈曲分析效率。任明法等 [38] 基于 SSM 建立了加筋薄壳的后屈曲分析等效模型，大幅提高了计算效率。但对于部分结构构型，该等效模型的屈曲载荷和屈曲模态预测误差较大，限制了其在大规模优化设计中的应用。尤其对于多级加筋圆柱壳结构，由于其结构层级的丰富，表现出丰富多样的屈曲模态，包括整体型屈曲、半整体型屈曲和局部型屈曲模态，这对建立等效模型提出了更高的要求。为了避免在建立等效模型的过程中无法捕捉重要的屈曲模态，亟须针对多级加筋圆柱壳结构建立合理而准确的等效模型。

本书 3.3 节建立的 NSSM 可以快速计算多级加筋圆柱壳的线性屈曲载荷和屈曲模态，相比于基于显式动力学的后屈曲分析具有明显的计算效率优势。综合利用 NSSM 的高效率和显式动力学方法的高精度，本节建立了自适应等效模型来提高多级加筋圆柱壳的后屈曲分析效率，如图 4.1 所示。

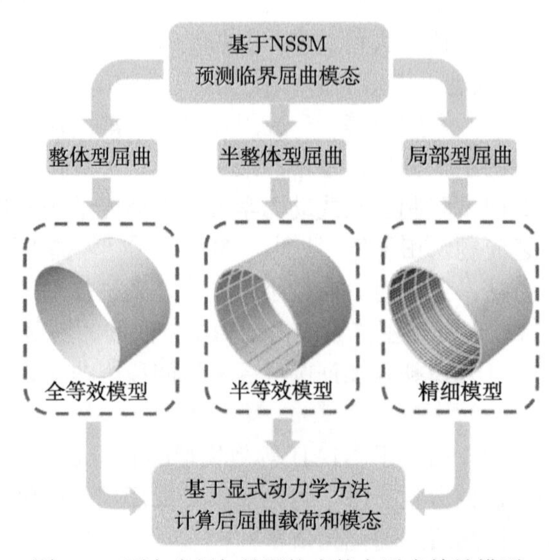

图 4.1　面向多级加筋圆柱壳的自适应等效模型

首先，基于 NSSM 快速评估多级加筋圆柱壳临界屈曲模态。如果临界屈曲模态为整体型屈曲，则基于 NIAH 方法对蒙皮、主筋和次筋这一整体结构 (即图 3.4 中白色虚线围住的代表体元) 进行等效，进而将等效刚度系数代入抹平后的光壳结构，作为全等效模型。可以看出，由于主筋和次筋已经被抹平，因而全等效模型在前处理建模及后屈曲分析均节省了大量计算成本。如果临界屈曲模态为半整体型屈曲，则基于 NIAH 方法对次筋和蒙皮结构 (即图 3.4 中蓝色虚线围住的代表体元) 进行等效、保留主筋结构，形成半等效模型。这样的处理既可以抹平次筋提高显式动力学方法的分析效率，也可以捕捉到半整体型屈曲模态。由于仅等效了次筋和蒙皮结构，半等效模型的计算时长略高于全等效模型。如果临界屈曲模态为局部型屈曲模态，则不能对多级加筋圆柱壳结构进行等效，否则将无法捕捉局部型屈曲模态，因而仍保留精细模型。在确定完自适应等效模型后，基于显式动力学方法开展后屈曲计算，获得等效模型的后屈曲载荷和模态。

本节所采用的多级加筋圆柱壳模型与 3.2.2 节中介绍的多级加筋圆柱壳模型的几何参数、材料属性保持一致。建立多级加筋圆柱壳的有限元模型，经过单元收敛性分析，确定蒙皮处的单元尺寸为 30 mm，筋条高度方向划分两层单元。基于显式动力学方法进行结构极限承载力的计算，为模拟出准静态加载，需对模型加载时间进行依赖性分析，确定显式动力学分析的加载时间为 200 ms，加载总位移为 20 mm。边界条件设置如下：底端固支，顶端约束除轴向位移外的其余自由度，并将顶端面所有节点刚性耦合至参考点，在参考点上施加轴压位移载荷直至结构发生坍塌。

首先，针对多级加筋圆柱壳初始设计，验证本节提出的自适应等效模型的有效性。基于 NSSM 方法判断初始设计的临界屈曲模态为半整体型屈曲模态 (单次分析时间仅 6 s)，因而自适应地建立半等效模型，即通过将次筋和蒙皮等效并保留主筋的方式建立多级加筋圆柱壳的等效模型。基于精细模型的极限承载力为 17265 kN，而基于半等效模型的极限承载力为 17131 kN，误差仅为 -0.7%，表现出较高的极限承载力预测精度。图 4.2 给出了半等效模型和精细模型的位移载荷曲线和屈曲模态。通过观察屈曲模态，可以看出半等效模型可以准确捕捉到精细模型中发生的半整体型屈曲。精细模型的计算时长为 1.0 h，而自适应等效模型的计算时长仅为 0.16 h，表现出较高的分析效率。因此，自适应等效模型的预测精度和效率得到了验证。

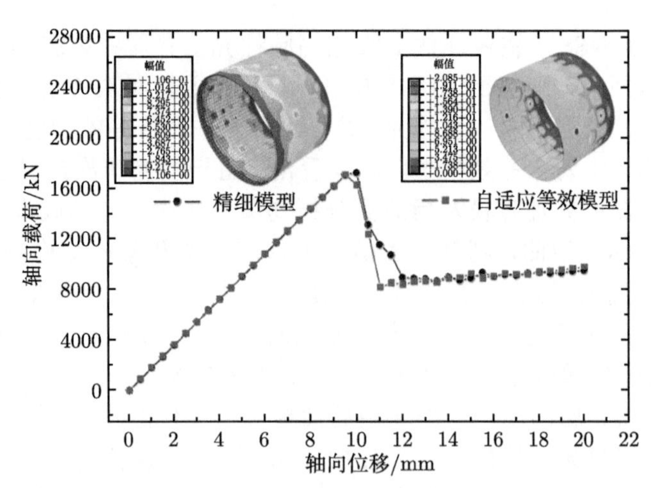

图 4.2　多级加筋圆柱壳精细模型和等效模型位移–载荷曲线

4.2.2　含开口加筋圆柱壳混合等效模型分析方法

对于含开口加筋圆柱壳结构，其屈曲失稳往往由开口局部区域萌生，并扩展至整体区域，可见含开口加筋圆柱壳的近口区和远口区的力学响应差别较大，需要建立更自适应的等效模型，才能既提高后屈曲分析效率，又准确捕捉屈曲失稳波形。其方法流程如下：

(1) 由于刚度较低的区域在特征值屈曲分析中会发生较大的变形，因而开口加筋圆柱壳结构的特征值模态有助于确定近口区。根据第一阶或者前 n 阶特征值模态形状中的大变形区域的边界来近似划分近口区 (近似的变形阈值需提前定义)，并以加筋圆柱壳的其余区域作为远口区。

(2) 在远口区，加筋构型固定，可基于 NIAH 方法来等效加筋，这样的等效处理虽然会带来一定的精度损失，但会极大地提高后屈曲分析效率。由于远口区区域较大，因而分析效率提高幅度较大。

基于一个正置正交的加筋圆柱壳模型开展算例研究，如图 4.3 所示。加筋圆柱壳环向和轴向的加筋数目 N_c 和 N_a 分别为 25 和 90，蒙皮厚度 t_s 为 4.0 mm，加筋厚度 t_r 和高度 h 分别为 9.0 mm 和 15.0 mm。在壳体中部存在一个矩形开口，尺寸为 500 mm × 500 mm。在初始设计中，直筋用来补强开口，并且开口处的筋条截面与其余部分的截面保持一致。采用的铝合金材料属性如下：杨氏模量 $E = 70$ GPa，泊松比 $\nu = 0.33$，密度 $\rho = 2.7\times10^{-6}$ kg/mm^3。

在本节中，模型底端固支，顶端耦合至一点加载位移载荷。采用四节点壳单元 S4R 来离散加筋圆柱壳模型，并根据收敛性分析确定单元尺寸为 25 mm、加载速率为 0.1 m/s。基于显式动力学分析计算得出含开口结构的极限承载力为 10000 kN，而不含开口的完善结构承载力为 16853 kN。

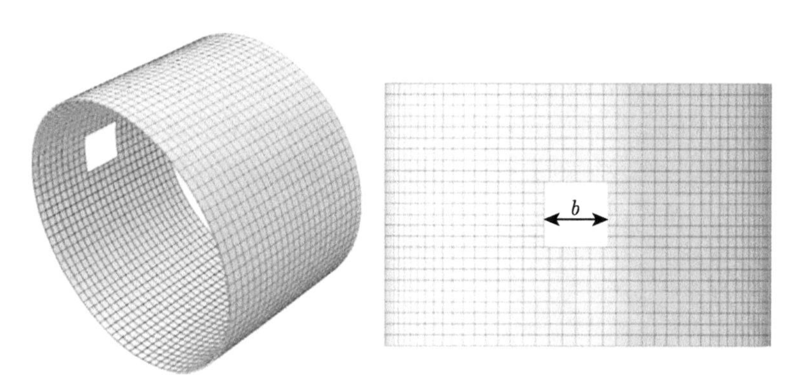

图 4.3 含开口加筋圆柱壳模型示意图

针对含开口加筋圆柱壳模型开展特征值屈曲分析，得到其前十阶特征值和模态，如图 4.4 所示。对于前四阶模态，变形集中于开口处的局部区域。随着模态数的增加，变形逐渐远离开口处，并向整体型失稳演变。需要指出的是，整体型失稳模式的载荷值在一阶特征值的两倍以上，这在实际中是很难发生的。因此，基于前四阶模态来划分近口区和远口区是合理的。本节设定变形阈值为 0.35，如图 4.4 所示，每个特征值模态中变形大于阈值的区域将用白色虚线框标注。进而，将前四阶模态中超过阈值的区域进行叠加，并以矩形线框的区域来近似表征近口区，如图 4.5 所示。需要指出的是，近口区的长度和宽度需要圆整以避免产生不完整加筋单胞，最终确定近口区轴向和环向的尺寸为 1000.0 mm×1047.2 mm。

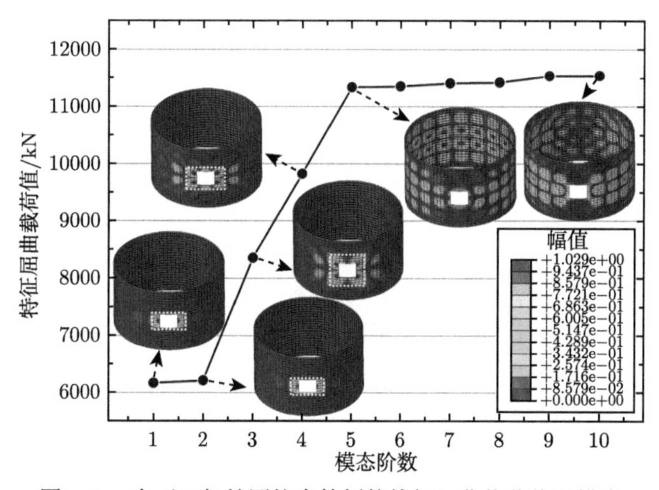

图 4.4 含开口加筋圆柱壳算例的特征屈曲载荷值及模态

进而，采用 NIAH 方法来等效远口区的筋条，同时在混合等效模型中保持近口区筋条的几何模型。对混合等效模型开展特征值屈曲分析，并将前五阶特征值和模态与精细模型结果进行对比，如图 4.6 和表 4.1 所示。总体来看，两模型特征值模态的变化趋势较为一致，尤其是低阶模态。由表 4.1 可见，临界屈曲载荷的最大误差为 8.0%，误差的主要来源在于轴向的单胞只能近似满足周期性分布假设。但从预测的模态及误差值可以看出，混合等效模型在整体和局部刚度上已经具有很高的等效精度。

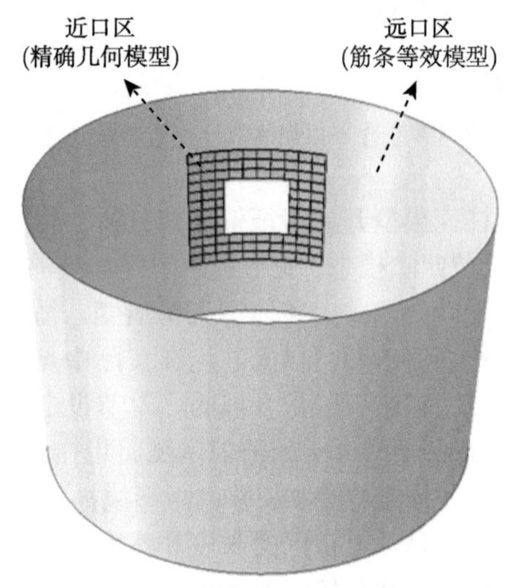

图 4.5　混合等效模型近口区及远口区示意图

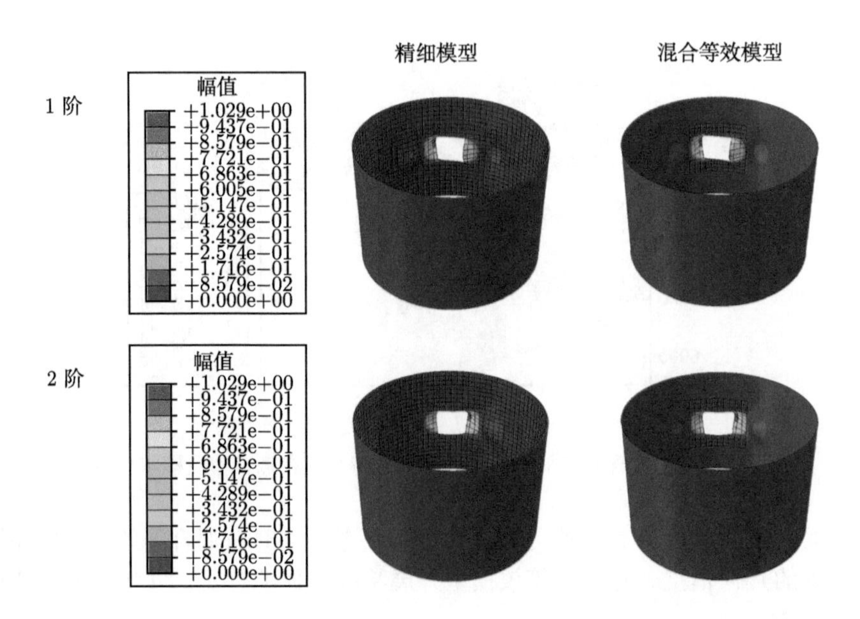

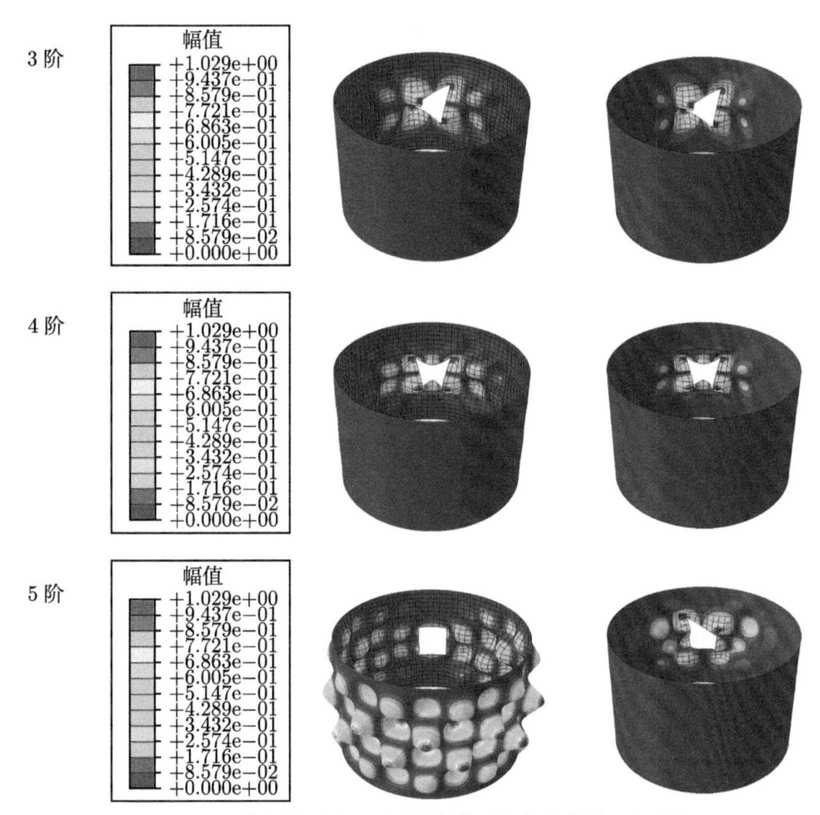

图 4.6 精细模型与混合等效模型特征值模态对比图

表 4.1 精细模型和混合等效模型临界屈曲载荷对比

模态阶数	精细模型/kN	混合等效模型/kN	误差
1	6146	5785	−5.9%
2	6194	5870	−5.2%
3	8334	7979	−4.3%
4	9787	9524	−2.7%
5	11216	12113	8.0%

通过对混合等效模型进行非线性后屈曲分析可以得出其极限载荷为 9873 kN，与精细模型结果误差仅为 −1.3%。精细模型和混合等效模型的位移–载荷曲线如图 4.7 所示，两者在前屈曲和后屈曲阶段差异较小，但在坍塌后差异增大。这是因为等效的筋条在坍塌阶段具有抵抗能量转换的作用，因而导致了结果的差异性。同时，选取图 4.7 中四个代表性的加载时刻，并给出两模型的变形云图，如图 4.8 所示。可以看出，两模型变形趋势较为一致，表明了混合等效模型的可信性。同时，精细模型和混合等效模型的计算时间分别为 1.8 h 和 0.2 h，表明混合等效模型具有较高的分析效率，可为含开口加筋圆柱壳结构优化设计提供高效分析手段。

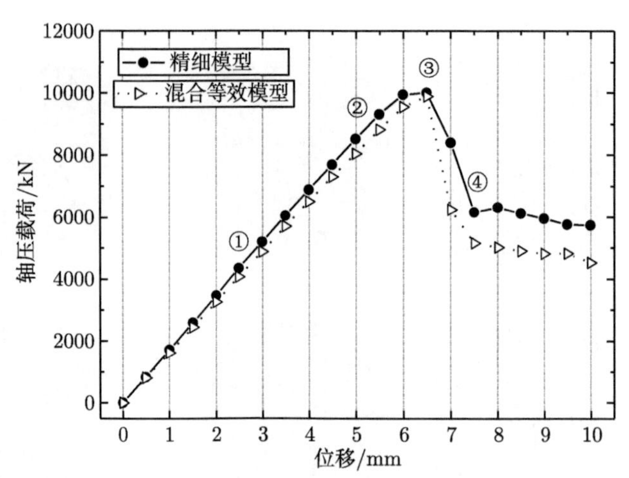

图 4.7　初始设计精细模型与混合等效模型位移–载荷曲线

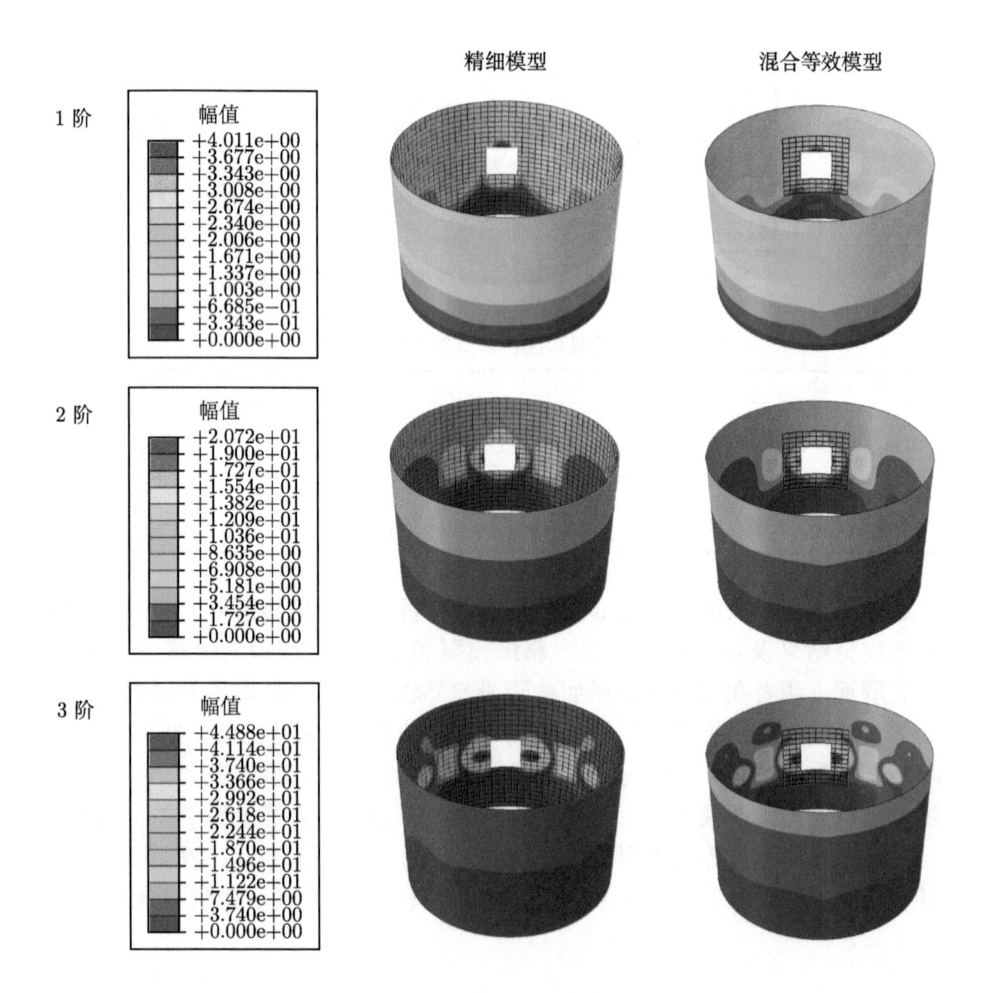

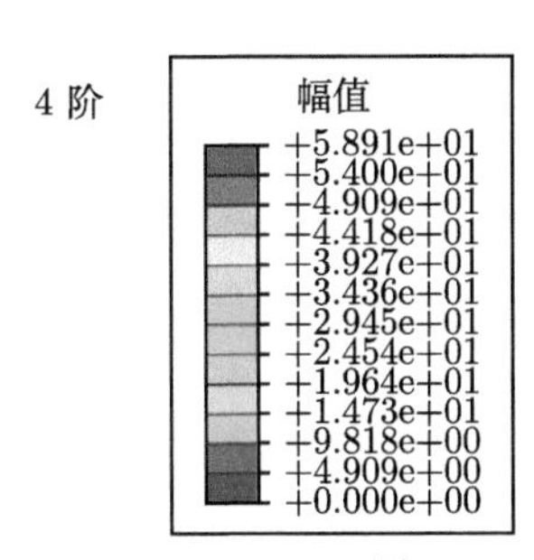

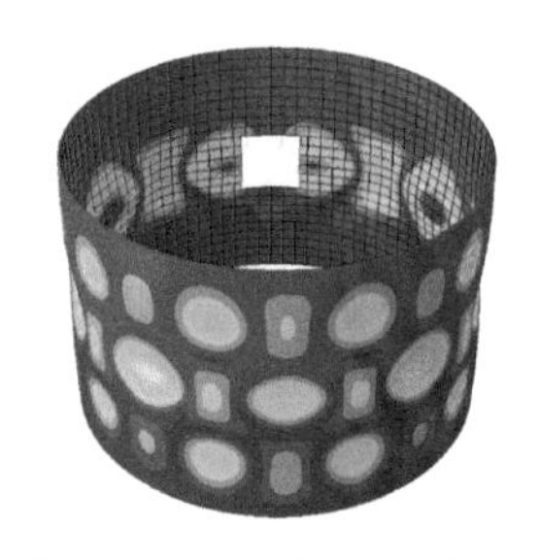
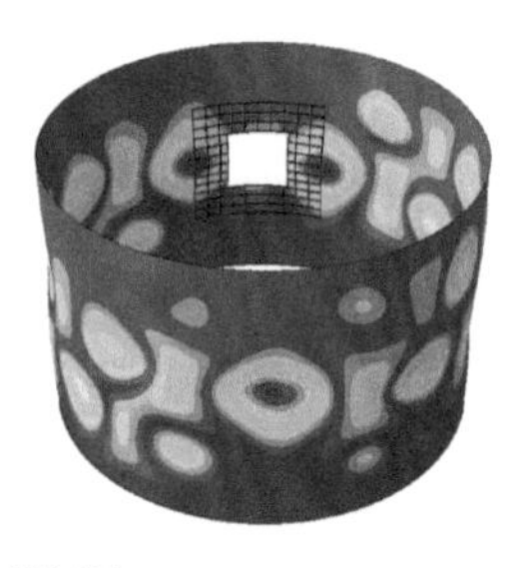

图 4.8 精细模型与混合等效模型失稳波形对比图

4.3 CA 加速的 Koiter 方法

4.3.1 理论方法

弧长法的本质是追踪结构的静态平衡路径。在计算过程中，为了避免收敛问题，必须要控制步长增量。然而，弧长法在追踪结构前屈曲和后屈曲路径过程中需要进行整体刚度矩阵的反复分解，计算成本相对较高。Koiter 弹性稳定理论 [13] 是提高缺陷敏感性分析效率的有效方法。近年来，基于 Koiter 理论的渐近方法发展迅速 [14−16]。为了提高 Koiter 方法在有限元计算框架下的预测精度和计算效率，Olesen 和 Byskov[39] 提出了一种能够精确计算后屈曲系数的非线性几何方程。Garcea 等 [40,41] 采用混合公式来避免位移有限元法中的插值锁定现象，并基于共旋列式 [42,43] 和实体壳单元 [44,45] 建立了精确的结构分析模型。在有限元程序的实现中，Li 等 [46] 引入了应变能密度并提出了位移交换性的概念，为 Koiter 理论在主流有限元程序中的广泛应用奠定了基础。目前，Koiter 方法已成功应用于平板 [47]，截面柱 [48]，复合材料铰接盒 [49] 和复合材料圆柱壳 [50] 等薄壳结构的缺陷敏感性分析中。

在上述工作中，学者们主要在线性前屈曲假设的基础上，对 Koiter 方法有限元的实现进行了完善。然而，采用线性前屈曲假设易过高估计薄壳结构的极限载荷，进而影响薄壳结构后屈曲路径的预测精度和缺陷敏感性分析的准确性。梁珂等 [21−23] 将 Koiter 方法与弧长法相结合，在整个平衡路径上依次采用渐近展开形式，提出了一种新的薄壳结构路径追踪方法，即 Koiter-Newton 法。为了考虑薄壳结构前屈曲的非线性行为，Cohen[17]，Fitch[18]，Arbocz 和 Hol[19,20] 对 Koiter 方法的公式进行了必要的修改。Rahman 和 Jansen[51,52] 将该方法推广到有限元框架中。工程中通常采用非线性有限元方法来分析前屈曲非线性行为对薄壳结构承载能力的影响，其单次分析十分耗时。为了降低计算成本，Brendel 和 Ramm[53] 提出了一种有效的极限载荷预测算法。通过在薄壳结构前屈曲路径上反复进行线性屈曲分析以逼近极限载荷。在此基础上，Chang 和 Chen[54] 结合线性屈曲分析和非线性分析，提出了一种改进的薄壳结构极限承载力预测方法。Jabareen 等 [55,56] 在此基础上建立了一种特征值迭代算法，分析了非线性前屈曲行为对圆柱壳和锥壳极限载荷的影响。该方法能够显著减少非线性有限元分析的增量步数，但是重复的特征值问题求解会带来额外的计算成本。为了减小薄壳结构有限元模型自由度，学者们提出了模型降阶方法。考虑特征值问题求解的特点，组合近似 (Combined Approximations，CA) 法是一种特征值快速求解的有效策略。为了快速求解线性静力问题，Kirsch[57] 首先提出了 CA 方法。其后，CA 方法已广泛应用于结构静力分析、动力学分析、几何非线性分析、材料非线性分析和结构优化 [58−63] 等领域。孙宇等 [24] 基于 CA 方法建立了一种加速的 Koiter 方法，提高了 Koiter 方法的求解效率。

本节首先详细介绍了考虑前屈曲非线性行为的单一模态 Koiter 方法的公式推导和有限元实现。然后，针对单一模态 Koiter 方法，本节提出了一种基于 CA 方法的特征值迭代算法来确定极限载荷附近的前屈曲状态，并在当前状态下构建基于 Koiter 方法的降阶模型。基于以上方法，本节搭建了用于轴压薄壳结构后屈曲路径计算和缺陷敏感性分析的加速的 Koiter 方法计算流程。最后开展了算例研究，验证了加速的 Koiter 方法的正确性。

1. *考虑前屈曲非线性的 Koiter 方法的理论推导*

参考文献 [51，52]，本节给出考虑前屈曲非线性的 Koiter 方法的详细公式推导过程。薄壳结构的几何方程，本构方程和平衡方程分别表示如下：

$$\boldsymbol{\varepsilon} = L_1(\boldsymbol{u}) + \frac{1}{2}L_2(\boldsymbol{u}) \tag{4-1}$$

$$\boldsymbol{\sigma} = H(\boldsymbol{\varepsilon}) \tag{4-2}$$

$$\boldsymbol{\sigma} \cdot \delta\boldsymbol{\varepsilon} - \boldsymbol{q} \cdot \delta\boldsymbol{u} = 0 \tag{4-3}$$

其中，$\boldsymbol{\varepsilon}$ 是应变场，$\boldsymbol{\sigma}$ 是应力场，$\boldsymbol{u}$ 是位移场，L_1 和 H 是线性算子，L_2 是非线性算子。对于不同的位移场 $\boldsymbol{u}$ 和 $\boldsymbol{v}$，双线性算子 L_{11} 定义如下：

$$L_2(\boldsymbol{u}+\boldsymbol{v}) = L_2(\boldsymbol{u}) + 2L_{11}(\boldsymbol{u},\boldsymbol{v}) + L_2(\boldsymbol{v}) \tag{4-4}$$

其中，

$$L_{11}(\boldsymbol{u},\boldsymbol{v}) = L_{11}(\boldsymbol{v},\boldsymbol{u}) \tag{4-5}$$

$$L_{11}(\boldsymbol{u},\boldsymbol{u}) = L_2(\boldsymbol{u}) \tag{4-6}$$

应变场的一阶变分形式如下：

$$\delta\boldsymbol{\varepsilon} = L_1(\delta\boldsymbol{u}) + L_{11}(\boldsymbol{u},\delta\boldsymbol{u}) \tag{4-7}$$

为了进行薄壳结构的后屈曲路径计算，变量 $\boldsymbol{u}$，$\boldsymbol{\varepsilon}$，和 $\boldsymbol{\sigma}$ 在前屈曲状态 $\boldsymbol{u}_0$，$\boldsymbol{\varepsilon}_0$ 和 $\boldsymbol{\sigma}_0$ 处进行渐近展开，其形式如下：

$$\begin{aligned}\boldsymbol{u}&=\boldsymbol{u}_0+\xi\boldsymbol{u}_1+\xi^2\boldsymbol{u}_2+\xi^3\boldsymbol{u}_3+\cdots\\ \boldsymbol{\varepsilon}&=\boldsymbol{\varepsilon}_0+\xi\boldsymbol{\varepsilon}_1+\xi^2\boldsymbol{\varepsilon}_2+\xi^3\boldsymbol{\varepsilon}_3+\cdots\\ \boldsymbol{\sigma}&=\boldsymbol{\sigma}_0+\xi\boldsymbol{\sigma}_1+\xi^2\boldsymbol{\sigma}_2+\xi^3\boldsymbol{\sigma}_3+\cdots\end{aligned} \tag{4-8}$$

这里假设变量 $\boldsymbol{u}_0$，$\boldsymbol{\varepsilon}_0$，和 $\boldsymbol{\sigma}_0$ 是关于特征载荷 λ 的非线性函数，变量 $\boldsymbol{u}_k$，$\boldsymbol{\varepsilon}_k$ 和 $\boldsymbol{\sigma}_k$，$k\geqslant 1$ 与特征载荷 λ 无关，ξ 是无量纲的幅值因子。变量 $\boldsymbol{u}$，$\boldsymbol{\varepsilon}$ 和 $\boldsymbol{\sigma}$ 的渐近展开式在 $\xi=0$ 附近是渐近有效的，且存在如下互换关系：

$$\boldsymbol{\sigma}_i\cdot\boldsymbol{\varepsilon}_j=\boldsymbol{\sigma}_j\cdot\boldsymbol{\varepsilon}_i \quad (i,j=1,2,\cdots) \tag{4-9}$$

前屈曲变量 $\boldsymbol{u}_0$ 在分叉点 λ_c 处的泰勒展开形式如下：

$$\begin{aligned}\boldsymbol{u}_0&=\boldsymbol{u}_c+(\lambda-\lambda_c)\,\dot{\boldsymbol{u}}_c+1/2\,(\lambda-\lambda_c)^2\,\ddot{\boldsymbol{u}}_c+\cdots\\ \boldsymbol{\sigma}_0&=\boldsymbol{\sigma}_c+(\lambda-\lambda_c)\,\dot{\boldsymbol{\sigma}}_c+1/2\,(\lambda-\lambda_c)^2\,\ddot{\boldsymbol{\sigma}}_c+\cdots\end{aligned} \tag{4-10}$$

这里下标 $(\ )_c$ 表示的是在分叉点 $\lambda=\lambda_c$ 处的结构前屈曲变形，且有 $(\dot{\ })=\dfrac{\partial(\ )}{\partial\lambda}$。此外，假设在分叉点 $\lambda=\lambda_c$ 处有如下展开形式：

$$\lambda-\lambda_c=a\lambda_c\xi+b\lambda_c\xi^2+\cdots \tag{4-11}$$

将公式 (4-8)、公式 (4-10) 和公式 (4-11) 代入公式 (4-1)~ 式 (4-3)，按照 ξ 的阶次进行整理，分叉点 λ_c 和相应的一阶模态 $\boldsymbol{u}_1$ 可以由以下公式确定：

$$\varepsilon_1=L_1(\boldsymbol{u}_1)+L_{11}(\boldsymbol{u}_c,\boldsymbol{u}_1) \tag{4-12}$$

$$\boldsymbol{\sigma}_1=H(\boldsymbol{\varepsilon}_1) \tag{4-13}$$

$$\boldsymbol{\sigma}_1\cdot\delta\boldsymbol{\varepsilon}_c+\boldsymbol{\sigma}_c\cdot L_{11}(\boldsymbol{u}_1,\delta\boldsymbol{u})=0 \tag{4-14}$$

后屈曲路径的斜率和曲率通过后屈曲系数 a 和 b 来描述，对于薄壳结构，后屈曲路径为对称分叉模式，因此后屈曲系数 a 等于 0。展开形式的二阶模态可以通过以下公式确定：

$$\boldsymbol{\varepsilon}_2=L_1(\boldsymbol{u}_2)+\frac{1}{2}L_2(\boldsymbol{u}_1)+L_{11}(\boldsymbol{u}_c,\boldsymbol{u}_2) \tag{4-15}$$

$$\boldsymbol{\sigma}_2=H(\boldsymbol{\varepsilon}_2) \tag{4-16}$$

$$\boldsymbol{\sigma}_2 \cdot \delta \boldsymbol{\varepsilon}_c + \boldsymbol{\sigma}_c \cdot L_{11}(\boldsymbol{u}_2, \delta \boldsymbol{u}) + \boldsymbol{\sigma}_1 \cdot L_{11}(\boldsymbol{u}_1, \delta \boldsymbol{u}) = 0 \tag{4-17}$$

为了简化计算，定义二阶模态 $\boldsymbol{u}_2$ 满足如下的正交形式：

$$\dot{\boldsymbol{\sigma}}_c \cdot L_{11}(\boldsymbol{u}_1, \boldsymbol{u}_2) + \boldsymbol{\sigma}_1 \cdot L_{11}(\dot{\boldsymbol{u}}_c, \boldsymbol{u}_2) + \boldsymbol{\sigma}_2 \cdot L_{11}(\dot{\boldsymbol{u}}_c, \boldsymbol{u}_1) = 0 \tag{4-18}$$

后屈曲系数 b 可以简化为如下形式：

$$b = -\left(1/\lambda_c \hat{\Delta}\right)\left\{2\boldsymbol{\sigma}_1 \cdot L_{11}(\boldsymbol{u}_1, \boldsymbol{u}_2) + \boldsymbol{\sigma}_2 \cdot L_2(\boldsymbol{u}_1)\right\} \tag{4-19}$$

$$\hat{\Delta} = 2\boldsymbol{\sigma}_1 \cdot L_{11}(\dot{\boldsymbol{u}}_c, \boldsymbol{u}_1) + \dot{\boldsymbol{\sigma}}_c \cdot L_{11}(\boldsymbol{u}_1, \boldsymbol{u}_1) \tag{4-20}$$

初始缺陷表示为 $\bar{\xi}\hat{\boldsymbol{u}}$，$\bar{\xi}$ 是缺陷幅值系数，非线性应变–位移关系修改为如下形式：

$$\boldsymbol{\varepsilon} = L_1(\boldsymbol{u}) + \frac{1}{2}L_2(\boldsymbol{u}) + \bar{\xi}L_{11}(\hat{\boldsymbol{u}}, \boldsymbol{u}) \tag{4-21}$$

公式 (4-11) 修改为如下形式：

$$\xi(\lambda - \lambda_c) = a\lambda_c\xi^2 + b\lambda_c\xi^3 - \alpha\lambda_c\bar{\xi} + \beta(\lambda - \lambda_c)\bar{\xi} + \cdots \tag{4-22}$$

一阶缺陷因子 α 和二阶缺陷因子 β 的形式表示如下：

$$\alpha = \left(1/\lambda_c \hat{\Delta}\right)\left\{\boldsymbol{\sigma}_1 \cdot L_{11}(\hat{\boldsymbol{u}}, \boldsymbol{u}_c) + \boldsymbol{\sigma}_c \cdot L_{11}(\hat{\boldsymbol{u}}, \boldsymbol{u}_1)\right\} \tag{4-23}$$

$$\begin{aligned}\beta = \left(1/\hat{\Delta}\right)\{&\boldsymbol{\sigma}_1 \cdot L_{11}(\hat{\boldsymbol{u}}, \dot{\boldsymbol{u}}_c) + \dot{\boldsymbol{\sigma}}_c \cdot L_{11}(\hat{\boldsymbol{u}}, \boldsymbol{u}_1) + H\left[L_{11}(\dot{\boldsymbol{u}}_c, \boldsymbol{u}_1)\right] \cdot L_{11}(\hat{\boldsymbol{u}}, \boldsymbol{u}_c) \\ &- \alpha\lambda_c[\boldsymbol{\sigma}_1 \cdot L_{11}(\ddot{\boldsymbol{u}}_c, \boldsymbol{u}_1) + \frac{1}{2}\ddot{\boldsymbol{\sigma}}_c \cdot L_{11}(\boldsymbol{u}_1, \boldsymbol{u}_1) \\ &+ H\left[L_{11}(\dot{\boldsymbol{u}}_c, \boldsymbol{u}_1)\right] \cdot L_{11}(\dot{\boldsymbol{u}}_c, \boldsymbol{u}_1)]\}\end{aligned} \tag{4-24}$$

只要确定后屈曲系数 b 以及缺陷因子 α 和 β，对于不同幅值的模态缺陷，通过公式 (4-22) 即可快速预测薄壳结构的极限载荷。

2. 考虑前屈曲非线性的 Koiter 方法的有限元实现

非线性应变–位移关系的有限元形式表示如下：

$$\boldsymbol{\varepsilon} = \boldsymbol{B}_L\boldsymbol{q} + \frac{1}{2}\boldsymbol{B}_{NL}(\boldsymbol{q})\boldsymbol{q} \tag{4-25}$$

这里 $\boldsymbol{B}_L$ 和 $\boldsymbol{B}_{NL}$ 是线性和非线性应变矩阵，与线性算子 L_1 和非线性算子 L_2 相对应。

特征值问题的有限元形式如下：

$$\begin{aligned}&\boldsymbol{K}_{tc}\boldsymbol{q}_1=0\\&\left[\boldsymbol{K}_M+\boldsymbol{K}_D\left(\boldsymbol{q}_c\right)+\boldsymbol{K}_G\left(\boldsymbol{\sigma}_c\right)\right]\boldsymbol{q}_1=0\end{aligned}\tag{4-26}$$

其中，$\boldsymbol{K}_{tc}$ 是分叉点 λ_c 处的切线刚度矩阵，$\boldsymbol{K}_M$、$\boldsymbol{K}_D$ 和 $\boldsymbol{K}_G$ 分别为线性刚度矩阵、初位移刚度矩阵和几何刚度矩阵。

通过非线性有限元分析逼近分叉点 λ_c，获得 $\lambda=\lambda_b$ 处薄壳结构的前屈曲状态。在薄壳结构前屈曲状态 $\lambda=\lambda_b$ 处的特征值问题表示如下：

$$\left[\boldsymbol{K}_{tb}+\left(\lambda_c-\lambda_b\right)\left[\boldsymbol{K}_D\left(\boldsymbol{q}_b,\dot{\boldsymbol{q}}_b\right)+\boldsymbol{K}_G\left(\dot{\boldsymbol{\sigma}}_b\right)\right]\right]\boldsymbol{q}_1=0\tag{4-27}$$

其中，$\boldsymbol{K}_{tb}$ 是 $\lambda=\lambda_b$ 处的切线刚度矩阵，λ_c 和 $\boldsymbol{q}_1$ 是一阶特征值和一阶特征模态。$\boldsymbol{q}_1$ 按壳的厚度进行归一化。

因为前屈曲状态 $\lambda=\lambda_b$ 与第一个分叉点 λ_c 非常接近，有如下的近似形式：

$$\begin{aligned}&\boldsymbol{q}_c\approx\boldsymbol{q}_b,\quad\dot{\boldsymbol{q}}_c\approx\dot{\boldsymbol{q}}_b,\quad\ddot{\boldsymbol{q}}_c\approx\ddot{\boldsymbol{q}}_b\\&\boldsymbol{\sigma}_c\approx\boldsymbol{\sigma}_b,\quad\dot{\boldsymbol{\sigma}}_c\approx\dot{\boldsymbol{\sigma}}_b,\quad\ddot{\boldsymbol{\sigma}}_c\approx\ddot{\boldsymbol{\sigma}}_b\end{aligned}\tag{4-28}$$

$\dot{\boldsymbol{q}}_b$ 和 $\dot{\boldsymbol{\sigma}}_b$ 的有限元形式如下：

$$\dot{\boldsymbol{q}}_b=\left(\frac{\partial\boldsymbol{q}}{\partial\lambda}\right)_b=\left(\frac{\partial\boldsymbol{q}}{\partial\boldsymbol{f}}\right)_b\frac{\partial\boldsymbol{f}}{\partial\lambda}=\left(\frac{\partial\boldsymbol{f}}{\partial\boldsymbol{q}}\right)_b^{-1}\boldsymbol{f}_0=\boldsymbol{K}_{t_b}^{-1}\boldsymbol{f}_0\tag{4-29}$$

$$\dot{\boldsymbol{\sigma}}_b=\frac{\partial\boldsymbol{\sigma}_b}{\partial\lambda}=\frac{\partial\boldsymbol{H}\left[\boldsymbol{B}_L+\dfrac{1}{2}\boldsymbol{B}_{NL}\left(\boldsymbol{q}_b\right)\right]\boldsymbol{q}_b}{\partial\lambda}=\boldsymbol{H}\left[\boldsymbol{B}_L+\frac{1}{2}\boldsymbol{B}_{NL}\left(\boldsymbol{q}_b\right)\right]\dot{\boldsymbol{q}}_b\tag{4-30}$$

二阶模态 $\boldsymbol{q}_2$ 的有限元形式如下：

$$\left[\boldsymbol{K}_{tb}+\left(\lambda_c-\lambda_b\right)\left[\boldsymbol{K}_D\left(\boldsymbol{q}_b,\dot{\boldsymbol{q}}_b\right)+\boldsymbol{K}_G\left(\dot{\boldsymbol{\sigma}}_b\right)\right]\right]\boldsymbol{q}_2=\boldsymbol{g}\tag{4-31}$$

$$\boldsymbol{g}=-\frac{1}{2}\left[\left[\boldsymbol{B}_L+\boldsymbol{B}_{NL}\left(\boldsymbol{q}_c\right)\right]^{\mathrm{T}}\boldsymbol{H}\boldsymbol{B}_{NL}\left(\boldsymbol{q}_1\right)\boldsymbol{q}_1+2\times\boldsymbol{B}_{NL}^{\mathrm{T}}\left(\boldsymbol{q}_1\right)\boldsymbol{H}\left[\boldsymbol{B}_L+\boldsymbol{B}_{NL}\left(\boldsymbol{q}_c\right)\right]\boldsymbol{q}_1\right]\tag{4-32}$$

正交条件公式 (4-18) 的有限元形式如下：

$$\boldsymbol{q}_1^{\mathrm{T}}\left[\boldsymbol{K}_D\left(\boldsymbol{q}_b,\dot{\boldsymbol{q}}_b\right)+\boldsymbol{K}_G\left(\dot{\boldsymbol{\sigma}}_b\right)\right]\boldsymbol{q}_2+\frac{1}{2}\boldsymbol{q}_1^{\mathrm{T}}\boldsymbol{B}_{NL}^{\mathrm{T}}\left(\boldsymbol{q}_1\right)\boldsymbol{H}\boldsymbol{B}_{NL}\left(\boldsymbol{q}_1\right)\dot{\boldsymbol{q}}_b=0\tag{4-33}$$

二阶应力 $\ddot{\boldsymbol{\sigma}}_b$ 的有限元形式如下：

$$\ddot{\boldsymbol{\sigma}}_b = \frac{\partial^2 \boldsymbol{\sigma}_b}{\partial \lambda^2} = \frac{\partial^2 \boldsymbol{H}\left[\boldsymbol{B}_L + \dfrac{1}{2}\boldsymbol{B}_{NL}\left(\boldsymbol{q}_b\right)\right]\boldsymbol{q}_b}{\partial \lambda^2}$$
$$= \boldsymbol{H}\left[\boldsymbol{B}_L \ddot{\boldsymbol{q}}_b + \boldsymbol{B}_{NL}\left(\boldsymbol{q}_b\right)\ddot{\boldsymbol{q}}_b + \boldsymbol{B}_{NL}\left(\dot{\boldsymbol{q}}_b\right)\dot{\boldsymbol{q}}_b\right] \tag{4-34}$$

二阶位移 $\ddot{\boldsymbol{q}}_b$ 可以通过插值方法获得

$$\ddot{\boldsymbol{q}}_b = \frac{\dot{\boldsymbol{q}}_b - \dot{\boldsymbol{q}}_{b-1}}{\Delta\lambda} \tag{4-35}$$

其中，$\Delta\lambda = \lambda_b - \lambda_{b-1}$，$\lambda_{b-1}$ 是非线性分析过程中与 λ_b 十分接近的一个载荷。

3. 基于 CA 方法的特征值迭代算法

实验结果表明几何缺陷是导致薄壳结构承载能力下降的主要因素，因此经典的屈曲载荷往往远高于薄壳结构的实际承载能力。薄壳结构的平衡路径可以分为前屈曲路径和后屈曲路径，位移–载荷曲线的最高点代表薄壳结构的极限载荷，通常通过非线性有限元分析获得结构的前屈曲状态和极限载荷。这样考虑前屈曲非线性行为的 Koiter 方法计算效率偏低并且难以实现程序计算的自动化。根据 Koiter 方法的特点，本节采用特征值迭代算法去获得靠近极限载荷的前屈曲状态。该算法与 Riks 方法相比能够给出合理的步长预测从而减少有限元分析的载荷步。然而，重复的特征值问题求解必然带来额外的计算花费。这里采用 CA 方法来减少重复特征值问题求解带来的计算耗时。CA 方法通过迭代法建立一系列的基向量，结构的特征值和特征向量可以通过独立的基向量的线性组合近似获得。在本节，CA 方法用于快速求解薄壳结构的一阶特征值和一阶特征向量。

特征值问题公式 (4-27) 可以改写成如下有限元形式：

$$\left[\boldsymbol{K}_0 + \Delta\lambda_0 \boldsymbol{G}_0\right]\boldsymbol{r}_0 = \boldsymbol{0} \tag{4-36}$$

其中，切线刚度矩阵 $\boldsymbol{K}_0$ 和几何刚度矩阵 $\boldsymbol{G}_0$ 是 $M \times M$ 的切线刚度阵和几何刚度矩阵，M 是有限元模型的自由度。$\Delta\lambda_0$ 和 $\boldsymbol{r}_0$ 是相应的一阶特征值和一阶特征向量。

需要注意，公式 (4-27) 与公式 (2-20) 的是不同的，公式 (4-27) 的特征值问题建立在薄壳前屈曲状态 $\lambda = \lambda_b$ 处，而公式 (2-20) 的特征值问题建立在薄壳的初始状态。随着载荷的增加，结构的切线刚度阵 $\boldsymbol{K}_0$ 和几何刚度矩阵 $\boldsymbol{G}_0$ 发生了改变，改变后的刚度矩阵 $\boldsymbol{K}$ 和 $\boldsymbol{G}$ 表示如下：

$$\begin{aligned} \boldsymbol{K} &= \boldsymbol{K}_0 + \Delta\boldsymbol{K}_0 \\ \boldsymbol{G} &= \boldsymbol{G}_0 + \Delta\boldsymbol{G}_0 \end{aligned} \tag{4-37}$$

其中，$\Delta \boldsymbol{K}_0$ 和 $\Delta \boldsymbol{G}_0$ 是切线刚度矩阵和几何刚度矩阵的改变量。特征值问题的有限元形式修改为如下形式：

$$(\boldsymbol{K} + \Delta\lambda \boldsymbol{G})\,\boldsymbol{r} = 0 \tag{4-38}$$

其中，$\Delta\lambda$ 和 $\boldsymbol{r}$ 是结构改变后的一阶特征值和一阶特征向量。CA 方法的主要目的是对 $\boldsymbol{K}$ 和 $\boldsymbol{G}$ 进行降阶。CA 方法的计算流程如下。

步骤 1 代入公式 (4-37) 到公式 (4-38)，公式 (4-38) 可以修改为如下形式：

$$(\boldsymbol{K}_0 + \Delta \boldsymbol{K}_0)\,\boldsymbol{r} = -\Delta\lambda \boldsymbol{G}\boldsymbol{r} \tag{4-39}$$

参考文献 [59]，由于基向量的构建只需要模态的形状，重新整理公式 (4-39) 获得如下的递归形式：

$$\begin{aligned} &\boldsymbol{K}_0 \boldsymbol{r}_{i+1} = (-\Delta \boldsymbol{K}_0 - \boldsymbol{G})\,\boldsymbol{r}_i \quad (i = 1, 2, \cdots, s) \\ &\boldsymbol{r}_{i+1} = (\boldsymbol{K}_0)^{-1}\,(-\Delta \boldsymbol{K}_0 - \boldsymbol{G})\,\boldsymbol{r}_i \quad (i = 1, 2, \cdots, s) \end{aligned} \tag{4-40}$$

基向量 $\boldsymbol{r}$ 可以通过递归关系构建，选择 $\boldsymbol{r}_0$ 为第一个基向量 $\boldsymbol{r}_1$。

步骤 2 装配刚度矩阵 $\boldsymbol{K}$ 和 $\boldsymbol{G}$，特征模态可以通过独立的基向量 $(\boldsymbol{r}_1, \boldsymbol{r}_2, \cdots, \boldsymbol{r}_s)$ 的线性组合近似获得，具体形式如下：

$$\begin{aligned} &[\boldsymbol{K} + \Delta\lambda \boldsymbol{G}]\,\boldsymbol{q}_1 = \boldsymbol{0} \\ &[\boldsymbol{K} + \Delta\lambda \boldsymbol{G}]\,\boldsymbol{\varPhi}\boldsymbol{\alpha} = \boldsymbol{0} \\ &[\boldsymbol{K}\boldsymbol{\varPhi} + \Delta\lambda \boldsymbol{G}\boldsymbol{\varPhi}]\,\boldsymbol{\alpha} = \boldsymbol{0} \end{aligned} \tag{4-41}$$

然后在公式 (4-41) 的左侧乘以 $\boldsymbol{\varPhi}^{\mathrm{T}}$：

$$\begin{aligned} &\boldsymbol{\varPhi}^{\mathrm{T}}\,[\boldsymbol{K}\boldsymbol{\varPhi} + \Delta\lambda \boldsymbol{G}\boldsymbol{\varPhi}]\,\boldsymbol{\alpha} = 0 \\ &\left[\boldsymbol{\varPhi}^{\mathrm{T}}\boldsymbol{K}\boldsymbol{\varPhi} + \Delta\lambda \boldsymbol{\varPhi}^{\mathrm{T}}\boldsymbol{G}\boldsymbol{\varPhi}\right]\boldsymbol{\alpha} = 0 \\ &\left[\tilde{\boldsymbol{K}} + \Delta\lambda \tilde{\boldsymbol{G}}\right]\boldsymbol{\alpha} = 0 \end{aligned} \tag{4-42}$$

其中，$\tilde{\boldsymbol{K}} = \boldsymbol{\varPhi}^{\mathrm{T}}\boldsymbol{K}\boldsymbol{\varPhi}$ 和 $\tilde{\boldsymbol{G}} = \boldsymbol{\varPhi}^{\mathrm{T}}\boldsymbol{G}\boldsymbol{\varPhi}$。$\tilde{\boldsymbol{K}}$ 和 $\tilde{\boldsymbol{G}}$ 是 $s \times s$ 的矩阵。特征值问题的维度由 $M \times M$ 减少到 $s \times s$。求解降阶的特征值问题获得一阶特征值 $\Delta\lambda$ 和一阶特征向量 $\boldsymbol{\alpha}$。

本节基于 CA 方法提出了一个改进的特征值迭代算法去获得结构的极限载荷。这里采用完全拉格朗日格式的非线性有限元列式来实现特征值迭代，具体的迭代过程如下：

$$\lambda^{i+1} = \lambda^i + \eta_i \Delta\lambda^i \tag{4-43}$$

其中，i 是载荷步，$\eta_i\,(0<\eta_i<1)$ 是载荷因子。λ^i 是第 i 个载荷步的载荷值。$\Delta\lambda^i$ 是第 i 个载荷步的一阶特征值。迭代直至 $\Delta\lambda_i$ 非常小停止。如果 λ^i 十分接近极限载荷 λ_c，切线刚度矩阵将接近奇异，导致 Koiter 方法的二阶模态的计算错误，进而影响后屈曲系数 b 的计算精度。本节选择 $\lambda^i/\lambda_c^i\approx 0.995$ 处的前屈曲状态来求解后屈曲系数。

收敛准则定义如下：

$$\frac{\Delta\lambda^i}{\lambda_c^i}\leqslant\varepsilon_1 \tag{4-44}$$

其中，ε_1 是预先定义的容限，选择为 0.005。结构的极限载荷可以表示成：

$$\lambda_c^i=\lambda^i+\Delta\lambda^i \tag{4-45}$$

对于完善的轴压薄壳结构，屈曲模态的形状随着载荷的增加将发生改变。CA 方法的精度取决于初始基向量的选择。基于 CA 方法的特征值迭代算法的具体流程如下：首先进行线性特征值问题求解获得一阶特征值和特征模态。第一个载荷步，选择较大的步长因子，建议 $\eta_1=0.8$，从而尽可能地接近结构的极限载荷。第二次载荷步，在当前的前屈曲状态下进行特征值问题求解，选择一阶屈曲模态作为初始基向量。对于后续的载荷步，建议 $\eta_i=0.5\,(i=2,3,\cdots,n)$，这是因为过大的步长会导致计算出负的特征值。从第三次载荷步开始，CA 方法的基向量由第二个载荷步获得的初始基向量构建，并应用于后续特征值问题的求解。在整个特征值迭代过程，全阶有限元模型的特征值问题求解次数为 2。基于上面的流程可以确定薄壳结构靠近极限载荷处的前屈曲状态。

4. CA 加速的 Koiter 分析方法

本节基于上述方法搭建了 CA 加速的 Koiter 方法的计算框架，如图 4.9 所示，以开展结构后屈曲路径计算和缺陷敏感性分析。整个计算过程包括基于 CA 方法的特征值迭代算法和考虑前屈曲非线性的 Koiter 方法两部分。

第一步，给出初始参数 i、λ_0 和 ε_1，每一个载荷步开始，获得载荷 λ_i 下的前屈曲状态 $\boldsymbol{q}_b^i$ 和线性刚度矩阵 $\boldsymbol{K}_t^i$，$\dot{\boldsymbol{q}}_b^i$ 通过公式 (4-29) 计算获得。求解特征值问题获得特征值 $\Delta\lambda^i$ 和特征向量 $\boldsymbol{q}_1^i$。极限载荷 λ_c^i 通过公式 (4-45) 确定。判断收敛系数 ε_1 是否满足收敛条件。如果收敛条件 ε_1 不满足，下一个载荷步的迭代步长由公式 (4-43) 预测。如果收敛条件 ε_1 满足，极限载荷 λ_c 和靠近 λ_c 处的前屈曲状态 $\boldsymbol{q}_b^i$ 被确定。迭代过程中，前两次迭代由公式 (4-27) 进行特征值问题求解，在第三个载荷步，以第二个载荷步中获得的一阶屈曲模态作为初始基向量，然后基于公式 (4-40) 构建基向量。后续的特征值问题通过公式 (4-41)～式 (4-43) 求解。

第二步，通过单一模态的 Koiter 方法计算薄壳结构的缺陷敏感性。在靠近极限载荷处求解结构的屈曲模态并验证 CA 方法的准确性。任意屈曲模态都可以用于分析薄壳结构的后屈曲路径。这里初始缺陷选择为一阶屈曲模态 $\boldsymbol{q}_1$，因此通过一阶屈曲模态 $\boldsymbol{q}_1$ 来计算二阶模态 $\boldsymbol{q}_2$，并采用差分方法来计算 $\ddot{\boldsymbol{q}}_b$。由公式 (4-19)、公式 (4-23) 和公式 (4-24) 可以确定薄壳结构的后屈曲系数 b 和缺陷因子 α 和 β。最后通过求解降阶模型方程 (4-22) 获得薄壳结构的缺陷敏感性曲线，该部分的计算时间可以忽略不计。

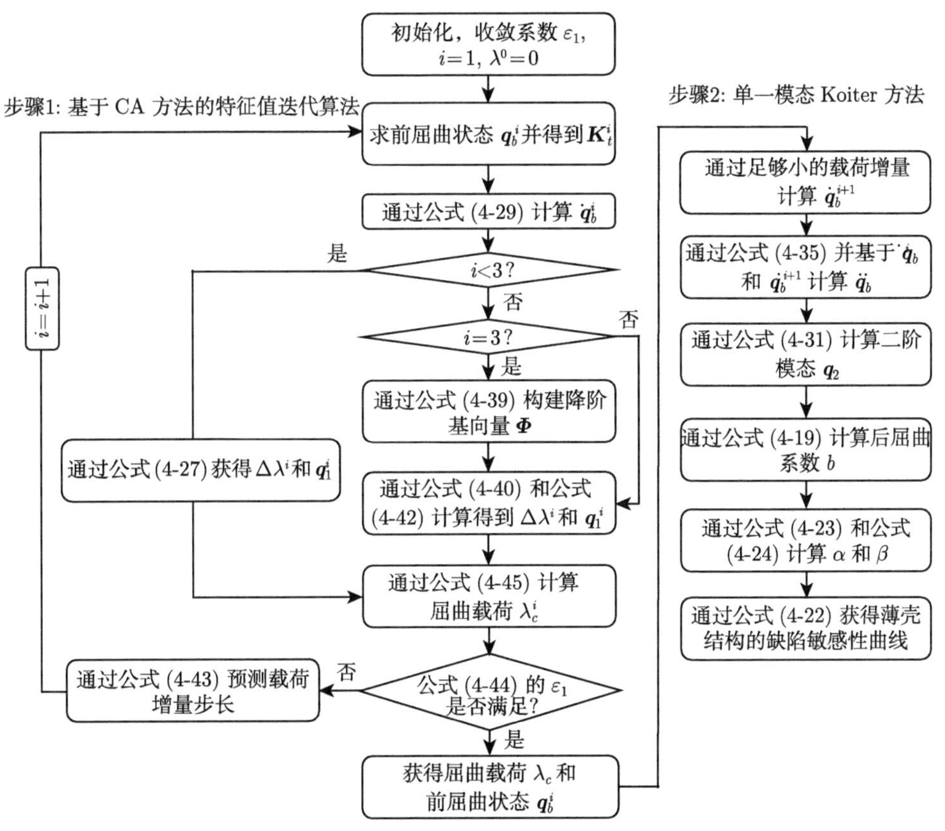

图 4.9 CA 加速的 Koiter 方法的流程图

4.3.2 圆柱壳算例验证

1. 轴压工况下各向同性圆柱壳

本节以各向同性圆柱壳为例，验证该方法的有效性。图 4.10 给出了各向同性圆柱壳的有限元模型。半径 $R = 250$ mm，长度 $L = 510$ mm，壳体厚度 $t = 0.5$ mm。杨氏模量 $E = 72000$ MPa，泊松比 $\nu = 0.31$。边界条件为经典的简支边界。有限元模型的单元数为 25852，自由度数为 156798。通过特征值问题求解得到经典屈曲载荷为 68.0 kN。采用加速的 Koiter 方法对各向同性圆柱壳进行后屈曲路径计算和缺陷敏感性分析。采用基于 CA 方法的特征值迭代算法对 Koiter 方法进行了加速。利用第二次迭代得到的一阶屈曲模态来构造基向量，并选取基向量个数为 4。为了验证基于 CA 方法的特征值迭代算法的准确性和高效性，分别采用特征值迭代算法和基于 CA 方法的特征值迭代算法来预测完善各向同性圆柱壳的极限载荷。特征值迭代算法采用 5 个载荷步求解 22 个线性方程来追踪结构的前屈曲路径，其中特征值问题的求解次数为 6。基于 CA 方法的特征值迭代算法也采用 5 个载荷步求解 22 个线性方程，其中基于全阶有限元模型的特征值问题求解次数为 2，基于 CA 方法的特征值问题求解次数为 4。两种方法计算的极限载荷均为 58.98 kN。结果表明，基于 CA 方法的特征值迭代算法具有较高的预测精度。两种方法计算时间如表 4.2 所示。与特征值迭代算法的总计算时间相比，基于 CA 方法的特征值迭代算法的总计算时间减少了 35.2%。其中，基于 CA 方法的特征值迭代算法的特征值问题计算时间比特征值迭代算法的计算时间减少了 54.3%。

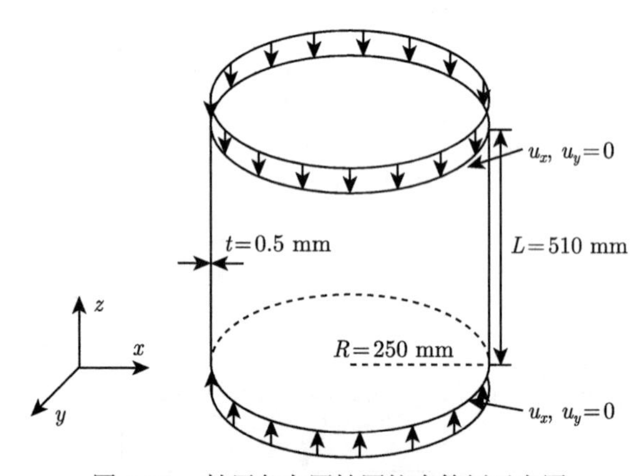

图 4.10 轴压各向同性圆柱壳算例示意图

表 4.2 特征值迭代算法和基于 CA 方法的特征值迭代算法的计算效率对比

分析类型	特征值迭代算法/s	基于 CA 方法的特征值迭代算法/s
线性方程	56	56
特征值问题	140	64
基向量构建	—	5
前后处理	6	6
总时间	202	131

采用 Koiter 方法计算各向同性圆柱壳的后屈曲路径。再次进行特征值问题求解，得到各向同性圆柱壳的一阶屈曲模态。前屈曲变形、一阶屈曲模态和二阶模态如图 4.11 所示。选择一阶屈曲模态作为初始缺陷。后屈曲系数 b 和缺陷因子 α 和 β 如表 4.3 所示。利用 ABAQUS 中的 Riks 方法进一步验证加速的 Koiter 方法的准确性。图 4.12 为基于两种方法的各向同性圆柱壳缺陷敏感性曲线。按各向同性圆柱壳的蒙皮厚度对缺陷幅值进行归一化处理，根据完善结构屈曲荷载对极限载荷进行归一化处理。可以看出，当缺陷幅值小于 0.25 时，加速的 Koiter 方法可以获得准确的结果。两种方法的相对误差在 2.4% 以内，表明该方法对于小幅值缺陷敏感性分析具有较高的预测精度。两种方法的计算效率对比如表 4.4 所示。Riks 方法需要重复计算 6 次才能得到完整的缺陷敏感性曲线。Riks 方法单次分析时间平均为 296 s，总分析时间为 1776 s。而加速的 Koiter 方法只需要求解一次后屈曲系数 b 和缺陷因子 α 和 β，构建完降阶模型就可以直接得到完整的缺陷敏感性曲线。加速的 Koiter 方法单次分析时间平均为 158 s，总分析时间也为 158 s。与 Riks 方法相比，加速的 Koiter 方法可以显著减少单次缺陷敏感性分析和总缺陷敏感性分析的计算时间，分别减少了 46.6% 和 91.1%。因此，对应各向同性圆柱壳，加速的 Koiter 方法是一种准确的小幅值缺陷计算方法，且在计算效率上具有明显优势。

(a) 前屈曲变形

(b) 一阶屈曲模态

(c) 二阶模态

图 4.11　轴压各向同性圆柱壳的变形模式

表 4.3　轴压各向同性圆柱壳算例的后屈曲系数和缺陷因子

b	α	β
−0.4762	0.4408	−0.2481

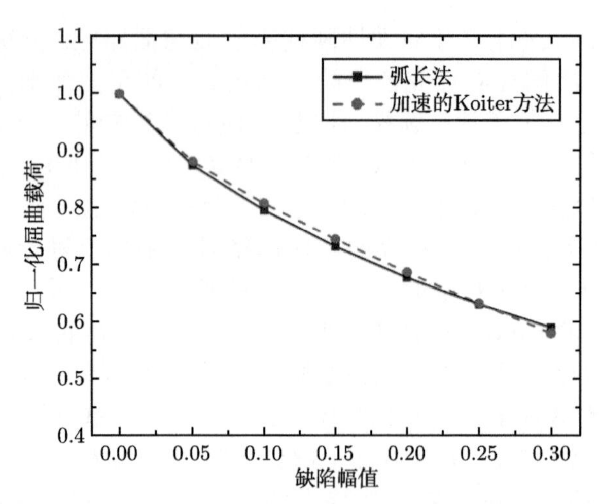

图 4.12　基于 Riks 方法和加速的 Koiter 方法的轴压各向同性圆柱壳算例缺陷敏感性曲线

表 4.4　Riks 方法和加速 Koiter 方法的轴压各向同性圆柱壳算例的缺陷敏感性计算效率对比

计算方法	Riks 方法/s	加速的 Koiter 方法/s
单次计算时间	296	158
总计算时间	1776	158

2. 轴压工况下复合材料圆柱壳

本节以一个轴压复合材料圆柱壳算例来验证加速的 Koiter 方法的适用性，其有限元模型如图 4.13 所示。圆柱壳的半径 $R = 203.2$ mm，高度 $L = 355.6$ mm，铺层顺序为 $[\pm45°/0°/90°]_s$，总厚度 $t_s = 1.01539$ mm，材料属性 $E_1 = 127.629$ GPa，$E_2 = 11.3074$ GPa，$\nu_{12} = 0.300235$，$G_{12} = 6.00257$ GPa。边界条件为经典的简支边界。有限元模型的单元数为 28160，自由度数为 170880。经典的屈曲载荷为 175.5 kN。采用加速的 Koiter 方法进行圆柱壳后屈曲路径计算和缺陷敏感性分析。应用基于 CA 方法的特征值迭代算法获得靠近极限载荷处的前屈曲状态。保存第二步迭代的一阶屈曲模态并构建基向量，基向量的数目为 4。为了验证基于 CA 方法的特征值迭代算法的有效性，通过计算完善圆柱壳的极限载荷对特征值迭代算法和基于 CA 方法的特征值迭代算法进行了比较。特征值迭代算法通过 6 个载荷步，求解 32 次线性方程来追踪圆柱壳的前屈曲路径，特征值问题求解次数为 7。基于 CA 方法的特征值迭代算法也通过 6 个载荷步，求解 32 次线性方程来追踪圆柱壳的前屈曲路径，其中全阶有限元模型的特征值问题求解次数为 2，降阶模型特征值问题的求解次数为 5。两种方法计算得到的极限载荷均为 164.3 kN，表明降阶模型具有较高预测精度。参考文献 [52]，对极限载荷进行归一化处理，圆

柱壳极限载荷归一化的参考值定义为

$$N_{cl} = \frac{E_{11}t^2}{R\sqrt{3\left(1-\nu_{12}^2\right)}} \tag{4-46}$$

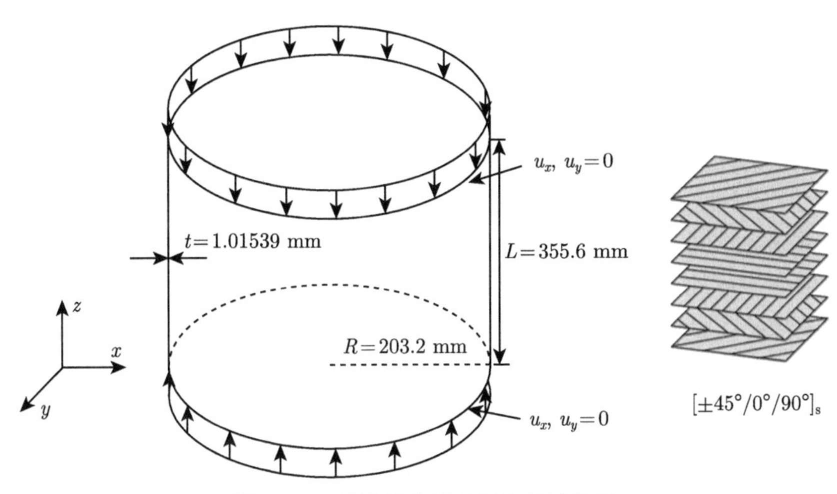

图 4.13 轴压复合材料圆柱壳示意图

归一化的极限载荷均匀 0.3284，结果验证了基于 CA 方法的特征值迭代算法的准确性。两种方法的计算时间比较如表 4.5。线性方程的计算时间包括切线刚度矩阵、内力向量的组装和线性方程的求解。特征值问题求解的时间包括几何刚度矩阵的组装和特征值问题的求解，其余时间为前后处理时间。相比特征值迭代算法 (221 s)，基于 CA 方法的特征值迭代算法的计算时间 (156 s) 减少了 29.4%。其中特征值问题的求解时间由 145 s 变为 75 s，计算效率提升了 48.3%。

表 4.5 特征值迭代算法和基于 CA 方法的特征值迭代算法的时间对比

分析类型	特征值迭代算法/s	基于 CA 方法的特征值迭代算法/s
线性方程	70	70
特征值问题	145	75
基向量构建	—	5
前后处理	6	6
总时间	221	156

结构的前屈曲状态已经确定，下面再次进行特征值问题求解去获得复合材料圆柱壳的一阶屈曲模态，进一步验证基于 CA 方法的特征值迭代算法的准确性。前屈曲状态 $\boldsymbol{q}_0$、一阶屈曲模态 $\boldsymbol{q}_1$ 和二阶模态 $\boldsymbol{q}_2$ 如图 4.14 所示。选择一阶屈曲

模态 $\boldsymbol{q}_1$ 作为初始几何缺陷。表 4.6 给出了复合材料轴压圆柱壳的后屈曲系数 b 和缺陷因子 α 和 β，同时给出了加速的 Koiter 方法与文献结果的对比，结果基本一致，验证了加速的 Koiter 方法的有效性。这里应用有限元软件 ABAQUS 进一步验证加速的 Koiter 方法的准确性和有效性，应用 ABAQUS 中的 Riks 方法追踪圆柱壳的后屈曲路径。图 4.15 给出了两种方法计算得到的圆柱壳缺陷敏感性曲线。缺陷幅值按蒙皮厚度进行归一化处理，极限载荷按完善圆柱壳的屈曲载荷进行归一化处理。可以看出，当缺陷幅值小于 0.3 时，加速的 Koiter 方法可以获得准确的极限载荷，两种方法的相对误差均小于 1.7%，表明该方法在复合材料圆柱壳的缺陷敏感性分析中具有较高的预测精度。两种方法的计算效率对比如表 4.7 所示。为了得到结构完整的缺陷敏感性曲线，Riks 方法需要重复计算 7 次。Riks 方法单次分析时间平均为 309 s，总分析时间为 2163 s。而加速的 Koiter 方法只需要求解一次后屈曲系数 b 和缺陷因子 α 和 β，构建完降阶模型方程就可以直接得到结构的缺陷敏感性曲线。加速的 Koiter 方法的单次分析时间平均为 186 s，总分析时间也为 186 s。与 Riks 方法相比，加速的 Koiter 方法可以显著减少单缺陷敏感性分析和总缺陷敏感性分析的计算时间，分别减少 39.8%和 91.4%。结果表明对于复合材料圆柱壳，加速的 Koiter 方法是一种准确的小幅值缺陷计算方法，且在计算效率上具有明显优势。由于结构具有非线性前屈曲行为的特性，复合材料圆柱壳的极限载荷与其经典屈曲载荷不同，所得结论与文献 [56] 一致。此外，经典的屈曲荷载没有考虑薄壳结构初始几何缺陷的影响，这也凸显了提出方法在缺陷敏感性分析方面的优势。

(a) 前屈曲模态

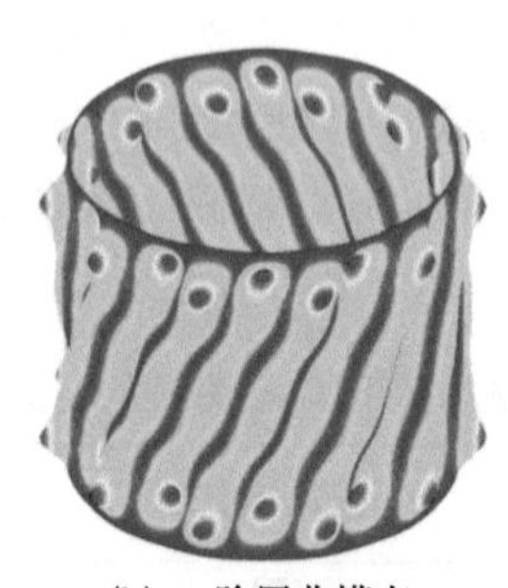

(b) 一阶屈曲模态

(c) 二阶模态

图 4.14　轴压复合材料圆柱壳算例的变形模式

表 4.6　轴压复合材料圆柱壳算例的后屈曲系数和缺陷因子对比

	ANILISA	DIANA	本节方法
b	−0.3761	−0.3743	−0.3772
α	0.4666	0.4868	0.4945
β	−0.2217	−0.1863	−0.1800

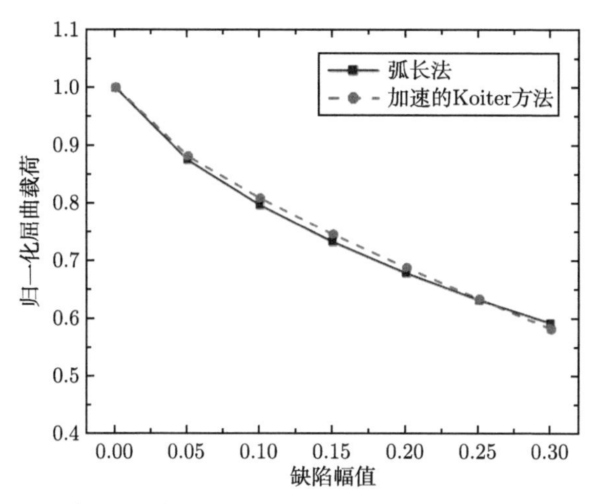

图 4.15 基于 Riks 方法和加速的 Koiter 方法的轴压复合材料圆柱壳算例缺陷敏感性曲线

表 4.7 Riks 方法和加速的 Koiter 方法的计算效率对比

计算方法	Riks 方法/s	加速的 Koiter 方法/s
单次计算时间	309	186
总计算时间	2163	186

4.3.3 加筋圆柱壳算例验证

本节通过一个轴压多级加筋圆柱壳算例来验证加速的 Koiter 方法对于加筋圆柱壳缺陷敏感性分析的适用性。多级加筋圆柱壳模型几何参数、材料属性如 3.2.2 节算例所示，同时也和参考文献 [34] 的模型一致。多级加筋圆柱壳边界条件及载荷条件为：两端固支并放松上下端面的轴向自由度，均匀分布的轴向载荷作用在多级加筋圆柱壳的上下端面，约束加筋圆柱壳中面一个结点的轴向自由度以防止发生刚体位移。

首先应用 NIAH 方法建立多级加筋圆柱壳的等效模型，其等效刚度系数如表 4.8 所列。精细模型和等效模型的一阶屈曲载荷分别为 14842.1 kN 和 15456.6 kN，相对误差为 4.1%。应用精细模型和等效模型开展多级加筋圆柱壳的后屈曲计算和缺陷敏感性分析，进一步验证等效模型的有效性。应用 CA 加速的 Koiter 方法分析等效模型。第二次迭代获得的一阶屈曲模态用于构建基向量，基向量数为 4 个。通过特征值迭代算法和基于 CA 方法的特征值迭代算法获得等效模型的屈曲载荷。两种方法获得的屈曲载荷都是 15503.0 kN。两种方法的计算效率对比如表 4.9。特征值迭代算法采用 7 个载荷步求解 21 个线性方程来跟踪前屈曲路径，其中特征值问题的求解次数为 8。基于 CA 方法的特征值迭代算法也采用 7 个载荷步求解 21 个线性方程，其中基于全阶有限元模型的特征值问题求解次数为 2，基于 CA 方法的特征值问题求解次数为 6。与特征值迭代算法的总计算时间 (144 s) 相比，基于 CA 方法的特征值迭代算法的总计算时间 (103 s) 减少了 28.5%。此外，基于 CA 方法的特征值迭代算法的特征值问题计算时间 (54 s) 比特征值迭代算法的计算时间 (99 s) 减少了 45.5%。

表 4.8　多级加筋圆柱壳算例的等效刚度系数

等效刚度系数	NIAH 方法
A_{11}/(N/mm)	423422
A_{12}/(N/mm)	103163
A_{22}/(N/mm)	406994
A_{66}/(N/mm)	106209
B_{11}/N	−249710
B_{12}/N	210701
B_{22}/N	−170504
B_{66}/N	204472
D_{11}/(N·mm)	364238
D_{12}/(N·mm)	524995
D_{22}/(N·mm)	11667111
D_{66}/(N·mm)	948818

表 4.9　特征值迭代算法和基于 CA 方法的特征值迭代算法的计算效率对比

分析类型	特征值迭代算法/s	基于 CA 方法的特征值迭代算法/s
线性方程求解	40	40
特征值问题求解	99	54
基向量构建	—	4
前后处理	5	5
总时间	144	103

再次进行特征值问题求解，得到等效加筋圆柱壳的屈曲模态。前屈曲变形、一阶屈曲模态和二阶模态如图 4.16 所示。选择一阶屈曲模态作为初始缺陷。后屈曲系数 b 和缺陷因子 α 和 β 如表 4.10 所示。建立并求解降阶模型方程，然后，应用 ABAQUS 中的 Riks 方法，考虑相同的几何缺陷形式，分析精细模型和等效模型的缺陷敏感性。加筋圆柱壳的缺陷敏感性曲线如图 4.17 所示。不同模型和不同方法的计算时间对比如表 4.11 所列。与 Riks 方法计算结果相比，精细模型与等效模型计算结果的相对误差小于 4.0%，验证了等效模型具有较高的精度。对于等效模型，与 Riks 方法相比，加速的 Koiter 方法在归一化缺陷幅值小于 0.4 时可以得到准确的结果。与 Riks 方法精细模型的单次计算时间 (742 s) 和 Riks 方法等效模型的单次计算时间 (187 s) 相比，加速的 Koiter 方法等效模型的总计算时间 (124 s) 分别减少 83.3%和 33.7%。此外，Riks 方法需要重复计算 9 次才能得

到完整的敏感性曲线。与 Riks 方法的精细模型总计算时间 (6678 s) 和等效模型总计算时间 (1683 s) 相比，加速的 Koiter 方法的等效模型总计算时间 (124 s) 不变，分别减少 92.6%和 98.1%。通过上述算例研究，验证了加速的 Koiter 方法对多级加筋圆柱壳后屈曲路径计算和缺陷敏感性分析的有效性。

(a) 前屈曲变形

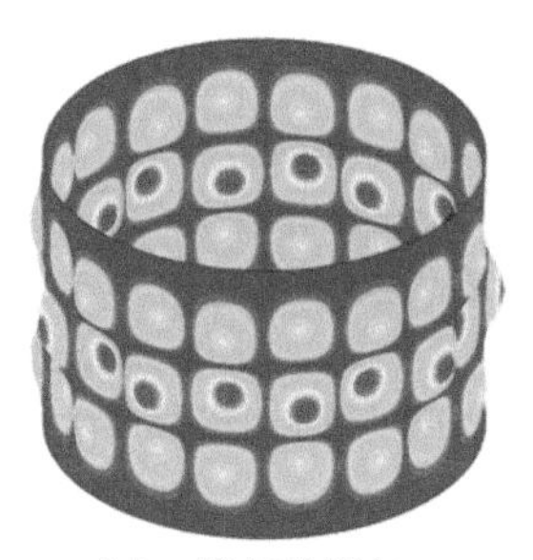
(b) 一阶屈曲模态

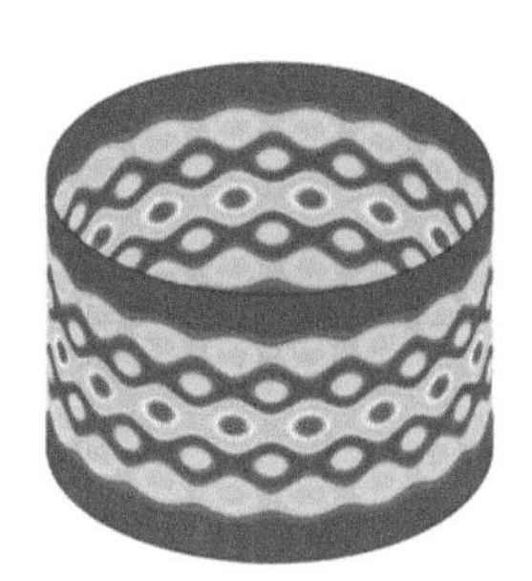
(c) 二阶模态

图 4.16 轴压多级加筋圆柱壳算例的变形模式

表 4.10 等效模型的后屈曲系数和缺陷因子

b	α	β
−0.0217	0.9974	0.9994

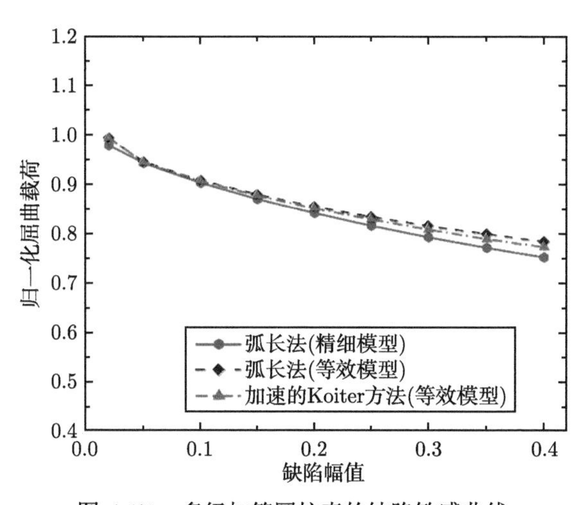

图 4.17 多级加筋圆柱壳的缺陷敏感曲线

表 4.11 降阶模型和精细模型的计算效率对比

计算方法	精细模型	等效模型	
	Riks 方法	Riks 方法	加速的 Koiter 方法
单次计算时间/s	742	187	124
总计算时间/s	6678	168	124

参考文献

[1] John Higgins P E, Wegner P, Viisoreanu A, et al. Design and testing of the Minotaur advanced grid-stiffened fairing[J]. Composite Structures, 2004, 66(1): 339-349.

[2] Zimmermann R, Rolfes R. POSICOSS—improved postbuckling simulation for design of fibre composite stiffened fuselage structures[J]. Composite Structures, 2006, 73(2): 171-174.

[3] Degenhardt R, Rolfes R, Zimmermann R, et al. COCOMAT—improved material exploitation of composite airframe structures by accurate simulation of postbuckling and collapse[J]. Composite Structures, 2006, 73(2): 175-178.

[4] Wu H, Yan Y, Yan W, et al. Adaptive approximation-based optimization of composite advanced grid-stiffened cylinder[J]. Chinese Journal of Aeronautics, 2010, 23(4): 423-429.

[5] Crisfield M A. A faster modified Newton-Raphson iteration[J]. Computer Methods in Applied Mechanics and Engineering, 1979, 20(3): 267-278.

[6] Degenhardt R, Kling A, Rohwer K, Orifici A C, Thomson R S. Design and analysis of stiffened composite panels including post-buckling and collapse[J]. Computers & Structures, 2008, 86(9): 919-929.

[7] Riks E. An incremental approach to the solution of snapping and buckling problems[J]. International Journal of Solids and Structures, 1979, 15(7): 529-551.

[8] Powell G, Simons J. Improved iteration strategy for nonlinear structures[J]. International Journal for Numerical Methods in Engineering, 2005, 17(10): 1455-1467.

[9] Crisfield M A. A fast incremental/iterative solution procedure that handles "snap-through"[J]. Computers & Structures, 1981, 13(1): 55-62.

[10] Crisfield M A. An arc-length method including line searches and accelerations[J]. International Journal for Numerical Methods in Engineering, 1983, 19(9): 1269-1289.

[11] Haynie W T, Hilburger M W. Comparison of methods to predict lower bound buckling loads of cylinders under axial compression[C]. 51st AIAA/ASME/ASCE/AHS/ASC Structures, Structural Dynamics and Materials Conference, Orlando, AIAA-2010-2532, 2010.

[12] Shariati M, Saemi J, Sedighi M, et al. Experimental and numerical studies on buckling and post-buckling behavior of cylindrical panels subjected to compressive axial load[J]. Strength of Materials, 2011, 43(2): 190-200.

[13] Koiter W T. On the stability of the elastic equilibrium[D]. PhD Thesis, Delft University of Technology, 1945.

[14] Liguori F S, Zucco G, Madeo A, et al. Postbuckling optimisation of a variable angle tow composite wingbox using a multi-modal Koiter approach[J]. Thin-Walled Structures, 2019, 138: 183-198.

[15] Henrichsen S R, Weaver P M, Lindgaard E, et al. Post-buckling optimization of composite structures using Koiter's method[J]. International Journal for Numerical Methods in Engineering, 2016, 108(8): 902-940.

[16] Madeo A, Groh R M J, Zucco G, et al. Post-buckling analysis of variable-angle tow composite plates using Koiter's approach and the finite element method[J]. Thin-Walled Structures, 2017, 110: 1-13.

[17] Cohen G A. Effect of a nonlinear prebuckling state on the postbuckling behavior and imperfect on sensitivity of elastic structures[J]. AIAA Journal, 1968, 6(8): 1616-1619.

[18] Fitch J R. The buckling and post-buckling behavior of spherical CAps under concentrated load[J]. International Journal of Solids and Structures, 1968, 4(4): 421-446.

[19] Arbocz J, Hol J. Koiter's stability theory in a computeraided engineering (CAE) environment[J]. International Journal of Solids and Structures, 1990, 26(9-10): 945-973.

[20] Arbocz J, Hol J. ANILISA-Computational module for Koiter's imperfection sensitivity theory[R]. Delft University of Technology, Faculty of Aerospace Engineering, Report LR-582, 1989.

[21] Liang K, Abdalla M, Gürdal Z. A Koiter-Newton approach for nonlinear structural analysis[J]. International Journal for Numerical Methods in Engineering, 2013, 96(12): 763-786.

[22] Liang K, Abdalla M M, Sun Q. A modified Newton-type Koiter-Newton method for tracing the geometrically nonlinear response of structures[J]. International Journal for Numerical Methods in Engineering, 2018, 113(10): 1541-1560.

[23] Liang K, Ruess M, Abdalla M. The Koiter-Newton approach using von Kármán kinematics for buckling analyses of imperfection sensitive structures[J]. Computer Methods in Applied Mechanics and Engineering, 2014, 279: 440-468.

[24] Sun Y, Tian K, Li R, et al. Accelerated Koiter method for post-buckling analysis of thin-walled shells under axial compression[J]. Thin-Walled Structure, 2020, 155: 106962.

[25] Lanzi L. A numerical and experimental investigation on composite stiffened panels into post-buckling[J]. Thin-Walled Structures, 2004, 42(12): 1645-1664.

[26] Lanzi L, Giavotto V. Post-buckling optimization of composite stiffened panels: Computations and experiments[J]. Composite Structures, 2006, 73(2): 208-220.

[27] Huang C, Zhang X, Wang B, et al. Optimization of an axially compressed ring and stringer stiffener cylinder structure with explicit FEM method[C]. 6th China-Japan-Korea Joint Symposium on Optimization of Structural and Mechanical Systems, Kyoto, 2010.

[28] Rikards R, Abramovich H, Kalnins K, Auzins J. Surrogate modeling in design optimization of stiffened composite shells[J]. Composite Structures, 2006, 73(2):244-251.

[29] Hao P, Wang B, Li G, et al. Surrogate-based optimization of stiffened shells including load-carrying capacity and imperfection sensitivity[J]. Thin-Walled Structures, 2013, 72: 164-174.

[30] Wang B, Du K F, Hao P, et al. Numerically and experimentally predicted knockdown factors for stiffened shells under axial compression[J]. Thin-Walled Structures, 2016, 109: 13-24.

[31] Wang B, Hao P, Li G, et al. Optimum design of hierarchical stiffened shells for low

imperfection sensitivity[J]. Acta Mechanica Sinica, 2014, 30(3): 391-402.

[32] Hao P, Wang B, Li G, et al. Hybrid optimization of hierarchical stiffened shells based on smeared stiffener method and finite element method[J]. Thin-Walled Structures, 2014, 82: 46-54.

[33] Tian K, Wang B, Hao P, et al. A high-fidelity approximate model for determining lower-bound buckling loads for stiffened shells [J]. International Journal of Solids and Structures, 2018, 148-149: 14-23.

[34] Tian K, Wang B, Zhang K, et al. Tailoring the optimal load-carrying efficiency of hierarchical stiffened shells by competitive sampling[J]. Thin-Walled Structures, 2018, 133: 216-225.

[35] Hao P, Wang B, Tian K, et al. Efficient optimization of cylindrical stiffened shells with reinforced cutouts by curvilinear stiffeners[J]. AIAA Journal, 2016, 54(4): 1350-1363.

[36] Hao P, Wang B, Tian K, et al. Integrated optimization of hybrid-stiffness stiffened shells based on sub-panel elements[J]. Thin-Walled Structures, 2016, 103: 171-182.

[37] Hao P, Wang B, Tian K, et al. Fast procedure for Non-uniform optimum design of stiffened shells under buckling constraint[J]. Structural and Multidisciplinary Optimization, 2017, 55(4): 1503-1516.

[38] Ren M F, Li T, Huang Q Z, et al. Numerical investigation into the buckling behavior of advanced grid stiffened composite cylindrical shell[J]. Journal of Reinforced Plastics and Composites, 2014, 33(16): 1508-1519.

[39] Olesen J F, Byskov E. Accurate determination of asymptotic postbuckling stresses by the finite element method[J]. Computers & Structures, 1982, 15(2): 157-163.

[40] Garcea G, Salerno G, CAsciaro R. Extrapolation locking and its sanitization in Koiter's asymptotic analysis[J]. Computer Methods in Applied Mechanics and Engineering, 1999, 180(1-2): 137-167.

[41] Garcea G. Mixed formulation in Koiter analysis of thin-walled beams[J]. Computer Methods in Applied Mechanics and Engineering, 2001, 190(26-27): 3369-3399.

[42] Garcea G, Madeo A, Zagari G, et al. Asymptotic post-buckling FEM analysis using corotational formulation[J]. International Journal of Solids and Structures, 2009, 46(2): 377-397.

[43] Zagari G, Madeo A, CAsciaro R, et al. Koiter analysis of folded structures using a corotational approach[J]. International Journal of Solids and Structures, 2013, 50(5): 755-765.

[44] Magisano D, Leonetti L, Garcea G. Koiter asymptotic analysis of multilayered composite structures using mixed solid-shell finite elements[J]. Composite Structures, 2016, 154: 296-308.

[45] Garcea G, Liguori F S, Leonetti L, et al. Accurate and efficient a posteriori account of geometrical imperfections in Koiter finite element analysis[J]. International Journal for Numerical Methods in Engineering, 2017, 112(9): 1154-1174.

[46] Li S, Yan J, Zhang G, et al. Commutativity of the strain energy density expression

for the benefit of the FEM implementation of Koiter's initial postbuckling theory[J]. International Journal for Numerical Methods in Engineering, 2018, 114(9): 955-974.
[47] Lanzo A D, Garcea G, CAsciaro R. Asymptotic postbuckling analysis of rectangular plates by HC finite elements[J]. International Journal for Numerical Methods in Engineering, 1995, 38(14): 2325-2345.
[48] Mania R J, Madeo A, Zucco G, et al. Imperfection sensitivity of post-buckling of FML channel section column[J]. Thin-Walled Structures, 2017, 114: 32-38.
[49] Barbero E J, Madeo A, Zagari G, et al. Imperfection sensitivity analysis of laminated folded plates[J]. Thin-Walled Structures, 2015, 90: 128-139.
[50] Barbero E J, Madeo A, Zagari G, et al. Imperfection sensitivity analysis of composite cylindrical shells using Koiter's method[J]. International Journal for Computational Methods in Engineering Science and Mechanics, 2017, 18(1): 105-111.
[51] Rahman T, Jansen E L. Finite element based coupled mode initial post-buckling analysis of a composite cylindrical shell[J]. Thin-Walled Structures, 2010, 48(1): 25-32.
[52] Rahman. T. A perturbation approach for geometrically nonlinear structural analysis using a general purpose finite element code[D]. Ph.D. Thesis, Delft University of Technology, 2009.
[53] Brendel B, Ramm E. Linear and nonlinear stability analysis of cylindrical shells[J]. Computers & Structures, 1980, 12(4): 549-558.
[54] Chang S C, Chen J J. Effectiveness of linear bifurCAtion analysis for predicting the nonlinear stability limits of structures[J]. International Journal for Numerical Methods in Engineering, 1986, 23(5): 831-846.
[55] Jabareen M, Sheinman I. Stability of imperfect stiffened conical shells[J]. International Journal of Solids and Structures, 2009, 46(10): 2111-2125.
[56] Jabareen M. Rigorous buckling of laminated cylindrical shells[J]. Thin-Walled Structures, 2009, 47(2): 233-240.
[57] Kirsch U. Combined approximations-a general reanalysis approach for structural optimization[J]. Structural and Multidisciplinary Optimization, 2000, 20(2): 97-106.
[58] Kirsch U, Kocvara M, Zowe J. Accurate reanalysis of structures by a preconditioned conjugate gradient method[J]. International Journal for Numerical Methods in Engineering, 2002, 55(2): 233-251.
[59] Kirsch U, Approximate Vibration Reanalysis of Structures[J]. AIAA Journal, 2003, 41(3): 504-511.
[60] Bogomolny M. Topology optimization for free vibrations using combined approximations[J]. International Journal for Numerical Methods in Engineering, 2010, 82(5): 617-636.
[61] Huang G, Wang H, Li G. An efficient reanalysis assisted optimization for variable-stiffness composite design by using path functions[J]. Composite Structures, 2016, 153: 409-420.
[62] Materna D, Kalpakides V K. Nonlinear reanalysis for structural modifications based on

residual increment approximations[J]. Computational Mechanics, 2016, 57(1): 1-18.
[63] Zuo W, Huang K, Bai J, et al. Sensitivity reanalysis of vibration problem using combined approximations method[J]. Structural and Multidisciplinary Optimization, 2017, 55(4): 1399-1405.

第 5 章　工程薄壳缺陷数据库

经过数十年的研究，学者们普遍认为工程薄壳初始几何缺陷的存在是实验结果和理论结果存在巨大差异的主要原因之一 [1]。而几何缺陷是加工制造、运输装配、服役等过程中不可避免的，因此如何精确地在薄壳结构稳定性分析时考虑几何缺陷，是准确预估薄壳结构极限承载力并进行精细化设计的有效途径之一。欧盟采用欧洲钢壳规范的方法，根据初始缺陷的情况对已加工薄壳结构进行评估分级，该方法被认为是薄壳稳定性设计方面的权威性规范 [2,3]。此外，学者们还希望从实际结构中缺陷的随机性出发，通过对初始缺陷进行大量精确测量，用概率统计的方法给出工程薄壳结构承载能力的分布情况 [4−10]。这类方法认为理想的缺陷形式往往不能代表结构的真实缺陷，必须根据实测缺陷对结构进行稳定性分析。结构初始缺陷的形状及幅值与制作过程和质量也是密切相关的，不同工程应用中的薄壳由于制造工艺不同，其初始缺陷也各有特点。为了方便缺陷测量以及对相关研究进行评估，Arbocz 等 [8] 对工程薄壳进行了大量的初始缺陷测量，并针对测量结果建立了专门的“国际缺陷数据库”。NASA 也使用实验设备测量薄壳初始几何缺陷，并开展了面向随机实测几何缺陷的敏感性分析研究 [11]，为航天薄壳结构设计起到了指导作用。还有学者 [9,10] 使用蒙特卡罗法对含缺陷薄壳结构进行了稳定性研究。作者也与中国运载火箭技术研究院 (航天一院) 702 所等单位合作，针对我国典型航天薄壳结构实验件进行了缺陷测量，正在逐步建立拥有我国自主知识产权的航天薄壳结构缺陷数据库。

本章从工程薄壳制造工艺进展、典型缺陷类型、缺陷测量技术、缺陷数据处理技术、人工质量检测卡、缺陷数据库、基于缺陷数据的缺陷敏感性分析等方面进行介绍。

5.1　工程薄壳制造工艺进展

运载火箭由增压输送动力系统、箭体结构、有效载荷和遥测控制等系统构成。其中箭体结构承载了所有的载荷和推进剂，主要包括推进剂贮箱、级间段和整流罩等舱段，这些舱单主要是由具有复杂壁面形式的工程薄壳结构构成，因此工程薄壳结构的制造质量对于运载火箭等航天装备极其重要。

国际上网格加筋圆柱壳制造工艺主要采用 3~4 块壁板零件，通过弯、铣、焊三种方式组合拼接制造。在不同组合拼接方式中，主要有先弯，后铣，再焊 (弯 + 铣 + 焊)；先铣，后弯，再焊 (铣 + 弯 + 焊)；或先弯，后焊，再铣 (弯 + 焊 + 铣) 等三种。国际运载火箭制造单位在网格加筋圆柱壳制造方面，根据各自长期形成的技术储备差异，选取不同的工艺方式。

在日本，网格加筋圆柱壳一般采用铣 + 弯 + 焊工艺，即平板数铣网格后增量弯曲成形壁板，壁板拼焊为网格加筋圆柱壳，这种工艺因壁板成形精度的影响导致网格加筋圆柱壳整体尺寸精度差、残余应力大。俄罗斯部分型号网格加筋圆柱壳采用弯 + 焊 + 铣工艺，即平板弯曲拼焊成网格加筋圆柱壳，再整体数控加工网格筋，这种工艺的整体网格加筋圆柱壳数控加工难度大，壁厚尺寸精度易超差。美国在网格加筋圆柱壳制造上，也采用铣 + 弯 + 焊工艺。同时，为解决大型壁板制造技术在“弯”成形过程中的精度低、制造效率低的难题，将蠕变时效成形、校形技术，逐渐应用到航空航天壁板类零件制造上。即将平板数铣网格后，进行蠕变时效成形壁板，成形后壁板一致性好，残余应力小，拼焊成网格加筋圆柱壳后整体尺寸精度高。国内现役运载火箭的贮箱网格加筋圆柱壳仍主要采用平板辊弯 + 化铣网格 + 焊接的制造方案，废重高、环境污染严重。新一代运载火箭贮箱的网格加筋圆柱壳采用平板数铣网格后弯曲成壁板，壁板拼焊为筒段，在壁板弯曲成形的过程中逐渐应用蠕变时效成形技术。

从国内外运载火箭的发展来看，箭体结构材料从第一代铝镁合金 5086，第二代铝铜合金 2014、2219 发展到第三代铝锂合金，其发展趋势是结构材料的比强度、比刚度和比断裂韧性越来越大，箭体结构的效率和可靠性越来越高。箭体结构制造技术的发展也经历了从“追求合格率”,“追求制造质量和效率”到“追求制造质量、效率和绿色环保的”过程。作为箭体结构中占比最大的筒段结构，其成形制造工艺也逐渐从过去的“滚弯成形 + 化学铣削组合工艺”改变为现在的“高速数控铣 + 等距压弯净成形组合工艺”[12]。总的来说，箭体结构制造质量不断提高，结构缺陷幅度越来越小。

5.2 工程薄壳中的典型缺陷

综合来说，薄壳结构的初始缺陷主要分为几何缺陷、边界缺陷和刚度缺陷三种类型 [13]，如图 5.1 所示。

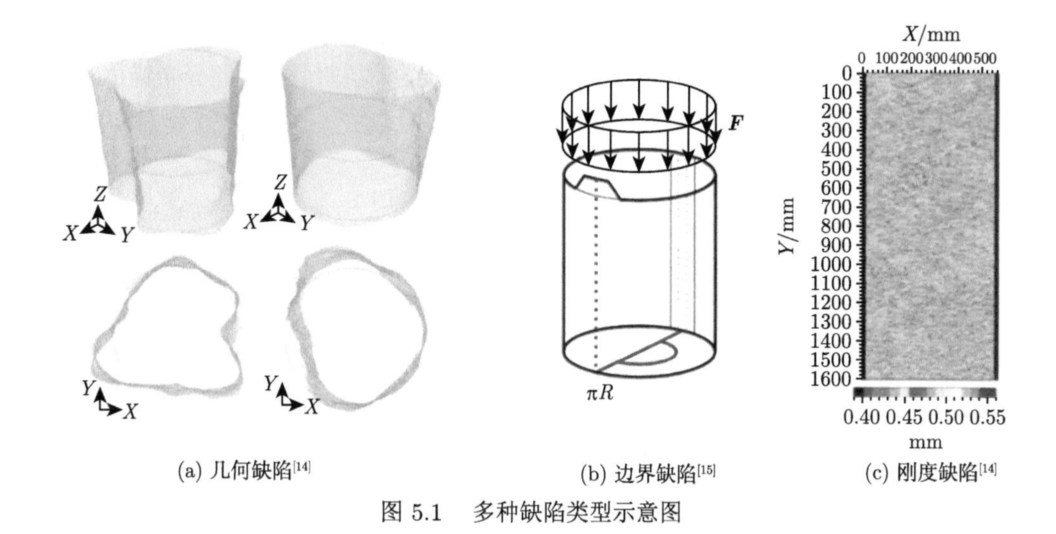

(a) 几何缺陷[14]　(b) 边界缺陷[15]　(c) 刚度缺陷[14]

图 5.1　多种缺陷类型示意图

5.2.1 几何缺陷

薄壳结构上出现的几何缺陷表现为实际结构与理想几何模型之间的形貌偏差，主要是在加工制造、运输、装配等过程中产生的。数值分析中可通过对模型节点坐标进行修正的方式将几何缺陷引入模型中。几何缺陷的形状可以为单点凹陷、正弦波、非直非圆、母线偏移、圆度或双曲型等形式。工程薄壳一般会同时包含上述三种类型的缺陷，但研究表明 [14,15] 几何缺陷对薄壳结构的极限承载力影响最为显著。

5.2.2 边界缺陷

相比于理想情况下的边界加载条件，边界缺陷导致在薄壳结构的边界处出现加载不对称、加载局部偏差等非均匀加载情况，这会使得在薄壳边界处产生一个局部的弯矩，造成薄壳结构的极限承载力大幅折减。Kriegesmann 等 [16] 建议使用垫片来模拟薄壳结构的边界缺陷，即在薄壳边界形成一个边缘凸起。通过逐渐增大边界缺陷幅值和缺陷宽度，可以得到边界缺陷的缺陷敏感性曲线，Arbelo 等 [17] 指出这种缺陷类型会使缺陷敏感性曲线收敛，会得到屈曲载荷的下限值。

5.2.3 刚度缺陷

薄壳结构的刚度缺陷导致实际圆柱壳相较于理想圆柱壳产生刚度偏差，其因素主要包括厚度偏差和材料属性偏差等。对于金属薄壳结构，刚度缺陷主要是由于加工厚度不均匀导致的，Degenhardt 等 [18] 提出可以采用超声扫描技术来对加工成型后的薄壳结构进行厚度测量。此外，对于由多个壁板焊接而成的薄壳结构和加筋薄壳结构，焊缝厚度和筋条厚度的不均匀也会导致刚度缺陷。而复合材料薄壳结构的缺陷类型除了包含金属薄壳结构的刚度缺陷类型外，还因复合材料的特殊性产生了新的缺陷类型，主要包括：铺层间隙、铺层重叠、树脂分布错位、主铺层角偏差及分层等刚度缺陷类型 [13]。

5.3 缺陷测量技术

为了充分理解和揭示薄壳结构缺陷敏感性的内在机理，有必要研究实际工程薄壳结构所带有的真实缺陷对极限承载力的影响，因此在发展工程薄壳稳定性分析理论、数值计算、缺陷敏感性分析等方法的同时，有必要搜集实际工程薄壳结构中出现的真实缺陷形式及数据，建立工程薄壳缺陷数据库，统计并归纳真实缺陷的存在规律并研究其对承载能力的影响。本节主要介绍薄壳结构形位偏差 (实测几何缺陷) 测量技术。

5.3.1 接触式测量技术

可采用圆度测量仪、靠尺、塞尺等测量工具，通过人工方式对薄壳典型的形位偏差进行接触式测量。例如沿圆柱壳环向每隔一定角度在壳体外表面取一条测量线，沿着测量线长度方向等分位若干测量点，使用靠尺测量即可测量各测点的径向偏移值，以获得蒙皮上的主要形位偏差类型——母线偏移值。此外，还可利用塞尺、圆度测量仪、测厚仪、游标卡尺等工具测量筒壳端面平整度、筒壳圆度偏移、蒙皮厚度不均匀度、筋条和焊缝尺寸偏差等形位偏差。

5.3.2 基于光学扫描的数字图像测量技术

为了高精度地测量大直径筒壳等工程薄壳结构的形位偏差，可采用基于光学的数字图像测量技术，其可通过精密扫描获得圆柱壳等工程薄壳结构百万量级的三维形貌点云信息。上述基于光学的非接触式数字图像测量技术的核心算法是 DIC (Digital Image Correlation) 方法，主要运用于分析、计算、储存测量结果。其基本原理是通过数字图像技术拍摄多组结构试件照片，照片中每个像素点灰度值表征结构的位置信息，通过对比分析多组结构试件照片，得到结构的形貌、应变等力学信息。具体实现步骤如下：变形前的结构试件照片中每个像素的灰度值为 $f(x,y)$，变形后的结构试件照片中每个像素的灰度值为 $g(x',y')$。通过求解 $f(x,y)$ 和 $g(x',y')$ 坐标映射关系，获得结构试件应变场，实现结构试件三维形貌记录或者应变场测量，DIC 方法的坐标映射关系如图 5.2 所示。

参考子区中心点用 $P(x_0,y_0)$ 表示，任一点 $Q(x,y)$ 到点 P 的距离为 $\Delta x, \Delta y$，则点 Q 可表示为

$$
\begin{aligned}
x &= x_0 + \Delta x \\
y &= y_0 + \Delta y
\end{aligned}
\tag{5-1}
$$

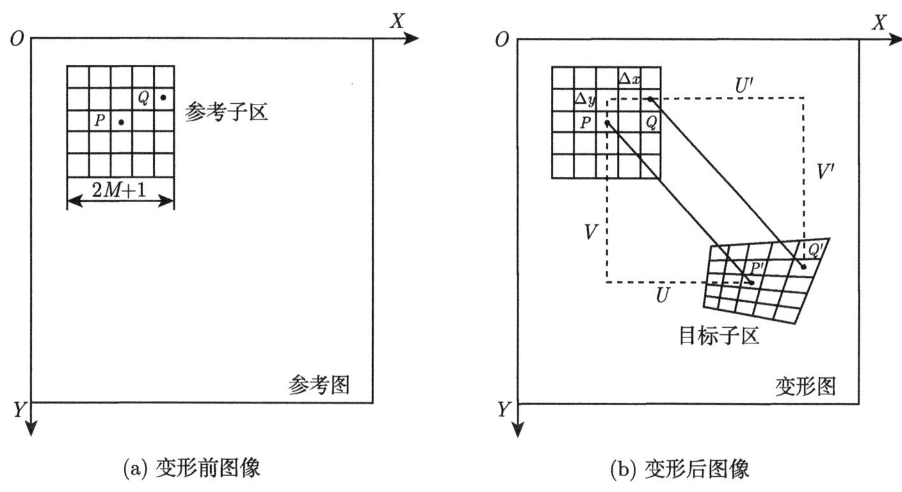

(a) 变形前图像

(b) 变形后图像

图 5.2 DIC 方法的坐标映射关系

假设点 P 在 x 方向上的变形分量 u，在 y 方向上的变形分量为 v，则变形后点 $P'(x_0', y_0')$ 可表示为

$$\begin{aligned} x_0' &= x_0 + u \\ y_0' &= y_0 + v \end{aligned} \tag{5-2}$$

由于结构试件产生变形，点 Q 在 x 方向，y 方向变形分量分别为 u_Q, v_Q，则 $Q'(x_0', y_0')$ 可表示为

$$\begin{aligned} x' &= x + u_Q \\ y' &= y + v_Q \end{aligned} \tag{5-3}$$

于是，Q 点的位移可以用点 P 的位移及增量表示：

$$\begin{aligned} u_Q &= u + \frac{\partial u}{\partial x} \cdot \Delta x + \frac{\partial u}{\partial y} \cdot \Delta y \\ v_Q &= v + \frac{\partial v}{\partial x} \cdot \Delta x + \frac{\partial v}{\partial y} \cdot \Delta y \end{aligned} \tag{5-4}$$

将式 (5-4) 代入式 (5-3)，可以得到

$$\begin{aligned} x' &= x + u + \frac{\partial u}{\partial x} \cdot \Delta x + \frac{\partial u}{\partial y} \cdot \Delta y \\ y' &= y + v + \frac{\partial v}{\partial x} \cdot \Delta x + \frac{\partial v}{\partial y} \cdot \Delta y \end{aligned} \tag{5-5}$$

所以，结构试件照片内的任一点都可由点 P 的变形及其导数 $\partial u/\partial x$、$\partial u/\partial y$、$\partial v/\partial x$、$\partial v/\partial y$ 来表示，实现了该区域内的任一点的变形表征。对于点 P 的变形

及其导数 $\partial u/\partial x$、$\partial u/\partial y$、$\partial v/\partial x$、$\partial v/\partial y$ 的信息，可以通过在变形后的结构试件照片 $g(x',y')$ 中搜索与变形前的结构试件照片 $f(x,y)$ 中点 P 最相似的点 P' 来求解。

非接触全场测量相机系统主要包含 EXAscan™ 手握式激光高分辨率扫描仪 (见图 5.3) 和 VIC-3D 非接触全场应变测量系统 (见图 5.4) 等产品。使用两种产品分别对圆柱壳进行光学形貌测量 (如图 5.5 和图 5.6 所示)，通过对比可以发现，EXAscan™ 由于手持式设计的缘故，测量范围极其有限，需要大量地拍摄和拼接操作，这为三维形貌点云数据处理效率和精度保证增加了难度；而 VIC-3D 系统

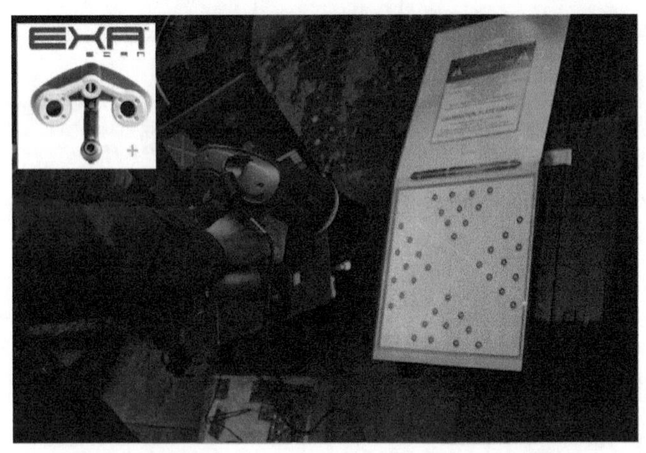

图 5.3 基于 DIC 方法的 EXAscan™ 激光扫描仪

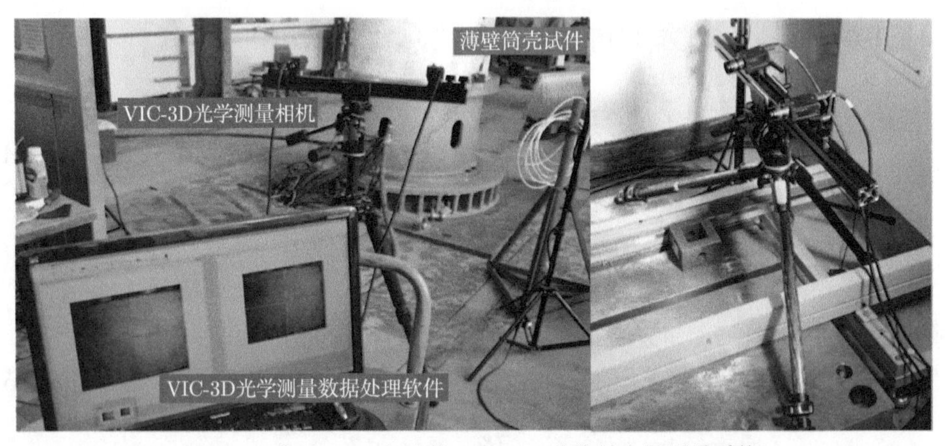

图 5.4 基于 DIC 方法的 VIC-3D 非接触全场测量系统

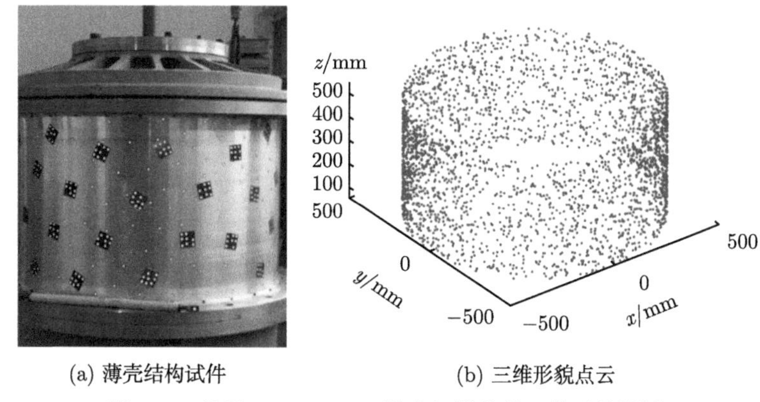

(a) 薄壳结构试件 (b) 三维形貌点云

图 5.5 基于 EXAscan™ 激光扫描仪的三维形貌测量

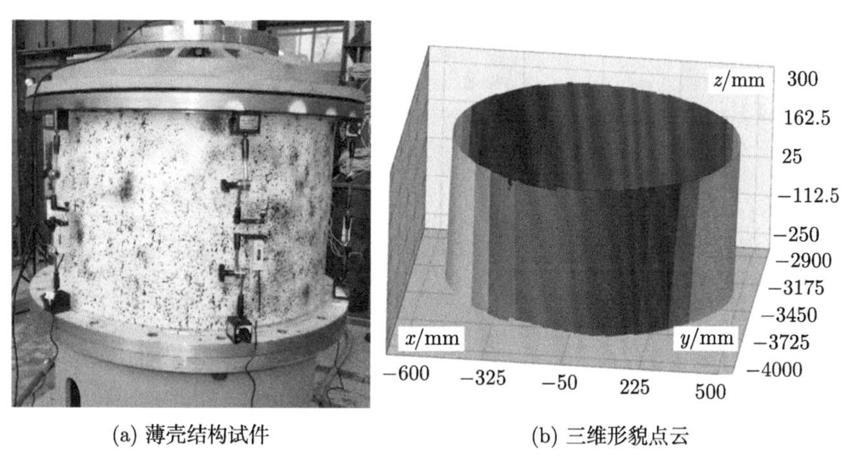

(a) 薄壳结构试件 (b) 三维形貌点云

图 5.6 基于 VIC-3D 非接触全场应变测量系统的三维形貌测量

的拍摄范围较大，固定的相机系统稳定性较强等优势更适合于薄壳结构初始几何缺陷的测量。因此后续工程薄壳形位偏差测量均使用以 VIC-3D 系统为基础的数字图像测量技术，其可高精度地观测样件的三维形貌点云信息，所观测的应变精度范围为 0.005%～2000%，观测对象尺寸范围为 0.8 mm～100 m。

此外，为了获得工程薄壳结构的高精度点云信息，需要开发合理的圆柱壳三维形貌点云观测技术。杜凯繁等 [19] 基于 VIC-3D 测量系统对不同的三维形貌测量技术展开了研究，其通过三种不同的方式对圆柱壳试件的实测缺陷进行了测量 (图 5.7)，分别是：(1) 镜动法。将表面带有散斑的圆柱壳固定在实验工装上，围绕着圆柱壳分多次移动双目摄像机，依次拍摄圆柱壳每个片区的形貌，最后将每次测量结果变换到同一坐标系下形成圆柱壳表面整体形貌。(2) 物动法。将双目摄像机固定在合适位置，在实验工装上多次转动实验圆柱壳，依次拍摄圆柱壳每个片区的形貌，最后将每次测量结果变换到同一坐标系下形成圆柱壳表面整体形貌。(3) 多镜头拍摄。在试件周围合适位置处摆放至少 3 套双目摄像机，然后摄像机控制软件控制这些双目摄像机同时对试件进行拍摄。现场或者后期对获取的散斑图像进行处理，并通过拼接技术实现全场形貌或应变的测量。基于这三种观测方式，获得了三组实测缺陷观测数据，如图 5.8 所示。

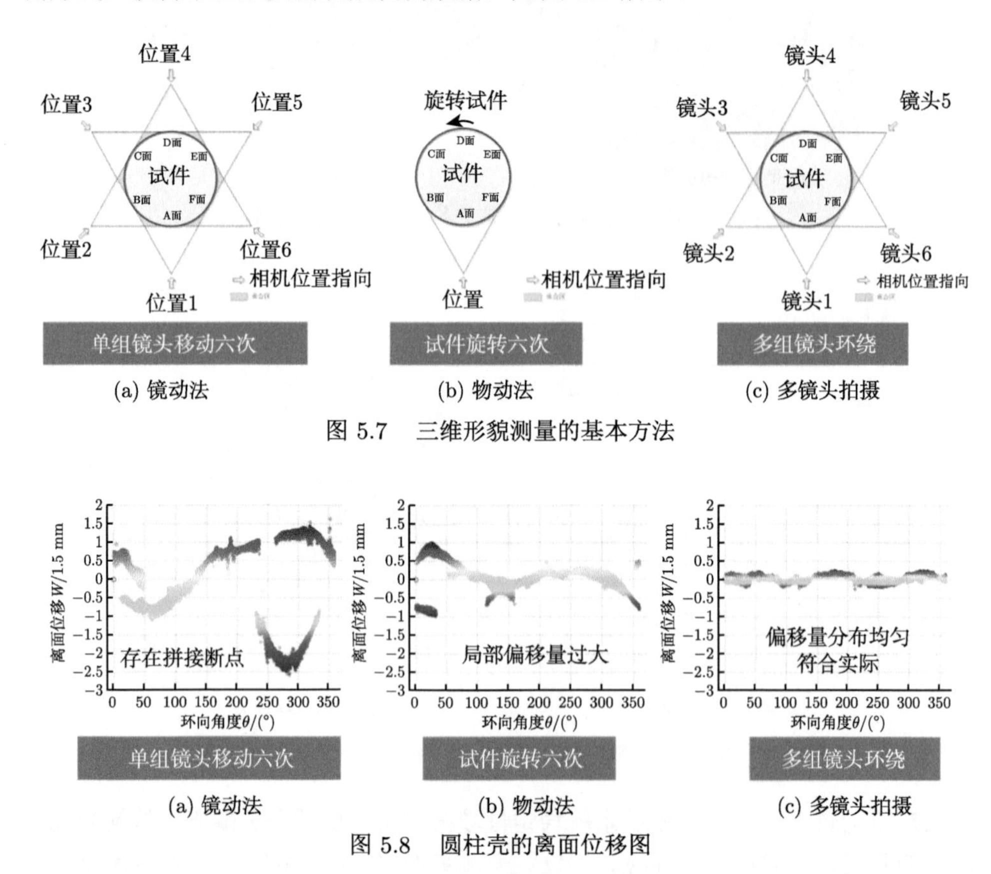

(a) 镜动法　(b) 物动法　(c) 多镜头拍摄

图 5.7　三维形貌测量的基本方法

(a) 镜动法　(b) 物动法　(c) 多镜头拍摄

图 5.8　圆柱壳的离面位移图

从图中可见，镜动法拼接出的圆柱壳形貌在拼接过渡区域存在断点，镜不动法拼接出的圆柱壳形貌存在局部偏移量过大的情况，而多镜头拍摄的圆柱壳形貌更加均匀连续、测量误差更小。多镜头拍摄的精度是前两个方法的 4 倍左右。具体地，双目相机多次移动后，多次标定时引入了更多的偶然和系统误差。而镜不动法中，一方面，试件的移动 (主要是转动) 主要在实验底座上完成，实验底座上的螺栓阵列对试件起到了很好的定位作用；另一方面，镜不动法仅需一次标定，而空间标定对光照等环境因素非常敏感，因此偶然误差出现的概率大大降低，从而测量精度会有所提高。多镜头拍摄法中镜头间可以相互标定，测量误差不会随拼接的进行而累积，因此测量精度为三个方法中最高的。

5.4 实测缺陷数据处理技术

为了探究几何缺陷对薄壳结构承载力的影响和薄壳结构缺陷敏感性的内在机理，需要将使用光学测量技术获得的实测几何缺陷场引入有限元模型中，进行基于精细模型的非线性后屈曲分析。而获得的实测缺陷点云数据量一般较为庞大，其中可能存在噪点，且缺陷点云数据的坐标系可能与有限元模型坐标系不一致，因此需要针对上述问题，开发高效的实测缺陷点云数据精简、坐标系校正和有限元模型修调技术。

5.4.1 实测缺陷点云数据精简

由于非接触式光学测量方法的高精度和大测量范围等特点，得到的三维形貌点云数据普遍较大。以直径 3.35 m 的薄壳结构为例，非接触式光学测量获得的形位偏差数据量高达 500 万，将全部三维形貌点云数据导入有限元模型需要花费大量时间。因此，需要对原始三维形貌点云数据进行适当精简，并保留原始数据的主要形貌特征，实现原始三维形貌点云数据有效精简。

八叉树方法是一种有效的大规模数据处理方法。该方法可以根据数据自身的分布情况均匀地减缩数据，达到数据规模减缩，提高数据处理效率的目的。因此，可以将八叉树算法用于原始三维形貌点云数据的精简，从而实现高效的有限元模型修正。八叉树的基本思想为：首先建立一个包含所有散点的立方体，如果立方体中散点个数大于给定特定值就将立方体均分成八个子立方，对所有子立方同样进行上述判定和分割，直到所有子立方中散点数量小于特定值满足要求。八叉树的具体建立过程为：首先计算出包含所有点云的立方体包围盒作为八叉树的根节点，然后分别平行于 X 轴、Y 轴、Z 轴三方向对该立方体进行二等分割，获得对应根节点的八个子立方体 (即子节点)；接着对每个子节点依照同样的规则进行递归式分割，当子立方体边长小于某个预设值时，该节点不再进行分割。该数据结构如图 5.9 所示。通过上述处理，就完成了散点数据八叉树数据结构的建立，最后将所有子立方中散点按特定规则删减至特定个数，至此就完成了整个点云数据的精简稀释。采用八叉树方法能够在保留形位偏差点云数据关键特征的前提下，将原始大量数据高效精简至可承受数量范围内。

以含有 500 万点云数据的薄壳结构为例，开展基于八叉树的三维形貌点云数据精简处理，并研究精简后三维点云数据的数目对结构承载力的影响。薄壳结构尺寸参数：高度 $L = 6732.5$ mm、直径 $D = 3350$ mm，以及蒙皮厚度 $t_s = 5$ mm。选用铝合金 2024，弹性模量 $E = 72$ GPa，泊松比 0.31，屈服强度 363 MPa，强度极限 463 MPa，密度 2.8×10^{-6} kg/mm^3，延伸率 0.12。有限元模型采用 ABAQUS 提供的 S4 单元 (四节点全积分壳单元)。轴向位移载荷大小为 15 mm。

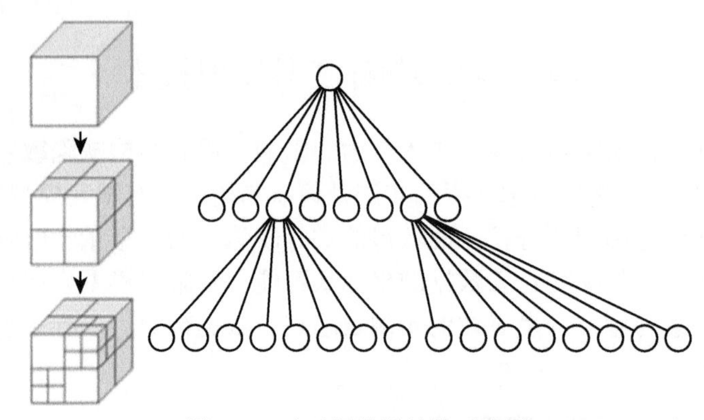

图 5.9 八叉树数据结构示意图

图 5.10 给出了折减因子与三维形貌点云数据数目的变化规律。从图中可以发现，随着点云数目增加，折减因子首先降低，然后趋于收敛。图 5.11 给出了不同精简数目下的点云分布情况。表 5.1 给出了八叉树参数和三维形貌点云数据精简后数目及对应结构极限承载力。以原始三维点云数据 500 万散点数据为标准，三维点云数目精简为 0.8 万时，结构承载力误差仍在 5%以内，满足精度要求，且时间成本在可接受范围内。综合考虑分析精度和时间成本后，最终确定该模型精简点云数目为 2.1 万。考虑到采用的有限元模型共有 28832 个节点，建议精简后的三维形貌点云数目至少与有限元模型节点数在同一量级，一般可设置为有限元模型节点总数的 3~5 倍。

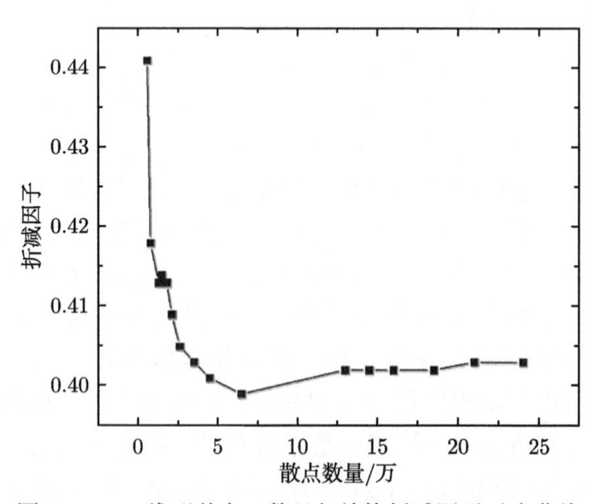

图 5.10 三维形貌点云数目与结构折减因子对应曲线

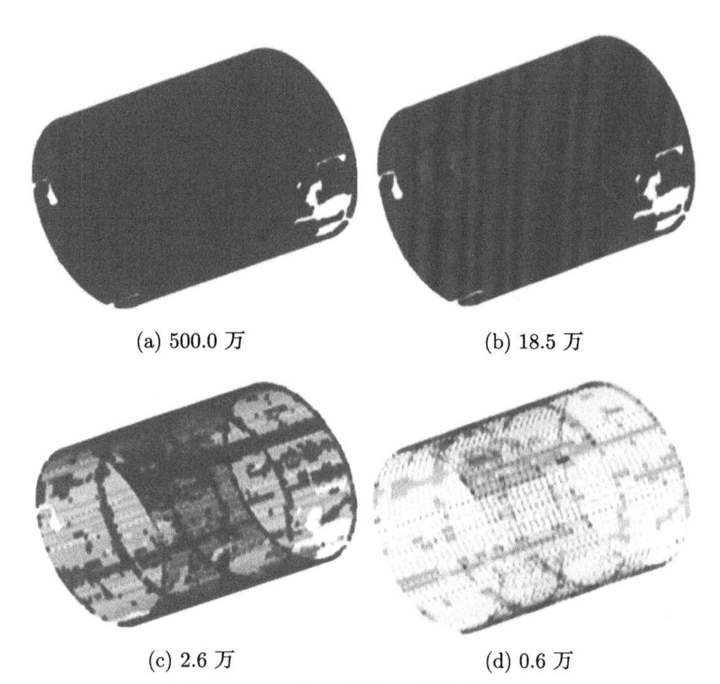

(a) 500.0 万 (b) 18.5 万

(c) 2.6 万 (d) 0.6 万

图 5.11 三维形貌点云精简数目对比

表 5.1 精简后三维形貌点云数目以及结构承载力

精简后点数/万	引入缺陷耗时/s	极限承载力/kN	折减因子 KDF	误差
完善模型	—	6528	1.0	—
500.0	—	2643	0.405	—
24.0	10112	2633	0.403	−0.378%
21.0	8393	2633	0.403	−0.378%
18.5	7345	2630	0.402	−0.492%
16.0	6538	2629	0.402	−0.530%
14.5	5822	2627	0.402	−0.605%
13.0	5301	2626	0.402	−0.643%
6.5	2713	2607	0.399	−1.362%
4.5	1911	2621	0.401	−0.832%
3.5	1437	2637	0.403	−0.227%
2.6	1086	2648	0.405	0.189%
2.1	907	2676	0.409	1.249%
1.8	770	2702	0.413	2.232%
1.6	681	2701	0.413	2.194%
1.5	600	2703	0.414	2.270%
1.3	547	2701	0.413	2.194%
0.8	364	2729	0.418	3.254%
0.6	256	2883	0.441	9.081%

5.4.2　实测缺陷点云数据坐标系校正

将实测缺陷引入到有限元模型时，三维形貌点云数据所在的坐标系与有限元模型所在的坐标系可能并不一致。因此，需要对三维形貌点云数据进行处理，使其所在坐标系与圆柱壳结构有限元模型坐标系一致，并通过旋转和平移使三维形貌点云数据与完善有限元模型进行对正，便于将三维形貌点云数据引入完善有限元数值模型。可采用最小二乘法，将薄壳结构三维形貌点云数据拟合为二次型曲面方程，然后采用正交变换将三维形貌点云所在的测量坐标系转换到有限元建模时采用的目标参考坐标系中。坐标系定义如图 5.12 所示。其中，O-XYZ 为测量坐标系，O'-$X'Y'Z'$ 为标准坐标系 (建模坐标系)，O'-$r\theta z$ 为标准圆柱坐标系。

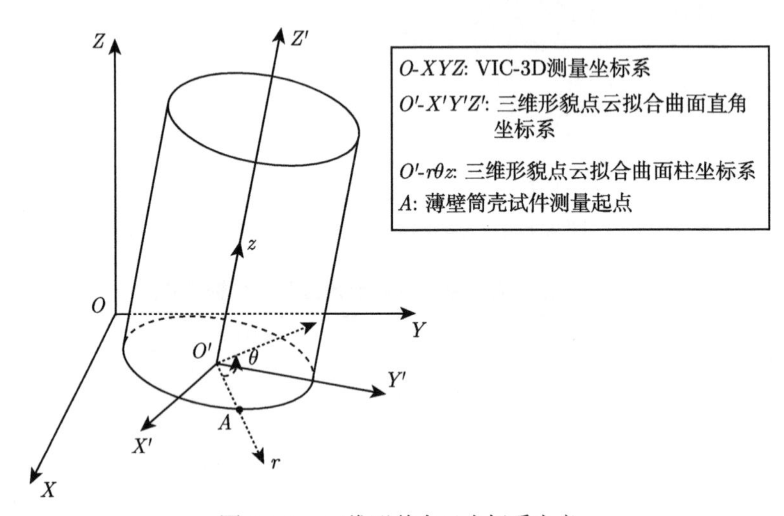

图 5.12　三维形貌点云坐标系定义

在测量坐标系 (O-XYZ) 中，圆柱壳可以用一般形式的三元二次曲面方程来描述：

$$F(x,y,z)=a_{11}x^2+a_{22}y^2+a_{33}z^2+2a_{12}xy+2a_{13}xz+2a_{23}yz$$
$$+2a_{14}x+2a_{24}y+2a_{34}z+a_{44}=0 \tag{5-6}$$

其矩阵形式：

$$F\left(x,y,z\right)=\boldsymbol{X}^{\mathrm{T}}\boldsymbol{A}\boldsymbol{X}+2\boldsymbol{b}\boldsymbol{X}+a_{44}=0,\quad \boldsymbol{X}=\left(x\quad y\quad z\right)^{\mathrm{T}} \tag{5-7}$$

其中，对称矩阵 $\boldsymbol{A}=\begin{bmatrix} a_{11} & a_{12} & a_{13} \\ a_{21} & a_{22} & a_{23} \\ a_{31} & a_{32} & a_{33} \end{bmatrix}$ 为二次型方程的特征系数矩阵，$\boldsymbol{b}=(a_{14}\ \ a_{24}\ \ a_{34})$。

通过坐标值的交叉计算，可以将式 (5-6) 表示的三元二次方程求解问题转化为多元线性拟合问题。使用最小二乘法计算求解该多元线性拟合问题，便可获得二次型方程的系数矩阵。由于 $\boldsymbol{A}$ 为实对称矩阵，所以存在正交矩阵 $\boldsymbol{R}_0$ 使 $\boldsymbol{A}$ 对角化，即

$$\boldsymbol{R}_0^{\mathrm{T}}\boldsymbol{A}\boldsymbol{R}_0=\boldsymbol{\Lambda} \tag{5-8}$$

则式 (5-7) 可变换为标准坐标系 (O'-$X'Y'Z'$) 的下式：

$$F(x,y,z)=\boldsymbol{X}'^{\mathrm{T}}\boldsymbol{\Lambda}\boldsymbol{X}'+2c\boldsymbol{X}'+a_{44}=0 \tag{5-9}$$

其中，$\boldsymbol{X}=\boldsymbol{R}_0\boldsymbol{X}'$，$\boldsymbol{c}=\boldsymbol{b}\boldsymbol{R}_0$。通过正交变换，该二次曲面的一般方程 (5-6) 转换成标准方程 (5-9)。基于直径 3.35 m 薄壳结构的三维形貌数据，开展点云坐标修正，点云坐标修正变换过程如图 5.13 所示。

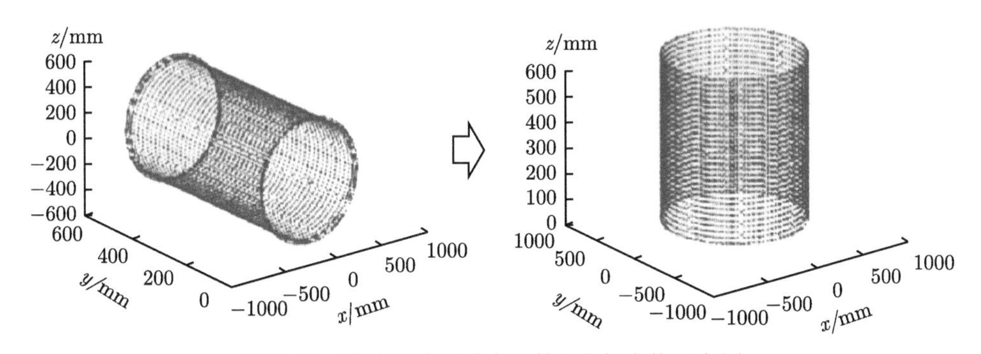

图 5.13 薄壳三维形貌点云数据坐标变换示意图

5.4.3 基于实测缺陷数据的有限元模型修调

为了将实测缺陷引入有限元模型中，需开发基于实测缺陷数据的有限元模型修调技术。其可通过修改有限元节点坐标的方式，将实测缺陷数据引入数值模型，从而实现基于实测缺陷数据的有限元模型修调。考虑到实测缺陷数据点与有限元模型节点的不匹配问题，可通过插值方法计算实测缺陷在每个有限元节点处的偏移量。采用 Castro 等 [20] 提出的逆距离加权插值方法，基于实测缺陷数据逐个计算有限元节点的偏移值，其原理如图 5.14 所示。其中有限元节点 $\boldsymbol{Q}_i$ 的偏移量

是由所有三维形貌点云数据偏移量的线性加权确定的，其中权系数是由有限元节点 $\boldsymbol{Q}_i$ 的逆距离的幂函数确定的。对于距离有限元节点 $\boldsymbol{Q}_i$ 较近的点云数据，其权系数较大；反之，则权系数较小。该方法的优势在于有效地考虑了距离有限元节点较近的点云数据对偏移量的贡献，忽略较远处点云数据的影响。具体公式如 (5-10)~ 式 (5-12) 所示：

$$r_i = r_{\text{int}_i} - r_{\text{orig}_i} \tag{5-10}$$

$$r_{\text{int}_i} = \frac{\sum_{j=1}^{N} r_{\text{mp}_j} w_{ij}}{\sum_{j=1}^{N} w_{ij}} \tag{5-11}$$

$$w_{ij} = \begin{cases} \dfrac{1}{(\|\boldsymbol{Q}_i - \boldsymbol{P}_j\|_2)^p}, & \|\boldsymbol{Q}_i - \boldsymbol{P}_j\|_2 \leqslant L \\ 0, & \|\boldsymbol{Q}_i - \boldsymbol{P}_j\|_2 > L \end{cases} \tag{5-12}$$

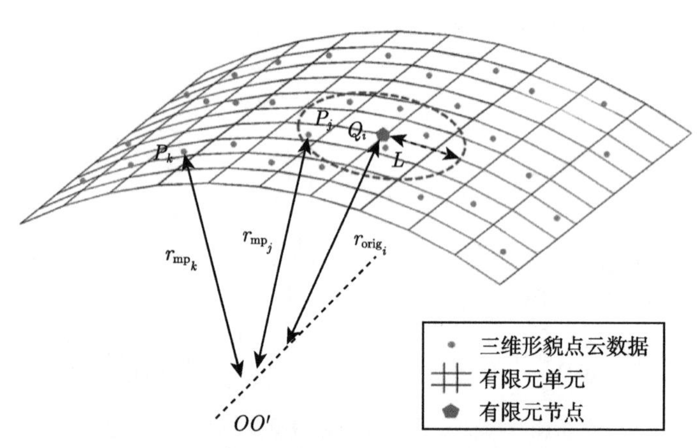

图 5.14　基于三维点云的有限元模型插值方法

其中，r_i 为第 i 个有限元节点的偏移量；r_{int_i} 为第 i 个有限元节点的插值半径；r_{orig_i} 为第 i 个有限元节点的原始半径；r_{mp_j} 为第 j 个三维点云测点的实测半径；w_{ij} 为第 j 个三维点云节点对第 i 个有限元节点的权系数；N 为三维点云测点数目；$\boldsymbol{P}_j$ 为第 j 个三维点云测点的坐标；$\boldsymbol{Q}_i$ 为第 i 个有限元节点的坐标；L 为控制参数。

当第 j 个三维点云测点到第 i 个有限元节点的距离大于控制参数 L 时，w_{ij} 为零，表示该三维点云测点与该有限元节点的偏移量没有影响。反之，w_{ij}

为非零，表示该三维点云测点与该有限元节点的偏移量有影响。L 的建议取值为 4。通过上述方法即可获得基于实测缺陷数据的有限元修调模型，如图 5.15 所示。

图 5.15 基于实测缺陷数据的有限元修调模型

5.5 壳体几何质量人工检测卡

我国新一代运载火箭贮箱的网格加筋圆柱壳采用平板数铣网格后弯曲成壁板，壁板拼焊为筒段，在壁板弯曲成形的过程中逐渐应用蠕变时效成形技术。通过调研，现有工艺易产生圆度误差、型面偏差、平面度误差、焊缝装配错边等典型缺陷。为了便于大直径加筋圆柱壳实测缺陷的测量，给出了方便适合现场工人测量的《壳体几何质量检测卡》，见图 5.16 和图 5.17，可用于测量六类典型的加筋圆柱壳初始缺陷数据，包括：壳体外表面母线偏移值、端面平整度、蒙皮径向凹陷、焊缝宽度和高度、筋条厚度不均匀度。其中，壳体外表面母线偏移数据可以用于计算网格加筋圆柱壳椭圆度、圆度和型面偏差，端面平整度数据可以用于计算端面平面度误差，焊缝宽度与厚度可以用于估算焊接错边误差。

另外，基于《壳体几何质量检测卡》，与航天一院 702 所等单位合作，对百余件工程级网格加筋圆柱壳结构的初始缺陷进行了现场测量，用于搭建我国工程薄壳结构的初始缺陷数据库，以指导航天工程薄壳结构的设计和制造。经过数据统计和分析，可得各类缺陷的概率分布曲线，如图 5.18 所示。

壳体几何质量检测卡　　　　____年__月__日

样件概况	壳体外径D/mm	壳体高度L/mm	蒙皮厚度t_s/mm	样件号
	筋条高度h/mm	筋条宽度t_r/mm	焊接类型	备注
				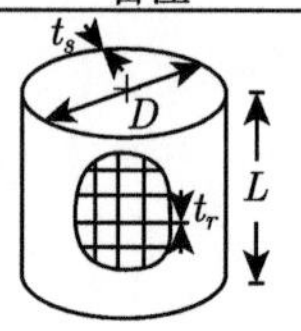 t_s D t_r L
	焊缝分布形式	筋条间距	加筋类型	
			□正置正交□正置三角□竖置三角 □45°正交　□其他__________	

壳体外表面母线偏移值	轴向坐标/mm 环向角度/(°)						测量说明
	0						1. 沿环向每隔 24°左右在壳体外表面取一条测量线，共15条。测量线尽量避开纵向焊缝。 2. 沿测量线长度方向等分形成5个测量点，利用靠尺测量并记录其径向偏移值。其中内凹为正，外凸为负。
	24						
	48						
	72						
	96						
	120						
	144						
	168						
	192						
	216						
	240						
	264						
	288						
	312						
	336						

端面平整度	环向角度/(°)	0	18	36	54	72	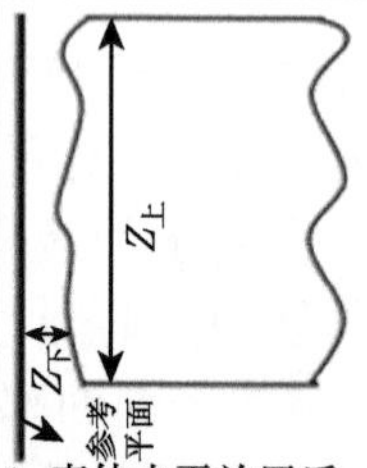 $Z_{上}$ $Z_{下}$ 参考平面 1. 壳体水平放置后，沿环向每隔18°，利用塞尺测量下端面与地面间的距离$Z_{下}$。 2. 翻转壳体，沿环向每隔18°，利用塞尺测量上端面与地面间的距离$Z_{上}$。
	$Z_{上}$/mm						
	$Z_{下}$/mm						
	环向角度/(°)	90	108	126	144	162	
	$Z_{上}$/mm						
	$Z_{下}$/mm						
	环向角度/(°)	180	198	216	234	252	
	$Z_{上}$/mm						
	$Z_{下}$/mm						
	环向角度/(°)	270	288	306	324	342	
	$Z_{上}$/mm						
	$Z_{下}$/mm						

图 5.16　壳体几何质量检测卡 (1)

蒙皮径向凹陷	轴向坐标/mm											
	环向角度/(°)											径向凹陷 C D
	f/mm											
	c/mm											
	轴向坐标/mm											
	环向角度/(°)											
	f/mm											
	c/mm											
	1. 通过目测，将蒙皮凹陷由大到小依次排序。 2. 测量并记录每个凹陷的位置(轴向坐标和环向角度)、幅值(凹陷深度 f 和直径 c)。其中内凹为正，外凸为负。											
焊缝宽度和厚度	轴向坐标/mm											测量说明
	环向角度/(°)											筋条 h_w w 焊缝区
	w/mm											
	h_w/mm											
	轴向坐标/mm											
	环向角度/(°)											
	w/mm											
	h_w/mm											
	轴向坐标/mm											
	环向角度/(°)											
	w/mm											
	h_w/mm											
	1. 对每个焊缝，沿轴向或环向等分 10 个点，作为测量点。 2. 测量并记录每个测量点处的焊缝宽度 w 和高度 h_w。											
筋条厚度不均匀度	轴向坐标/mm 环向角度/(°)											1. 沿环向每隔 36° 左右取一条纵向筋条(或有纵向分量)，共10条。 2. 沿纵向筋条的长度方向等分形成 10 个测量点，利用游标卡尺测量并记录其厚度，并统计其不均匀。
	0											
	36											
	72											
	108											
	144											
	180											
	216											
	252											
	288											
	324											

图 5.17 壳体几何质量检测卡 (2)

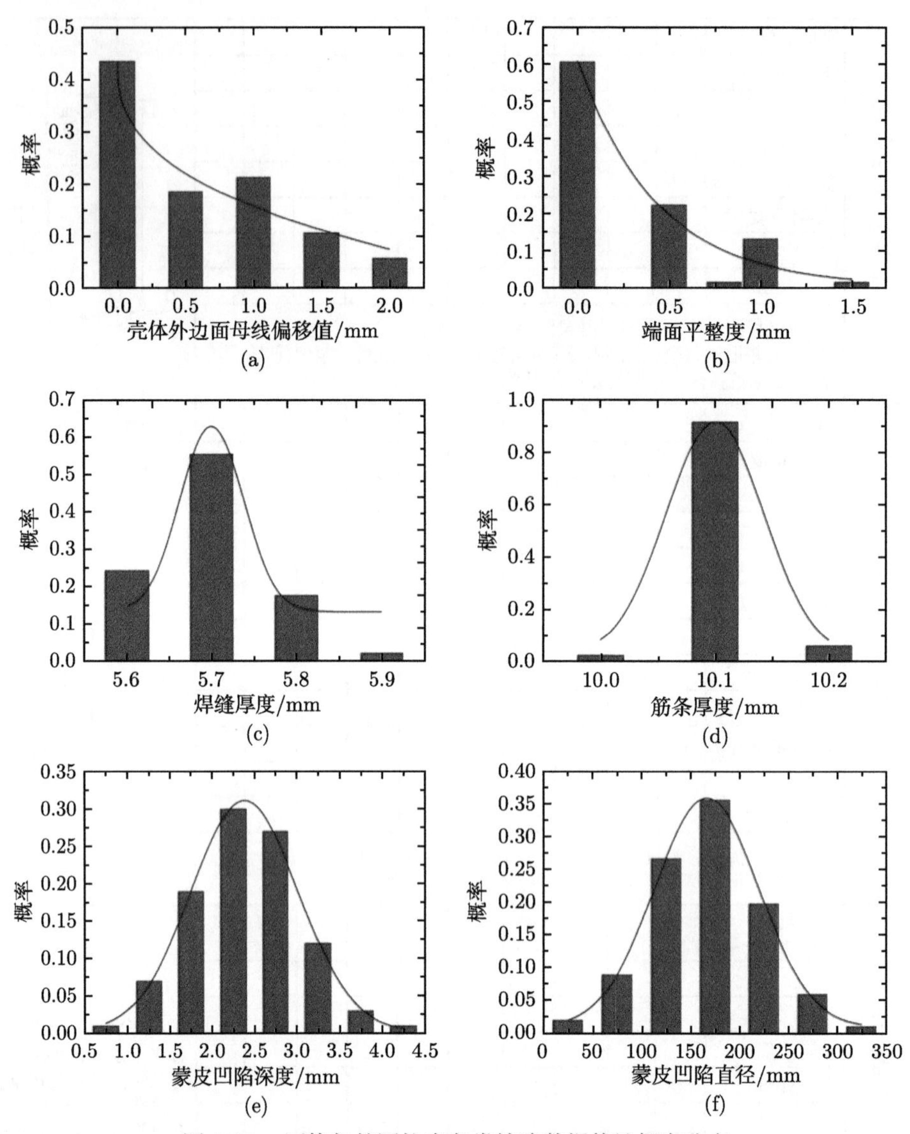

图 5.18　网格加筋圆柱壳各类缺陷数据统计概率分布

5.6　缺陷数据库

5.6.1　缺陷数据的傅里叶级数表征

为了便于实测几何缺陷数据的存储，并探究工程薄壳对实测缺陷敏感性的内在机理，可以将实测缺陷表征为由若干成分组成的函数形式，然后探究组成实测缺陷的不同成分对薄壳结构极限承载力的影响。通常将工程薄壳真实缺陷 (离面

位移场 w) 展开半波余弦或半波正弦的双重傅里叶级数 [8,21−25]。其中，Kriegesmann[26] 推荐使用半波余弦双傅里叶级数。在标准圆柱坐标系 (O-$r\theta z$) 下，半波余弦和半波正弦的双重傅里叶级数分别表示如下：

$$w(x,y)=t\times\bar{W}(x,y)=t\times\sum_{k=0}^{n_1}\sum_{l=0}^{n_2}\cos\frac{k\pi x}{L}\left(A_{kl}\cos\frac{ly}{R}+B_{kl}\sin\frac{ly}{R}\right)\quad(5\text{-}13)$$

$$w(x,y)=t\times\bar{W}(x,y)=t\times\sum_{k=0}^{n_1}\sum_{l=0}^{n_2}\sin\frac{k\pi x}{L}\left(C_{kl}\cos\frac{ly}{R}+D_{kl}\sin\frac{ly}{R}\right)\quad(5\text{-}14)$$

其中，$\bar{W}$ 为无量纲离面位移，t 为圆柱壳壁厚。L 和 R 为圆柱壳的名义高度和名义半径。A_{kl}、B_{kl} 为半波余弦傅里叶级数的系数；C_{kl}、D_{kl} 为半波正弦傅里叶级数的系数。l 为周向波数。x 和 y 为轴向和周向的坐标。

不同的傅里叶系数对应着不同的缺陷模式，如图 5.19 所示。系数 A_{00} 代表着圆柱壳半径的平均偏移量；系数 A_{01} 和 B_{01} 决定了圆柱壳偏心的程度和偏心的方向；系数 A_{02} 和 B_{02} 决定了圆柱壳的椭圆度和椭圆长轴的方向；系数 A_{03} 和 B_{03} 决定了圆柱壳环向三个波的幅值和相位等。

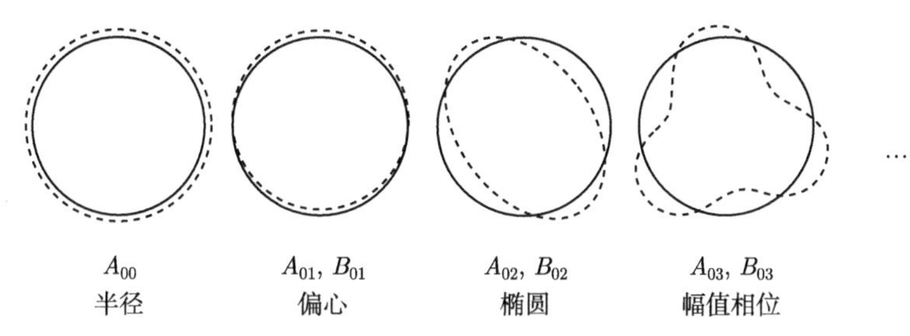

图 5.19 傅里叶系数的物理意义

对系数的求解，将式 (5-13) 和式 (5-14) 转化为广义多变元线性拟合问题，然后使用最小二乘法进行系数的求解。式 (5-13) 中的无量纲离面位移也可以用缺陷水平和对应相位角表示为如下形式：

$$\bar{W}(x,y)=\sum_{k=0}^{n_1}\sum_{l=0}^{n_2}\bar{\xi}_{kl}\cos\frac{k\pi x}{L}\cos\left(\frac{ly}{R}-\varphi_{kl}\right)\quad(5\text{-}15)$$

其中，φ_{kl} 为一定模式下环向的相位角，取决于坐标系统和圆柱壳的测量位置。缺陷振幅水平 $\bar{\xi}_{kl}$ 是特定生产制造工艺下的独特特征。

按照上述描述，即可获得给定实测缺陷数据的傅里叶级数形式，并获得其整体缺陷分布形式和各成分分布情况，分别如图 5.20 和图 5.21 所示。

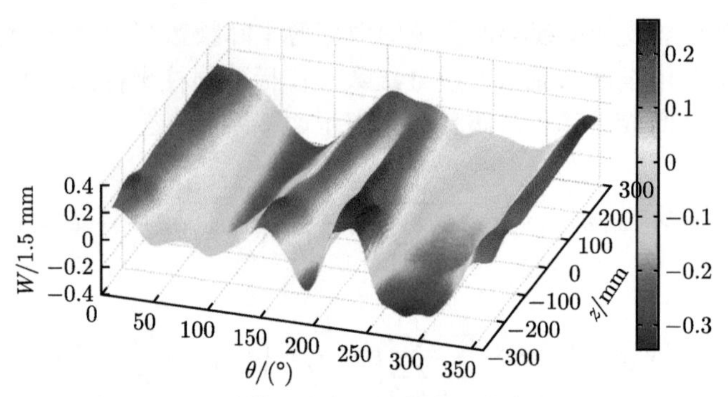

图 5.20　双重傅里叶余弦级数表示的离面位移场

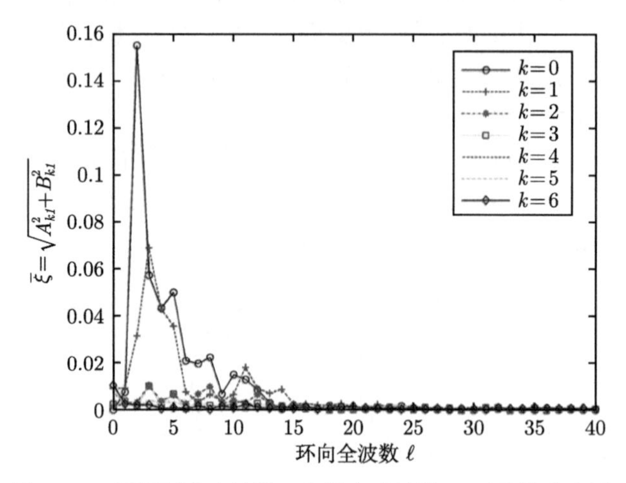

图 5.21　不同环向全波数 l 和轴向半波数 k 下的缺陷水平

5.6.2　数据库架构与界面

针对典型航天网格加筋圆柱壳几何质量信息采集数据，本节介绍了基于 MongoDB 的网格加筋圆柱壳工程数据库技术。

MongoDB 使用一种类似于 JSON 文档的动态模型的 BSON 文档来存储数据。这种存储数据的方式使得一些应用程序的数据集成变得简单快捷。MongoDB 数据库支持的数据结构非常松散，因此可以存储比较复杂的数据类型；相对于关系型数据库把业务项目分解成多个关系结构来存储数据的方式，MongoDB 数据库可以只使用极少的文档来存储同样的业务项目数据。例如在关系型数据库中文章的标题和作者是属于两个不同的关系结构，而在 MongoDB 数据库中，文章标题、文章作者以及文章相关的其他数据信息都可以使用一个简单的文档 (BSON 文档) 来存储。所以使用 MongoDB 数据库可以很高效便捷地工作；MongoDB 数据库支持字段搜索查询，范围查询以及规则表达式查询多种查询方式。查询结果能够返回文档的特定字段以及用户定义的 JavaScript 函数；任何存储在 MongoDB 数据库中的字段都会被建立索引 (MongoDB 中的索引从概念上来说类似于关系数据库中的索引)。也可以在 MongoDB 数据库中建立二级索引；MongoDB 数据库使用副本集来提供高可用、高可靠的存储性能。一个副本集由两个或者更多个数据组成。副本集中每个成员都可以作为主节点或者副节点。默认情况下，主节点承担所有的读写操作。副节点保存了主节点数据的一份拷贝。当主节点崩溃，不能正常提供服务时，系统会自动从所有的副节点中选择出一个节点作为主节点。副节点也可以承担读操作，但是副节点上数据要与主节点数据保持一致。总的来说，MongoDB 数据库的主要特点就是高性能、易部署、易使用，存储数据方便快捷。MongoDB 数据库自带的一个出色的分布式文件系 GridFS，使得 MongoDB 可以支持海量的数据存储。

基于 MongoDB 技术，搭建了面向网格加筋圆柱壳的结构缺陷数据处理软件，如图 5.22 和图 5.23 所示。该软件通过多种数据处理模块，实现了实测缺陷数据的高效存储。目前已经收录了百余组典型航天网格加筋圆柱壳几何质量信息采集数据。数据处理模块包括：样本概况、壳体外表面母线偏移值、端面平整度、蒙皮径向凹陷、焊缝宽度和高度、筋条厚度不均匀度 (如图 5.24~ 图 5.27)。

图 5.22 数据库软件启动

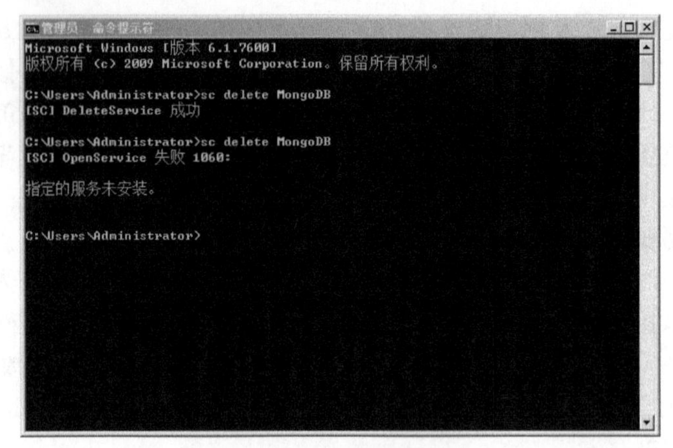

图 5.23　文件路径修改

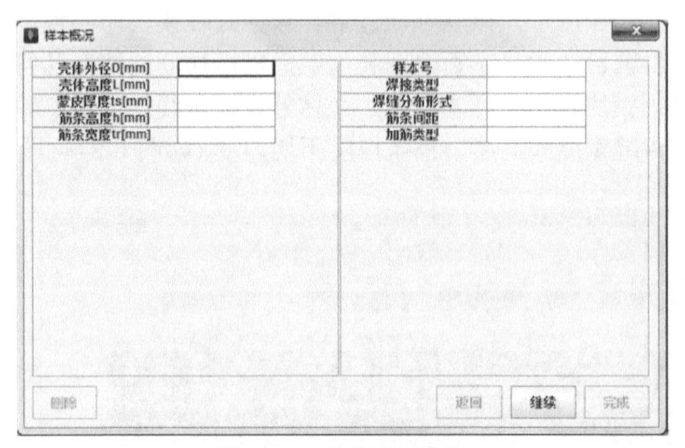

图 5.24　样本概况模块

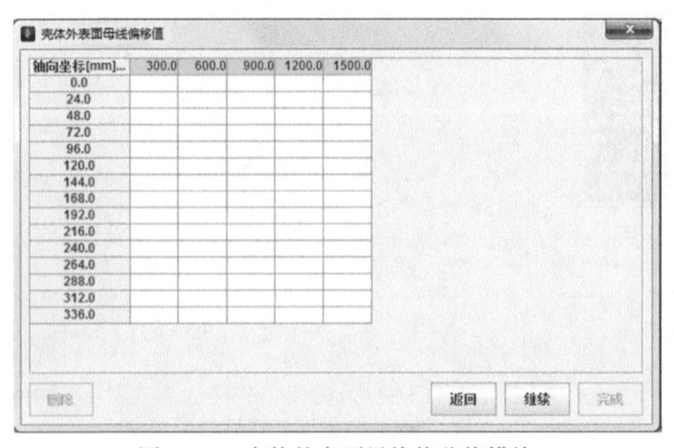

图 5.25　壳体外表面母线偏移值模块

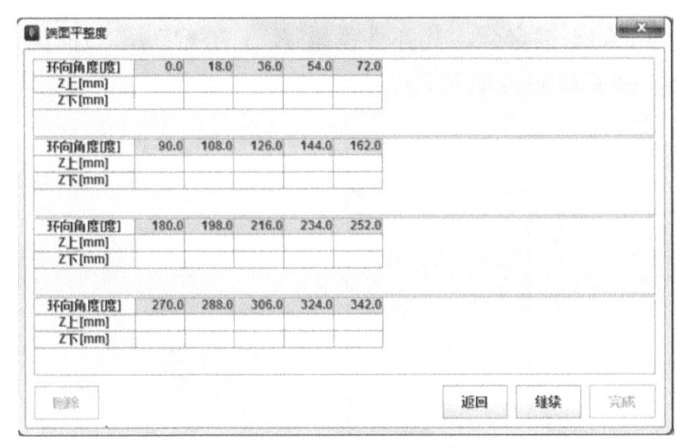

图 5.26 端面平整度模块

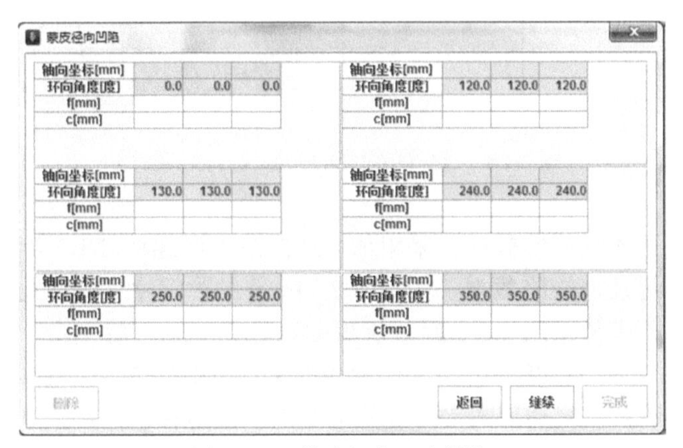

图 5.27 蒙皮径向凹陷模块

5.7 基于实测缺陷数据的圆柱壳缺陷敏感性分析方法

为了充分利用所建立的工程薄壳缺陷数据库，本节面向金属光筒和金属加筋圆柱壳原理性样件，分别开展基于实测缺陷数据的圆柱壳缺陷敏感性分析，并基于数据库开展缺陷成分敏感性分析。

5.7.1 金属光筒实测缺陷敏感性分析

本节首先采用 3.5.3 节中直径 1 m 的金属光筒对实测缺陷敏感性分析方法进行介绍。该圆柱壳是采用锻环铸造和数控车铣工艺制造而成，其结构两端加载框和圆柱壳核心区之间存在一个法兰型设计的过渡区，用以保证载荷传递的均匀性并减少边界效应对圆柱壳失稳的不利影响，具体模型图和尺寸如图 5.28 所示。该圆柱壳的材料为 2A14 铝合金，其弹性模量 $E = 70$ GPa，泊松比 $\nu = 0.3$，屈服极限 315 MPa，强度极限 430 MPa，延伸率 $\delta = 10\%$。

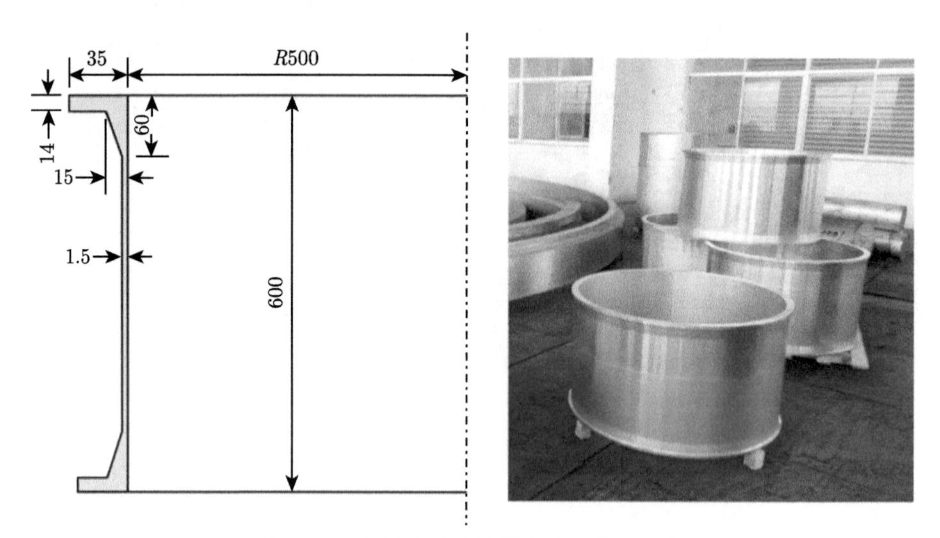

图 5.28　金属光筒壳的模型尺寸及实物图

在圆柱壳正式轴压实验前，采用如 5.3.2 节中所述的 DIC 测量技术可以获得圆柱壳的实测几何缺陷数据，如图 5.29 所示。然后建立完善几何构型的有限元数值模型，该模型采用 S4R 四节点减缩积分壳单元进行模拟，网格尺寸设为 8 mm，模型共包括 32868 个单元；边界条件为：下端固支，上端除轴向位移自由度放松外，其他自由度全部固定；载荷条件为：采用轴向位移控制加载，加载速率为 10 mm/s；采用显式动力学进行非线性后屈曲分析模拟。采用 5.4.3 节中所述的有限元模型修调技术，即可将实测几何缺陷引入到有限元数值模型当中，获得如图 5.30 所示的含实测缺陷圆柱壳有限元模型。

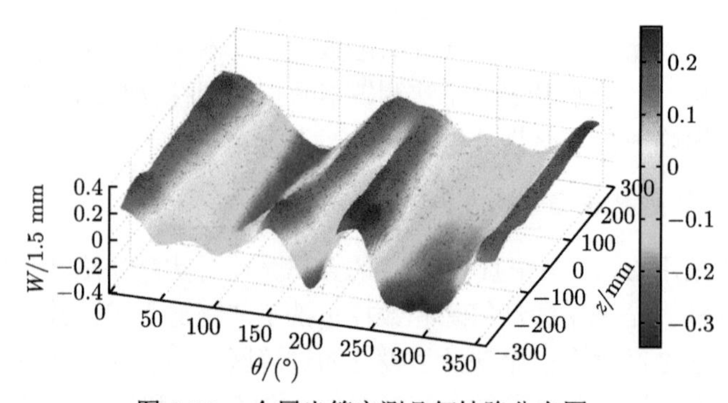

图 5.29　金属光筒实测几何缺陷分布图

图 5.30 含实测几何缺陷金属光筒有限元模型图 (红色代表完善模型，绿色代表含缺陷模型)

通过非线性后屈曲分析，可获得含实测缺陷圆柱壳结构的极限承载力为 479.2 kN，相比于完善模型的分析结果 544.1 kN，基于实测缺陷数据缺陷敏感性分析方法获得的折减因子为 0.881，其位移–载荷曲线如图 5.31 所示。

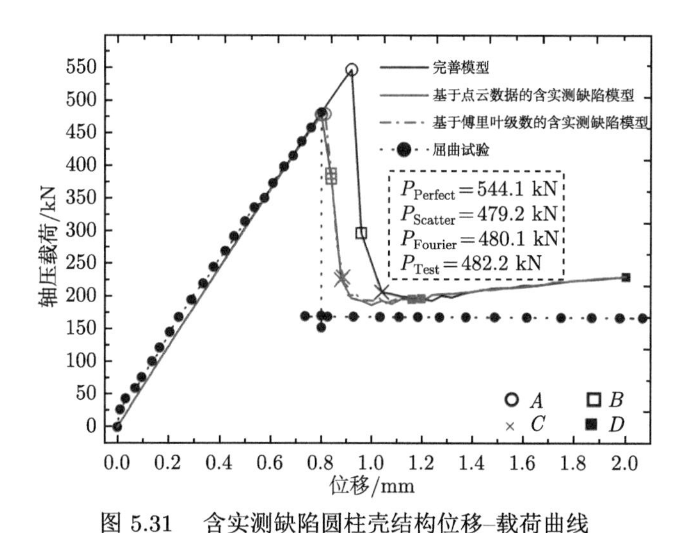

图 5.31 含实测缺陷圆柱壳结构位移–载荷曲线

5.7.2 加筋圆柱壳缺陷敏感性分析

本节针对加筋圆柱壳原理性样件，开展基于实测缺陷数据的缺陷敏感性分析。该加筋圆柱壳原理性样件由环轧锻造工艺一体成型制备而成，其直径为 1000 mm，高度为 650 mm，蒙皮厚度为 2 mm，采用均匀的正置正交加筋构型，其中筋条高度为 8.5 mm，纵筋间距为 7.5°，纵筋厚度为 2.5 mm，横筋间距为 110 mm，横筋厚度为 2.5 mm，其样件实物如图 5.32 所示。该圆柱壳的材质为 2A14 铝合金，其弹性模量 $E = 71$ GPa，泊松比 $\nu = 0.3$，屈服极限 394.2 MPa，强度极限 483.4 MPa，延伸率 11.73%。

图 5.32　加筋圆柱壳样件

首先使用如 5.3.2 节中所述的光学数字图像测量技术和如图 5.33 所示的接触式测量方法，分别获得加筋圆柱壳试件的筋条尺寸偏差和如图 5.34 所示的蒙皮形貌偏差。然后通过修改有限元模型节点坐标的方式将获得的实测缺陷导入模型中，即可获得含实测形位偏差数据的柱壳有限元模型，其缺陷放大模型示意图如图 5.35 所示。

图 5.33　游标卡尺测量筋条厚度

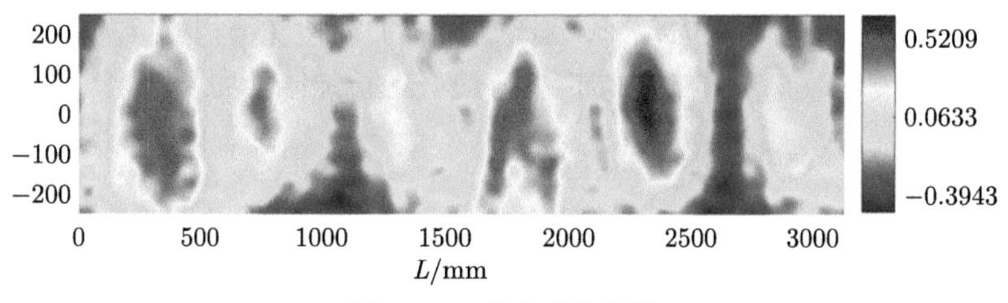

图 5.34 蒙皮形貌偏差

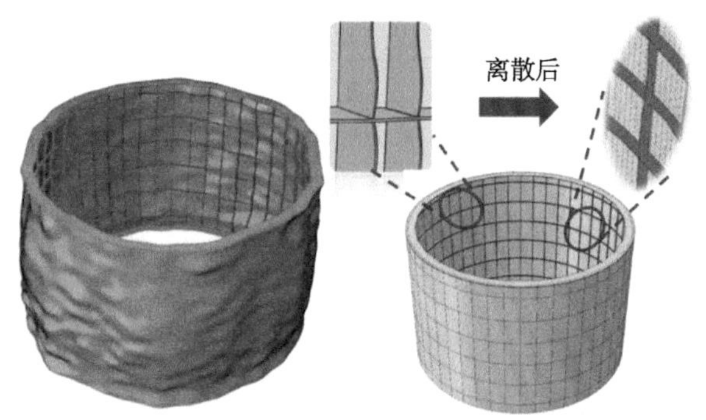

图 5.35 含实测形位偏差数据的柱壳有限元模型示意图
(蒙皮缺陷幅值放大 60 倍，筋条高度缺陷放大 15 倍)

最后通过非线性后屈曲分析，可获得该非完善加筋柱壳结构的极限承载力为 3115.9 kN，相比于完善模型的极限承载力为 3257.0 kN，采用实测缺陷数据缺陷敏感性分析方法获得的折减因子为 0.957，其位移–载荷曲线如图 5.36 所示。通过

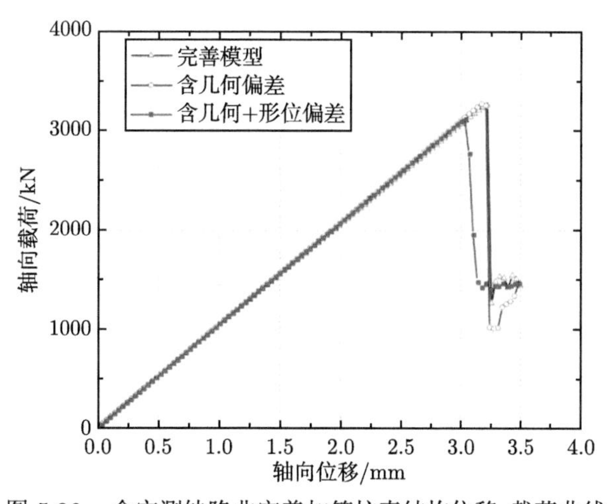

图 5.36 含实测缺陷非完善加筋柱壳结构位移–载荷曲线

对比可以发现，在相近幅值的几何缺陷作用下，加筋柱壳结构的折减因子更高，这说明，相比于光筒壳，加筋柱壳结构具有更好的抗缺陷能力和缺陷容忍性。

5.7.3 基于点云数据的缺陷主成分分析

本节提出了基于点云数据的缺陷主成分分析方法，可用于评估柱壳在同等工艺下承载力下限值，也可用于制造工艺的公差评价体系中。该方法具体流程如图 5.37 所示。

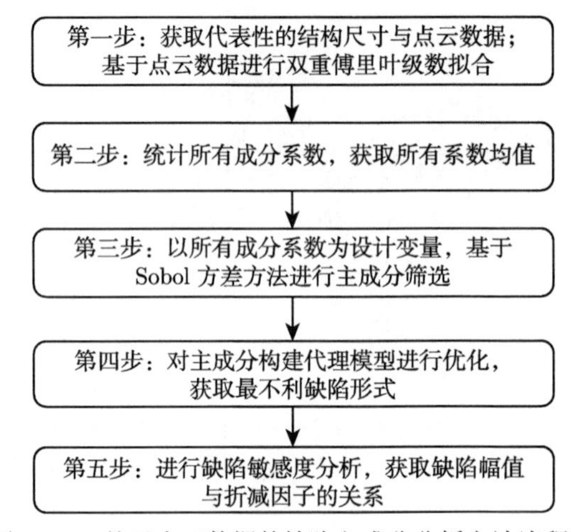

图 5.37 基于点云数据的缺陷主成分分析方法流程图

步骤 1：获取代表性的结构尺寸与点云数据；基于点云数据进行双重傅里叶级数拟合。该步骤需取得某一尺寸下典型结构的多组点云数据，基于多组点云数据拟合成双重傅里叶级数，统计各级傅里叶系数的均值、方差用以评价工艺，从而确定傅里叶级数系数的设计域。

步骤 2：统计所有成分系数，该步骤通过读取多组点云数据拟合的傅里叶级数，统计所有系数的上下限与均值，并将该均值作为新缺陷的初始形式。

步骤 3：以所有成分系数为设计变量，基于 Sobol 方差方法进行主成分筛选。

步骤 4：对主成分系数构建代理模型进行优化，获取最不利缺陷形式。该步骤以步骤 3 中获得的主成分系数为设计变量 (变量范围由步骤 2 中统计的各级数系数的上下限确定)，以最小化承载力为目标开展优化设计。维持其他系数不变，将优化设计所得主成分系数代入双重傅里叶级数中，所得形式即为同等工艺下的最不利缺陷形式。

步骤 5：进行缺陷敏感性分析，获取缺陷幅值与折减因子的关系。改变步骤 4 中获得最不利缺陷的幅值，计算含缺陷柱壳极限承载力，获取缺陷幅值与折减因子的关系。

此前获取了 1 m 光筒壳的五组点云数据。基于这五组点云数据，将基于点云数据的形位公差评价方法应用至 1 m 光筒壳中。

采用的圆柱壳模型参数如下：直径 $D = 1000$ mm，高度 $L = 600$ mm，厚度为 1.5 mm，边界条件为底端固支，上端只放松轴向位移自由度，并耦合参考点后施加轴压位移载荷，加载速度为 10 mm/s；采用 AL2024 铝合金材料。该光筒完善模型的承载力为 570.34 kN。

步骤 1：进行双重傅里叶级数拟合，经过拟合，获得了环向波数为 41，轴向波数为 20 的傅里叶余弦级数 (系数共为 820 个)。

步骤 2：统计所有成分系数，获取所有系数的上下限和均值。

步骤 3：在成分敏感区域进行敏度分析，筛选主成分。考虑敏感区域内分析因子的交互效应，获取不同阶数的波形对承载力的影响系数如图 5.38 所示。L_nK_l 代表环向阶数为 n、轴向波数为 l 的波形系数。

Sobol 基于方差的全局灵敏度分析理论中，输入变量方差贡献与结构系统响应函数的高维模型分解项一一对应，因此，方差灵敏度指标不仅可以反映输入变量不确定性对结构系统输出响应不确定性影响的程度，还可以反映结构系统响应函数模型的结构形式。对于输入变量相关的结构系统，输入变量方差贡献与响应函数高维模型分解项之间的一一对应关系不再成立，方差分解式如下：

$$V = \sum_{i=1}^{n} V_i + \sum_{i_1=1}^{n} \sum_{i_2=i_1+1}^{n} V_{i_1 i_2} + \cdots + V_{1,2,\cdots,n} \tag{5-16}$$

该公式中的部分方差仍能反映输入变量不确定性对输出响应方差的影响，但是其物理含义发生了改变，反映的输入变量不确定性与输出响应不确定性的关系不再如独立情况下那么清晰、明确。

目前，针对相关输入变量方差贡献的研究，主要以式 (5-17) 的方式进行表达：

$$\begin{aligned} &V = \mathrm{Var}(Y) \\ &V_i = \mathrm{Var}[g_i(X_i)] = \mathrm{Var}[E(Y|X_i)] \\ &V_{i_2 i_2} = \mathrm{Var}[g_{i_1 i_2}(X_{i1}, X_{i2})] = \mathrm{Var}[E(Y|X_{i1}, X_{i2})] - V_{i1} - V_{i2} \\ &\cdots \end{aligned} \tag{5-17}$$

定义的部分方差贡献如式 (5-18)：

$$V_i^{\mathrm{T}} = E[\mathrm{Var}(Y|X_{-i})] = \mathrm{Var}(Y) - \mathrm{Var}[E(Y|X_{-i})] \tag{5-18}$$

定义的总方差贡献为基础，对这些方差贡献进行分解、解释。通过将相关输入变量独立正交化，然后对独立正交化后的变量进行方差灵敏度分析，从而得到能够反映原相关输入变量的对应效应的各独立变量的灵敏度指标。这些灵敏度指标中全边缘贡献指标 S_i，独立边缘贡献指标 S_i^U 和独立总贡献指标 S_i^{TU} 的物理意义被认为是比较明确的，即 S_i 反映输入变量 X_i 对输出响应方差的全边缘贡献，其中包含 X_i 的独立边缘贡献和相关性引起的边缘贡献；S_i^U 反映 X_i 对输出响应方差的独立边缘贡献，即由 X_i 单独引起的输出响应不确定性；S_i^{TU} 反映 X_i 对输出响应方差的独立总贡献，即包含了 X_i 单独引起的输出响应不确定性和 X_i 与其他变量交叉贡献引起的输出响应不确定性。

对于输入变量为 n 维随机变量 $X=(X_1,X_2,\cdots,X_n)$，且输入变量之间存在相关性，输出响应函数为 $Y=g(X)$ 的结构系统，输入变量的全边缘贡献灵敏度指标 S_i 是由下式：

$$\begin{cases} X_1 = X_1 - E[X_1] \\ X_2 = X_2 - E[X_2|X_1] \\ \vdots \\ X_i = X_i - E[X_i|X_1,\cdots,\mathrm{X}_{i-1}] \quad (\forall i=2,\cdots,n) \end{cases} \tag{5-19}$$

其中独立正交化变换排序第一位的变量的主方差贡献计算得到，即

$$S_1 = \frac{\mathrm{Var}[E(Y|X_1)]}{\mathrm{Var}[Y]} \tag{5-20}$$

独立边缘贡献指标 S_i^U 是由式 (5-20) 中独立正交化变换排序最后一位的变量的主方差贡献计算得到，即

$$S_n^U = S_n = \frac{\mathrm{Var}[E(Y|X_n)]}{\mathrm{Var}[Y]} \tag{5-21}$$

对于 n 维输入变量 $X=(X_1,X_2,\cdots,X_n)$，它们有 $n!$ 种不同的排列顺序，如果只计算 n 个输入变量的全边缘贡献灵敏度指标和独立边缘贡献指标，那么需要构造 n 个不同的输入变量排列顺序，然后对这些不同排序的输入变量序列分别进行独立正交化变换，进而依据式 (5-16) 和式 (5-17) 计算得到全边缘贡献灵敏度指标和独立边缘贡献指标。由于 S_i 反映输入变量 X_i 对输出响应方差的全边缘贡献，其中包含 X_i 的独立边缘贡献和相关性引起的边缘贡献，S_i^U 反映 X_i 对输出响应方差的独立边缘贡献，因此有

$$S_i^C = S_i - S_i^U \tag{5-22}$$

该公式反映了输入变量 X_i 对输出响应方差的相关边缘贡献，即 S_i^C 表示由 X_i 与其他变量的相关性引起的对输出响应方差的边缘贡献。

由于薄壳中的缺陷种类繁多、随机性强，所以通过 Sobol 指标筛选出影响较大的缺陷成分，进而衡量变量不确定性对承载性能的影响具有重要意义。

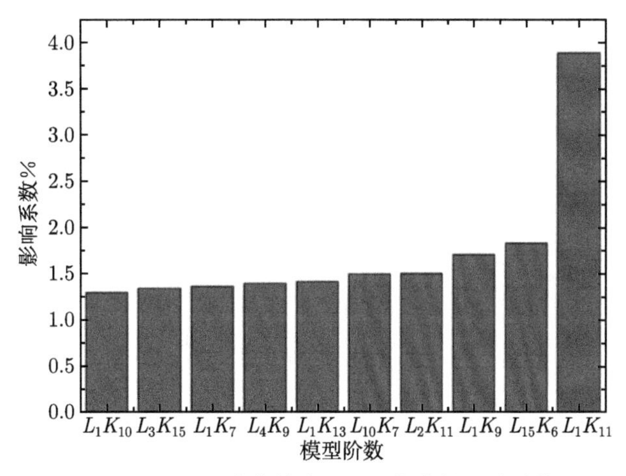

图 5.38　不同阶数的波形对承载力的影响系数

最终本节根据上述方法筛选出的较为敏感的系数为：L_1K_{11}，$L_{15}K_6$，L_1K_9，L_2K_{11}，$L_{10}K_7$，L_1K_{13}，L_4K_9，L_1K_7，L_3K_{15}，L_1K_{10}。

步骤 4：以主成分系数为设计变量，优化设计获得同等工艺下的最不利缺陷形式。以主成分系数为优化参数，以承载力最小化为优化目标开展优化设计。优化列式如 (5-23) 所示：

$$
\begin{aligned}
\text{Find}: \quad & p=[\lambda_1,\lambda_2,\lambda_3,\lambda_4,\lambda_5,\lambda_6,\lambda_7,\lambda_8,\lambda_9,\lambda_{10}] \\
\text{s.t.}: \quad & \lambda_1 \in [-5.12, 15.87] \\
& \lambda_2 \in [-0.74, 2.81] \\
& \lambda_3 \in [0, 3.41] \\
& \lambda_4 \in [0.32, 1.96] \\
& \lambda_5 \in [0.36, 2.47] \\
& \lambda_6 \in [0.60, 1.41] \\
& \lambda_7 \in [0.53, 1.54] \\
& \lambda_8 \in [-0.49, 4.62] \\
& \lambda_9 \in [0.06, 3.54]
\end{aligned}
$$

$$
\begin{aligned}
&\lambda_{10} \in [-0.42, 3.68] \\
&\text{Minimize:} \quad N_{\max} \\
&L_{10}K_7{}^{(\text{new})} = \lambda_1 L_{10}K_7{}^{(\text{old})} \\
&L_{15}K_6{}^{(\text{new})} = \lambda_2 L_{15}K_6{}^{(\text{old})} \\
&L_1K_{10}^{(\text{new})} = \lambda_3 L_1K_{10}{}^{(\text{old})} \\
&L_1K_{11}{}^{(\text{new})} = \lambda_4 L_1K_{11}{}^{(\text{old})} \\
&L_1K_{13}{}^{(\text{new})} = \lambda_5 L_1K_{13}{}^{(\text{old})} \\
&L_1K_7{}^{(\text{new})} = \lambda_6 L_1K_7{}^{(\text{old})} \\
&L_1K_9{}^{(\text{new})} = \lambda_7 L_1K_9{}^{(\text{old})} \\
&L_2K_{11}{}^{(\text{new})} = \lambda_8 L_2K_{11}{}^{(\text{old})} \\
&L_3K_{15}^{(\text{new})} = \lambda_9 L_3K_{15}^{(\text{old})} \\
&L_4K_9{}^{(\text{new})} = \lambda_{10} L_4K_9{}^{(\text{old})}
\end{aligned}
\tag{5-23}
$$

最后所得结果为 $\lambda_1 = 3.22$，$\lambda_2 = 2.04$，$\lambda_3 = 0.34$，$\lambda_4 = 1.75$，$\lambda_5 = 0.40$，$\lambda_6 = 0.67$，$\lambda_7 = 1.54$，$\lambda_8 = 4.55$，$\lambda_9 = 3.54$，$\lambda_{10} = 3.67$。该最不利缺陷对应的折减因子为 0.789。失稳波形如图 5.39 所示。

图 5.39　最不利缺陷的失稳波形

步骤 5：进行缺陷敏感性分析，获取缺陷幅值与折减因子的关系。改变步骤 4 中所得最不利缺陷的幅值，计算含缺陷的柱壳极限承载力，获取缺陷幅值与折减因子的关系。为了验证凹陷型缺陷对不同实测缺陷幅值的覆盖能力，下面通过改变初始几何缺陷的比例系数，研究了不同缺陷幅值下柱壳的承载力的变化规律。参考航天工程经验，本节讨论径向幅值在 1.5 mm 以内的缺陷，其缺陷敏感性分析结果如图 5.40 所示。从图中可以看出，基于实测缺陷的最不利缺陷对承载力的折减结果，可以包络住 W1～W7 圆柱壳的折减效果。因此，该方法获得的结果可以看作是同工艺下缺陷对圆柱壳承载力折减的下确界，对于同类结构承载力预测具有参考价值。

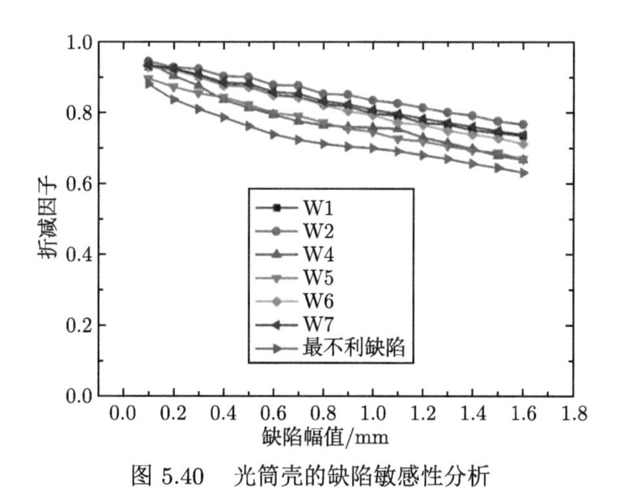

图 5.40 光筒壳的缺陷敏感性分析

参 考 文 献

[1] Koiter W T. On the Stability of Elastic Equilibrium[M]. National Aeronautics and Space Administration, 1967, 833.

[2] Rotter J M, Schmidt H. Buckling of steel shells: European design recommendations[C]// European Convention for Constructional Steelwork (ECCS), 2014.

[3] Wagner H N R, Hühne C. Robust knockdown factors for the design of cylindrical shells under axial compression: potentials, practical application and reliability analysis[J]. Int J. Mech. Sci., 2018, 135: 410-430.

[4] Arbocz J, Jr J S. Future directions and challenges in shell stability analysis[J]. Thin-Walled Structures, 2002, 40(9): 729-754.

[5] Elishakoff I. Uncertain buckling: its past, present and future[J]. International Journal of Solids and Structures, 2000, 37(46): 6869-6889.

[6] Chryssanthopoulos M K. Probabilistic buckling analysis of plates and shells[J]. Thin-Walled Structures, 1998, 30(1): 135-157.

[7] Arbocz J, Hol J M A M. Collapse of axially compressed cylindrical shells with random imperfections[J]. Thin-Walled Structures, 1995, 23(1): 131-158.

[8] Arbocz J. The Imperfection Data Bank, a Mean to Obtain Realistic Buckling Loads[M]. Berlin Heidelberg: Springer, 1982.

[9] Edland B. Thin-walled cylindrical shells under axial compression: prebuckling, buckling, and postbuckling behaviour: Monte Carlo simulation of the scatter in load carrying capacity[D]. Chalmers University of Technology, 1974.

[10] Schenk C A, Schuëller G I. Buckling analysis of cylindrical shells with random geometric imperfections[J]. International Journal of Non-Linear Mechanics, 2003, 38(7): 1119-1132.

[11] Hilburger M W, Starnes J H. Effects of imperfections of the buckling response of composite shells[J]. Thin-Walled Structures, 2004, 42(3): 369-397.

[12] 姚君山, 蔡益飞, 李程刚. 运载火箭箭体结构制造技术发展与应用 [J]. 航空制造技术, 2007, 000(010): 36-42.

[13] Wagner H N R, Hühne C, Niemann S. Robust knockdown factors for the design of axially loaded cylindrical and conical composite shells – development and validation[J]. Composite Structures, 2017, 173: 281-303.

[14] Babcock C D. The influence of the testing machine on the buckling of cylindrical shells under axial compression[J]. International Journal of Solids and Structures, 1967, 3(5): 809-817.

[15] Calladine C R, Barber J N. Simple experiments on self-weight buckling of open cylindrical shells[J]. Journal of Applied Mechanics, 1970, 37(4): 1150.

[16] Kriegesmann B, Jansen E L, Rolfes R. Design of cylindrical shells using the Single Perturbation Load Approach – Potentials and application limits[J]. Thin-Walled Structures, 2016, 108: 369-380.

[17] Arbelo M A, Degenhardt R, Castro S G P, et al. Numerical characterization of imperfection sensitive composite structures[J]. Composite Structures, 2014, 108: 295-303.

[18] Degenhardt R, Kling A, Bethge A, et al. Investigations on imperfection sensitivity and deduction of improved knock-down factors for unstiffened CFRP cylindrical shells[J]. Composite Structures, 2010, 92(8): 1939-1946.

[19] 杜凯繁. 航天薄壁筒壳结构高精度稳定性实验系统设计与应用研究 [D]. 大连: 大连理工大学, 2019.

[20] Castro S G P, Zimmermann R, Arbelo M A, et al. Geometric imperfections and lower-bound methods used to calculate knock-down factors for axially compressed composite cylindrical shells[J]. Thin-Walled Structures, 2014, 74(1): 118-132.

[21] Arbocz J, Hilburger M W. Toward a probabilistic preliminary design criterion for buckling critical composite shells[J]. AIAA Journal, 2005, 43(8): 1823-1827.

[22] Kepple J, Herath M T, Pearce G, et al. Stochastic analysis of imperfection sensitive unstiffened composite cylinders using realistic imperfection models[J]. Composite Structures, 2015, 126: 159-173.

[23] Arbocz J, Abramovich H. The initial imperfection data bank at the Delft University of

Technology: Part I[R]. Aerospace Engineering, Delft University of Technology, Report LR-290, 1979.

[24] Dancy R, Jacobs D. The initial imperfection data bank at the Delft University of Technology: Part II[R]. Delft University of Technology, Faculty of Aerospace Engineering, Report LR-559, 1988.

[25] Klompe A W H, Denreyer P C. The initial imperfection data bank at the Delft University of Technology: Part III[R]. Dept. of Aeronautical Engineering, Delft University of Technology, Technical Report LR-568, 1989.

[26] Kriegesmann B, Rolfes R, Hühne C, et al. Probabilistic design of axially compressed composite cylinders with geometric and loading imperfections[J]. International Journal of Structural Stability and Dynamics, 2010, 10(04): 623-644.

第 6 章 含缺陷工程薄壳结构承载力现行评估方法

6.1 引 言

对于薄壳结构的轴压屈曲问题，早期的承载力实验值与经典弹性屈曲理论预测值存在巨大的差异，实验值甚至在理论预测值的 1/3 以下，且实验数据表现出极大的离散性。分析结果表明，产生上述现象的原因是薄壳结构对初始缺陷非常敏感，从而导致了承载能力的大幅折减。目前，普遍采用折减因子 (含缺陷薄壳结构承载力与经典弹性屈曲理论预测值的比值) 来定量薄壳结构对初始缺陷的敏感程度。折减因子范围在 0.0~1.0，折减因子值越接近于 1.0，代表薄壳结构对初始缺陷越不敏感。因缺陷敏感性本质上是非线性动力分叉问题，极难被精准量化，相关研究充满挑战。从 20 世纪 30 年代 Von Karman 和钱学森 [1] 等的早期工作开始，相关研究从未间断。

NASA 在 1965 年提出了航天薄壳结构设计规范 NASA SP-8007[2]，该规范收集了轴压工况下不同径厚比薄壳结构的实验数据，并通过曲线拟合获得了折减因子的下限值表达式。航天领域的薄壳结构设计至今仍沿用 NASA SP-8007 给出的折减因子建议值 [3]，但大量实验结果已充分表明：相对于不断改进的加工工艺和逐渐积累的质量控制经验，早期的折减因子建议值将显得愈发保守，导致薄壳结构承载效率无法有效发挥，造成了结构超重。随着数值分析技术和实验技术的快速发展，折减因子定量研究再次成为固体力学领域的前沿问题。2015 年，英国皇家学会会士、剑桥大学 Thompson 教授 [4] 全面评述了这一学术热点，同时给出了一些数学家及物理学家对此问题新的理解。2017 年，美国三院院士、哈佛大学 Hutchinson 教授与 Thompson 教授 [5,6] 从能量壁垒 (Energy Barrier) 角度去理解球壳结构的缺陷敏感性机理，并准确预测含缺陷球壳结构的承载力。上述工作将为薄壳结构折减因子准确定量化预测提供理论依据。

随着计算力学的快速发展，近十年来自代尔夫特理工大学、德国宇航中心、NASA、大连理工大学等机构的各国学者纷纷关注基于数值分析技术的折减因子定量预测方法，即通过在数值模型中引入 “预设缺陷”，进而计算含缺陷结构的极限承载力，用以近似含有真实随机缺陷的薄壳结构极限承载力，从而预测薄壳结构的折减因子。薄壳结构折减因子的常用预测方法主要包括：

(1) 实测缺陷评估方法。Arbocz 等 [7] 开展了薄壳结构实测缺陷测量的早期研究工作，基于傅里叶级数近似表达实测缺陷的形状和幅值，进而将其引入至有限元模型中进行极限承载力预测。大直径加筋圆柱壳轴压实验结果表明了该方法具有较高的预测精度和可信性[7]。NASA 在 2007 年立项了 Shell Buckling Knockdown Factor (SBKF) 项目[8]，其研究思路是借助非接触式测量手段和全息技术对薄壳结构实际缺陷进行光学测量，进而将实测缺陷引入薄壳结构有限元模型中，基于高保真度的数值分析方法获得薄壳结构极限承载力的准确预测。Hilburger 等[8]针对六个复合材料光筒壳开展了实测缺陷评估方法的验证，预测结果与实验结果吻合较好。王博等[9]基于 3D-DIC 光学测量技术获得了光壳结构实测缺陷的点云信息，进而针对完善三维有限元模型进行模型修订，最后预测了含缺陷薄壳结构的极限承载力，与实验结果相比误差仅为 -0.6%。虽然实测缺陷评估方法可以准确可信地预测薄壳结构的实际承载力，但只能针对加工好的薄壳结构进行测量然后才能预测，在初始设计阶段难以进行折减因子的预测。

(2) 模态缺陷评估方法。根据欧洲钢结构设计规范[10]，在尚不能确定薄壳结构缺陷形状和幅值的情况下，可以采用薄壳结构的一阶特征值屈曲模态形状作为几何缺陷形状，引入完善有限元模型中预测含缺陷薄壳结构的承载力，进而指导结构初步设计。很多研究薄壳结构缺陷敏感性的工作，如滕锦光等[11]，张建等[12]，赵阳等[13]和陈俊岭等[14]均采用了这种模态缺陷评估方法。普遍来讲，模态缺陷方法较为保守，容易造成较大的承载力冗余。

(3) 折减刚度法 (Reduced Stiffness Method，RSM)。Croll 等[15−19]在 20 世纪 80 年代初提出了折减刚度法，用于快速计算薄壳结构的折减因子下限值。薄壳结构的刚度可以分为薄膜刚度和弯曲刚度两部分，而屈曲行为主要与其薄膜刚度有关，折减刚度法假设薄壳结构薄膜刚度会由于初始缺陷的存在而发生折减，从而导致了薄壳结构屈曲载荷大幅折减。因此折减刚度法在线性屈曲的计算框架下，完全消除了薄壳结构全域的薄膜刚度成分，用于计算薄壳结构的承载力下限。Sosa 等[17]进一步实现了折减刚度法在有限元软件 ABAQUS 上的应用。然而，由于折减刚度法是通过对薄壳结构全域进行薄膜刚度的完全消除，因此其预测的折减因子是过于保守的。Wagner 等[20]在折减刚度法的基础上提出了局部折减刚度法 (Localized Reduced Stiffness Method，LRSM)，其在非线性屈曲框架下，通过对壳体结构局部薄膜刚度进行折减实现折减因子的预测。马祥涛等[21]提出了一种不完全折减刚度法 (incomplete Reduced Stiffness Method，iRSM)，基于薄壳结构实测缺陷数据库与屈曲实验结果，建立了薄壳结构几何缺陷与薄膜刚度之间的折减关系函数，在线性屈曲分析系统下实现了折减因子的快速高精度预测。

(4) 扰动载荷类方法。薄壳结构在加工、装配、运输和服役期间，由于外力的撞击，最可能产生的几何缺陷类型就是凹陷型缺陷。德国宇航中心 Hühne 等[22]提出

了单点扰动载荷法 (Single Perturbation Load Approach，SPLA)，其在完善结构有限元模型上施加径向扰动载荷来产生凹陷，并通过不断增大缺陷幅值直至结构极限承载力收敛，从而预测含缺陷薄壳结构的折减因子下限值。这种方法被认为是一种非常贴近真实的缺陷类型，原因在于：凹陷可在结构缺陷测量中被发现并可以通过实验进行验证；凹陷缺陷可代表一类典型的几何缺陷来确定结构的临界载荷；凹陷缺陷可激发典型的屈曲变形特征，与实验观测到的屈曲失稳时局部出平面变形十分类似。虽然 SPLA 在薄壳结构折减因子预测中得到了广泛应用 [23]，但近年来大量学者的实验研究结果表明 [24]，实际结构表面出现的凹陷数量可能不唯一，导致 SPLA 无法完全覆盖实际缺陷的影响。近年来，学者们在 SPLA 基础上进行发展和改进，提出了以边界缺陷为扰动载荷的单边扰动法 (Single Boundary Perturbation Approach，SBPA)[24]、以单点位移为扰动载荷的单位移扰动法 (Single Perturbation Displacement Approach，SPDA)[25]、以多个均匀分布载荷为扰动载荷的多点扰动载荷法 (Multiple Perturbation Load Approach，MPLA)[26]。相比于 SPLA，上述方法表现出更高的预测精度。

6.2 基于既往实验数据的近似评估方法——NASA SP-8007 规范

NASA 在 1965 年收集了轴压工况下不同径厚比薄壳结构的实验数据，并通过曲线拟合获得了折减因子下限预测公式表达式，命名为 NASA SP-8007 规范，见图 6.1，如式 (6-1) 所示：

$$\mathrm{KDF} = 1 - 0.901\left(1 - e^{-\phi}\right) \tag{6-1}$$

$$\phi = \sqrt{R/t_{\mathrm{eq}}}/16 \tag{6-2}$$

式中，KDF 代表折减因子，R 代表薄壳结构半径，t_{eq} 代表薄壳结构的厚度或等效厚度。

对于加筋薄壳和复合材料薄壳结构，等效厚度的计算方式参考 NASA SP-8007 规范

$$t_{\mathrm{eq}} = 3.4689\sqrt{\frac{D_{11}D_{22}}{A_{11}A_{22}}} \tag{6-3}$$

式中，A_{11} 和 A_{22} 为加筋薄壳和复合材料薄壳结构等效刚度系数中的拉伸刚度系数，D_{11} 和 D_{22} 为弯曲刚度系数。

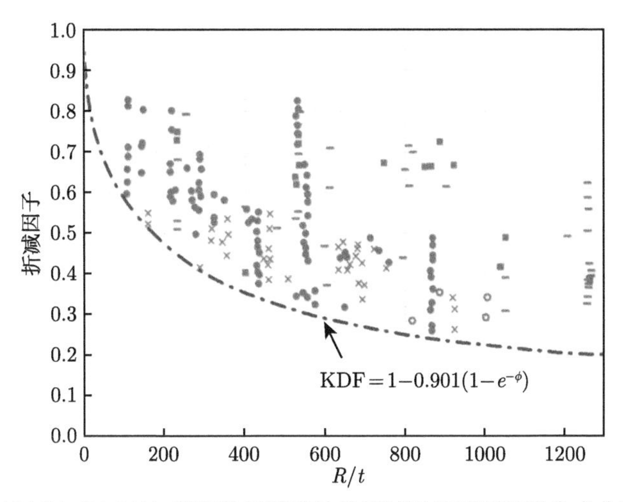

图 6.1 NASA SP-8007 规范轴压薄壳结构折减因子下限预测公式曲线示意图

6.3 基于近三十年实验数据的改进建议

随着加工制造工艺和实验技术的发展，学者们发现相同径厚比薄壳的轴压实验折减因子有明显的上升趋势，NASA SP-8007 规范显得愈发保守，已无法满足当下薄壳轴压屈曲载荷的预测精度要求。为此，作者搜集了 1990~2020 年近三十年公开资料中的轴压薄壳实验数据 (详细实验数据见表 6.1)，对 NASA SP-8007 规范折减因子下限预测公式进行了改进，并与原始的 NASA SP-8007 折减因子下限预测公式进行对比，如图 6.2 所示，其中更新后的折减因子下限预测公式如下：

$$\mathrm{KDF} = 1 - 0.5\left(1 - e^{-\frac{1}{7}\sqrt{\frac{R}{t_{\mathrm{eq}}}}}\right), \quad \text{for } \left(\frac{R}{t_{\mathrm{eq}}} < 1200\right) \tag{6-4}$$

可以看出，轴压薄壳屈曲实验折减因子有明显上升的趋势，这可能是由以下原因导致的：(1) 加工制造技术的发展提高了薄壳结构的制造精度，降低了初始缺陷幅值；(2) 材料体系的升级和创新加筋构型的设计提高了薄壳结构的缺陷容忍性，即降低了薄壳缺陷敏感性；(3) 先进的、高精度的实验技术减少了薄壳稳定性实验过程中的不确定性因素。相比于原始的 NASA SP-8007 规范，新公式预测的折减因子整体上提高了 0.1~0.3，这表明可以进一步释放轴压薄壳结构的安全裕度，降低原始折减因子公式过于保守导致的冗余设计质量，从而实现先进装备主承力薄壳结构的大幅减重。需要指出的是，NASA 曾预测折减因子的精确评估可以使未来重型运载火箭的大直径网格加筋结构减重 20%[29]。显然，这会为先进装备带来巨大的经济效益，特别对于我国新一代大直径重型运载火箭来说，有望大幅提高运载火箭的运力，保障我国探月工程和深空探测等航天任务的顺利完成。

表 6.1　1990～2020 年轴压屈曲薄壳实验数据

编号	作者及参考文献	时间	材料	结构形式	半径/mm	径厚比	长度/mm	实验件个数	承载能力/kN	折减因子	备注
1	Geier 等[30]	1991	CFRP	圆柱壳	250	200	510	2	221.48～227.76	0.80～0.82	[60/～60/0/0/68/～68/52/～52/37/～37]
						200		2	90.12～93.46	0.92～0.95	[51/～51/45/～45/37/～37/19/～19/0/0]
						200		2	227.76～287.23	0.83～1.02	[30/～30/90/90/22/～22/38/～38/53/～53]
						400		1	68.92	1.03	[51/～51/90/～90/40/～40]
2	Giavotto 等[31]	1991	Kevlar 纤维	圆柱壳	350	336.54	550	2	32.48	0.88	[0/90/90/0]
									31.79	0.84	[45/～45/～45/45]
3	Krishnakumar[32]	1991	Araldite LC 261/固化剂 LC 249	圆柱壳	77	197.44～596.9	69.3～192.5	36	—	0.66～0.98	—
4	Waters[33]	1996	AS4/3502	圆柱壳	203.2	201.19	355.6	1	133.59	0.74	$[45/0/90]_s$
					203.4	100.69	355.6	1	328.89	0.74	$[45/\sim45/\sim45/45]_{2s}$
					203.3	101.14	355.6	1	656.26	0.86	$[45/0/90]_{2s}$
					203	104.10	355.6	1	557.63	0.91	$[45/90_4/\sim45/45]_s$
					203.4	100.69	355.6	1	408.66	0.59	$[45/0_4/\sim45/45]_s$
5	Schneider[34]	1996	聚碳酸酯塑料	圆柱壳	19.1	15.04	38.1	3	13.41～13.61	—	无缺陷
								2	5.26～7.37	—	缺陷幅值/壳厚 =0.3
6	Bisagni[35]	1999	CFRP 纤维 \ CFRP 单向	圆柱壳	350	265.15	540	4	151.62～172.88	0.63～0.72	[0/45/～45/0]
						265.15		4	151.62～172.88	0.85～0.99	$[45/\sim45]_s$
						291.67		2	92.86～96.27	0.53～0.55	$[45/\sim45]_{2s}$
						291.67		2	92.05～99.54	0.54～0.59	$[90/0]_{2s}$
						233.33		2	185.94～196.23	0.64～0.68	[90/30/～30/90]
						233.33		2	155.35～159.06	0.98～0.99	[45/～45]

续表

编号	作者及参考文献	时间	材料	结构形式	半径/mm	径厚比	长度/mm	实验件个数	承载能力/kN	折减因子	备注
7	Kim[36]	1999	IM7/997-2	正置正交加筋圆柱壳	624.8	—	368.3	1	117.88	—	—
8	Meyer-Piening 等[37]	2001	CFRP	圆柱壳	250	200	510	2	208～212.6	—	[60/～60/0/0/68/～68/52/～52/37/～37]
								3	213～222	—	[37/～37/52/～52/68/～68/0/0/60/～60]
								8	206.6～228.2	—	[53/～53/8/～8/90/～90/68/～68/38/～38]
								12	186～249.7	—	[53/～53/38/～38/22/～22/90/～90/30/～30]
								4	88～92.4	—	[0/0/19/～19/37/～37/45/～45/51/～51]
								6	156～172.8	—	[51/～51/45/～45/37/～37/19/～19/0/0]
9	Bisagni 等[38]	2003	CFRP 纤维＼CFRP 单向	圆柱壳	350	292	540	1	74.93	—	$[45/\sim45]_{2s}$
						292		1	83.66	—	$[0/45/\sim45/0]_{2s}$
						265		1	97.95	—	$[45/\sim45]_{s}$
						265		1	140.2	—	[0/45/～45/0]
10	Hilburger 等[39]	2006	AS4/3502	圆柱壳	203.2	200	406.4	3	123.6	0.929	$[\sim45/45/0/0]_{s}$
									142	0.879	$[\sim45/45/90/90]_{s}$
									151.6	0.821	$[\sim45/45/0/90]_{s}$
11	Bisagni 等[40]	2006	CFRP	加筋圆柱壳	350	—	700	2	360.2～380.3	2.78～3.68	[45/～45]
12	Hilburger[41]	2008	Al-Li	正置正交加筋圆柱壳	1219.2	—	1981.2	1	3065.71	—	—

续表

编号	作者及参考文献	时间	材料	结构形式	半径/mm	径厚比	长度/mm	实验件个数	承载能力/kN	折减因子	备注
13	Fan[42]	2009	T700/双酚类环氧树脂 epoxy	含 Kagome 芯层的 CFRC 夹芯圆柱壳	312.5	—	375	1	524.6	—	—
14	Degenhardt 等 [43]	2010	IM7/8552	圆柱壳	250	500	540	10	21.32~25.69	0.68~0.82	[24/~24/41/~41]
15	Haynie 等 [44]	2012	铝合金 2024	圆柱壳	228.6	225	787.4	3	168~169	—	—
16	Priyadarsini 等 [45]	2012	CFRP	圆柱壳	150.5	150.5	400	4	77.1	—	[0/45/~45/0]
									98.6	—	[0/45/~45/0]
									99.8	—	[0/45/~45/0]
									98.2	—	[0/45/~45/0]
17	Chen 等 [46]	2013	T700/环氧树脂	碳纤维增强点阵夹芯圆柱壳	600	30	1600	1	1200	—	—
18	Bisagni[47]	2015	IM7/8552	圆柱壳	250	500	520	2	13.01~15.34	—	[45/~45/~45/45]
								2	12.75~14.33	—	[45/~45/~45/46]
								2	14.41~15.79	—	[45/~45/~45/47]
19	Schillo 等 [48]	2015	AS7/8552	圆柱壳	115	147	215	2	55.4~62.1	—	$[90/30/\sim30]_s$
20	Kalnins 等 [49]	2015	IM7/8552	圆柱壳	251.13	479.99	500	1	25.38	0.65	[24/~24/41/~41]
					251.8	481.27	500	1	25.64	0.66	[24/~24/41/~41]
					150.4	574.92	300	1	1.6	0.37	[0/45]
					150.4	574.92	300	1	2.44	0.56	[0/45]
					150.52	383.59	300	1	6.22	0.46	[0/60/~60]
					150.61	383.82	300	1	6.34	0.46	[0/60/~60]
					150.22	382.82	300	1	7.28	0.53	[0/60/~60]
					150.66	383.94	300	1	8.71	0.50	[0/45/~45]
					150.76	384.2	300	1	8.5	0.49	[0/45/~45]
					150.73	384.12	300	1	9.63	0.56	[0/45/~45]
					151.32	289.22	300	1	28.96	0.73	[24/~24/41/~41]
					150.76	288.15	300	1	26.85	0.68	[24/~24/41/~41]
					151.16	288.91	300	1	21.1	0.53	[24/~24/41/~41]
					151.01	288.63	300	1	25.47	0.65	[24/~24/41/~41]

续表

编号	作者及参考文献	时间	材料	结构形式	半径/mm	径厚比	长度/mm	实验件个数	承载能力/kN	折减因子	备注
21	Takano A[50]	2016	TR/HSX	圆柱壳	68.00	139.34	136	1	13.197	0.6	[~70/70/0/0/70/~70]
					71.75	147.03	287	1	11.87	0.54	[~70/70/0/0/70/~70]
					72.67	148.91	436	1	11.537	0.525	[~70/70/0/0/70/~70]
					68.00	194.84	136	1	12.997	0.615	[~70/70/0/0/70/~70]
					73.83	211.56	443	1	12.647	0.578	[~70/70/0/0/70/~70]
					74.00	422.86	148	1	1.806	0.877	[~70/0/70]
					73.83	421.9	443	1	1.437	0.697	[~70/0/70]
					68.00	139.34	136	1	12.665	0.576	[~70/70/0/0/70/~70]
					72.67	148.91	436	1	8.738	0.397	[~70/70/0/0/70/~70]
					68.00	194.84	136	1	10.366	0.491	[~70/70/0/0/70/~70]
					72.67	208.21	436	1	9.875	0.451	[~70/70/0/0/70/~70]
					68.00	586.21	136	1	0.583	0.605	[~50/0/50]
					72.67	626.44	436	1	0.464	0.492	[~50/0/50]
22	Wang 等[51]	2016	铝合金	加筋圆柱壳	2250	—	2200	1	3151	0.62	—
23	Li 等[52]	2016	T700/环氧树脂	碳纤维增强点阵夹芯圆柱壳	312.5	—	375	1	328.03	—	—
24	Wang 等[53,54]	2017	铝合金	圆柱壳	500	333	600	5	335.13~519.39	0.57~0.89	—
25	Khakimova 等[55]	2017	CFRP	圆柱壳	400	533	800	2	58.3~63.3	0.65~0.71	[34/~34/0/0/53/~53]
26	Rudd 等[56]	2018	Al 2219	正置正交加筋圆柱壳	1225.6	—	2286	1	3302.79	—	—
27	Hilburger 等[57]	2018	Al-Li	加筋圆柱壳	1219.2	—	1981.2	1	2878	—	—
28	Wu 等[58]	2018	T700/环氧树脂	多级正置正交加筋圆柱壳	312.5~315	—	590~596	2	132.74~359.24	—	—
29	Li 等[59]	2018	T700/环氧树脂	多级等三角形加筋圆柱壳	312.5	—	431	1	741.4	—	$[0, 60, -60]_s$
30	Li 等[60]	2020	T700/环氧树脂	折叠的点阵夹芯圆柱壳	312.5	—	375	1	293.4	—	—

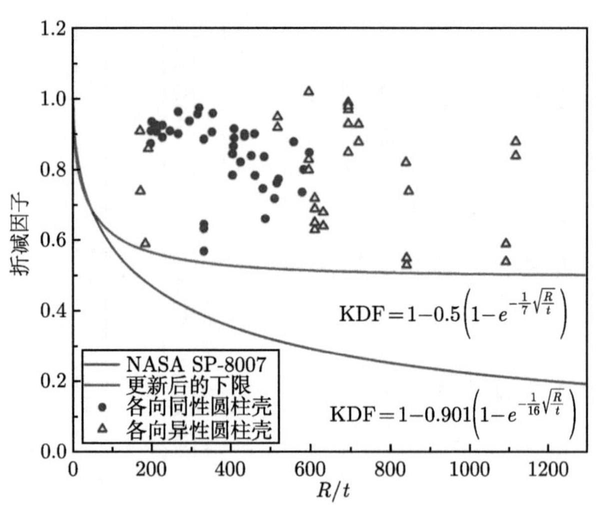

图 6.2　更新后的折减因子下限预测公式曲线示意图

6.4　基于数值分析的近似评估方法

6.4.1　实测缺陷评估方法

代尔夫特理工大学 Arbocz 等 [7]、NASA 兰利研究中心 Hilburger 等 [8]、本书作者 [9] 均给出了有效的实测缺陷评估方法，其主要步骤可概括如下 [9]：

步骤 1：光测获得点云信息。通过三维光学测量技术，获取薄壳结构的三维形貌点云信息，如图 6.3 所示。

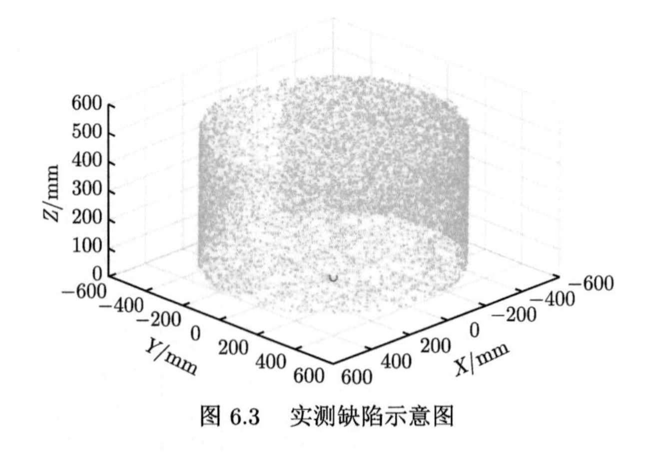

图 6.3　实测缺陷示意图

步骤 2：坐标点云的噪声消除。在获取的点云信息数据中难免会出现噪声点，如不加以处理，将会极大地影响基于点云信息修调有限元模型的可信度。另外，由于点云信息的空间密度不同、数据量大，须采用可靠的数值方法进行自动噪声消除。具体技术细节可以参考 5.4 节的内容。

步骤 3：根据薄壳结构几何参数，建立完善薄壳结构的有限元模型。

步骤 4：基于点云信息的模型修调。采用逐点空间邻域对应的方式，对完善薄壳结构有限元模型进行节点坐标修调，从而得到含实测缺陷的薄壳结构有限元模型。

步骤 5：基于修调后的薄壳结构有限元模型进行屈曲分析，获得含实测缺陷的薄壳结构承载力。

6.4.2 模态缺陷评估方法

欧洲钢结构设计规范 [10] 建议在不能确定缺陷形状和幅度的情况下，采用薄壳结构的一阶特征值模态形状 (Eigen-Mode Imperfection; Eigenform-Affine Imperfection) 来进行结构设计。滕锦光等 [11]、赵阳等 [13] 采用模态缺陷评估方法开展了薄壳结构缺陷敏感性分析。模态缺陷评估方法具体可归纳为以下三个步骤：

步骤 1：对薄壳结构进行特征值屈曲分析，得到屈曲模态形状，如图 6.4 所示。

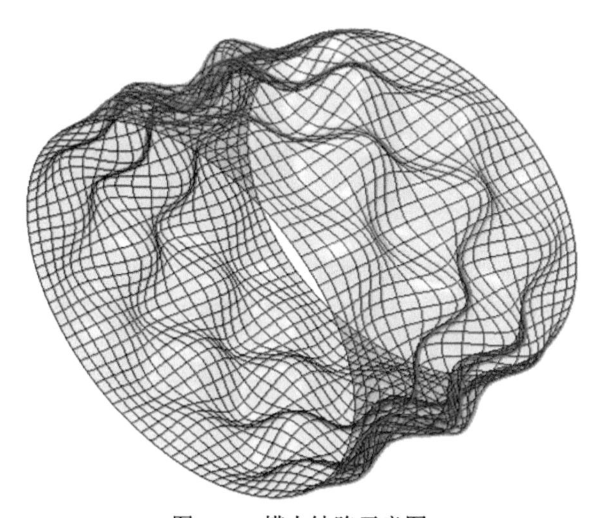

图 6.4 模态缺陷示意图

步骤 2：将模态形状进行归一化后，通过修改有限元模型节点坐标的方式引入至完善薄壳结构有限元模型中，得到含缺陷薄壳结构有限元模型。

步骤 3：对含缺陷薄壳结构有限元模型进行后屈曲分析求得极限承载力，改变缺陷的无量纲幅值，绘制缺陷敏感性曲线 (无量纲缺陷幅值–极限承载力)。随着缺陷幅值增大，缺陷敏感度曲线逐渐下降，直至趋于一个收敛值，以收敛值作为含缺陷薄壳结构的实际承载力。

6.4.3　单点扰动载荷方法

德国宇航中心 Hühne 等 [22] 发现薄壳的屈曲往往是由壳体某一位置的局部出平面变形引发，继而出现大面积的屈曲变形，因此他们提出利用径向单点扰动载荷产生凹陷，如图 6.5 所示，并用该类型缺陷进行敏感性分析。结果发现，凹陷缺陷可以引发与实验中观察到的屈曲初始时刻类似的局部出平面变形，且对结构承载能力有较大折减。随着扰动载荷的增大，这种折减效果逐渐趋于平稳，并在一定范围的扰动载荷下能够给出折减程度的下限值，如图 6.6 所示。他们还在实验中通过作动器实现了单点扰动载荷的加载，验证了数值模拟的可靠性。这种方法后被命名为 SPLA 方法，并被认为是实际较易发生的最不利缺陷类型，在薄壳结构折减因子预测中得到了广泛应用 [23]。Haynie 和 Hilburger[27] 还比较了径向单点扰动载荷、无应力凹陷对轴压金属薄壳结构的折减程度，结果表明两者的

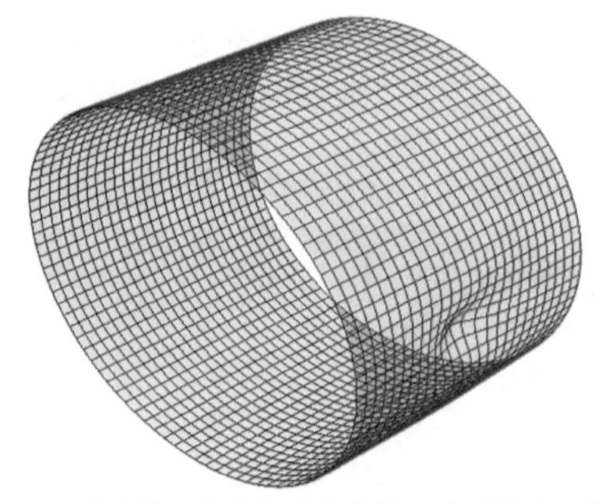

图 6.5　单点扰动载荷方法产生的凹陷型缺陷示意图

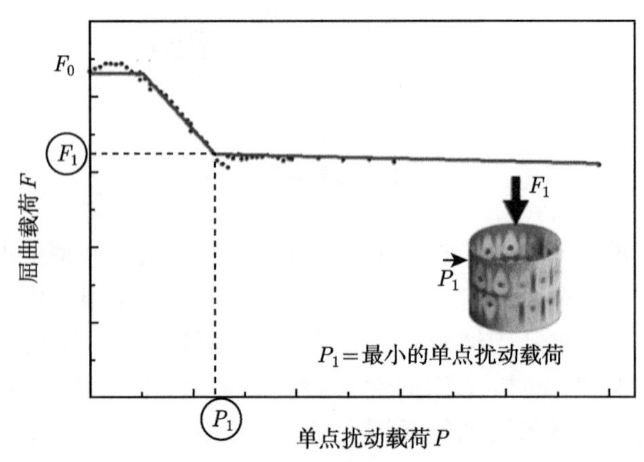

图 6.6　单点扰动载荷方法缺陷敏感性分析示意图 [22]

缺陷敏感性曲线极为相似。本节采用无应力凹陷进行薄壳结构的缺陷敏感性分析，其具体步骤可归纳为 [28]：

步骤 1：在薄壳结构中部施加径向单点扰动载荷，并进行考虑几何大变形的静力分析，得到薄壳结构凹陷型缺陷变形分布，如图 6.5 所示。

步骤 2：通过修改有限元模型节点坐标的方式，将凹陷型缺陷引入至完善薄壳结构有限元模型中，得到含缺陷薄壳结构有限元模型。

步骤 3：对含缺陷薄壳结构有限元模型进行后屈曲分析求得极限承载力，变化径向扰动载荷的幅值，绘制缺陷敏感性曲线 (径向扰动载荷幅值–极限承载力)，如图 6.6 所示。由图可以看出，随着扰动载荷的增大，缺陷敏感性曲线逐渐下降，直至趋于一个收敛值，以收敛值作为含缺陷薄壳结构的实际承载力。

参 考 文 献

[1] Von Karman, Tsien H S. The buckling of thin cylinders under axial compression[J]. Journal of Aeronautics Science, 1941, 8: 303-312.

[2] Anonymous. Buckling of thin-walled circular cylinders[S]. NASA Space Vehicle Design Criteria, NASA SP-8007, 1965.

[3] Hutchinson J W. Knockdown factors for buckling of cylindrical and spherical shells subject to reduced biaxial membrane stress[J]. International Journal of Solids and Structures, 2010, 47(10): 1443-1448.

[4] Thompson J M T. Advances in shell buckling: theory and experiments[J]. International Journal of Bifurcation and Chaos, 2015, 25(1): 1-25.

[5] Hutchinson J W, Thompson J M. Nonlinear buckling behaviour of spherical shells: barriers and symmetry-breaking dimples[J]. Philosophical Transactions of the Royal Society A: Mathematical, Physical and Engineering Sciences. 2017, 375(2093): 20160154.

[6] Hutchinson J W, Thompson J M. Nonlinear buckling interaction for spherical shells subject to pressure and probing forces[J]. Journal of Applied Mechanics, 2017, 84(6): 061001.

[7] Arbocz J, Williams J G. Imperfection surveys on a 10-ft-diameter shell structure[J]. AIAA Journal, 1977, 15(7): 949-956.

[8] Hilburger M W, Starnes Jr J H. Effects of imperfections of the buckling response of composite shells[J]. Thin-Walled Structures, 2004, 42(3): 369-397.

[9] Wang B, Zhu S Y, Hao P, et al. Buckling of quasi-perfect cylindrical shell under axial compression: A combined experimental and numerical investigation[J]. International Journal of Solids and Structures, 2018, 130: 232-247.

[10] Anonymous. Eurocode 3: design of steel structures[S]. European Committee for Standardisation, ENV 1993-1-6, 1999.

[11] Teng J G, Song C Y. Numerical models for nonlinear analysis of elastic shells with eigenmode-affine imperfections[J]. International Journal of Solids and Structures, 2001,

38(3): 3263-3280.

[12] 张建, 周通, 王纬波, 等. 模态缺陷条件下复合材料柱形壳屈曲特性 [J]. 复合材料学报, 2017, 34(3): 588-596.

[13] 叶军, 赵阳, 俞激. 初始几何缺陷对仓壁柱承钢筒仓稳定性能的影响 [J]. 工程力学, 2006, 23(12): 100-105.

[14] 陈俊岭, 舒文雅. 基于改进一致缺陷模态法的轴压圆柱薄壳极限承载力分析 [J]. 特种结构, 2013, 6(30): 53-57.

[15] Ellinas C P, Croll J G A. Elastic-plastic buckling design of cylindrical shells subject to combined axial compression and pressure loading[J]. International Journal of Solids and Structures, 1986, 22(9): 1007-1017.

[16] Croll J G A, Ellinas C P. Reduced stiffness axial load buckling of cylinders[J]. International Journal of Solids and Structures, 1983, 19(5): 461-477.

[17] Sosa E M, Godoy L A, Croll J G A. Computation of lower-bound elastic buckling loads using general-purpose finite element codes[J]. Computers & Structures, 2006, 84(29-30): 1934-1945.

[18] Zintilis G M, Croll J G A. Pressure buckling of end supported shells of revolution[J]. Engineering Structures, 1982, 4(4): 222-232.

[19] Croll J G A, Batista R C. Explicit lower bounds for the buckling of axially loaded cylinders[J]. International Journal of Mechanical Sciences, 1981, 23(6): 331-343.

[20] Wagner H N R, Sosa E M, Ludwig T, et al. Robust design of imperfection sensitive thin-walled shells under axial compression, bending or external pressure[J]. International Journal of Mechanical Sciences, 2019, 156: 205-220.

[21] Ma X T, Hao P, Wang F Y, et al. Incomplete reduced stiffness method for imperfection sensitivity of cylindrical shells[J]. Thin-Walled Structures, 2020, 157: 107148.

[22] Hühne C, Rolfes R, Breitbach E, et al. Robust design of composite cylindrical shells under axial compression—Simulation and validation[J]. Thin-Walled Structures, 2008, 46(7): 947-962.

[23] Castro S G, Zimmermann R, Arbelo M A, et al. Exploring the constancy of the global buckling load after a critical geometric imperfection level in thin-walled cylindrical shells for less conservative knock-down factors[J]. Thin-Walled Structures, 2013, 72: 76-87.

[24] Wagner H N R, Hühne C, Rohwer K, et al. Stimulating the realistic worst case buckling scenario of axially compressed unstiffened cylindrical composite shells[J]. Composite Structures, 2017, 160: 1095-1104.

[25] Wagner H N R, Hühne C, Niemann S. Constant single-buckle imperfection principle to determine a lower bound for the buckling load of unstiffened composite cylinders under axial compression[J]. Composite Structures, 2016, 139: 120-129.

[26] Arbelo M A, Degenhardt R, Castro S G P, et al. Numerical characterization of imperfection sensitive composite structures[J]. Composite Structures, 2014, 108: 295-303.

[27] Haynie W T, Hilburger M W. Comparison of methods to predict lower bound buckling loads of cylinders under axial compression[C]. 51st AIAA/ASME/ASCE/AHS/ASC

Structures, Structural Dynamics, and Materials Conference, Orlando, 2010.
[28] Hao P, Wang B, Li G, et al. Surrogate-based optimization of stiffened shells including load-carrying capacity and imperfection sensitivity[J]. Thin-Walled Structures, 2013, 72: 164-174.
[29] https://aviationweek.com.
[30] Geier B, Klein H, Zimmermann R. Buckling Tests with Axially Compressed Unstiffened Cylindrical Shells Made from CFRP[M]. DLR, 1991.
[31] Giavotto V, Poggi C, Chryssanthopoulos M, et al. Buckling behaviour of composite shells under combined loading[J]. Buckling of Shell Structures, on Land, in the Sea and in the Air, 1991: 53-60.
[32] Krishnakumar S, Foster C G. Axial load capacity of cylindrical shells with local geometric defects[J]. Experimental Mechanics, 1991, 31(2): 104-110.
[33] Waters W A. Effects of initial geometric imperfections on the behavior of graphite-epoxy cylinders loaded in compression[Z]. Old Dominion University, 1996(1996).
[34] Schneider M H. Investigation of the stability of imperfect cylinders using structural models[J]. Engineering Structures, 1996, 18(10): 792-800.
[35] Bisagni C. Experimental buckling of thin composite cylinders in compression[J]. AIAA Journal, 1999, 37(2): 276-278.
[36] Kim T D. Fabrication and testing of composite isogrid stiffened cylinder[J]. Composite Structures, 1999, 45(1): 1-6.
[37] Meyer-Piening H-R, Farshad M, Geier B, et al. Buckling loads of CFRP composite cylinders under combined axial and torsion loading – experiments and computations[J]. Composite Structures, 2001, 53(4): 427-435.
[38] Bisagni C, Cordisco P. An experimental investigation into the buckling and post-buckling of CFRP shells under combined axial and torsion loading[J]. Composite Structures, 2003, 60(4): 391-402.
[39] Hilburger M W, Nemeth M P, Starnes J H. Shell buckling design criteria based on manufacturing imperfection signatures[J]. AIAA Journal, 2006, 44(3): 1298-1309.
[40] Bisagni C, Cordisco P. Post-buckling and collapse experiments of stiffened composite cylindrical shells subjected to axial loading and torque[J]. Composite Structures, 2006, 73(2): 138-149.
[41] Hilburger M W, Waters Jr W A, Haynie W T. Buckling test results from the 8-foot-diameter orthogrid-stiffened cylinder test article TA01[R]. 2015.
[42] Fan H, Fang D, Chen L, et al. Manufacturing and testing of a CFRC sandwich cylinder with Kagome cores[J]. Composites Science and Technology, 2009, 69(15): 2695-2700.
[43] Degenhardt R, Kling A, Bethge A, et al. Investigations on imperfection sensitivity and deduction of improved knock-down factors for unstiffened CFRP cylindrical shells[J]. Composite Structures, 2010, 92(8): 1939-1946.
[44] Haynie W T, Hilburger M W, Bogge M, et al. Validation of lower-bound estimates for compression-loaded cylindrical shells[C]. Structural Dynamics and Materials Confer-

ence 20th AIAA/ASME/AHS Adaptive Structures Conference 14th AIAA, BBT - 53rd AIAA/ASME/ASCE/AHS/ASC Structures, 2012.

[45] Priyadarsini R S, Kalyanaraman, et al. Numerical and experimental study of buckling of anvanced fiber composite cylinders under axial compression[J]. International Journal of Structural Stability and Dynamics, 2012, 12(04): 1250028.

[46] Chen L, Fan H, Sun F, et al. Improved manufacturing method and mechanical performances of carbon fiber reinforced lattice-core sandwich cylinder[J]. Thin-Walled Structures, 2013, 68: 75-84.

[47] Bisagni C. Composite cylindrical shells under static and dynamic axial loading: An experimental campaign[J]. Progress in Aerospace Sciences, 2015, 78: 107-115.

[48] Schillo C, Röstermundt D, Krause D. Experimental and numerical study on the influence of imperfections on the buckling load of unstiffened CFRP shells[J]. Composite Structures, 2015, 131: 128-138.

[49] Kalnins K, Arbelo M, Ozolins O, et al. Numerical characterization of the knock-down factor on unstiffened cylindrical shells with initial geometric imperfections[C]. 20th International Conference on Composite Materials (ICCM20), July. 2015: 19-24.

[50] Takano A. Buckling Experiment on Anisotropic Long and Short Cylinders[J]. Advances in Technology Innovation, 2016, 1(1): 25-27.

[51] Wang B, Du K, Hao P, et al. Numerically and experimentally predicted knockdown factors for stiffened shells under axial compression[J]. Thin-Walled Struct., 2016, 109: 13-24.

[52] Li W, Sun F, Wang P, et al. A novel carbon fiber reinforced lattice truss sandwich cylinder: fabrication and experiments[J]. Composites Part A: Applied Science and Manufacturing, 2016, 81: 313-322.

[53] Wang B, Zhu S, Hao P, et al. Buckling of quasi-perfect cylindrical shell under axial compression: a combined experimental and numerical investigation[J]. International Journal of Solids and Structures, 2018, 130-131: 232-247.

[54] Wang B, Du K, Hao P, et al. Experimental validation of cylindrical shells under axial compression for improved knockdown factors[J]. International Journal of Solids and Structures, 2019, 164: 37-51.

[55] Khakimova R, Castro S G P, Wilckens D, et al. Buckling of axially compressed CFRP cylinders with and without additional lateral load: experimental and numerical investigation[J]. Thin-Walled Structures, 2017, 119: 178-189.

[56] Rudd M T, Hilburger M W, Lovejoy A E, et al. Buckling response of a large-scale, seamless, orthogrid-Stiffened metallic cylinder[C]. Structural Dynamics, & Materials Conference, Marc R B T - AIAA/ASCE/AHS/ASC Structures, 2018.

[57] Hilburger M W, Lindell M C, Waters W A. Test and analysis of buckling-critical stiffened metallic launch vehicle cylinders[C]. Gardner Structural Dynamics, and Materials Conference, Nathaniel W B T - 2018 AIAA/ASCE/AHS/ASC Structures, 2018.

[58] Wu H, Lai C, Sun F, et al. Carbon fiber reinforced hierarchical orthogrid stiffened

cylinder: fabrication and testing[J]. Acta Astronautica, 2018, 145: 268-274.

[59] Li M, Sun F, Lai C, et al. Fabrication and testing of composite hierarchical Isogrid stiffened cylinder[J]. Composites Science and Technology, 2018, 157: 152-159.

[60] Li W, Zheng Q, Fan H, et al. Fabrication and mechanical testing of ultralight folded Lattice-core sandwich cylinders[J]. Engineering, 2020, 6(2): 196-204.

第 7 章　含缺陷工程薄壳结构承载力高精度预测方法

7.1　引　　言

薄壳屈曲承载力对初始缺陷十分敏感，缺陷强敏感性本质是临界分支点处平衡位形的非稳定性，加之复杂薄壳初始缺陷随机分布特性，导致折减因子极难精准量化。结构稳定性公认的引领者 W. T. Koiter[1] 指出："几何缺陷是影响薄壳屈曲行为的最主要因素"，加之复杂薄壳结构的其他初始缺陷影响，屈曲承载力对缺陷强敏感程度的折减因子定量，数十年只能依赖已有实验数据进行下限拟合，缺少理论突破。美国三院院士哈佛大学 J. W. Hutchinson[2] 指出："迄今为止，大量信息表明，筒壳轴压折减因子的取值，仍是基于 NASA 在 1965 年搜集的实验数据统计基础上的保守估计"。

大尺寸承压薄壳愈加复杂多样，包括几何缺陷在内，初始缺陷不可避免地增多且越发复杂，制造和实验成本显著增长，加之传统实验拟合方法过于保守，无法满足装备精细化设计需求。必须摆脱实验依赖，构建基于数值预示的缺陷强敏感性定量方法，进而确定薄壳结构的折减因子。但因无法提前获取因制造产生的初始缺陷分布，数值计算则不能在薄壳制造之前，预示实际缺陷对屈曲承载力的折减。因此，必须阐明几何缺陷对非线性屈曲行为的影响机理，寻找等效数值缺陷，精准预示承载力折减下限。

围绕上述主题，本章主要介绍复杂薄壳缺陷敏感机理与等效数值缺陷、多点最不利扰动载荷法等内容。

7.2　复杂薄壳缺陷敏感机理与等效数值缺陷

本节针对影响薄壳非线性失稳行为的重要因素——几何缺陷，从高精度数值分析和高精度实验观测两个方面，揭示了缺陷敏感性机理，验证了等效数值缺陷能够诱发与任意初始几何缺陷近似的非线性失稳路径，由此探讨了仅考虑几何缺陷折减的下限承载力存在性，为构建基于等效数值缺陷预测承载力折减提供理论基础。

(1) 建立了高精度稳定性实验系统和数值分析模型。首先，基于第 8 章介绍的复杂薄壳高精度稳定性实验技术及系统，通过高精度装配调控、高精度观测系统、数物融合全场实验监测等手段，消除了载荷偏心、虚假弯矩及加载速度等因素对薄壳失稳的影响，毫秒级精度捕捉到了几何缺陷引起的从局部失稳波演化扩展至全局的完整动态过程。进而，通过形貌测量和点云处理，建立了考虑几何缺陷的复杂薄壳稳定性高精度分析模型。并通过验证与确认 (Verification & Validation) 技术，对数值分析结果和实验结果进行比对和修调，确定了分析模型的关键参数 (加载速度、单元尺寸等)。最终，建立了含几何缺陷薄壳结构非线性失稳高精度数值分析模型，开展了系列米级薄壳稳定性原理实验与大尺寸薄壳型号验证实验，数值分析模型高精度预测了薄壳失效模式与承载力，预测误差为 0.2%~6.7%，实现了数值与实验结果的同胚互验。

(2) 提出了类凹型数值缺陷。基于双重傅里叶级数拟合点云数据，建立了含实测几何缺陷的高精度薄壳有限元模型，开展了实测几何缺陷对薄壳后屈曲行为的影响研究。针对薄壳临界失稳波的特征识别，发现了薄壳局部刚度弱化是薄壳失稳的本质原因。由此提出了类凹型数值缺陷，即采用侧向扰动载荷激发侧向凹陷诱发薄壳局部刚度弱化，通过有限数目的凹陷叠加并调整其幅值，使其获得与实测几何缺陷影响相似的承载力和失稳模式，实现了实测几何缺陷的等效替代。进而，通过高精度数值分析和实验验证，对比并验证了类凹型数值缺陷与实测几何缺陷的相似性机理：几何缺陷扰动引起局部刚度弱化、失稳波迅速扩展，历经模态跳跃、能量逃逸等过程，最终趋于稳定的周期解，数值和实验均可验证，如图 7.1 所示。

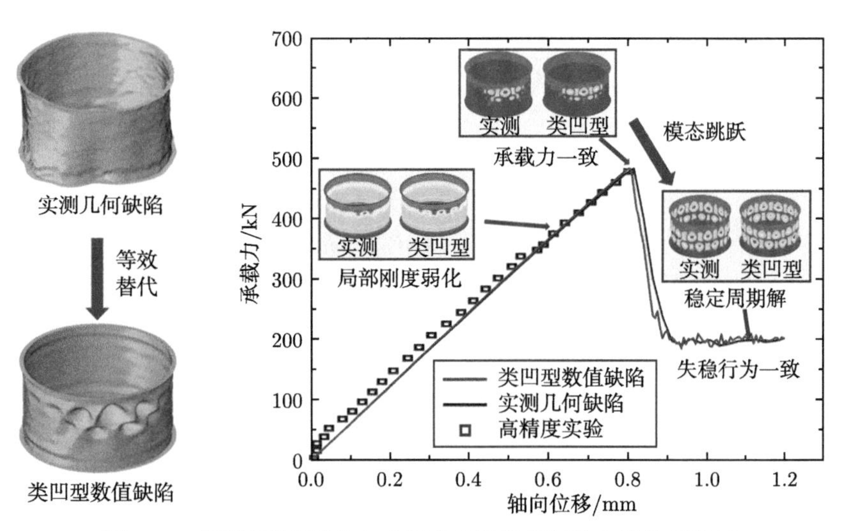

图 7.1 类凹型数值缺陷与实测几何缺陷相似性失稳机理验证

(3) 探讨了几何缺陷承载力名义下限的存在性。基于高精度的数值分析模型研究类凹型数值缺陷扰动下的薄壳后屈曲行为，如图 7.2 所示，首先考虑均匀分布在薄壳结构中部的 1 点、2 点和 4 点凹陷，发现虽然不同小幅凹陷引发了不同失稳路径，但经过局部失稳、模态跳跃、能量逃逸过程，最终都逼近稳定的周期解形式，周期解的波数分别为 11、10、12。其中，1 点凹陷失稳波形的演化为 1、3、5、7、9、11，2 点凹陷失稳波形的演化为 2、6、10，4 点凹陷失稳波形的演化为 4、12。引入的类凹型数值缺陷数目越多，模态跳跃次数越少。根据稳定周期解对应的失稳波数，在壳体结构中部分别引入 11、10、12 个均匀分布的小幅凹陷，发现后屈曲路径可直接趋近于稳定的周期解，且与 1 点，2 点，4 点激发的稳定后屈曲失稳路径近乎一致，这说明薄壳后屈曲失稳路径的局部解和周期解，均可通过类凹型数值缺陷逼近，且仅考虑小幅几何缺陷折减，存在下限承载力，能够包络随机几何缺陷对薄壳承载力的影响。它反映作为最重要影响因素——几何缺陷对承载力折减的影响极限，因其忽略了其他缺陷影响，可称之为“承载力名义下限”。

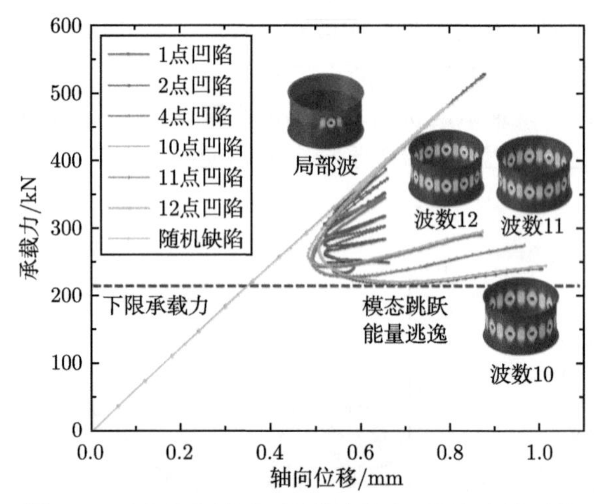

图 7.2 几何缺陷影响下承载力名义下限存在性讨论

7.3 多点最不利扰动载荷 (WMPLA) 法

基于 7.2 节的复杂薄壳缺陷敏感性机理，本节希望不受壳体结构形式所限构建普适性方法，获得等效数值缺陷，精准预测几何缺陷引起的承载力名义下限，并通过仅考虑几何缺陷的筒壳高精度稳定性实验加以验证。

首先，基于高精度数值分析模型，分析扰动载荷幅值和凹陷数目对薄壳后屈曲承载力的影响，结果如图 7.3 所示。在给定凹陷数目的情况下，改变扰动载荷的大小以产生不同幅值的凹陷，可以发现：随扰动载荷增大，薄壳后屈曲承载力逐渐下降，最终趋于稳定、不再下降。其次，在给定扰动载荷幅值条件下，增加凹陷数量，可以发现：随凹陷数量增多，薄壳后屈曲承载力逐渐下降，并最终趋于稳定、不再下降。根据上述发现，可以推测得出以下结论：通过优化凹陷空间分布位置及幅值，有望逼近结构的承载力下限值。

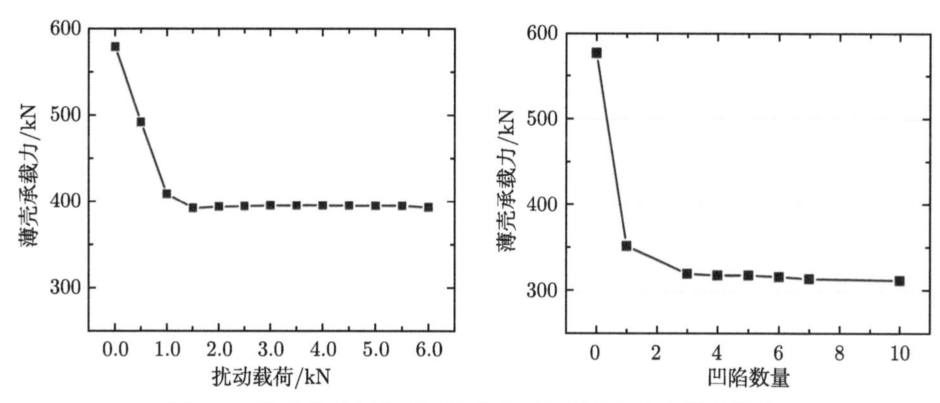

图 7.3 扰动载荷幅值和凹陷数目对后屈曲承载力影响规律

根据上述发现，本节基于数学规划模型，建立了最不利多点侧向凹陷方法 (WMPLA)[3−5]，该方法可获得多个凹陷精准空间分布作为等效数值缺陷。高精度数值和实验均验证，该方法能精准预测不同类型薄壳的承载力名义下限。引入多点凹陷作为等效缺陷，能引发全局失稳，解决了单一凹陷仅能引发局部失稳、难以精准预测承载力名义下限的难题。

7.3.1 WMPLA 方法框架

WMPLA 方法流程图如图 7.4 所示，数值实现步骤如下：

步骤 1：在薄壳结构表面施加径向多点扰动载荷，并进行静力分析，得到结构多点凹陷型缺陷变形分布。

步骤 2：通过修改有限元模型节点坐标的方式，将多点凹陷型缺陷引入至完善薄壳结构有限元模型中，得到含缺陷的薄壳结构有限元模型。

步骤 3：针对含缺陷的薄壳结构有限元模型进行后屈曲分析求得极限承载力，以凹陷分布 N_1, N_2, N_3，幅值 (加工质量)F_P 为优化设计变量，以最小化含缺陷薄壳结构极限承载力 P_{cr} 为优化目标，构建数学规划模型，优化获得含缺陷薄壳结构极限承载力的下限值，以其与完善薄壳结构极限承载力的比值作为折减因子。具体优化列式如下：

$$
\begin{aligned}
&\text{Find} : \boldsymbol{X} = [N_1, N_2, N_3, F_P] \\
&\text{Minimize} : P_{cr} \\
&\text{Subject to} : X_i^l \leqslant X_i \leqslant X_i^u, \quad i = 1, 2, \cdots, n+1
\end{aligned}
\tag{7-1}
$$

式中，X_i^l 和 X_i^u 分别代表第 i 个设计变量的下限值和上限值，n 代表设计变量的数目。

需要说明的是，薄壳结构，尤其是大尺寸薄壳结构的后屈曲分析耗时较长，田阔等 [6] 基于渐进均匀化及模型修正方法，建立了适用于网格加筋圆柱壳结构的高保真度等效模型，并以其替代精细有限元模型进行分析，提升了 WMPLA 方法的效率。此外，采用数学规划模型进行包含凹陷发生位置等离散变量的最不利多点扰动载荷搜索时，传统的梯度类优化算法难以满足寻优要求，而遗传算法、模拟退火算法等智能算法的优化效率又较低。因此，WMPLA 方法利用代理模型优化方法进行多点最不利扰动载荷搜索。

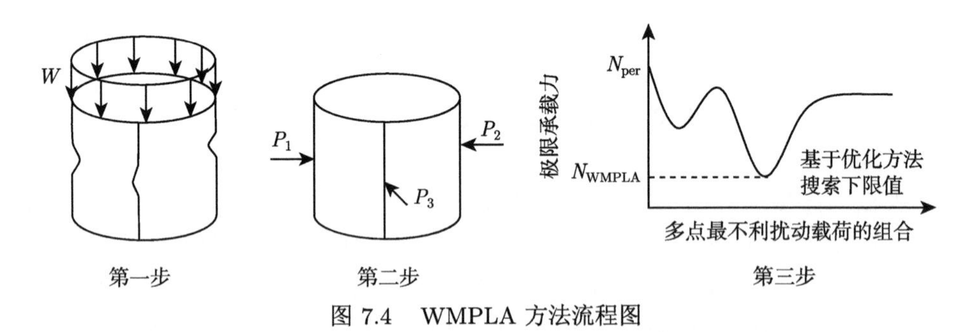

图 7.4 WMPLA 方法流程图

7.3.2 WMPLA 与现行评估方法精度比较

本节以五个不同加工质量的 1 m 直径薄壳轴压稳定性实验结果为基准，对比了 NASA SP-8007 规范、实测缺陷评估方法、模态缺陷评估方法、单点扰动载荷评估方法、WMPLA 评估方法的极限承载力预测精度 [7−10]。1 m 直径薄壳实验件示意图如图 7.5 所示，轴压稳定性实验示意图如图 7.6 所示。分别针对这五个薄壳结构开展了轴压稳定性实验，实验测得的薄壳结构极限承载力结果如表 7.1 所示。

1. NASA SP-8007 规范预测结果

基于 NASA SP-8007 的经验公式，得到的折减因子 KDF 为 0.39。若基于 6.3 节中基于近三十年实验数据获得的改进经验公式，可以得到折减因子 KDF 为 0.54。

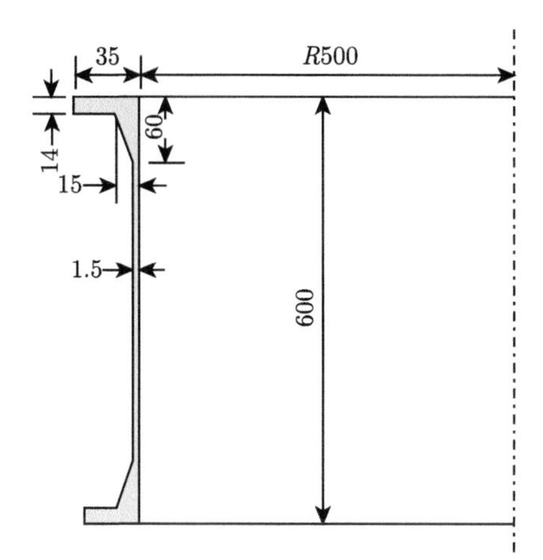

图 7.5 1 m 直径薄壳实验件示意图

图 7.6 1 m 直径薄壳轴压稳定性实验示意图

表 7.1 实验结果及不同评估方法折减因子预测结果对比

	W1	W2	W3	W4	W5	下限值
实验结果	0.79	0.80	0.57	0.58	0.51	0.51
实测缺陷评估方法	0.79	0.79	0.59	0.61	0.51	—
NASA SP-8007 规范	0.39					
模态缺陷评估方法 (欧洲钢结构设计规范采用方法)	0.56					
单点扰动载荷方法 (德国宇航中心采用方法)	0.61					
WMPLA 方法	0.51					

2. 实测缺陷评估方法预测结果

本节采用实测缺陷评估方法进行薄壳缺陷点云测量及极限承载力预测。薄壳结构 W1~W5 的外壁轮廓点云信息源于第 6 章建立的工程薄壳缺陷数据库，缺陷示意图如图 7.7 所示。基于上述缺陷数据，开展完善三维有限元模型修调，获得了含实测缺陷的薄壳有限元模型，其中薄壳结构 W1 的示意图如图 7.8 所示。

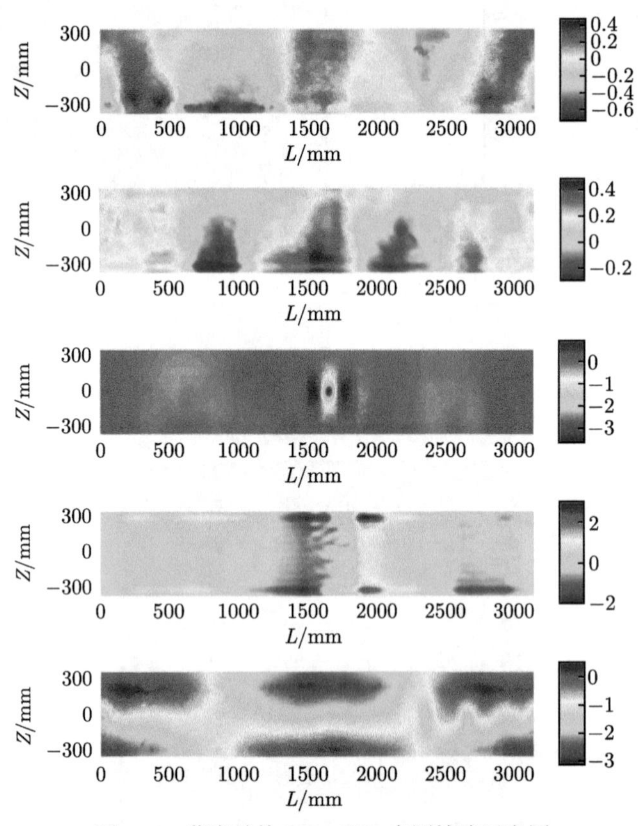

图 7.7　薄壳结构 W1~W5 实测缺陷示意图

针对含实测缺陷的薄壳结构有限元模型，基于显式动力学方法开展后屈曲分析，计算获得薄壳结构 W1~W5 的极限承载力分别为 479.2 kN、510.5 kN、384.16 kN、401.1 kN 和 329.51 kN，并将实验结果与完善结构承载力计算结果相除，得到其折减因子值，如表 7.1 所示。可以看出，实测缺陷评估方法对于 W1 和 W2 的预测精度较高，表明这两个薄壳结构的初始几何缺陷是影响其极限承载力的主要因素。而 W3~W5 的预测误差相对较大，表明还有其他类型的缺陷影响着这三个薄壳结构的极限承载力，实测缺陷评估方法难以完全涵盖其他类型缺陷的影响。

图 7.8 含实测缺陷薄壳结构有限元模型 (以 W1 为例，缺陷放大 50 倍，红色为完善模型)

3. 模态缺陷评估方法预测结果

本节采用模态缺陷评估方法进行薄壳极限承载力预测。首先，对薄壳结构进行特征值屈曲分析，得到第一阶屈曲模态形状，如图 7.9 所示。然后，将模态缺陷幅值基于蒙皮厚度进行归一化后，通过修改有限元模型节点坐标的方式引入至完善模型中，得到含缺陷薄壳有限元模型。最后，基于显式动力学方法对含缺陷薄壳有限元模型进行后屈曲分析求得极限承载力，选取模态缺陷幅值因子为 1 时的承载力作为极限承载的下限值，可以得到基于模态缺陷评估方法预测的薄壳结构 W1~W5 的折减因子为 0.56。但圆柱壳的极限承载力对不同阶屈曲模态缺陷的敏感程度不同，若选取第五阶屈曲模态作为缺陷形式，其预测的折减因子为 0.26，甚至低于 NASA SP—8007 规范的经验公式。

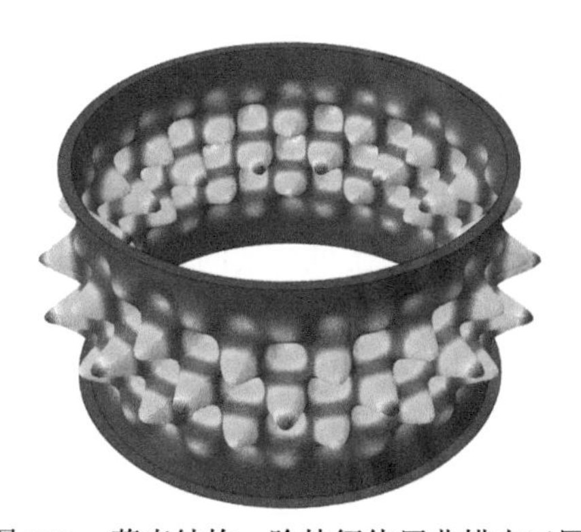

图 7.9 薄壳结构一阶特征值屈曲模态云图

4. 单点扰动载荷评估方法预测结果

本节采用 SPLA 方法进行薄壳极限承载力预测。首先，在薄壳中部施加径向单点扰动载荷模拟单点凹陷型缺陷，并进行考虑几何大变形的静力分析，得到凹陷变形分布，如图 7.10 所示。然后，通过修改有限元模型节点坐标的方式，将凹陷引入完善模型中，得到含缺陷薄壳有限元模型。最后，基于显式动力学方法对含缺陷薄壳有限元模型进行后屈曲分析求得极限承载力，改变径向扰动载荷的幅值，绘制缺陷敏感性曲线 (径向扰动载荷幅值–极限承载力)，获得极限承载力的下限值。基于 SPLA 方法预测的薄壳折减因子为 0.61。

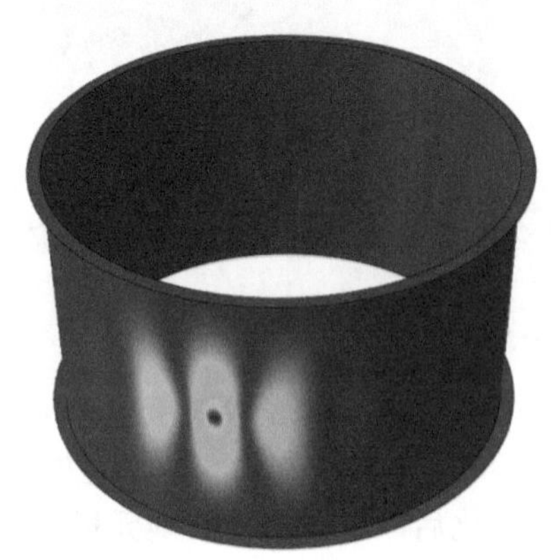

图 7.10 单点扰动载荷方法产生的单点凹陷型缺陷示意图

5. WMPLA 评估方法预测结果

根据 WMPLA 方法进行薄壳极限承载力预测。首先，在薄壳结构表面施加径向三点扰动载荷，并进行静力分析，得到结构三点凹陷型缺陷变形分布。然后，通过修改有限元模型节点坐标的方式，将三点凹陷型缺陷引入至完善薄壳结构有限元模型中，得到含缺陷的薄壳结构有限元模型。最后，针对含缺陷的薄壳结构有限元模型进行后屈曲分析求得极限承载力，以扰动载荷的坐标值 X (柱坐标下的扰动载荷的高度 $z1 \sim z3$ 和角度变量 $r1 \sim r3$) 为优化设计变量，以最小化含缺陷薄壳结构极限承载力 Pim 为优化目标，优化获得含缺陷薄壳结构极限承载力的下限值。采用最优拉丁超立方法在设计空间中抽样 100 次，并基于这些样本点构建径向基函数代理模型，进而采用多岛遗传算法进行全局寻优。以 W1 筒为例，其 WMPLA 方法设计空间及优化结果如表 7.2 所示，优化迭代历程如图 7.11 所示。WMPLA 方法预测的薄壳极限承载力为 333.5 kN，预测的折减因子为 0.51。

表 7.1 和图 7.12 对比了上述五种评估方法预测结果与实验值结果。从比较结果来看，可以获得如下结论：

1) 薄壳结构 W1~W5 的加工尺寸与材料一致，但其轴压稳定性实验结果表现出较大的离散性，W1 的极限承载力最大 (482.2 kN)，W5 的极限承载力最小 (335.1 kN)，两者相差 147.1 kN，可见缺陷对薄壳结构的极限承载力具有极大的影响，因此对薄壳结构极限承载力下限值进行准确预测具有重要意义。

表 7.2 WMPLA 方法设计空间及优化结果

设计变量	下限值	上限值	初始值	优化结果
z_1/mm	0	500	300	273.20
z_2/mm	0	500	300	345.16
z_3/mm	0	500	300	291.26
r_1/(°)	0	360	0	297.36
r_2/(°)	0	360	120	261.14
r_3/(°)	0	360	240	352.78
P_{im}/kN	—	—	—	333.5

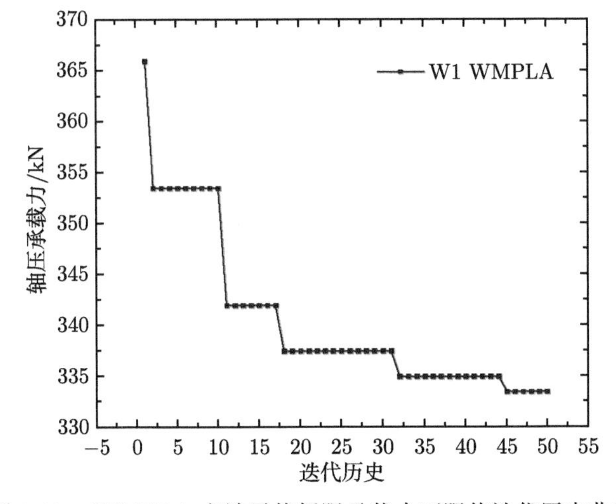

图 7.11 WMPLA 方法寻找极限承载力下限值迭代历史曲线

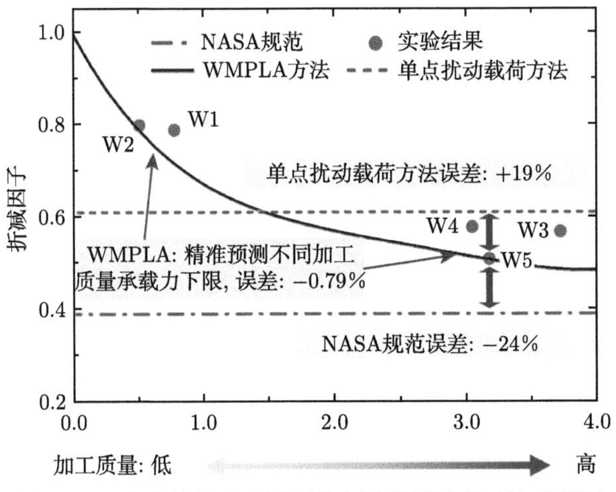

图 7.12 实验结果及不同评估方法预测精度对比示意图

2) 在五种评估方法中，本书提出的 WMPLA 方法的预测结果对实验结果下限值包络最准确 (相比实验结果下限值误差 −0.79%，精准预测了不同加工质量的薄壳结构承载力下限)。尽管 NASA SP-8007 规范、模态缺陷评估方法这两种方法也能对实验结果下限值有一定程度的包络，但其预测的极限承载力相比实验结果下限值预测偏差分别是 −24.13%和 −5.2%，较大地低估了薄壳结构的极限承载力，易导致设计保守、结构超重。

3) 薄壳结构 W1∼W5 的实测缺陷评估方法预测结果的误差分别为 −0.6%、−1.7%、3.5%、4.9%和 1.0%，最小误差为 −0.6%，最大误差为 4.9%。考虑到实测缺陷评估方法仅考虑了结构的几何缺陷，并未考虑材料及边界缺陷等因素对极限承载力的影响，因此其预测结果容易出现一定的偏差，甚至过高地估计了薄壳结构 W3∼W5 的极限承载力，易导致设计风险。此外，实测缺陷评估方法需要针对加工好的薄壳结构进行缺陷测量才能进行极限承载力的评估，是一种后验型评估方法，无法在结构设计阶段进行极限承载力的预测。

4) 单点扰动载荷方法 (德国宇航中心采用方法) 预测的折减因子 0.61 比实验结果下限值 0.51 高了 19%，同样过高估计了薄壳结构的实际折减因子，易导致设计风险。

总的来说，在上述提及的评估方法中，本书提出的 WMPLA 方法对于折减因子下限值预测更为准确。其通过优化技术搜索获得最不利的缺陷组合，对于折减因子下限值的获得提供了有效的力学和数学保证，相比其他基于经验的折减因子评估方法具有理论支撑。同时，WMPLA 方法可在设计前期完成对于薄壳结构折减因子下限值的高精度预测，相比基于实测缺陷的评估方法节省了大量成本，有望在初始设计阶段进行大规模推广。综上可见，WMPLA 方法是一种更为先进、更为精确的薄壳结构折减因子下限值数值预测方法，该方法有助于实现薄壳结构承载能力精准评估，对于提升先进装备薄壳结构承载能力具有重要意义。

7.3.3 WMPLA 普适性验证

为进一步验证 WMPLA 方法的普适性，本节以复合材料筒壳结构 [11] 为例，采用 WMPLA 方法预测结构的承载力。如图 7.13 所示，算例所采用的复合材料筒壳结构包含几何凹坑缺陷和分层缺陷，验证结果如表 7.3 所示。采用 WMPLA 方法预测其承载力为 89.5 kN，折减因子为 0.731，相比于实验结果误差仅为 −0.28%。而 NASA SP-8007 规范预测结果过于保守，承载力折减因子为 0.403，相比于实验结果误差高达 46.41%。此外，WMPLA 方法的预测误差也显著小于模态缺陷、单点扰动载荷方法、分层缺陷等方法对该结构承载力的预测误差。该算例验证了 WMPLA 方法对于复合材料结构承载力预测的可行性。

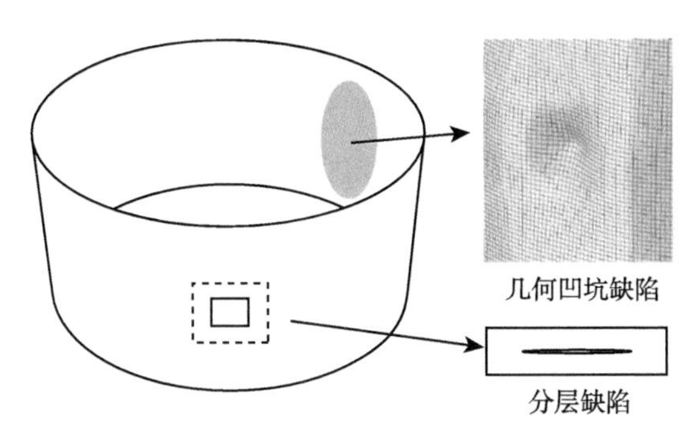

图 7.13 复合材料筒壳结构示意图

表 7.3 复合材料筒壳实验验证及典型承载力方法预测精度

	实验值	NASA SP-8007 规范	模态缺陷方法	单点扰动载荷方法	分层缺陷方法	WMPLA 方法
极限承载力/kN	92.1	—	75.5	106.4	109.8	89.5
折减因子	0.752	0.403	0.616	0.868	0.896	0.731
相对误差	—	46.41%	−18.08%	15.43%	19.15%	−0.28%

图 7.14 M 系列及 Z 系列加筋壳结构示意图

表 7.4 M 系列加筋壳实验验证及折减因子结果对比

M 系列	实验值	NASA SP-8007 规范	单点扰动载荷方法	WMPLA 方法
折减因子	0.880~0.938	0.544	0.735	0.843
相对误差	—	−38.18%	−16.48%	−4.20%

表 7.5 Z 系列加筋壳实验验证及折减因子结果对比

Z 系列	实验值	NASA SP-8007 规范	单点扰动载荷方法	WMPLA 方法
折减因子	0.926~0.944	0.608	0.826	0.855
相对误差	—	−34.34%	−10.79%	−7.67%

进一步地，将 WMPLA 方法应用于采用环轧锻造工艺的 M 系列加筋壳和采用壁板焊接工艺的 Z 系列加筋壳，如图 7.14 所示。其中，M 系列加筋壳缺陷幅值为 0.176~0.896 mm，实验验证及折减因子结果如表 7.4 所示。从表格中可以看出，WMPLA 方法预测的 M 系列加筋壳结构承载力折减因子相比于实验结果误差为 −4.20%，而采用 NASA SP-8007 规范的预测误差为 −38.18%，单点扰动载荷方法的预测误差为 −16.48%。因此，相比于 NASA SP-8007 规范、单点扰动载荷方法等同类承载力预测方法，采用所提出的 WMPLA 方法能够大幅度减小结构承载力及折减因子的预测误差。Z 系列加筋壳缺陷幅值为 1.883~2.435 mm，实验验证及折减因子结果如表 7.5 所示。WMPLA 方法预测的 Z 系列加筋壳结构承载力折减因子相比于实验结果误差为 −7.67%，而采用 NASA SP-8007 规范的预测误差为 −34.34%，单点扰动载荷方法的预测误差为 −10.79%，该结果能够进一步验证了上述结论。

在上述算例的基础上，将 WMPLA 方法应用于含加筋、焊缝、端框、开口等特征的金属、复合材料壳体结构，实现了弹塑性屈曲等多种失效模式结构的承载力预测，相比于实验结果均得到了较高的预测精度。由此可见，WMPLA 方法不受薄壳结构形式限制，可以适用于不同结构构型及不同材料类型的结构，同时，该方法也能考虑不同的失效模式和几何缺陷不同幅值，可适应不断提升的加工成型质量。

通过上述数值和实验对比结果可以表明，WMPLA 方法对于多类材料、工艺条件下的工程薄壳结构的折减因子下限值预测具有很好的普适性。但须引起注意的是，对于大型复杂薄壳，除几何缺陷外，材料偏差、加载偏差等多源缺陷将更加高发，其对薄壳承载力的折减影响将不可忽视。目前来看，如何高效、精准、可靠地定量多源缺陷影响，成为关键难题。一种潜在的解决思路是建立考虑多源缺陷影响的高效高精度可靠性评估方法，但其面临两方面挑战：一方面，大型复杂薄壳非线性后屈曲分析耗时严重，难以高效计算含多源缺陷结构承载力；另一方面，大型复杂薄壳多源缺陷不确定性变量数目激增，极大地制约了折减因子高可靠性评估效率。在未来的研究工作中，作者将围绕这一方向开展深入的研究，以实现工程薄壳折减因子评估准则创新。

参 考 文 献

[1] Koiter W T. On the Stability of Elastic Equilibrium[M]. National Aeronautics and Space Administration, 1967.

[2] Hutchinson J W. Knockdown factors for buckling of cylindrical and spherical shells subject to reduced biaxial membrane stress[J]. International Journal of Solids and Structures, 2010, 47(10): 1443-1448.

[3] Wang B, Hao P, Li G, et al. Determination of realistic worst imperfection for cylindrical shells using surrogate model[J]. Structural and Multidisciplinary Optimization, 2013, 48(4): 777-794.

[4] Hao P, Wang B, Li G, et al. Worst multiple perturbation load approach of stiffened shells with and without cutouts for improved knockdown factors[J]. Thin-Walled Structures, 2014, 82: 321-330.

[5] Wang B, Du K F, Hao P, et al. Numerically and experimentally predicted knockdown factors for stiffened shells under axial compression[J]. Thin-Walled Structures, 2016, 109: 13-24.

[6] Tian K, Wang B, Hao P, et al. A high-fidelity approximate model for determining lower-bound buckling loads for stiffened shells[J]. International Journal of Solids and Structures, 2018, 148-149: 14-23.

[7] Wang B, Zhu S, Hao P, et al. Chao, Buckling of quasi-perfect cylindrical shell under axial compression: A combined experimental and numerical investigation[J]. International Journal of Solids and Structures, 2018, 130: 232-247.

[8] Wang B, Du K F, Hao P, et al. Experimental validation of cylindrical shells under axial compression for improved knockdown factors[J]. International Journal of Solids and Structures, 2019, 164: 37-51.

[9] Hao P, Wang B, Li G, et al. Hybrid framework for reliability-based design optimization of imperfect stiffened shells[J]. AIAA Journal, 2015, 53: 2878-2889.

[10] Ma X T, Hao P, Wu H. High-fidelity numerical simulation and experimental validation of a 1600-mm-diameter axial loaded grid stiffened cylindrical shell[J]. International Journal of Solids and Structures, 2023, 273: 112262.

[11] Wang B, Ma X T, Hao P, et al. Improved knockdown factors for composite cylindrical shells with delamination and geometric imperfections[J]. Composites Part B: Engineering, 2019, 163: 314-323.

第 8 章　工程薄壳高精度稳定性实验技术

8.1　引　　言

近年来，工程薄壳设计能力的提高推动工程薄壳结构向极限承载的设计思路发展，即工程薄壳结构的极限承载力越来越接近其实际使用时的载荷值。除了数值分析等手段，高精度实验技术对于工程薄壳稳定性的实验验证与结构设计也具有重要的指导意义。对于工程薄壳稳定性实验来说，一旦实验过高或过低估计结构极限承载力，极易导致结构难以满足使用载荷需求，或者造成结构超重等问题。因此，工程薄壳结构的实验考核亟须进一步提升精度，这就迫切需要研制工程薄壳高精度实验系统。

围绕着薄壳结构稳定性实验，学者们开展了大量研究，重点关注实验件与分析模型的差异，即几何缺陷。意识到几何缺陷是造成薄壳结构承载力预测值与实验值差异的主要原因，学者们从 20 世纪中期就开始开展关于薄壳几何缺陷的实验研究 [1–5]。1969 年，Tennyson 等 [6] 开展了薄壳试件的轴压实验研究，用高速摄像技术记录薄壳失稳波形，通过失稳波形分析指出了轴对称缺陷数值是有效的数值预测预设缺陷。为了验证数值预测预设缺陷，薄壳试件几何缺陷预制方法受到了关注。Muggeridge 等 [7] 通过加工制造了特定幅值和波形的几何缺陷模具，将 Koiter 方法中的轴对称预设缺陷波形引入薄壳试件中。应用这一方法，Hutchinson 等 [8] 在薄壳试件中引入了不同幅值的局部轴对称凹陷型缺陷，Caswell 等 [9] 引入了多种不同分布的轴对称全局轴对称几何缺陷，Foster 等 [10] 引入了局部钻石形凹陷型缺陷，并开展了轴压稳定性实验。由于含不同类型预制几何缺陷的薄壳试件的失稳路径一般不同，薄壳试件失稳波形的精确观测显得十分重要。Krishnakumar 等 [11] 提出了薄壳结构变形的全场光学测量方法，其基本思想是通过光学反射将薄壳结构的内表面反射至标准格栅平面中，随着实验加载，薄壳波形演化过程就记录在格栅平面中。应用上述方法，Krishnakumar 等 [12] 预制了不同幅值的局部钻石形凹陷型缺陷，通过观测薄壳的失稳波形，指出该缺陷并没有全局缺陷对承载力的影响大。总的来说，随着初始几何缺陷预制方法和失稳波形观测方法的发展，薄壳结构稳定性实验能力得到了长足的进步，但由于初始几何缺陷预制模具和用于观测薄壳失稳标准格栅平面的精度限制，其实验系统精度达到了瓶颈。

虽然学者们提出了多种预设缺陷来表征薄壳试件的实际几何缺陷，但预制值与实验的差异始终难以消除，因此，薄壳试件实际几何缺陷的观测—表征—预制需求愈发强烈。随着结构实验技术的发展，光学测量技术得到了大量应用。其中，非接触式光学测量方法作为一种先进的实验数据观测方法受到了大量关注。较为典型的是数字图像相关 (Digital Image Correlation, DIC) 方法，这是一种测量物体表面变形的光学测量方法。DIC 方法首先追踪变形过程中具有灰度值图案的较小邻域，进而可计算出待测物体表面位移及应变分布。学者们开展了大量研究工作，提高了 DIC 方法的观测效率、观测精度以及适用范围：罗鹏飞等 [13] 通过将不同相关系数的牛顿—拉弗森法引入 DIC 方法来最小化搜索时间，在保证精度的前提下，大幅提高了 DIC 方法的测量效率，并搭建了基于多组摄像设备的空间测量系统，有效提高了非接触式光学测量精度。Li 等 [14] 基于 DIC 方法应用四台摄像机成功观测了试件厚度方向上应变信息。DIC 发展至今，其应变测量能力可达到 0.005%～2000%，测量对象大小可从 0.8 mm～100 m。该技术已经成功应用于结构表面位移测量 [15]，以及复合材料拉伸实验 [16]、搅拌磨擦焊 [17]、电子束焊接 [18]、钢筋混凝土梁剪切 [19] 以及三点弯曲实验 [20] 的应变场测量中。除了全场应变测量，DIC 方法也是观测薄壳结构三维形貌的一种有效方法 [21]。面向初始几何缺陷，NASA Langley 研究中心将非接触式光学测量技术应用于大直径薄壳结构实验中，搭建了基于 DIC 光学测量方法的全场观测系统，收集了直径 8.3 m 全尺寸和 2.4 m 小尺寸的铝合金网格加筋薄壳结构的初始几何缺陷 [22−24]。王博等 [25−27] 采集了薄壳以及三角形网格加筋薄壳结构的实测缺陷，并将其引入完善有限元模型，开展了一系列薄壳结构的缺陷敏感性分析。

然而，随着先进装备主承力舱段直径增大，高精度 DIC 方法观测薄壳结构所得到的三维形貌点云数据常常都是百万量级，且百万量级数据中存在大量冗余数据以及噪声数据，这大幅降低了基于实测缺陷的承载性能数值方法分析效率和精度。为了消减冗余数据，学者们提出了三维形貌点云数据的多种精简方式。均匀网格 [28]、三角形网格方法 [29] 主要用于散乱点云数据。等分布密度法和最小包围区域法等 [30] 主要用于网格化点云。为了降低噪声数据，标准高斯、平均或中值滤波算法等被应用于三维形貌点云数据的处理中。其中，高斯滤波的优势是能够保持原数据的形貌，中值滤波可以有效地消除数据毛刺效果 [31]。在数据精简和滤波处理过程中，三维形貌点云数据难免会丢失一些特征数据信息，特别是尖锐角、棱线以及曲率变化较大的数据。数据分块 [32,33]、数据分割 [34]、基于分层维的扫描线数据精简方法 [35] 被用来提升三维形貌点云数据的精度。但上述方法对于大规模点云数据的处理效率不高，是观测处理初始几何缺陷的瓶颈问题。凹陷型缺陷是一种用于尚未加工制造薄壳结构设计阶段结构承载性能预测的缺陷形式。结构承载性能预测精度取决于该缺陷与实际初始缺陷的表征包络关系。学者们通过在薄壳试件中预制凹陷型缺陷来研究这种关系。Khakimova 等 [36] 在碳纤维增强加筋柱壳结构试件上预制了单点凹陷型的人为缺陷，开展了含有预制凹陷型缺陷的薄壳结构轴压屈曲实验。该单点凹陷是通过一个恒定的载荷作用于薄壳结构表面，且该恒定载荷通过磁铁固定且可以调节载荷大小和位置。进一步，Khakimova 等 [37] 将单点凹陷引入碳纤维增强的去顶锥壳结构，开展了轴压屈曲实验研究。Evkin 等 [38] 将轴压屈曲实验方法应用于球壳结构外压载荷屈曲行为研究。Ning 等 [39] 将轴压屈曲实验方法应用于波浪形圆柱壳结构中，研究了新型结构的折减因子预测方法的预测精度。然而，仅仅一个凹陷型缺陷难以覆盖薄壳结构实际初始缺陷，多个凹陷型缺陷被引入到薄壳结构试件中。实验研究表明 [26,27]，多个凹陷型缺陷可以有效地包络实际初始缺陷，进而实现结构承载性能高精度的预测。因此，发展面向凹陷型缺陷的实验预制技术，是研究凹陷型缺陷与实际初始几何缺陷覆盖关系的基础。对于实测缺陷的实验定量化研究，其关键在于如何高精度获取薄壳三维形貌点云，以及高精度百万量级点云数据如何高效精简处理并导入至数值分析模型。虽然 NASA 在近些年给出了基于实测缺陷折减因子预测方法的实验报告，但由于技术封锁，我国尚未具备解决上述问题的能力。因此，亟须开展高精度观测处理实测缺陷研究。

薄壳复杂非均匀载荷的精确加载是提高实验精度的另一关键因素。常见的复杂非均匀载荷包括非均匀轴压载荷以及非均匀外压载荷。针对这两种载荷形式，国内外学者开展了一系列数值分析和实验研究工作。非均匀轴压载荷主要由均匀轴压载荷在非均匀刚度部段间传递后产生的。针对先进装备薄壳结构的非均匀载荷，王博等 [40] 提出了基于变量分组思想的分层次优化方法，实现了薄壳结构的非均匀设计，而这类非均匀结构设计也导致了边界处载荷的非均匀。Singer 等 [41]、Friedrich 等 [42]，Winterstetter 等 [43,44] 开展了边界条件对薄壳结构承载性能的研究，对比分析了采用力的边界条件和实际结构为位移边界条件两种情况下结构的承载性能，结果显示两者具有显著的不同。因此，实验考核主承力薄壳结构承载性能时，轴压载荷的非均匀加载显得十分重要。另一方面，非均匀外压载荷和薄壳结构的非均匀厚度使得结构屈曲载荷的预测更为困难。学者们开展了一些数值预测研究薄壳外压载荷作用下的屈曲行为 [45−54]。研究发现，薄壳结构长度特性 [55] 和非均匀厚度特性 [56,57] 对屈曲载荷的影响较大。此外，针对不同长度薄壳结构研究不同的屈曲载荷预测方法。Salahshour 等 [58] 基于 Donnell 和 Sanders 理论研究了细长薄壳结构的局部弹性屈曲失稳，指出压力垂直度是使得预测更为精确的主要因素。Chen 等 [59] 面向短壳和中等长度薄壳，提出一种基于质量的磨平方法。为了提高薄壳外压承载性能，Tu 等 [60] 通过优化设计大小环向加筋的分布形式及几何参数，获得了均匀外压载荷下的薄壳结构设计。进一步，学者们开展一系列薄壳结构外压屈曲实验，验证了数值预测方法的精度。Frano 等 [61] 开展了细长薄壳结构的数值和实验研究，偏心和椭圆形的初始几何缺陷对结构屈曲载荷具有较大的影响。Aghajari 等 [62] 开展了变厚度薄壳结构在均匀外压载荷作用下的线性屈曲和后屈曲行为研究。结果显示，变厚度程度较低时，结构整体发生失稳；变厚度程度较高时，仅在厚度较小处发生局部失稳。总的来说，少有学者开展薄壳结构的非均匀载荷加载方法的实验研究，然而用均匀载荷覆盖非均匀载荷的加载方法极易造成过考核现象，进而使得大型地面实验的过考核情况放大了结构服役状态下的受载情况，保守地估计了结构力学性能，不利于薄壳结构轻量化设计。特别是，这种过考核情况随着结构径厚比增大而愈发显著。因此，开展考虑非均匀载荷的工装设计对于提高工程薄壳稳定性实验精度具有重要意义。

综上，本章节将针对工程薄壳高精度稳定性实验进行轴压稳定性实验系统、轴外压实验系统、工装设计与高精度加载技术介绍，并给出五类典型工程薄壳高精度稳定性实验案例。

8.2 工程薄壳稳定性实验系统

8.2.1 轴压稳定性实验系统

基于观测系统与加载系统的实验基本流程如图 8.1 所示。首先使用观测系统进行实测缺陷的高精度测量，然后采用有限元软件进行实验模拟。在实验开始前需进行工装设计、贴片设计等准备工作，然后进行预实验与正式实验。最后，将正式实验结果与有限元结果进行对比分析。

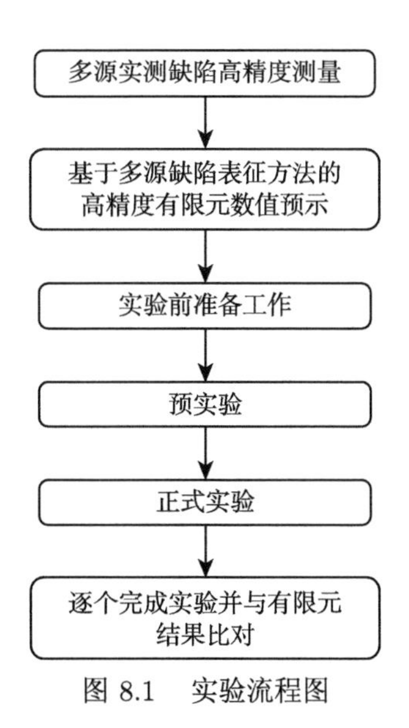

图 8.1 实验流程图

轴压稳定性实验系统包括实验观测系统和实验加载系统。实验观测系统主要用于薄壳结构三维形貌点云的观测处理，实验加载系统主要用于薄壳结构轴向加载以及凹陷型缺陷的实验预制。通过提出基于踏步等待式的高精度多点加载控制方法，首次实现了多点侧向扰动载荷的精准加载。

实验观测系统。如图 8.2 所示。薄壳结构高精度观测系统主要包括：电测系统、数字图像测量系统和视频录像系统。电测系统包括 DH3816 等静态应变测试系统和 DH3820 等高速静态应变测试系统。该电测系统用于测量加载过程中各个测点的应变值，并通过畸形温度补偿、系统接地等处理降低温度、电磁条件对测量信号的干扰。其中，静态应变测试系统的采样频率为 1 Hz，高速静态应变测试系统的采样频率为 100 Hz。测点一般布置由 12 条母线 ×3 条环线组成。每个测点采用 45° 应变花。传统电测法是一种成熟稳定的实验测量方法，但只能获取大型结构部分关键测点的力学响应数据，无法获取关键部位的整体力学响应。因此，引入数字图像测量系统和高速视频系统，提高薄壳结构稳定性实验的观测精度。数字图像测量系统是由非接触式光学三维应变测量系统构成，如图 8.3 所示，该系统可用于观测结构屈曲失稳过程。DIC 方法是其核心算法，主要运用于分析、计算、储存应变测量结果。其基本原理是通过数字图像技术拍摄多组结构试件照片，照片中每个像素点灰度值表征结构的位置信息，通过对比分析多组结构试件照片，得到结构的形貌、应变等力学信息。

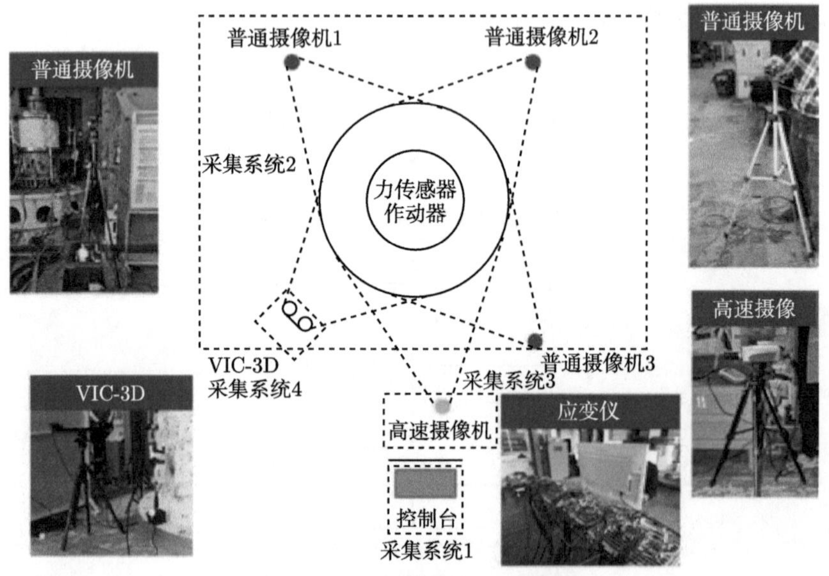

图 8.2 薄壳结构高精度观测系统

图 8.3 VIC-3D 非接触式应变测量系统

以 DIC 方法基础的非接触全场测量相机系统主要有 VIC-3D 非接触全场应变测量系统 (如图 8.4(a) 所示) 和 EXAscan^{TM} 手握式激光高分辨率扫描仪 (如

(a) EXAscan^{TM} 激光扫描仪 (b) VIC-3D非接触全场观测系统

图 8.4 DIC 非接触全场测量相机系统

图 8.4(b) 所示) 等产品。VIC-3D 系统的拍摄范围较大，固定的相机系统稳定性较强，该系统全场应变观测的能力有效地弥补了传统电测法的非全场测量的不足。因此，本实验主要以 VIC-3D 系统为基础，其观测的应变从 0.005%～2000%，对象大小从 0.8 mm～100 m 均可。

另外，本测量系统采用由普通摄像机和高速摄像机 (如图 8.5 所示) 组成的视频录像系统来记录薄壳结构失稳过程。对于数值预测显示较危险的区域，采用高速相机记录其屈曲失稳过程和失稳波形，其他区域则采用普通相机记录其失稳过程和失稳波形。实际效果图，如图 8.6 所示。

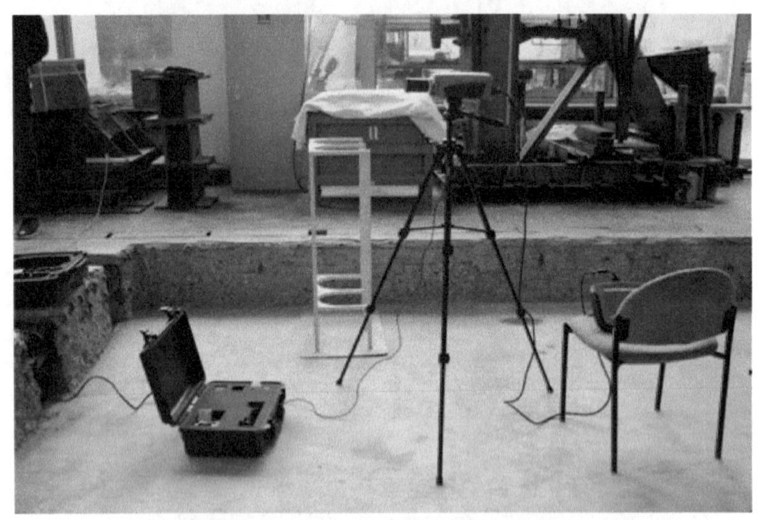

图 8.5　高精度观测系统的高速摄像机

图 8.6　高精度观测系统全景图

实验加载系统。大型薄壳结构承载力对加载条件极为敏感，需要精确模拟真实的加载条件。本节通过高刚度设计和多点协调随动控制方法，发明了一种薄壳结构轴压实验加载系统，大幅度提高了大型结构实验装配精度和载荷施加精度，如图 8.7 所示。

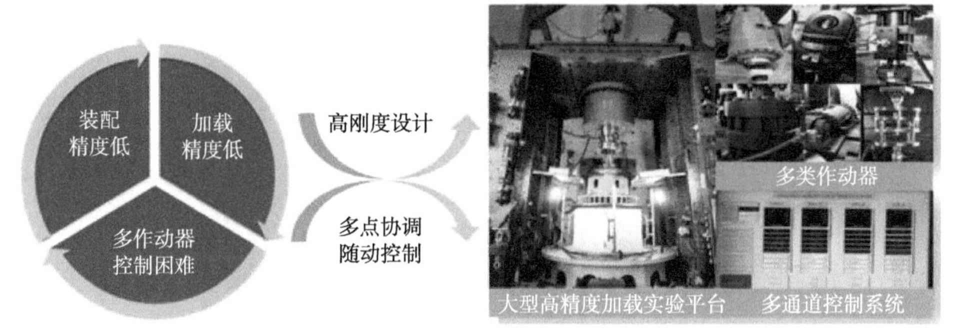

图 8.7 大型高精度加载实验平台

该高精度结构加载实验平台的最大轴压加载能力为 2500 t，实验配用的力传感器为 1000 t。实验平台由底板、立柱、顶板、通用支撑圆台、2500 t 液压油缸、力传感器以及加载控制系统组成。本次实验通过下工装将实验件固定在通用支撑圆台上，液压油缸的轴向压力通过力传感器之后传递给上工装，再传递给实验件，如图 8.8。在薄壳试件外侧，均匀布置了四个检测轴压载荷是否偏心的

图 8.8 薄壳结构轴压加载系统

位移传感器，如图 8.9。加载控制按照实验方案采用分步加载。

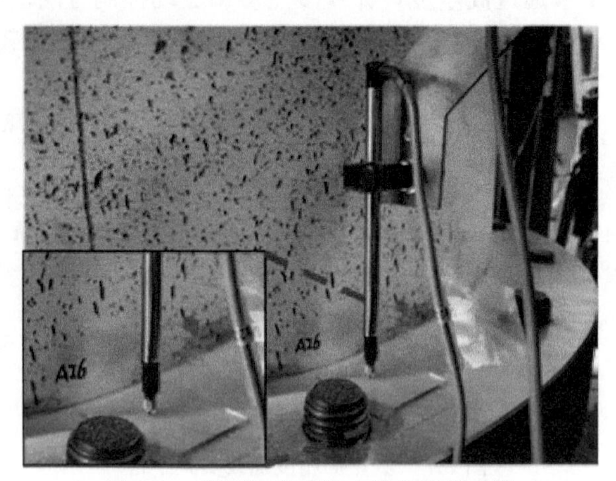

图 8.9　轴压加载系统中的位移传感器

8.2.2　轴外压稳定性实验系统

轴外压稳定性实验系统包含实验观测系统与实验加载系统。轴外压稳定性实验的观测系统与 8.2.1 节所介绍的轴压稳定性实验的观测系统相同，系统示意图如图 8.2~ 图 8.6 所示。轴外压稳定性实验的实验加载系统与轴压稳定性实验的加载系统不同。一般来说，均匀外压加载通常是用一个大型气囊来包裹住实验件，通过对气囊施加给定压力，进而实现均匀外压载荷加载。延续这个思路，本节搭建的非均匀外压加载系统是通过多个气囊来模拟非均匀外压载荷。图 8.10 给出了薄壳结构常见的一种分布式外压载荷实例。薄壳结构在角度为 [−67.5，67.5] 区域内受到分布式外压载荷的作用，其余区域受到均匀外压作用，且均匀外压小于

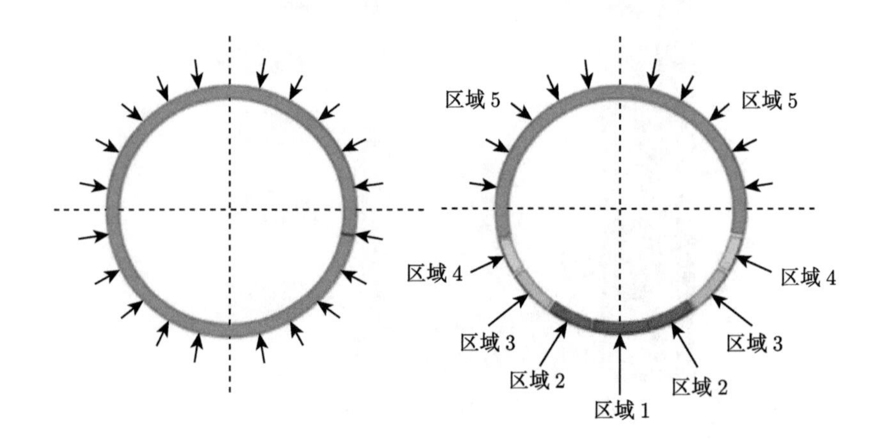

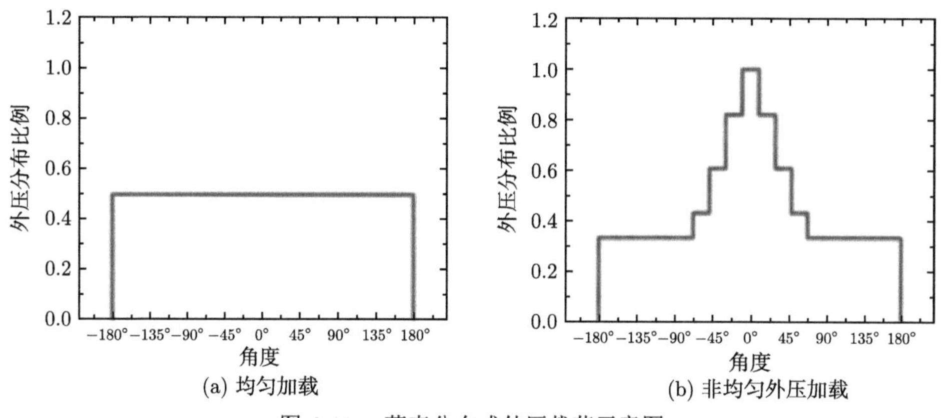

图 8.10 薄壳分布式外压载荷示意图

分布式外压。针对这一载荷特点，搭建了一种分布式外压加载系统，如图 8.11 所示。其主要思路是用 9 个气囊模拟不同大小的外压载荷实现分布式外压加载。其中 7 个气囊外压载荷模拟分布式外压载荷，2 个气囊模拟均匀外压载荷。

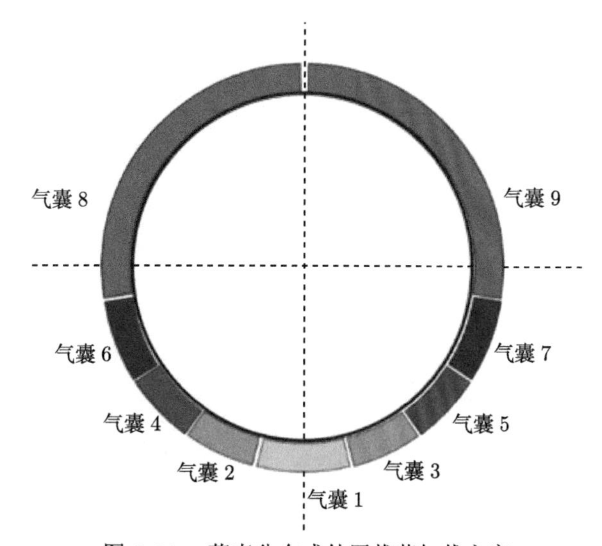

图 8.11 薄壳分布式外压载荷加载方案

非均匀轴外压实验中使用的实验装置如图 8.12 所示。该实验装置能够模拟薄壳在轴向力和径向压力共同作用下的失稳情况，包括对薄壳施加轴向载荷的轴向加载装置与对薄壳的蒙皮进行径向非均匀加载的径向加压装置两部分。

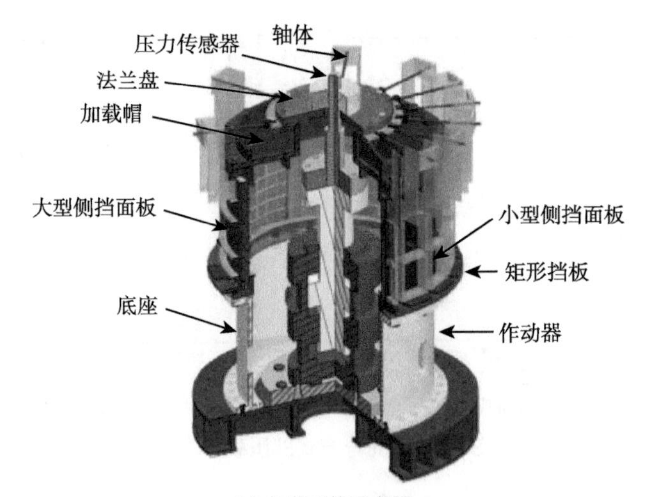

(a) 加载系统示意图

(b) 装置实拍图

图 8.12　非均匀轴外压实验中使用的加载系统

轴向加载装置包括作动器、加载帽、底座、压力传感器。底座由上部筒状结构的薄壳和下部开孔圆形底盘通过用螺栓连接而成；薄壳侧面开孔方便控制作动器的油管和测量仪器的导线等放入薄壳内部。加载帽为辐射状加筋的圆环结构，辐射状加筋结构提高加载帽的刚度，防止加载帽在加载过程中变形过大，导致对薄壳产生不必要的径向力。法兰盘通过周向螺栓与加载帽装配，法兰盘与加载帽的连接孔为圆弧形长条状，周向螺栓与圆弧形长条状之间留有间隙，当施加径向载荷时，法兰盘受力调整位置 (在连接孔范围内)，使径向载荷自动对准实验装置的中心，防止径向载荷偏向某一侧。压力传感器设置在法兰盘中部，与轴上端连接，通过压力传感器限制加载帽和法兰盘的轴向位移；轴下端通过法兰与作动连接，作动器底部固定在底座圆形底盘中心。圆筒实验件为筒状结构，通过螺栓固定在加载帽与底座薄壳顶端之间。

径向加压装置包括气囊、气压调节器、侧面挡板、矩形挡板。侧面挡板沿圆筒实验件外围周向布置，侧面挡板上端通过螺杆与加载帽上的法兰盘连接，螺杆通过 U 形连接件与法兰盘相连；侧面挡板下端通过矩形挡板与底座薄壳上端进行装配。气囊沿圆筒实验件外围周向布置，位于侧面挡板与圆筒实验件薄壳之间。侧面挡板与气囊相贴一侧的板面设有矩形端框结构，矩形端框结构用于限制气囊的周向变形，增加其极限承载力；另外一侧板面设有条状、弧状加筋结构，用来增加侧面挡板的刚度，防止变形过大导致的工装失效；侧面挡板中间设有用于穿过气门嘴的通孔。气囊由软胶皮与纤维布料黏合而成，每个气囊中部均设有一个气门嘴，气门嘴通过软管与气压调节器连接，气压调节器对气囊充气，控制气囊对实验件蒙皮的压力。软胶皮与圆筒实验件的蒙皮贴合，使压力分散在圆筒实验件外侧的蒙皮上；纤维布料起固定作用，且能增强气囊四周的受压能力。气囊包括大小两个型号，节省制作成本，方便控制；小型号气囊为平板状，放置在圆筒实验件蒙皮受压变化较大的位置；大型号气囊具有弧度，放置在圆筒实验件蒙皮受压变化较小的位置，圆筒实验件蒙皮径向受压大小根据试验设计的需要确定。侧面挡板包括大型号侧面挡板、小型号侧面挡板，大型号侧面挡板外侧为圆弧状加筋结构，小型号侧面挡板外侧为直条状加筋结构，大小型号侧面挡板安装方式相同，上端均通过螺杆与加载帽上的法兰盘连接，下端均通过矩形挡板与底座薄壳上端进行装配；且不同型号的侧面挡板安装位置与相应型号气囊的布置位置相同。装置使用时，通过油压控制系统调节作动器产生轴向位移，进行轴向加载，作动器通过轴将力传递至压力传感器和法兰盘，进而通过与法兰盘连接的加载帽将轴向载荷均匀地传递到圆筒实验件薄壳结构。通过调节气压调节器中的电压，控制不同气囊内的气压，通过气囊对圆筒实验件薄壳挤压产生径向非均匀压力。气压调节的调节比例根据实际情况进行设定，控制不同气囊的压力值。

本实验装置在对薄壳施加轴向力的同时，还能对蒙皮施加径向非均匀载荷，具有制造成本低、安全性高、可控性好、便于拆卸等优点。既方便对薄壳结构施加载荷，也方便对其进行力学响应测量。

8.2.3　工程薄壳工装设计

工装是连接实验件与加载装置的重要连接结构，优秀的工装设计可以将载荷高精度地施加在工程薄壳结构上。其中，载荷分布的准确性是影响加载精度的关键。本节主要介绍工程薄壳工装设计思路和方法。

以运载火箭为例，典型舱段的地面实验加载系统通常采用均匀刚度的弹性边界将轴压弯矩等载荷加载至主承力薄壳结构中，然而主承力薄壳结构在真实服役状态下载荷边界通常是刚度非均匀的。采用均匀刚度工装设计一般就是使工装具有均匀刚度边界，图 8.13 给出了薄壁圆柱壳均匀刚度边界及参数化模型示意图。

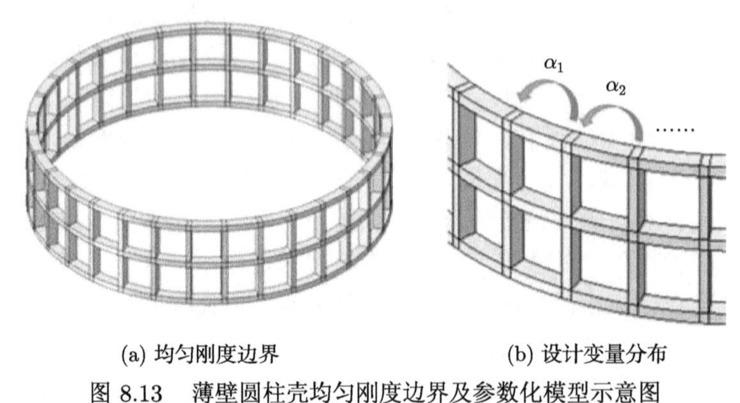

(a) 均匀刚度边界　　　　(b) 设计变量分布

图 8.13　薄壁圆柱壳均匀刚度边界及参数化模型示意图

真实服役状态下非均匀刚度弹性边界使得主承力薄壳结构受到非均匀载荷作用，局部载荷较大，而传统的均匀刚度弹性边界使得主承力薄壳结构受到均匀载荷作用，局部载荷较小，这种差异容易导致结构局部过考核。因此，通过改变传统均匀边界的刚度分布，进而获得一种刚度可变的加载工装是避免过考核现象的主要思路。基于该思路，提出了一种非均匀刚度弹性边界结构的优化设计方法，如图 8.14 所示，其实现流程如下。

第一步，确定非均匀刚度弹性边界结构的刚度等效指标，获得优化设计目标。为了使得真实弹性边界的刚度与非均匀刚度弹性边界的刚度一致，需要定义等效刚度指标来定量化描述两者的刚度分布。以主承力薄壳结构边缘处的位移响应来描述两种边界的刚度分布情况。对于轴压工况：选择轴向位移为刚度等效指标。对于弯曲刚度工况：选择径向位移为刚度等效指标。对于组合载荷工况：选择轴向位移和径向位移为刚度等效指标。

第二步，开展非均匀刚度弹性边界结构的参数化建模，合理表征弹性边界结构的非均匀刚度特征，建立基于桁条布局函数描述的柔性可变工装结构设计模型，便于开展结构优化设计；

第三步，基于提出的等效刚度指标，给出了非均匀刚度弹性边界结构优化设计列式，用于获得非均匀刚度弹性边界结构最优设计。以均匀刚度边界的纵向桁条分布角度为设计变量，以等效刚度指标的均方差最小为设计目标，开展优化设计。当设计目标值趋近于零时，可认为非均匀刚度弹性边界与真实的结构边界相一致。

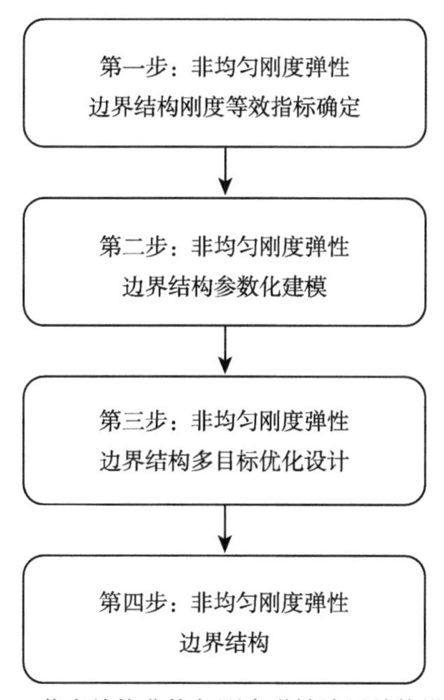

图 8.14 薄壳结构非均匀刚度弹性边界结构设计流程

开展了非均匀刚度弹性边界优化设计的原理性实验验证，通过对比真实边界结构与优化设计得到非均匀刚度弹性边界结构的应力水平，验证提出设计方法的可行性。等效刚度边界设计方法原理性实验件结构参数和设计方案如图 8.15 和图 8.16 所示。实验方案由试件、工装和加载器组成。实验试件及工装等的材料均为 Q235 钢。试件 A 为主承力薄壳结构，试件 B 为真实弹性边界结构，试件 C 为传统的均匀刚度弹性边界结构，试件 D 为优化设计的非均匀刚度弹性边界结构。试件 A 的结构参数：H = 510 mm, R = 250 mm, t_2 = 1.0 mm, h_1 = 20 mm, b_1 = 40 mm, t_1 = 3 mm；试件 B 的结构参数：H = 510 mm, R = 250 mm, t_2 = 2.0 mm, h_1 = 20 mm, b_1 = 40 mm, t_1 = 3 mm, 开孔尺寸为 250 mm×150 mm。其中，H 为试件高度，R 为试件半径，h_1 为工装端框高度，b_1 为工装端框宽度，t_1 为工装端框厚度，t_2 为试件厚度。

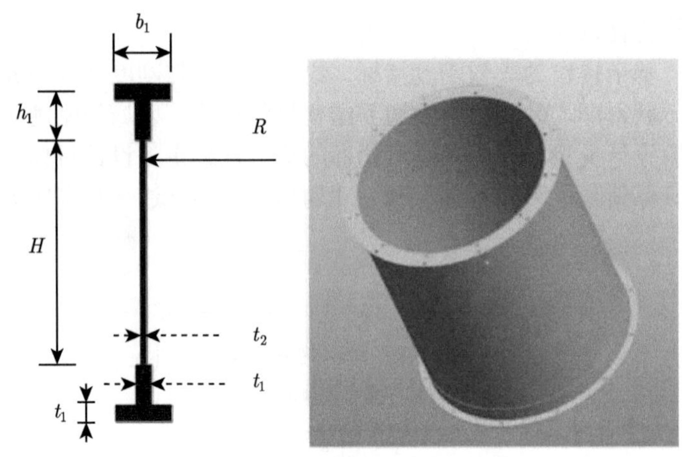

图 8.15　薄壳结构试件结构参数

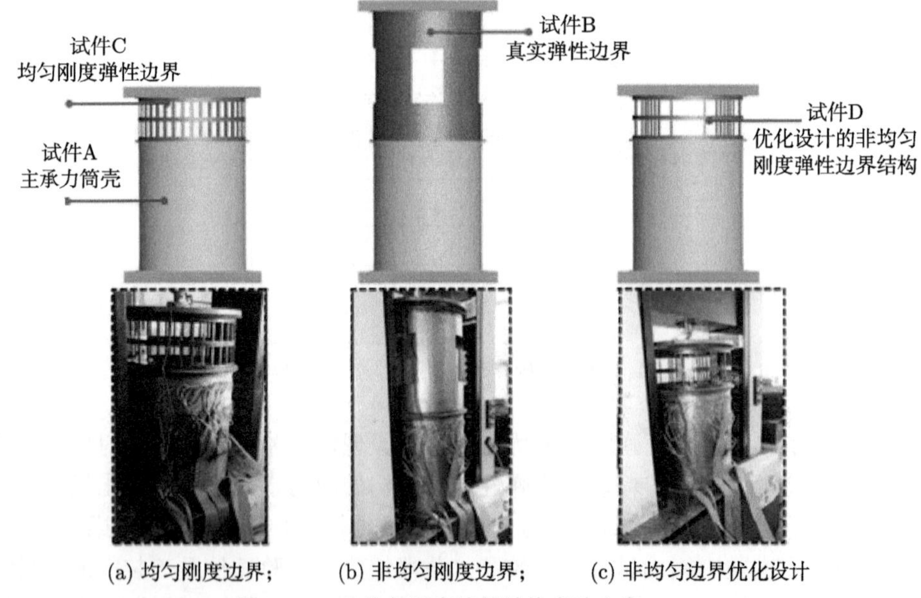

(a) 均匀刚度边界；　(b) 非均匀刚度边界；　(c) 非均匀边界优化设计

图 8.16　非均匀刚度边界结构实验方案

图 8.17 给出了数值预测及实验结果对比，可以发现：均匀刚度弹性边界 (如图 8.17 中 Test-1-Single 曲线) 观测到的应力分布较均匀，而真实弹性边界 (如图 8.17 中 Test-2-Combined 曲线) 和优化设计非均匀刚度弹性边界 (如图 8.17 中 Test-3-Opt 曲线) 的应力分布相同。Test-1-Single 和 Test-2-Combined 的应力分布不相同说明均匀刚度弹性边界和真实边界的传力效果不同，应变的平均误差

为 -22.29%。Test-2-Combined 和 Test-3-Opt 的应力分布相同，且平均误差为 -13.70%，说明优化设计非均匀刚度弹性边界可以模拟真实边界的传力效果，有助于避免过考核现象。图 8.17 给出了数值预测应力分布 (如图 8.17 中 Numerical Value 曲线)，该数值预测是模拟真实边界工装的传力路径算例的应力分布。数值预测与实验 2 的应力分布相同，平均误差为 -16.88%，略高于 Test-2-Combined 和 Test-3-Opt 的平均误差。数值预测与实验结果不同的原因是实验过程中存在不可避免的实验误差，主要为实验蒙皮与端框的焊点不均匀导致应力分布非均匀，造成采样点处应力较大，这也是 Test-1-Single 的应力分布无法保证绝对均匀的主要原因。

(a) 非均匀刚度边界结构数值预测及实验结果对比：应变片位置

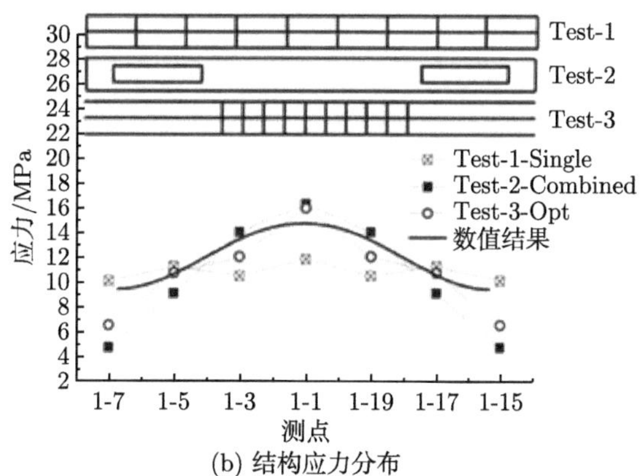

(b) 结构应力分布

图 8.17 非均匀刚度边界结构数值预测及实验结果对比

8.2.4 工程薄壳装配精度调控技术

工程薄壳结构实验的加载精度对实验件受力状态有重要影响，加载控制与实验件装配是保证加载精度的重要因素。本节给出了一种基于踏步等待式的高精度多点加载控制方法以及一种基于敏度分析的装配精度调控方法，可有效提高工程薄壳结构实验的加载精度。

一种基于踏步等待式的高精度多点加载控制方法。对于大型复杂工程薄壳结构来说，多个作动器协同工作是常见的工作方式。以轴压薄壳结构为例，工程薄壳实验件常常伴随有凹陷形式的初始几何缺陷。为了准确模拟预制凹陷缺陷，需要使用作动器在实验件表面施加指定载荷，对于多个凹陷型缺陷的实验预制，就需要多个作动器同时协调工作，其高精度同步加载是保证高精度加载的关键。该难题具体表现为作用于实验件的多个侧向载荷通常具有一定的相关性，这表现为一个载荷随着另一个载荷的增加而发生变化。这种相关性使得多个凹陷型缺陷的精准预制十分困难。针对上述挑战，提出了一种基于踏步等待式的高精度多点加载控制方法，实现了高精度加载。

通常来说，多点凹陷型缺陷的实验预制可分为两种方法：恒位移法和恒载荷法。恒位移法要求在薄壳指定位置处施加径向扰动力，使薄壳在扰动力作用点发生一个指定的离面位移，然后将施力装置固定；恒载荷法则要求在薄壳指定位置处施加径向扰动力，使薄壳在扰动力作用点发生一个指定的离面位移，然后保持该扰动力值不变。凹陷型缺陷主要是用恒位移法预制而成。具体步骤如下：首先，通过作动器将薄壳指定位置处压出一个凹陷，然后保持作动器不动，再对薄壳施加轴向压力，直至薄壳结构发生屈曲。由于在薄壳局部受压点处不便直接测量径向位移，一般采用与数值计算相结合的方法。通过计算给出径向载荷的大小，然后在实验中控制径向加载作动器的载荷值。当有多个径向扰动力同时存在的时候，扰动载荷之间会因为薄壳的变形而相互干扰，因此在实际操作中是采用载荷控制方式来实现多个加载作动器都能达到指定的载荷值。与恒位移法相比，恒载荷法的实现难度要大一些，因为恒位移法只需要在初始时控制各加载作动器的载荷值，当达到要求之后只需将各作动器位置锁死即可。而恒载荷法需要在轴向加载的同时实时调节各径向扰动力作动器，以保持扰动力值的恒定，这使得整个加载系统都通过被加载的薄壳结构耦合在一起并相互干扰。但无论是采用恒位移法还是使用恒载荷法，都需要对多个加载作动器进行协调控制，以保证轴向载荷和径向扰动力载荷的协调性。

提出的基于踏步等待式的高精度多点加载控制方法如图 8.18 所示。其基本控制策略是采用踏步等待的方式，即将各个载荷分成若干步，在每个载荷步中实现各加载点的加载目标之后再进行下一个载荷步。针对多个相互耦合的加载点发生振荡的问题，通过降低加载时作动器活塞的运动速度，减小在控制过程中的超调量。超调量公式可表示为下式：

$$\delta = \frac{d}{2F_0} \tag{8-1}$$

式中，δ 为超调量，d 为施加的轴向载荷的最大值与最小值之差，F_0 为目标载荷。

基于踏步等待式的高精度多点加载控制方法，开展了薄壳结构的多点凹陷的预制，如图 8.19。实验结果显示，多点加载控制方法的载荷超调量仅为 0.3%(如图 8.20)，实现了多点侧向扰动载荷的精准加载。

基于敏度分析的装配精度调控方法。实验件与加载系统之间的装配精度直接反映的是实际载荷的作用线与理想载荷作用线之间的偏差。因此，提高装配精度是保证实验加载精度的有效手段。提出了一种基于敏度分析的装配精度调控方法，可定量监控大型实验系统级装配精度，并给出装配调控方案，有效降低系统间装配误差和测点位置误差所带来的测试精度损失，提升实验精度。

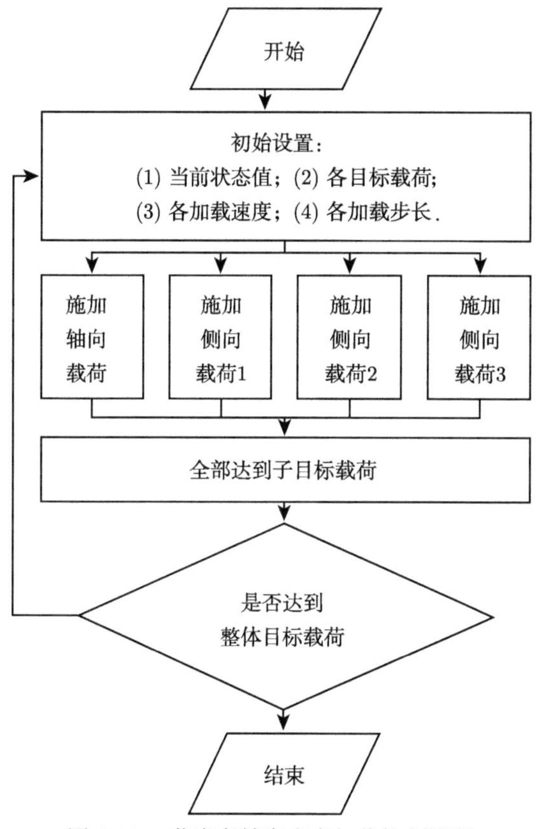

图 8.18 薄壳高精度多点加载控制流程

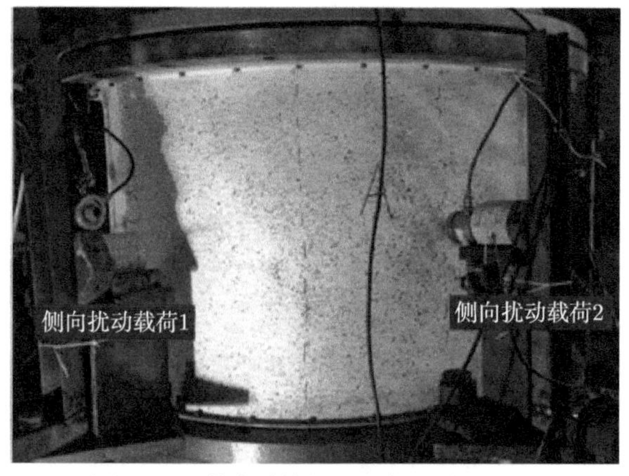

图 8.19 薄壳结构的侧向扰动载荷预制

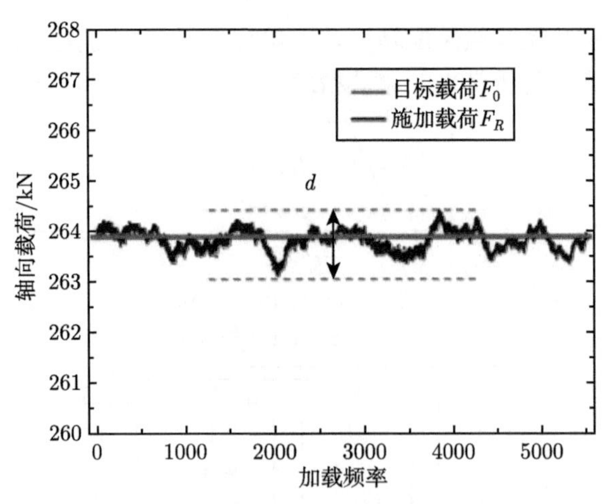

图 8.20　薄壳高精度多点加载控制超调量

提出的基于敏度分析的装配精度调控方法如图 8.21 所示，具体包括以下步骤。

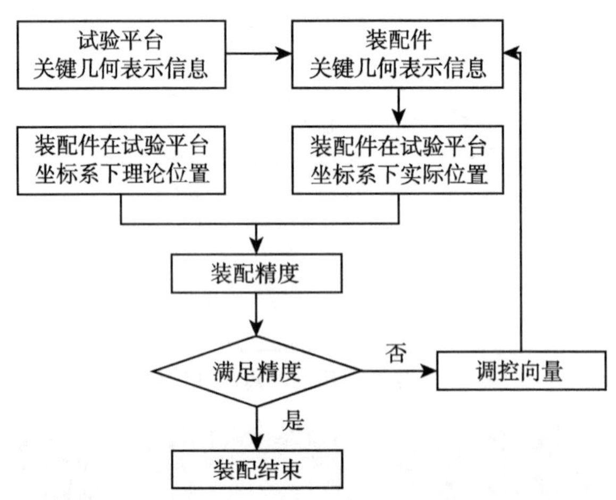

图 8.21　基于敏度分析的装配精度调控方法流程图

步骤 1：获得实验平台关键几何标识信息。设计实验平台基准点，建立实验平台坐标系，使用三坐标测量机测量实验平台基准点坐标，计算三坐标测量机坐标系与实验平台坐标系转换关系矩阵，获得实验平台关键几何标识信息。所述的确定两个坐标系转换关系矩阵的具体步骤为：已知实验平台基准点在实验平台坐标系下的理论坐标，采用三坐标测量机测量实验平台两个基准点坐标，得到实验平台基准点在三坐标测量机坐标系下坐标信息，从而获得三坐标测量机坐标系与实验平台坐标系转换关系。所述的实验平台基准点和实验平台坐标系为试验设计阶段确定，并由高精度加工设备加工实验平台和基准点，以保证其精度。

步骤 2：获得装配件关键几何标识信息。设计装配件基准点，通过三坐标测量机测量装配件基准点坐标，建立装配件坐标系，获得装配件关键几何标识信息。理论上装配件坐标系与实验平台坐标系为重合状态。所述的装配件基准点在试验设计阶段确定，并由高精度加工设备加工基准点，以保证其精度。所述的三坐标测量机可实时高精度测量提取方法中所需基准点坐标。

步骤 3：获得装配件在实验平台坐标系下实际位置。通过步骤 1 得到的三坐标测量机坐标系与实验平台坐标系转换关系计算装配件基准点在实验平台坐标系下实际坐标数值，获得装配件在实验平台坐标系下实际位置。

步骤 4：计算装配件的装配精度。已知装配件在实验平台坐标系下的理论位置，将其与步骤 3 得到的装配件在实验平台坐标系下实际位置进行比较，计算装配精度，即装配件坐标系原点在实验平台坐标系下坐标和装配件坐标系轴向量与实验平台坐标系轴向量夹角，也即调控向量，从而获得装配精度。

步骤 5：判断装配精度是否满足要求。如若精度不满足要求，则依据调控向量对装配件进行调控，然后重复第二步；如若精度满足要求，则装配结束。所述的精度判定条件为：范围 1~5 mm，角度 0.1°~0.5°。

通过一个薄壳装配案例来验证提出方法的有效性。薄壳的吊装过程，薄壳在连接工装后被吊车直接吊上实验台并与下加载筒以及上加载框相连，在此过程中只能手动粗略地将薄壳与上端加载装置对齐，薄壳装配后示意图如图 8.22 所示。二者的轴心之间可能存在 5 ~ 10 mm 的偏差。图 8.23 给出了关节臂测量薄壳结构装配同轴度具体操作过程。利用关节臂测量机通过测量绿色点的空间三维坐标，确定加载装置的轴心。通过测量红色点的空间三维坐标确定试件的轴心。然后，基

图 8.22 薄壳结构装配示意图

于步骤 4 计算出试件各个方向需要调整的距离，实现高精度装配调控。该方法通过关节臂测量仪获得并严格校准加载装置与薄壳的同轴度，最大程度抑制偏心加载，如图 8.24。最终结果表明，最大偏差均控制在 0.2 mm (0.02%的特征长度) 以内，相较于模型尺寸可以认定为二者同轴。通过上述装配精度调控方法，实验件的装配精度得到了显著提高。

图 8.23　关节机械臂测量同轴度

图 8.24　薄壳与加载装置的同轴度检验与调试

8.3　工程薄壳稳定性实验案例

8.3.1　光筒薄壳轴压稳定性实验案例

作者 [63,64] 针对直径 1 m 薄壳策划并进行了含初始制造缺陷、塑性单点凹陷、多点扰动载荷等工况的系统薄壳轴压屈曲实验。实验结果验证了数值结果的正确性，确认了最不利多点扰动载荷法的正确性与先进性。

该系列薄壳结构如图 8.25 所示。结构参数为：高度 $H = 600$ mm、直径 $D = 1000$ mm、蒙皮厚度 t_s =1.5 mm。实验件采用 2A14 铝合金。有限元模型采用四节点减缩积分单元 S4R。采用显式非线性分析方法，预测完善薄壳结构承载能力。为了与实验边界条件保持一致，薄壳结构上端 (位移载荷施加边界) 设置为简支边界，底端 (与实验平台连接边界) 设置为固支边界。由于锻造过程中材料属性的离散性，实际试件的弹性模量具有一定的偏差，使得不同试件的完善轴压承载力不尽相同。

图 8.25　直径 1 m 的薄壳结构试件

实验应变片布置。通过在薄壳结构内侧布置应变测点，检测结构失稳前的应变变化情况，来确定薄壳轴压实验系统的加载情况以及位移载荷观测情况。其中，在薄壳内侧的中部区域共布置了 36 个应变花 (0°/45°/90° 应变花)，以观测实验中应变状态和载荷在周向分布的均匀性。在薄壳结构轴向方向布置三排均匀分布的应变花 (每排 12 个) 如图 8.26 和图 8.27 所示。6 个电阻位移计通过万向磁性表座固定在实验加载框上，并均匀分布在薄壳外侧的四个象限上，如图 8.28 所示。

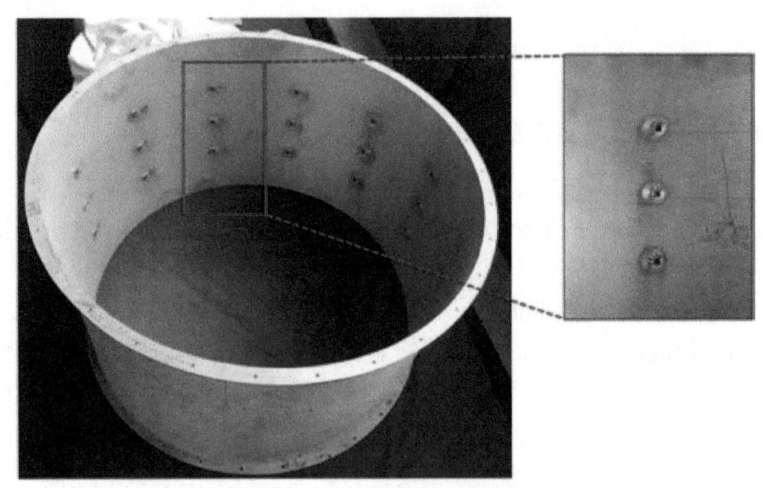

图 8.26　薄壳应变测点布置情况

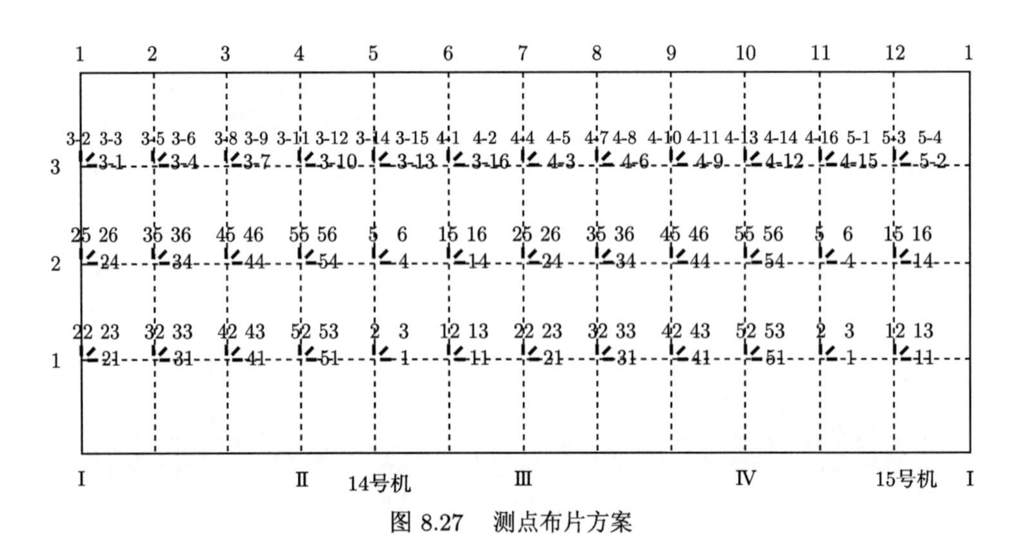

图 8.27　测点布片方案

实验过程。薄壳结构轴压屈曲实验过程主要分为三个阶段：第一个阶段 (结构失稳前)：应变采集系统得到的载荷和应变均为线性变化，且应力水平小于屈服极限，此时结构处于线弹性阶段。第二阶段 (结构失稳)：当施加的轴压载荷达到结构极限载荷时，结构发生失稳，此时由于失稳波的较大变形，结构内部部分直角应变花失效，应变采集系统得到的加载载荷迅速降低，结构失稳。第三阶段 (结构失稳后)：此时继续施加位移载荷，应变采集系统得到的加载载荷没有发生显著的变化。W1～W5 试件实验结果如表 8.1 所示。

图 8.28 轴压加载系统中的位移传感器

表 8.1 W1～W5 试件的轴压承载力实验值

编号	缺陷类型	实验轴压承载力/kN
W1	真实缺陷	482.242
W2	真实缺陷	519.387
W3	单点凹陷	373.415
W4	单点凹陷	381.788
W5	多点最不利凹陷	335.127

针对 W1 和 W2 试件，开展了无预制人为预设缺陷的轴压屈曲实验，获得了结构的轴压承载力实验值，通过对比基于实测缺陷折减因子预测值与实验值，以及两者的后屈曲失稳过程，验证了已搭建的薄壳结构轴压屈曲实验系统的有效性。对于 W1 和 W2 试件，实验过程中没有引入人为缺陷，该实验结果仅包括加工制造运输等因素带来的初始几何缺陷。根据该情况，基于实测缺陷的预测方法得到结构轴压承载力，如表 8.2 所示。此外，图 8.29 和图 8.30 给出了 W1 和 W2 试件实验以及实测缺陷预测的位移载荷曲线。结果显示，W1 的轴压承载力为 482.242 kN，预测值为 479.216 kN，误差为 -0.63%；W2 的轴压承载力为 519.387 kN，预测值为 510.476 kN，误差为 -1.72%；对于基于实测缺陷的预测方法，其数值预测的折减因子与实验值误差较小，均在 5%以内，且实验观测的失稳模式与数值分析结果吻合，验证了薄壳结构轴压屈曲失稳实验系统的有效性及数值分析方法的准确性。

表 8.2 W1 和 W2 试件轴压承载力实验值及实测缺陷预测方法对比

编号	缺陷类型	实验轴压承载力/kN	预测轴压承载力/kN	误差
W1	真实缺陷	482.242	479.193	-0.63%
W2	真实缺陷	519.387	510.476	-1.72%

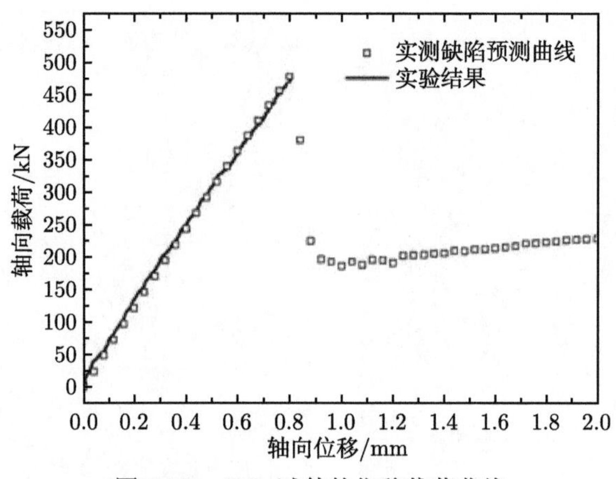

图 8.29　W1 试件的位移载荷曲线

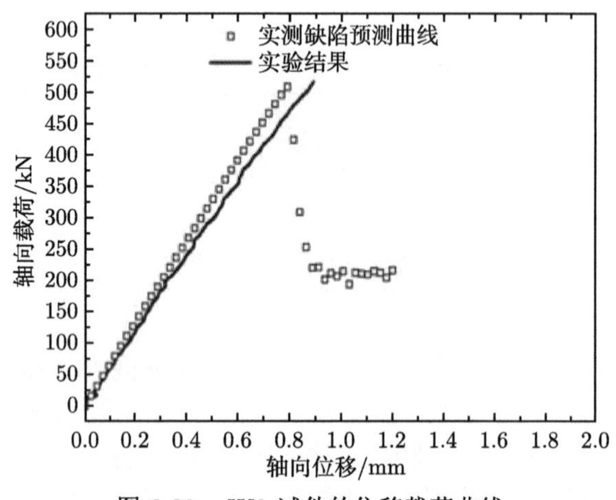

图 8.30　W2 试件的位移载荷曲线

针对 W3~W5 薄壳试件，预制了人为预设缺陷 (包括单一凹陷型缺陷和多个凹陷型缺陷)，进而开展了其轴压屈曲实验，获得了含预制缺陷的轴压承载力实验值。

图 8.31 给出了 W3 试件的数值与实验屈曲模态情况。实验过程中，预制单点凹陷位置率先发生局部失稳，形成失稳波，进而扩散到整个薄壳结构，形成了两层失稳波。相似地，图 8.32 给出了 W4 试件的数值与实验屈曲模态情况。图 8.33 给出了 W5 试件的数值与实验屈曲模态情况。该实验现象与 W3 和 W4 比较相似，预制多点凹陷位置率先发生局部失稳，形成失稳波，进而扩散到整个薄壳结构，形成了两层失稳波。

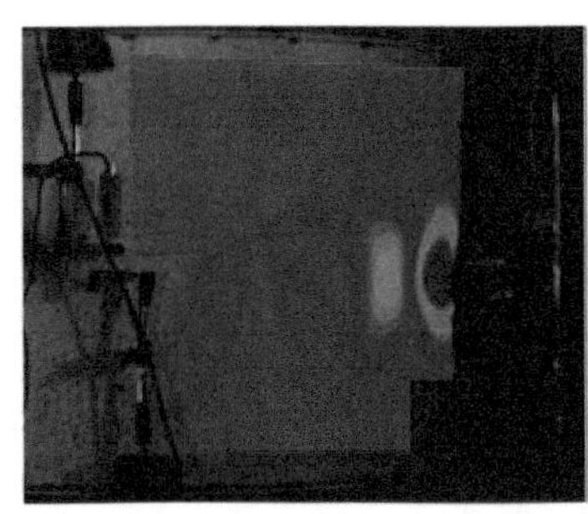 

(a) 实验结果

 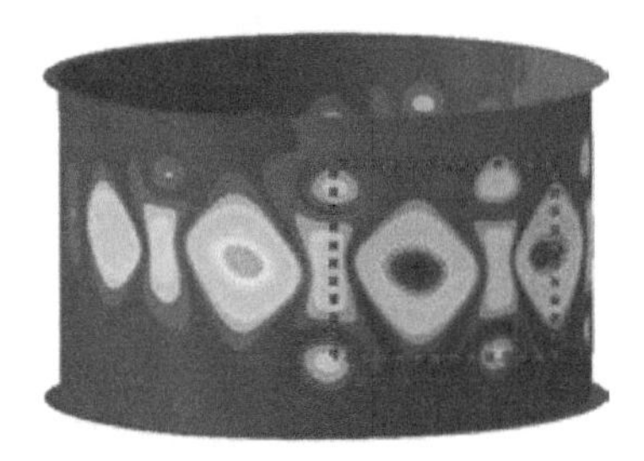

(b) 数值模拟预测

图 8.31 W3 试件实验与数值屈曲模态对比

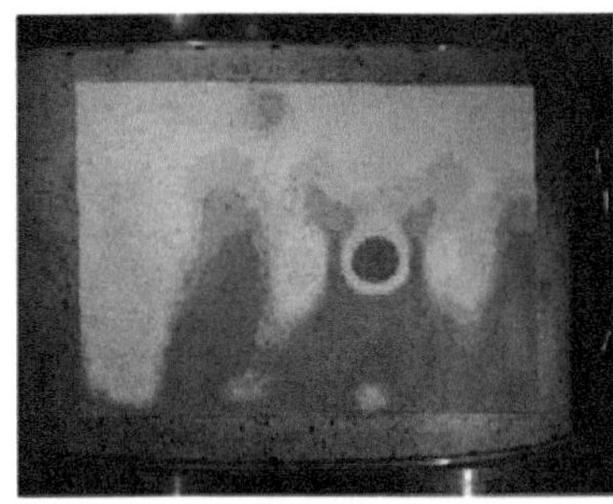 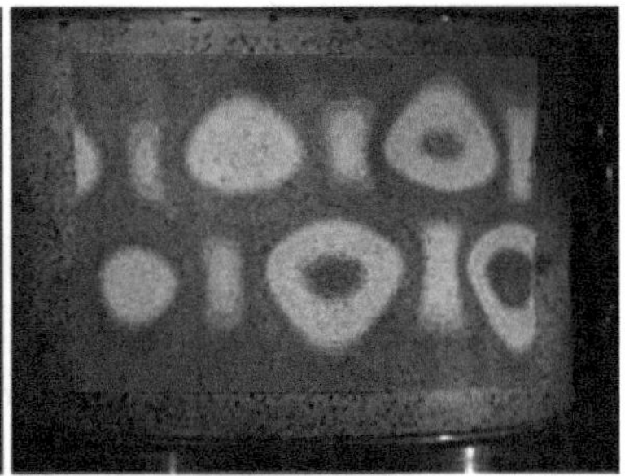

(a) 实验结果

(b) 数值模拟预测

图 8.32 W4 试件实验与数值屈曲模态对比

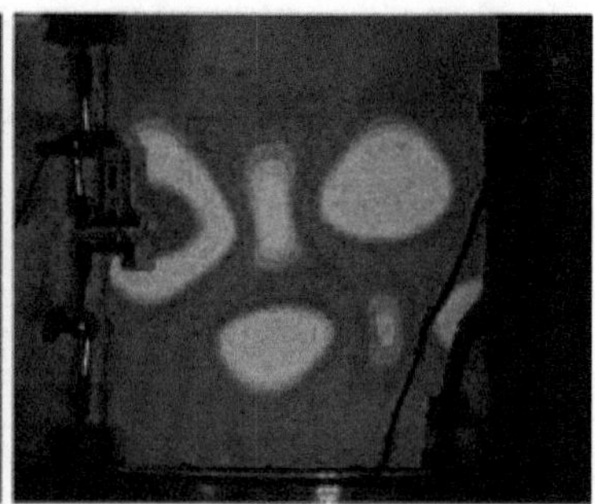

(a) 实验结果

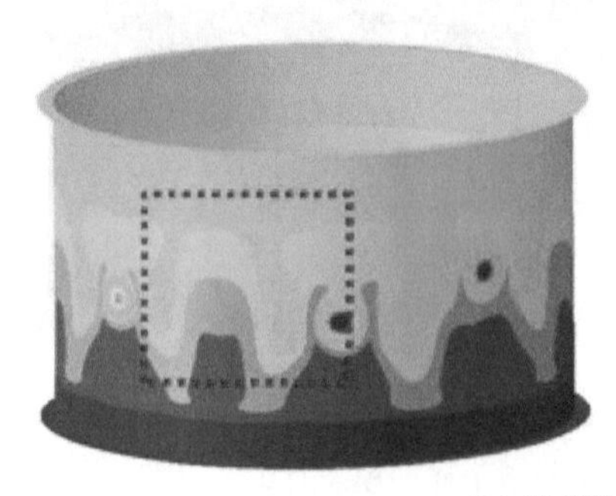

(b) 数值模拟预测

图 8.33　W5 试件实验与数值屈曲模态对比

8.3.2　加筋圆柱壳轴压稳定性实验案例

依据各类缺陷特征，针对性选择合适测量手段对薄壳初始缺陷进行了精细化测量，获得多源缺陷数据。其中最具代表性的是薄壳的蒙皮初始形貌点云。利用实测数据发展一系列缺陷表征以及引入方法，成功将各类实测缺陷引入到有限元模型中。M 型筒与 Z 型筒这两种加筋圆柱壳实验很好地验证了缺陷表征、引入，以及高精度分析方法正确性。

M 型筒是由环轧锻造工艺一体成型，直径 $D = 1000$ mm，高度 $L = 650$ mm 的网格加筋圆柱壳。其材料为 2A14 铝合金，Ⅱ 类环轧锻件，T6 热处理状态。网格参数为蒙皮厚度 t_s= 2 mm，筋条高度 $h_r = 8.5$ mm，纵筋间距 7.5°，纵筋厚度 $t_{ra} = 6$ mm，横筋间距 110 mm，横筋厚度 $t_{rc} = 2.5$ mm。Z 型筒是壁板焊接成型再与上下端框铆接为一体，直径 1000 mm，高 710 mm 的网格加筋圆柱壳，由三块壁板弯滚、机加、焊接成型、再和上下端框铆接。壁板材料为铝板 2219 C10S 状态，网格参数为蒙皮厚度 t_s= 2 mm，筋条高度 $h_r = 8.5$ mm，纵筋间距 65 mm、宽度 $t_{ra} = 6$ mm，横筋间距 110 mm、宽度 $t_{rc} = 2.5$ mm；焊接单边宽 36 mm，厚度 6 mm；与端框相连区域高 80 mm，厚 6 mm，端框材料为 2A14，

T6 状态，由铝棒自由锻造成型后机加成型，框高 75 mm，端面宽 40 mm、厚 6 mm。M 型筒与 Z 型筒分别加工了三个实验件，本节针对这两种加筋筒的典型实验件进行了分析。

贴片方案设计。电测作为重要实验检测手段，可以准确有效的捕捉实验进程的应变变化。应变片的布置决定了电测数据的有效性。故本实验针对性给出了如图 8.34 布片方案。

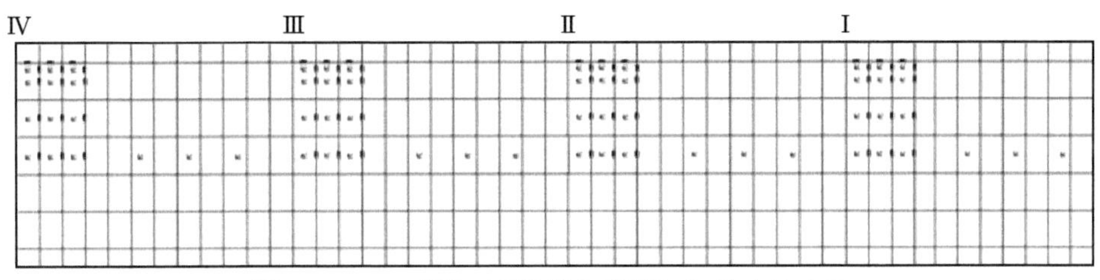

图 8.34 M 型筒（环扎锻加筋筒）初始布片方案

并以此方案进行了 M 型筒的实验，环向第一周，环向第二周，环向第三周应变花应变结果进行分析，为了更直观表现应变分布情况，以雷达图的形式进行展示，如图 8.35。

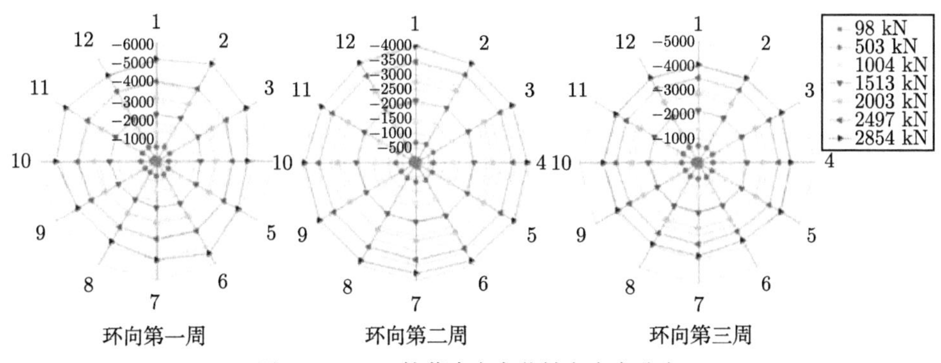

图 8.35 M1 筒蒙皮应变花轴向应变分布

从图 8.35 不同高度环向应变片分布可知：(1) 不同高度的环向一周应变花的轴向应变分布均匀，此次实验基本不存在加载偏心现象；(2) 不同高度轴向应变特征基本一致，仅应变数值上稍有不同。所以这也说明了可以对应变布置进行简化，仅保留薄壳中心一周的应变片外加 1/4 个片区的应变片即可，简化后的应变片布置如图 8.36 和图 8.37 所示，后续薄壳均按照此方案进行布片。

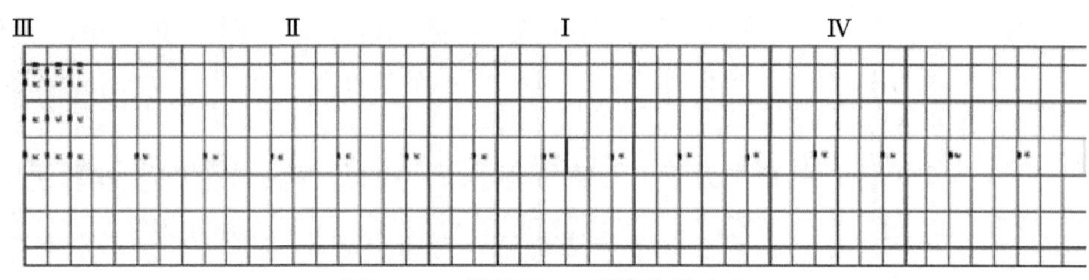

图 8.36　简化后 M 型筒布片方案

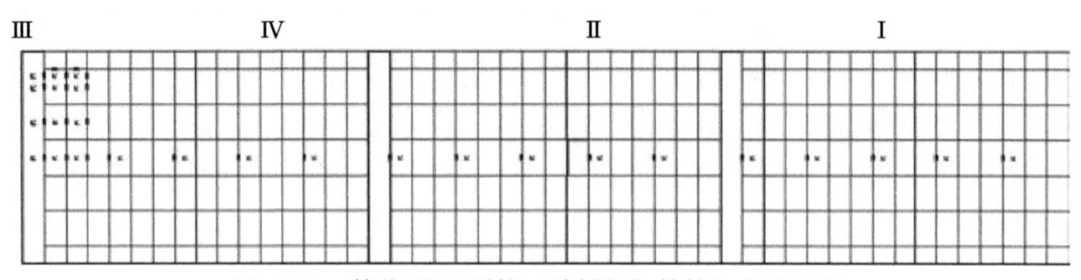

图 8.37　简化后 Z 型筒（壁板焊加筋筒）布片方案

6 个加筋筒轴压稳定性实验，共耗费环筋单项片 24 个，竖筋单项片 190 个，蒙皮应变花 190 个。其中 M 型筒共计连接 454 个应变通道，Z 型筒共计连接 318 个应变通道。

M 型筒正式实验施加轴压载荷直至实验件发生失稳破坏，实验停止。加载控制按照实验方案采用分步加载，前 2000 kN 范围内按 2 kN/s 的速率加载，每 100 kN 保持 5 s。当力传感器示数达到 2000 kN 后，按 1 kN/s 速率加载，每 100 kN 保持 5 s，直至最后破坏。实验过程收集包括力传感器，位移传感器，电测应变，光测，普通摄像机，高速摄像机的数据。多角度、全方位记录实验各类信息。实验结束后分析结构位移载荷曲线 (获得实验件的极限承载力)，分析实验件环向一周的轴向应变信息 (判断是否偏载)。

M 型筒实验全景图如图 8.38 所示，为了满足高速摄像机的使用要求，图中薄壳周围布置了多个光源对薄壳进行补光。VIC-3D 光学测量设备在图中左侧，利用光学测量的方法捕捉失稳时刻的失稳波形。同时在图中右侧，以及薄壳后方均布置有普通摄像机。整个实验观测系统全方位，无死角地记录正式实验的整个过程。重新调试各设备后，再次重复全流程，在确认无误后就进行正式实验，实验加载过程前期保持 2 kN/s 的速率持续加载 1000 s，每经过 100 kN，保持 5 s，当力传感器示数大于 2000 kN 时，降低加载速率至 1 kN/s，继续加载直至薄壳发生屈曲破坏后，卸载，停止实验，立刻保存各类实验数据，并将其拷贝至多个不同存储设备存档。实验结束后的失稳波形如图 8.39 所示，目测大致可以观测到环向方向出现了两个波形，波形分布较为均匀，薄壳只有一小部分未出现失稳波形。

为了更加直观地分析失稳波形，本节再次利用关节臂测量机，对失稳后的薄壳波形进行测量，结果见图 8.40。

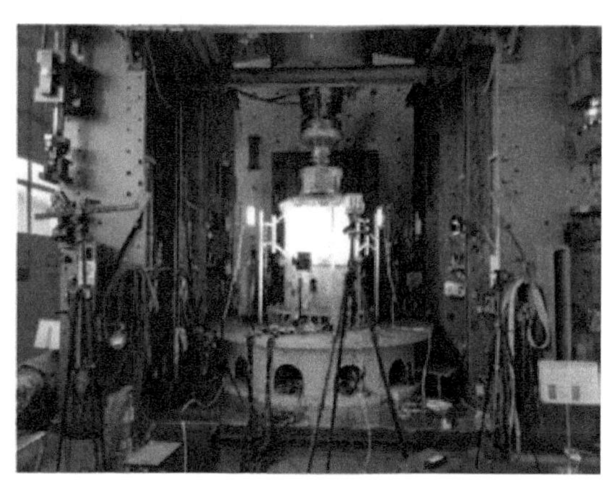

图 8.38 M 型筒实验全景图

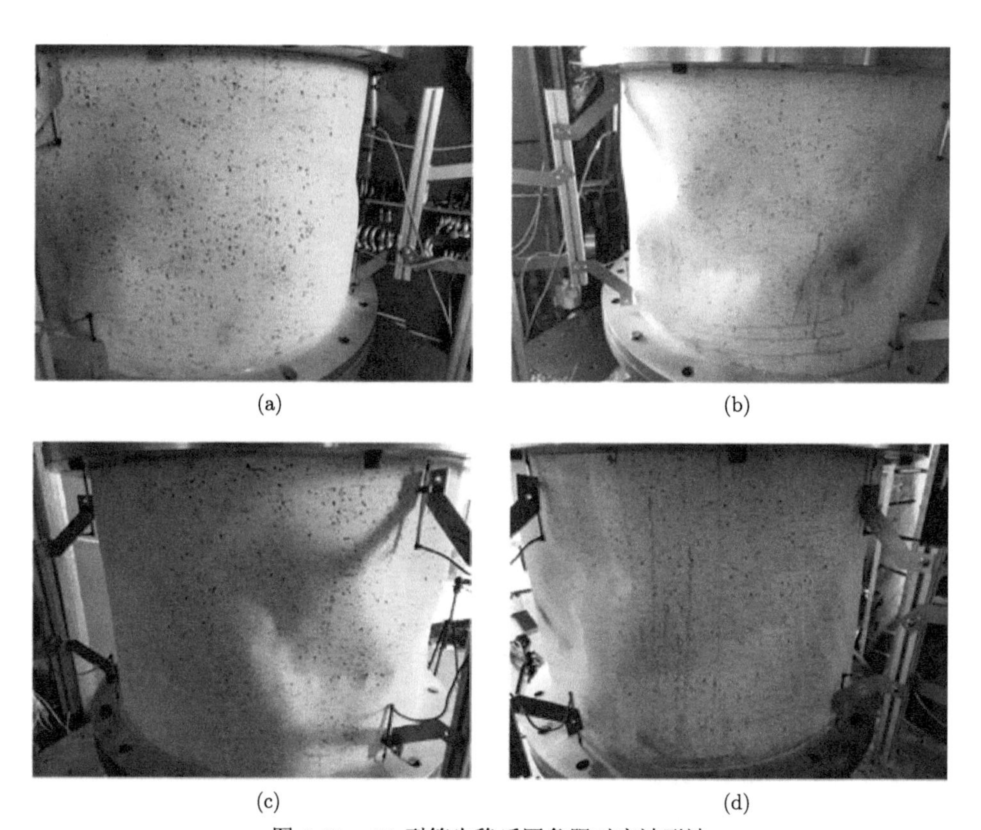

(a) (b) (c) (d)

图 8.39 M 型筒失稳后四象限对应波形波

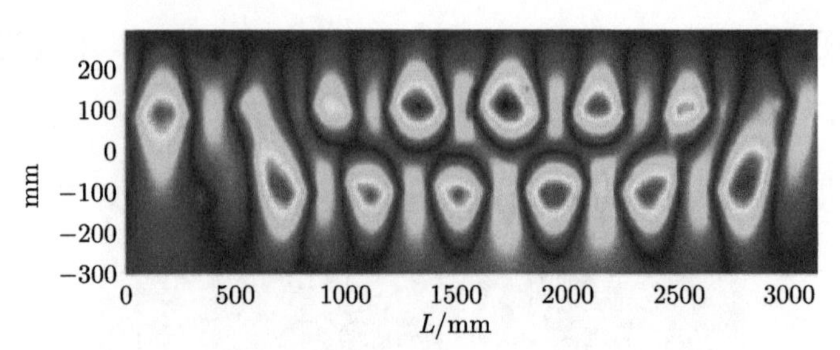

图 8.40 关节机械臂测得 M 型筒失稳后波形图

由图 8.41 四个位移传感器在不同时刻的分布图可以看出，正式实验和预实验一样，薄壳与加载装置具有很高的同轴度，基本不存在偏心加载的影响。同时，分析各时刻下筒段中部一周应变花的轴向应变分布图 8.42(a)，以及筒段中部一周竖筋轴向应变分布图 8.42 (b) 结果也可以得出一致的结果，实验加载过程基本不存在偏心。值得注意的是，图 8.42 (a) 中存在一个明显黑色凹点，分析该应变片，发现在该图中黑色凹点之前该片应变值就已经保持不动，其后应变值也一直保持不变，该现象是由应变片提前脱胶导致，但局部的坏片对整体结果的分析不产生影响。

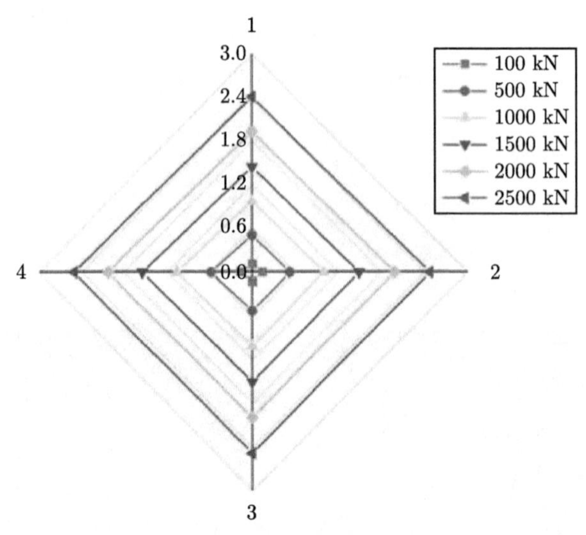

图 8.41 各象限位移计示数图

图 8.43 (a) 是由 VIC-3D 光测系统在实验过程中捕捉到的薄壳近似失稳时刻的波形图，可以发现光测结果得到的波形图和关节臂测量仪得到的图 8.40 基本吻合，只不过受限于场地原因光测设备只能对事先确定好的六分之一薄壳部分进行捕捉。对比图 8.43 (a) 实验光测结果以及图 8.43 (b) 含实测缺陷有限元模型的

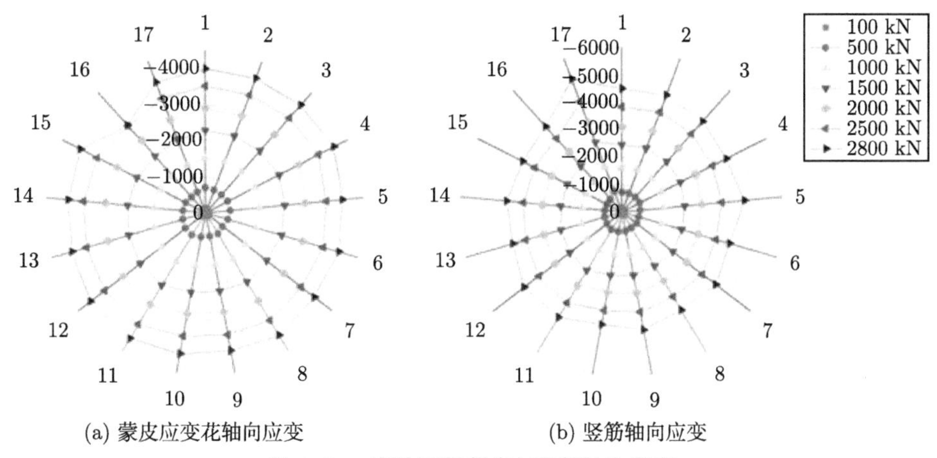

(a) 蒙皮应变花轴向应变 (b) 竖筋轴向应变

图 8.42 实验测得蒙皮与竖筋轴向应变

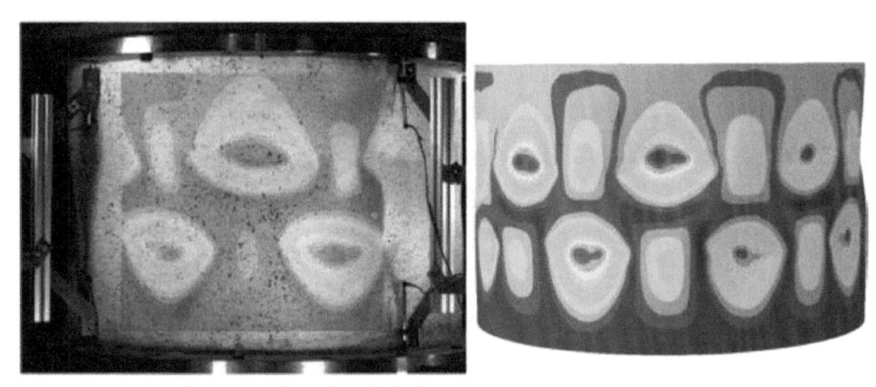

(a) 由VIC-3D设备捕捉的近似失稳时刻波形图 (b) 有限元失稳波形图

图 8.43 实验与仿真获得的结构失稳波形对比

失稳波形图，发现二者波形高度一致。利用力传感器，以及位移传感器的数据可得 M2 实验承载力—位移载荷曲线，如图 8.44。实验承载力 2884.6 kN(含工装自重)，含缺陷有限元分析结果为 3035.0 kN，二者之间仅相差 5.21%。含缺陷有限元分析结果不仅极限承载力与实验结果基本一致，承载力位移曲线斜率也仅仅偏差 0.20%。

上述光测波形图，关节臂扫描图测得实验失稳波形图与含缺陷有限元模型波形图高度吻合证实了本实验多源缺陷表征方法的正确性。实验承载力—位移曲线得到的斜率以及极限承载力也与含缺陷有限元模型计算结果偏差极小，说明本实验含缺陷精细化有限元分析方法的正确性。

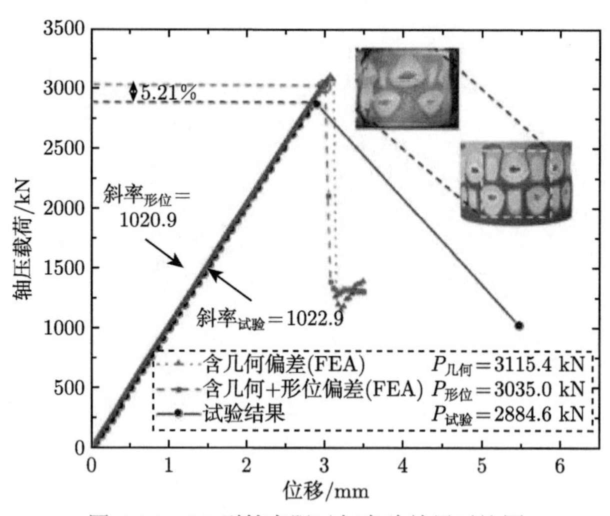

图 8.44　M 型筒有限元与实验结果对比图

Z 型筒正式实验继续按照实验流程，调试、检测、校准带确认监测设备无误后，进行正式实验，实验前全景图见图 8.45，由于担心铆钉会在过程中弹出，所以此次实验没有采用高速摄像机采集，全部采用普通摄像机进行记录。实验同样采用前 1000 s 以 2 kN/s 速度加载，力传感器信号到达 2000 kN 后采用 1 kN/s 速度完成后续实验，持续加载直至薄壳失稳，停止实验，卸载并保存数据。实验结束后的失稳波形图见图 8.46，可以明显看出轴向一个大波形，同时还有小部分区域屈曲波形不明显。

图 8.45　Z 型筒正式实验前全景

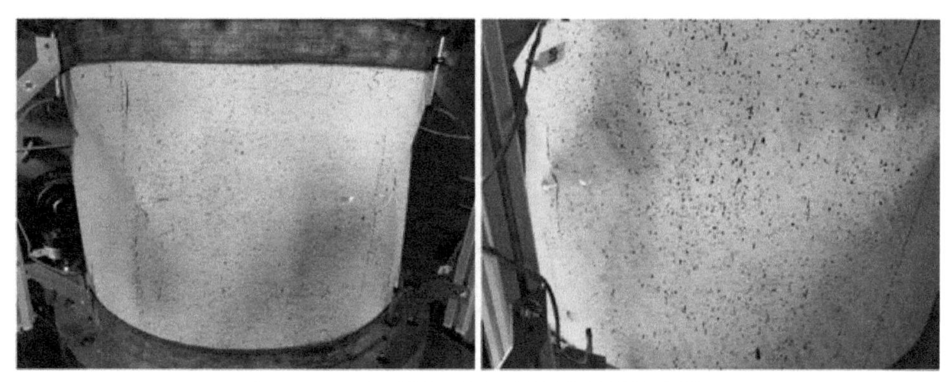

图 8.46 Z1 筒轴压屈曲失稳破坏后波形图

对实验位移传感器数据，电测数据进行处理，得到如图 8.47 (a) 各象限位移计传感器数据分布图以及图 8.47 (b) 蒙皮应变花轴向应变分布图。两幅图分布都十分均匀，说明了实验加载过程比较准确。结合力，位移信号，绘制实验承载力—位移载荷曲线如图 8.48，可以看出正式实验承载力—位移载荷曲线斜率为 901.0，而含实测缺陷有限元模型的斜率为 1134.0，二者之间还存在 25.86%的偏差。而实验极限承载力和含实测缺陷有限元模型之间仅存在约 8%的误差。

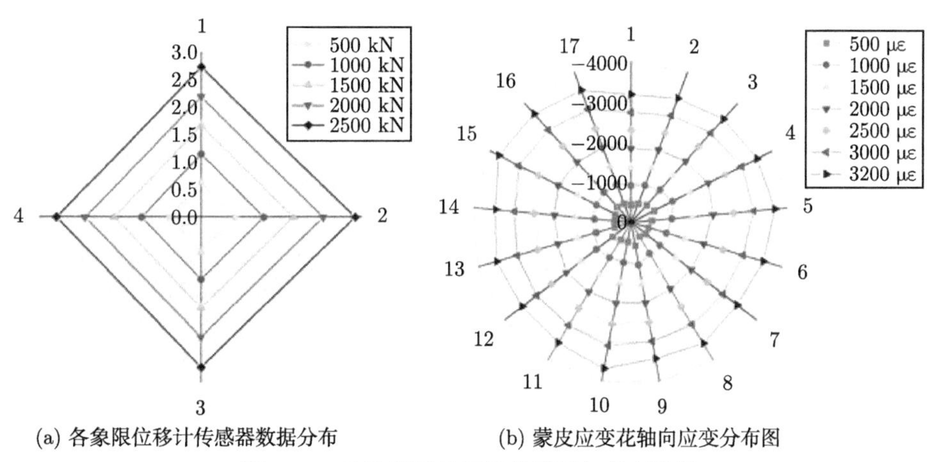

(a) 各象限位移计传感器数据分布　(b) 蒙皮应变花轴向应变分布图

图 8.47 实验测得位移计传感器与应变数据

由于 Z1 筒含实测形貌缺陷有限元分析与实验的承载力—位移载荷曲线斜率之间存在巨大偏差，本节在实验后进行了原因分析，仔细核对了有限元模型的建立过程，形貌点云的测量、简化、表征及引入过程，并未发现问题。由实验数据反推也并未发现实验过程存在问题。最后在检测屈曲后的实验件时，发现了问题。Z 型筒实验前的端面是要高于蒙皮最外圈的。然而实验后下端面与蒙皮最外圈基本持

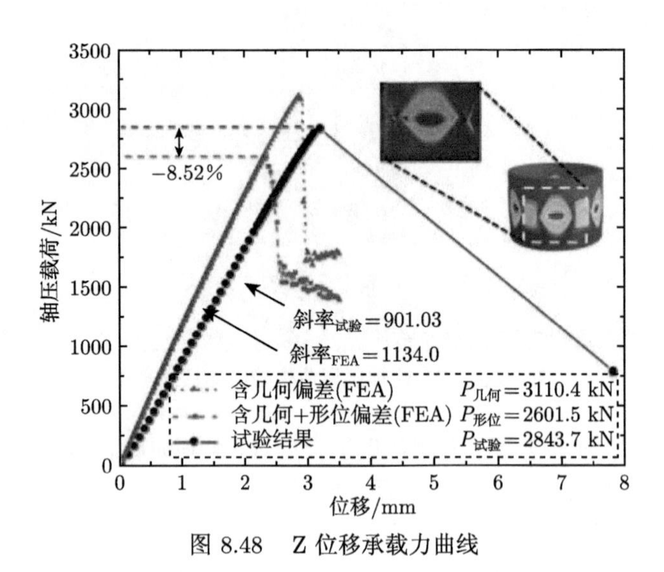

图 8.48　Z 位移承载力曲线

平，上端面凹陷程度也有所减轻。故本节利用关节臂测量机紧急测量了 Z2 和 Z3 筒上下端面的平整度，得到了 Z2 和 Z3 筒上下端面的点云信息。并于实验后再次对上下端面进行重新测量，获得了实验过程中上下端面的压缩量。为了证实上下端框这部分压缩量是正式实验过程中引起的，Z2 筒的上下端框是在预实验之后进行测量的。发现预实验后上端面 (均值) 约高出蒙皮最外圈 (均值) 0.31 mm，见图 8.49(a)，下端面 (均值) 约低于蒙皮最外圈 (均值) 0.542 mm，图 8.49(b)。然而实验后上段面约高出蒙皮最外圈 (均值) 0.234 mm，下端面基本与外蒙皮持平。由此得知 Z2 筒上下端框在正式实验过程中产生了约 0.620 mm 的压缩量。

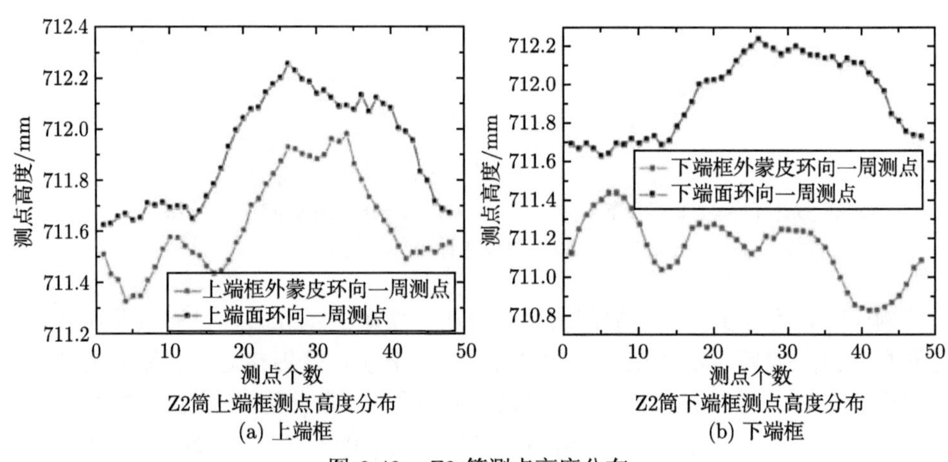

图 8.49　Z2 筒测点高度分布

依据各类缺陷特征，针对性地选择合适测量手段对薄壳初始缺陷进行了精细化测量，获得了多源缺陷数据。其中最具代表性的是薄壳的蒙皮初始形貌点云，如图 8.50 和图 8.51 所示。利用实测数据发展了一系列缺陷表征以及引入方法，成功将各类实测缺陷引入到有限元模型中。M 型筒很好地验证了本节缺陷表征，引入以及高精度分析方法的正确性。各模型承载力汇总表见表 8.3。通过数值模拟以及轴压稳定性实验验证可以得出以下结论：

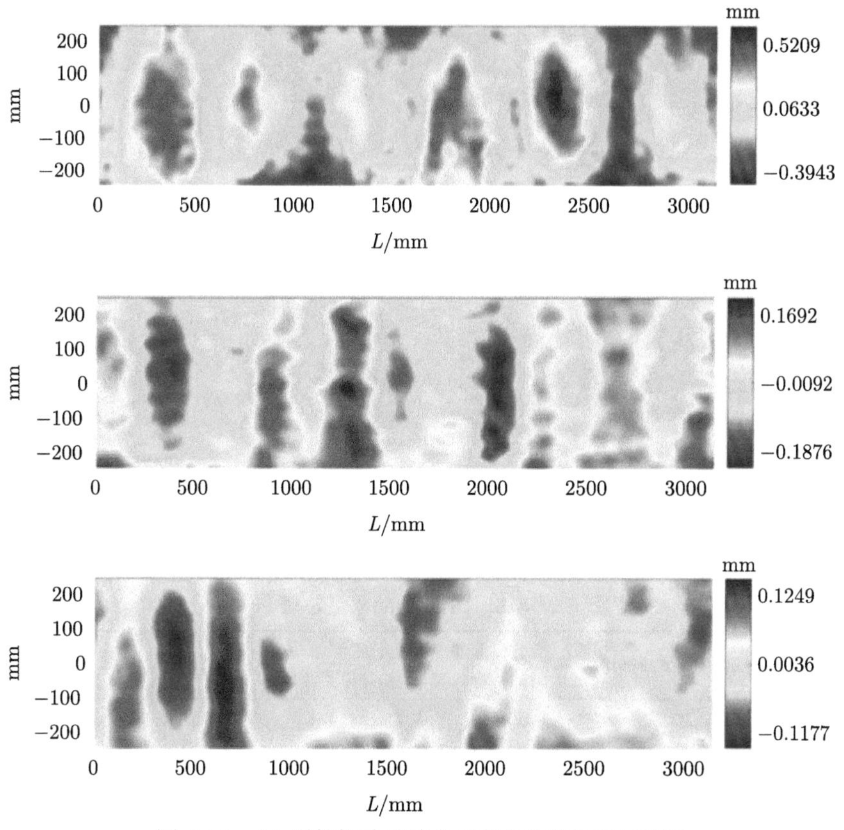

图 8.50 M 型筒初始形貌点云离面位移环向展开图

(1) 数据获取与实验：关节臂测量机 + 激光扫描的方式可以高效，准确获取加筋筒初始形貌点云数据；

(2) 工艺特征：M 型筒，环扎锻造成型工艺，所产生各类缺陷均明显小于 Z 型筒，焊接成型工艺；数值模拟，轴压实验结果均表明 M 型筒，加工工艺稳定，具有较强的可重复性；Z 型筒承载力对于焊缝区域缺陷十分敏感；铆接，焊接引入了诸多不可控因素。

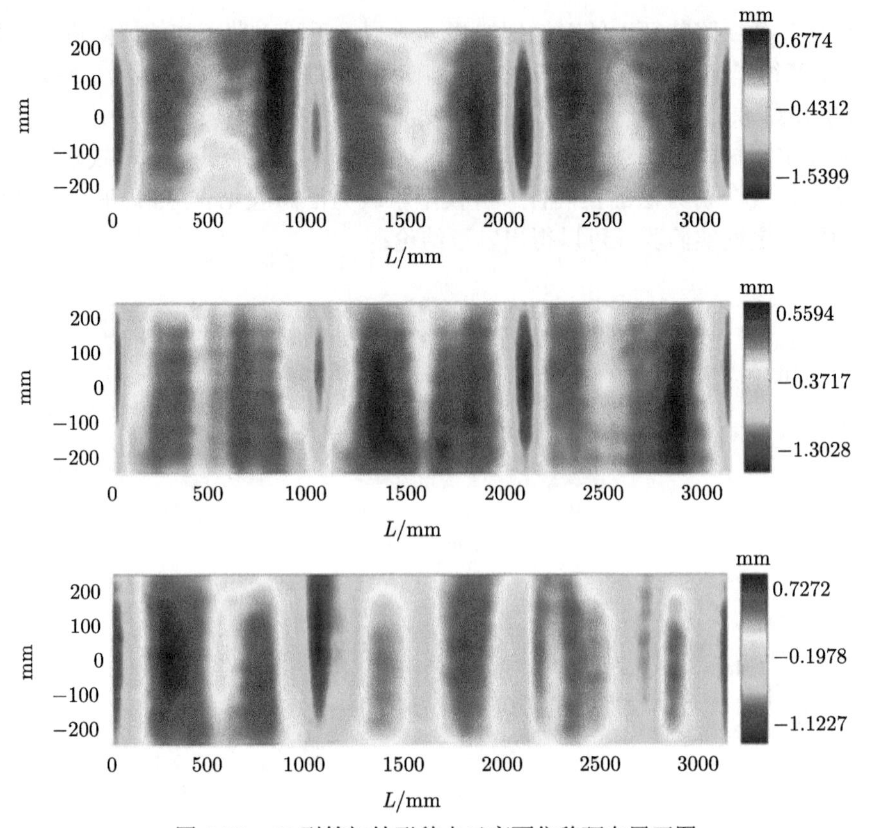

图 8.51 Z 型筒初始形貌点云离面位移环向展开图

表 8.3 承载力结果汇总表

	完善模型/kN	含几何偏差模型/kN	几何 + 形位偏差模型/kN	实验结果/kN	相对偏差
M1	3257.0	3269.7	3115.9	2864.9	8.76%
M2	3119.8	3115.4	3035.0	2884.6	5.21%
M3	3092.3	3085.0	3019.9	2900.7	4.12%
均值	3156.3	3156.7	3056.9	2883.4	6.02%
变异系数	0.0280	0.0314	0.0169	0.0062	—
Z1	3034.5	3110.4	2601.5	2843.7	−8.52%
Z2	3060.5	3117.8	2699.4	2888.8	−6.56%
Z3	3043.3	3095.0	2862.0	2817.4	1.58%
均值	3046.1	3107.7	2721.0	2850.0	−4.53%
变异系数	0.0043	0.0037	0.0484	0.0127	—

8.3.3 密肋加筋圆柱壳轴压稳定性实验案例

为了进一步验证所建立的计及缺陷加筋圆柱壳后屈曲分析模型的精度，并验证多级加筋圆柱壳相对传统单级别加筋圆柱壳的承载优势，加工制造了 2 个直径 $D = 1.6$ m、高度 $L = 1$ m 的密肋正置正交网格加筋圆柱壳结构，分别为单级加筋圆柱壳和多级加筋圆柱壳。

试件参数：为了尽可能提高加工精度，减少初始几何缺陷，两个密肋加筋圆柱壳均采用环轧锻造工艺一体成型和计算机数字控制机床 (Computer Numericol Control，CNC) 车铣制造工艺。其中，单级加筋圆柱壳为完全均匀的加筋构型设计，其环筋数目 $N_c = 17$，纵筋数目为 $N_a = 138$，筋条厚度 $t_r = 2.5$ mm，筋条高度 $h_r = 11.9$ mm，蒙皮厚度 $t_s = 1.6$ mm，加筋构型和实际试件如图 8.52 所示；多级加筋圆柱壳每个大筋格中包含 9 个次筋格，大环筋数目 $N_{cj} = 5$，小环筋数目 $N_{cn} = 8$，大纵筋数目 $N_{aj} = 45$，小纵筋数目 $N_{an} = 90$，大筋高度 $h_j = 16.8$ mm，小筋高度 $h_j = 8.6$ mm，大筋厚度 $t_{rj} = 2.6$ mm，小筋厚度 $t_{rn} = 2.5$ mm，蒙皮厚度 $t_s = 1.8$ mm，加筋构型和实际试件如图 8.53 所示。两个加筋圆柱壳材质均为 2A14 铝合金，经过材料测试，可获得其弹性模量 $E = 76169$ MPa，泊松比$\gamma = 0.3$，屈服极限 339.58 MPa，强度极限 437.92 MPa，延伸率 12.92%。

(a) 加筋构型示意图　　(b) 实验件实物图

图 8.52　单级加筋圆柱壳试件图

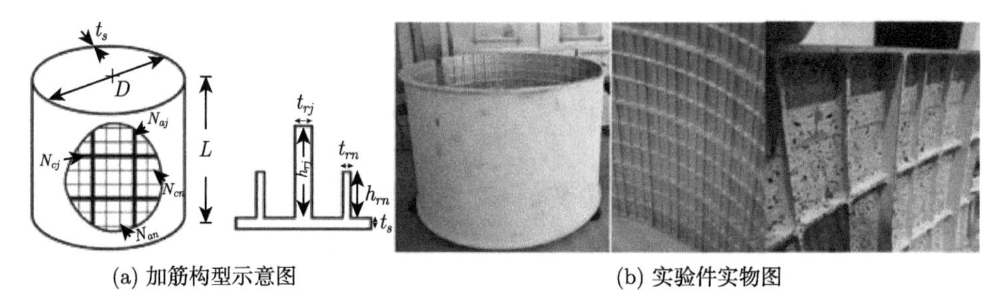

(a) 加筋构型示意图　　(b) 实验件实物图

图 8.53　多级加筋圆柱壳试件图

有限元模型：在加筋圆柱壳轴压测试前建立有限元模型进行实验全过程模拟，本节使用 ABAQUS 的 S4R 壳单元进行建模，使用显式动力学算法进行轴压加筋圆柱壳的后屈曲过程分析。在有限元模型中，圆柱壳的下端面采用固支边界条件，在上端面施加均匀的轴压载荷 (采用位移加载控制的方式)，为了保证有限元模型的分析精度，筋条高度方向至少需要划分为两个单元。

另外，需要说明的是在加筋圆柱壳中存在大量的 4 mm 倒角 (筋条与筋条之间，筋条与蒙皮之间)，这些倒角对圆柱壳的质量和刚度有一定的贡献，特别对于加工的两个密肋加筋圆柱壳而言，其倒角的质量约占结构总体质量的 10%，因此在有限元模型中有必要考虑倒角对结构整体刚度和承载的影响。然而，若建立完整的考虑倒角的实体有限元模型，其自由度可达上亿规模，其后屈曲分析几乎是无法实现的；若直接建立基于均匀化的等效壳体模型，又因为均匀化的线弹性假设，无法准确模拟加筋圆柱壳的塑性变形和后屈曲行为，其可能因为无法模拟筋条失稳、蒙皮失稳等局部失效模式而过高地估计结构整体的承载能力，从而导致危险和错误的结构设计。因此，以实体模型的均匀化理论为手段，建立了一种面向加筋薄壳结构的壳体有限元模型修正方法，如图 8.54 所示，其可实现含大量倒角加筋圆柱壳结构的壳体有限元模型高保真度建模。具体流程如下：

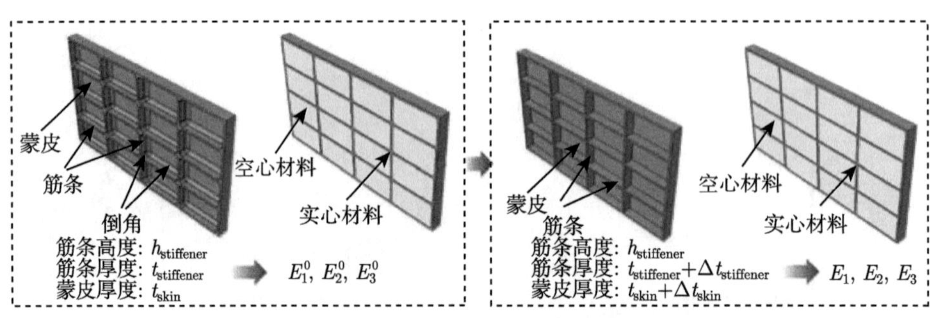

图 8.54 基于均匀化理论的加筋薄壳有限元模型修正方法示意图

首先，建立一个精细的包含倒角的加筋胞元实体模型，其筋条高度、筋条厚度、蒙皮厚度分别为 $h_{\text{stiffener}}$，$t_{\text{stiffener}}$ 和 t_{skin}，并使用均匀化理论获得其等效刚度系数 E_1^0, E_2^0, E_3^0；然后建立一个简化的不包含倒角的加筋胞元实体模型，其筋条高度、筋条厚度、蒙皮厚度分别为 $h_{\text{stiffener}}$，$t_{\text{stiffener}}+\Delta t_{\text{stiffener}}$ 和 $t_{\text{skin}}+\Delta t_{\text{skin}}$，并使用均匀化理论获得其等效刚度系数 E_1, E_2, E_3；最后，以筋条厚度和蒙皮厚度的变化量 $\Delta t_{\text{stiffener}}$ 和 Δt_{skin} 为变量，以等效刚度系数误差最小化为目标，建立如式 (8-2) 所示的优化列式，通过适当增加筋条厚度和蒙皮厚度考虑倒角对结构整体刚度的影响，从而建立一个可以考虑倒角影响的加筋薄壳高保真度壳体有限元模型，该模型在模拟过程中能体现结构的几何非线性和材料非线性，所以能准确地模拟结构塑性变形、筋条失稳、蒙皮失稳等局部失效模式和后屈曲行为。

$$\begin{aligned}
&\min f(\Delta t_{\text{stiffener}}, \Delta t_{\text{skin}}) = \left\|(E_i - E_i^0)\right\|_2, \quad i = 1,2,3 \\
&\text{subject to}: \underline{\Delta t_{\text{stiffener}}} < \Delta t_{\text{stiffener}} < \overline{\Delta t_{\text{stiffener}}} \\
&\qquad\qquad \underline{\Delta t_{\text{skin}}} < \Delta t_{\text{skin}} < \overline{\Delta t_{\text{skin}}}
\end{aligned} \tag{8-2}$$

其中，$\underline{\Delta t_{\text{stiffener}}}$ 和 $\underline{\Delta t_{\text{skin}}}$ 为筋条厚度和蒙皮厚度修正尺寸的下限，$\overline{\Delta t_{\text{stiffener}}}$ 和 $\overline{\Delta t_{\text{skin}}}$ 分别为筋条厚度和蒙皮厚度修正尺寸的上限。

面向单级加筋圆柱壳的模型修正，建立了一个包含 5 个环筋和 5 个纵筋的局部胞元，通过均匀化可以获得其等效刚度系数 E_1^0, E_2^0, E_3^0 分别为 8481.9 MPa, 7447.8 MPa 和 6241.8 MPa，其质量为 0.348 kg。然后，通过上述过程的模型修正，可以获得结果如表 8.4 所示，修正后的蒙皮厚度 t_s 和筋条厚度 t_r 分别为 1.76 mm 和 2.87 mm。可以发现修正后模型的质量和等效刚度系数都更接近精细模型，其中不考虑倒角初始模型的质量比精细模型的质量小 9.48%，而修正后模型的质量比精细模型质量高 1.44%。另外，需要说明的是使用完善初始模型计算单级加筋圆柱壳的承载能力为 4043.04 kN，使用完善修正模型计算的承载能力为 4537.61 kN，相比初始模型提高了 12.23%。

表 8.4 单级加筋圆柱壳初始模型和模型修正的结果

	t_s/mm	t_r/mm	质量 /kg	质量误差/%	E_1/MPa	E_2/MPa	E_3/MPa	目标/MPa
含倒角的精细实体胞元模型	1.60	2.50	0.348	—	8481.9	7447.8	6241.8	—
不含倒角的初始尺寸实体模型	1.60	2.50	0.315	−9.48	7670.9	6656.5	5429.8	1454.4
不含倒角的修正尺寸实体模型	1.76	2.87	0.353	1.44	8590.8	7439.2	6237.2	13.25

面向多级加筋圆柱壳的模型修正，建立了一个包含 3 个大环筋、3 个大纵筋、4 个小环筋、4 个小纵筋的局部胞元，通过均匀化可以获得其等效刚度系数 E_1^0, E_2^0, E_3^0 分别为 23675.41 MPa, 27928.82 MPa 和 10031.03 MPa，其质量为 1.09 kg。然后，通过模型修正，可以获得结果如表 8.5 所示，修正后的蒙皮厚度 t_s、大筋厚度 t_{rj} 和小筋厚度 t_{rn} 分别为 2.00 mm、2.84 mm 和 2.75 mm。可以发现修正后模型的质量和等效刚度系数都更接近精细模型，其中不考虑倒角初始

模型的质量比精细模型的质量小 7.34%，而修正后模型的质量比精细模型质量高 1.83%。另外，需要说明的是使用完善初始模型计算单级加筋圆柱壳的承载能力为 4244.92 kN，使用完善修正模型计算的承载能力为 4711.35 kN，相比初始模型提高了 10.99%。

表 8.5　多级加筋圆柱壳初始模型和模型修正的结果

	t_s/mm	t_{rj}/mm	t_{rn}/mm	质量/kg	质量误差/%	E_1/MPa	E_2/MPa	E_3/MPa	目标/MPa
含倒角的精细实体胞元模型	1.80	2.60	2.50	1.09	—	23675.41	27928.82	10031.03	—
不含倒角的初始尺寸实体模型	1.80	2.60	2.50	1.01	−7.34	21437.62	25137.50	9118.20	3692.21
不含倒角的修正尺寸实体模型	2.00	2.84	2.75	1.11	1.83	23769.59	27800.38	10094.74	171.54

实验过程与结果：两个加筋圆柱壳实验过程主要如下：(1) 进行初始几何缺陷的光学测量，用于数值模拟和实验预示；(2) 进行预实验，校验工装安装的准确性和轴压载荷的偏心程度；(3) 在圆柱壳外壁每隔 120° 均匀的三个位置分别施加 10 kN 大小的扰动载荷，预制塑性凹陷几何缺陷，用于评估圆柱壳的缺陷敏感性；(4) 局部凹陷几何缺陷测量；(5) 正式轴压屈曲破坏实验。

首先，采用 DIC 光测系统可获得两个加筋圆柱壳的初始几何缺陷状态分布，如图 8.55 和图 8.56 所示。经由实验可以判断两个圆柱壳轴压载荷非常均匀，几乎没有偏心存在。然后采用如图 8.57 所示的侧向扰动载荷加载装置分别在薄壳外壁施加三个幅值为 10 kN 的扰动载荷，以预制凹陷几何缺陷，并采用图 8.58

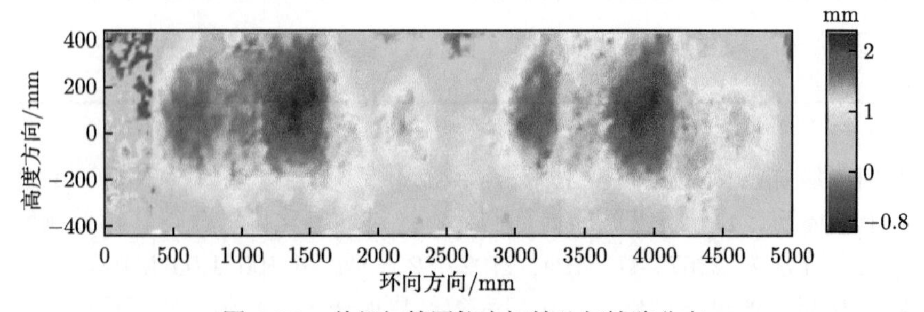

图 8.55　单级加筋圆柱壳初始几何缺陷分布

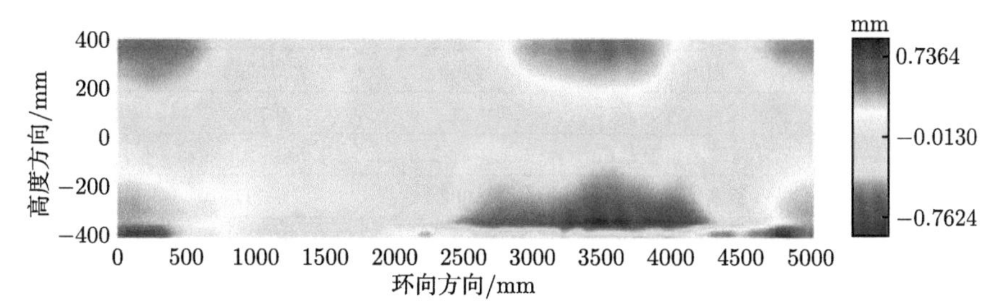

图 8.56　多级加筋圆柱壳初始几何缺陷分布

图 8.57　侧向扰动载荷加载装置

所示的机械臂激光扫描仪测量每个凹陷的幅值。需要说明的是，由于实验仪器和测量精度的影响，施加的侧向扰动载荷并不是精确的 10 kN，并且由于薄壳筒壁涂抹油漆厚度的非均匀性导致凹陷幅值测量值处于一个范围区间，两个加筋圆柱壳各处施加扰动载荷大小和产生塑性凹陷的幅值具体可见表 8.6。

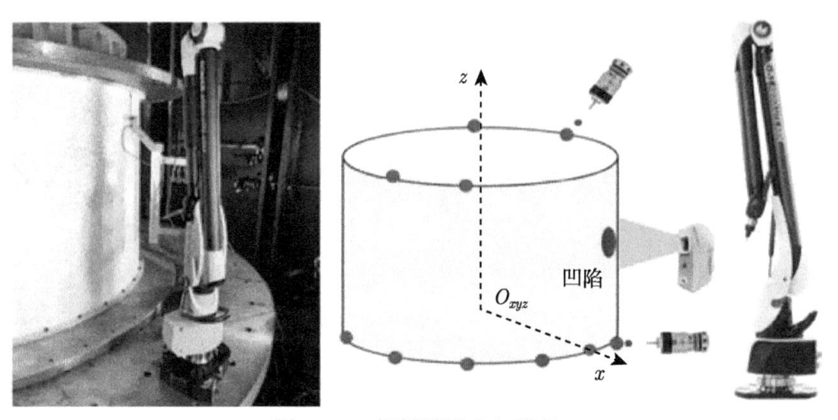

图 8.58　机械臂激光扫描仪

表 8.6　多级加筋圆柱壳初始模型和模型修正的结果

	内容	1 号凹陷	2 号凹陷	3 号凹陷
单级加筋圆柱壳	扰动载荷大小/kN	9.71	9.75	9.80
	凹陷几何缺陷幅值/mm	1.959～2.259	1.898～2.198	1.767～2.067
多级加筋圆柱壳	扰动载荷大小/kN	10.083	10.091	10.085
	凹陷几何缺陷幅值/mm	0.905～1.205	1.188～1.488	0.773～1.073

接下来，对圆柱壳进行正式实验，施加轴向压缩载荷直至实验件发生失稳破坏。整个实验过程保持 2 kN/s 的速率加载，在实验过程中观测并记录包括力传感器，位移传感器，电测应变，DIC 光测，普通摄像机，高速摄像机等仪器数据，不同观测设备的分布和观测区域如图 8.59 所示。

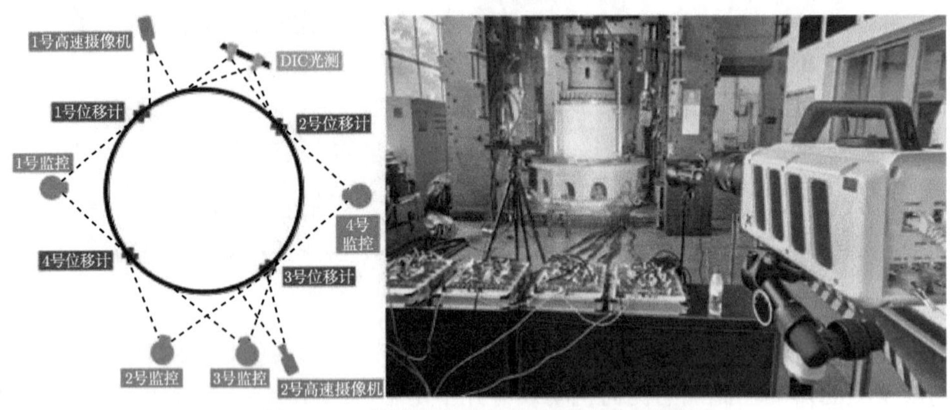

图 8.59　观测设备分布和观测范围示意图

随着轴压载荷的不断施加，圆柱壳最后伴随着巨大的轰鸣声发生失稳破坏并随即发生坍塌。最终，可获得单级加筋圆柱壳的承载能力为 4036.84 kN，多级加筋圆柱壳的承载能力为 4379.46 kN。通过 DIC 光测可得单级加筋圆柱壳和多级加筋圆柱壳的屈曲波形云图如图 8.60 和图 8.61 所示。

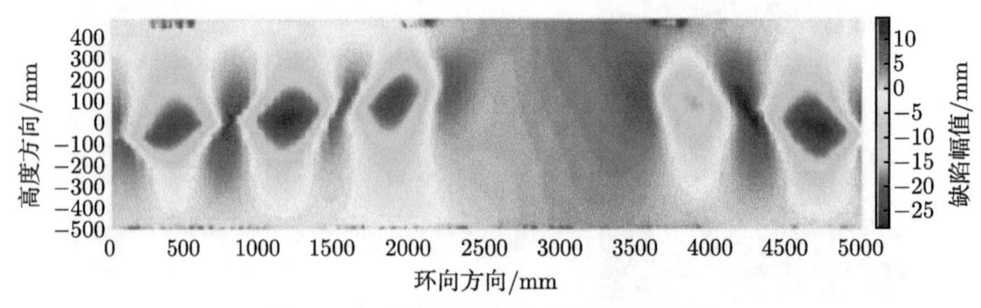

图 8.60　单级加筋圆柱壳屈曲波形云图

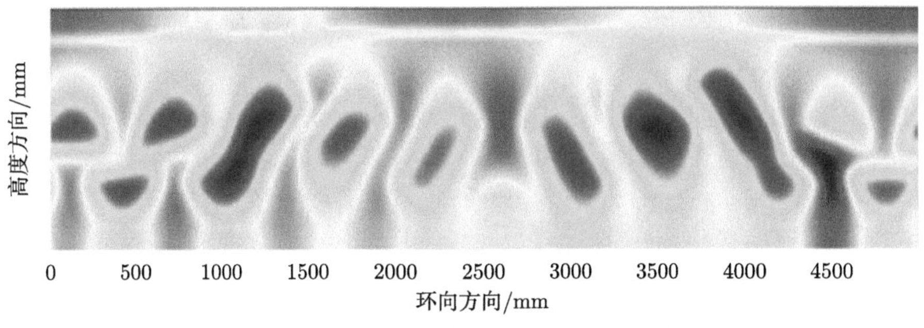

图 8.61 多级加筋圆柱壳屈曲波形云图

单级加筋圆柱壳的失效模式如图 8.62 所示，屈曲波形为单层失稳波，其在自上而下的第八个环筋和第九个环筋之间、以及第九个环筋和第十个环筋之间发生断裂。多加筋圆柱壳的失效模式如图 8.63 所示，屈曲波形为单双层组合型失稳波，其中双层失稳波占比约为整体的四分之一，在自上而下的第二根到第三根环向主筋之间发生断裂 (即双层失稳波位移最大处)。

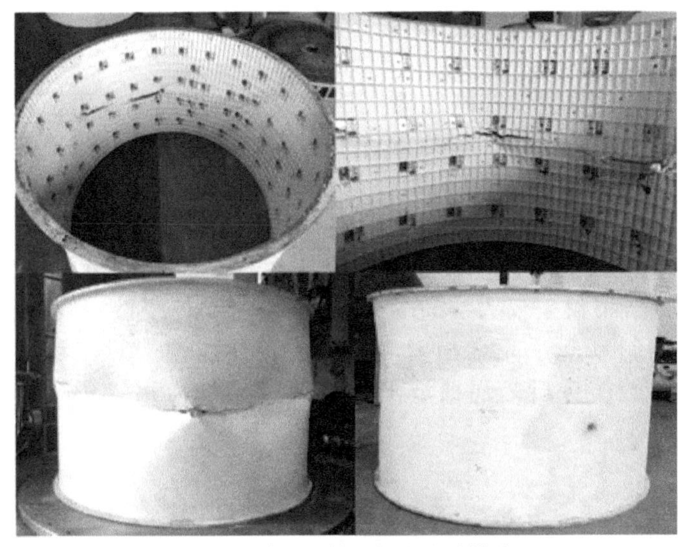

图 8.62 单级加筋圆柱壳失效模式图

数值模拟结果与分析讨论： 分别采用初始模型和修正后对单级加筋圆柱壳和多级加筋圆柱壳进行全实验流程模拟。首先在模型外壁表面的对应位置分别施加三个 10.0 kN 扰动载荷，在产生塑性凹陷后，将扰动载荷进行卸载，并随机施加轴向压缩载荷。

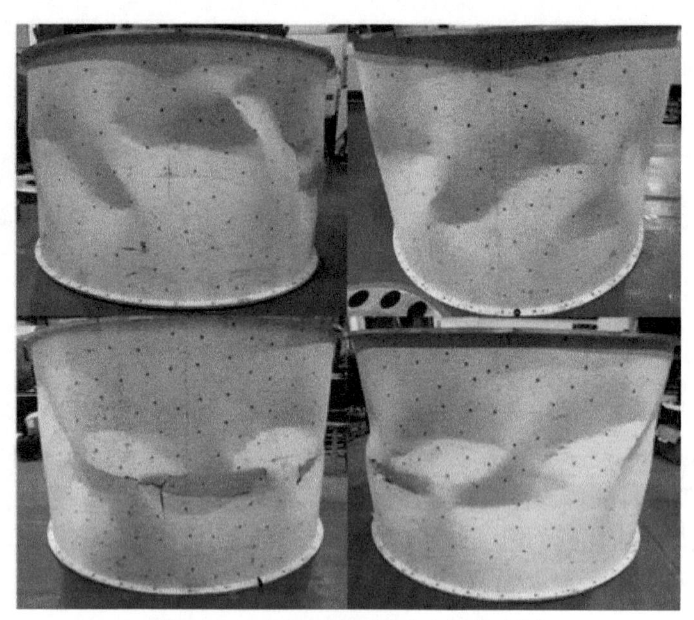

图 8.63　多级加筋圆柱壳失效模式图

对于单级加筋圆柱壳结构，两个模型产生塑性凹陷的幅值分别如表 8.7 所示，其中初始模型塑性凹陷的幅值相对实验结果偏大，而修正后模型塑性凹陷的幅值处于实验结果的有效测量范围内。两个模型与实验结果的位移承载曲线如图 8.64 所示，其中初始模型预测的极限承载为 3356.56 kN，相对实验结果误差为 −16.85%，其承载曲线在线性阶段的斜率为 931，相比实验结果的斜率 1047，误差为 −11.08%；修正后模型预测的极限承载为 4009.93 kN，相对实验结果误差仅为 −0.67%，其承载曲线在线性阶段的斜率为 1047，与实验结果的斜率几乎完全相同，并且通过屈曲波形对比可以发现，修正后有限元模型数值分析的屈曲波形和实验结果极为相似和一致，如图 8.65 所示。

表 8.7　单级加筋圆柱壳数值模拟结果

	塑性凹陷几何缺陷幅值/mm			极限承载力/kN	误差
	一号凹陷	二号凹陷	三号凹陷		
初始模型	3.60	3.36	3.29	3356.56	−16.85%
修正模型	2.03	1.95	1.93	4009.93	−0.67%
实验结果	1.96～2.26	1.90～2.20	1.77～2.07	4036.84	—

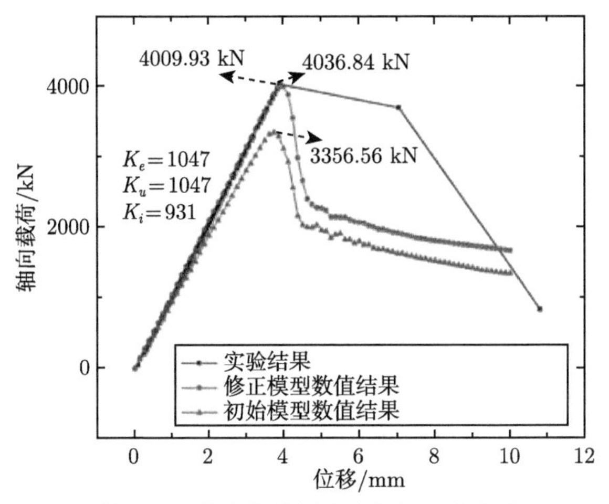

图 8.64 单级加筋圆柱壳位移承载曲线

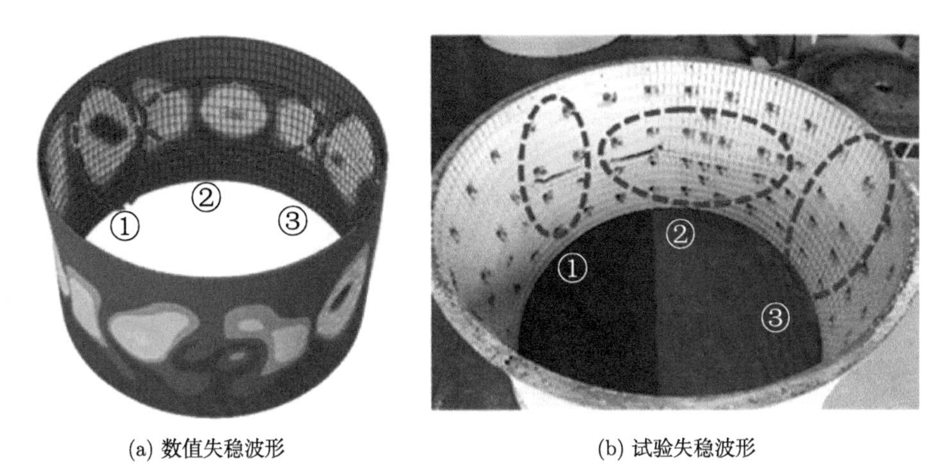

(a) 数值失稳波形 (b) 试验失稳波形

图 8.65 单级加筋圆柱壳屈曲波形对比

对于多级加筋圆柱壳结构，两个模型产生塑性凹陷的幅值分别如表 8.8 所示，其中初始模型塑性凹陷的幅值相对实验结果偏大，而修正后模型塑性凹陷的幅值有所降低，但仍有两个凹陷的实验结果的超出了模型的有效测量范围，这可能是由于手动加载存在一定误差导致真实载荷值与预定值有所差异；此外，也可能因为是实验中凹陷加载点与实验前规定的凹陷位置存在一定误差，使得实际加载点略微偏离了横纵主筋中心。这两点因素相互影响，最终导致实验中存在两个凹陷幅值与修正模型预测结果 (偏差大小约为 0.280 mm 和 0.177 mm)。两个模型与实验结果的位移承载曲线如图 8.66 所示，其中初始模型预测的极限承载为 3883.18 kN，相对实验结果误差为 −11.33%，其承载曲线在线性阶段的斜率为 988，相比实验结果的斜率 1108，误差为 −10.83%；修正后模型预测的极限承载为 4387.83 kN，相对实验结果误差仅为 0.20%，其承载曲线在线性阶段的斜率为 1098，与实验结果的斜率 (1108) 误差仅为 0.902%，并且通过屈曲波形对比可以发现，修正后有限元模型数值分析的屈曲波形和实验结果极为相似和一致，正式实验和修正模型数值模拟过程中，多级加筋圆柱壳都是从局部发生局部屈曲失稳，形成失稳波进而扩展到整个薄壳结构，在失稳波初始扩展区 (约四分之一面积) 内屈曲波形为两层，在失稳波后续传导区 (约四分之三面积) 中，屈曲波形为一层，如图 8.67 所示。

表 8.8 多级加筋圆柱壳数值模拟结果

	塑性凹陷几何缺陷幅值/mm			极限承载力/kN	误差
	一号凹陷	二号凹陷	三号凹陷		
初始模型	2.726	2.754	2.712	3883.18	−11.33%
修正模型	1.382	1.358	1.353	4387.83	0.20%
实验结果	0.905～1.205	1.188～1.488	0.773～1.073	4379.28	—

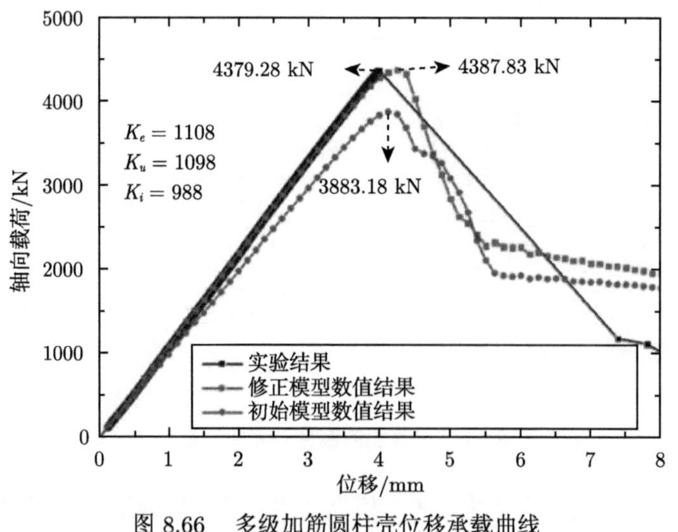

图 8.66 多级加筋圆柱壳位移承载曲线

单级加筋圆柱壳和多级加筋圆柱壳具有相同的重量，但多级加筋圆柱壳的承载力比单级加筋高 8.48%，这表明多级加筋相比单级加筋圆柱壳具有更高的承载效率，更具承载潜力。需要说明的是，本次实验采用的单级加筋圆柱壳试件接近最优设计，而多级加筋圆柱壳试件主要目的是探索相关制造工艺，仍有很大的优化空间。根据数值分析规律，如果单级加筋圆柱壳和多级加筋圆柱壳均采用最优设计，多级加筋圆柱壳承载力将比单级加筋圆柱壳的承载力高 20%以上。另外，相对于完善模型，含凹陷几何缺陷单级加筋圆柱壳的折减因子为 0.88 (完善模型承载力为 4537.61 kN)；含凹陷几何缺陷单级加筋圆柱壳的折减因子为 0.93 (完善模型承载力为 4711.35 kN)，可见多级加筋圆柱壳具有更强的抗缺陷干扰能力和鲁棒性。

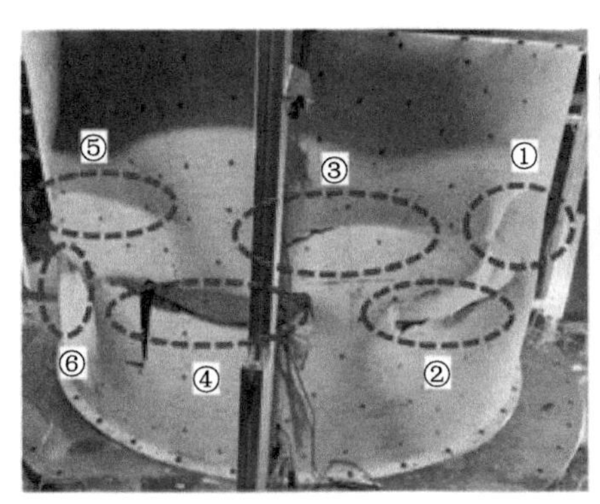

(a) 实验失稳波形

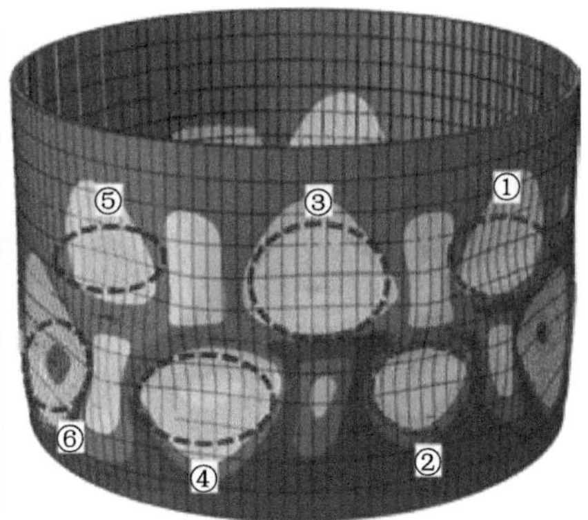

(b) 数值分析结果失稳波形

图 8.67 多级加筋圆柱壳屈曲波形对比图

综合单级圆柱壳和多级圆柱壳的实验结果及数值结果可以见，忽略倒角等结构细节的有限元模型会低估真实结构的整体刚度和极限承载力，建立一个充分考虑结构细节特征的高保真度有限元模型，对于加筋圆柱壳等航天薄壳的后屈曲分析极其重要。

8.3.4 蒙皮桁条轴压稳定性实验案例

作者通过蒙皮复合材料桁条薄壳的轴压实验，验证了热塑性复合材料桁条比金属桁条具有更高的承载效率，探究了热塑性复合材料在航天结构中的应用前景，如图 8.68 所示。正式实验中从蒙皮变形的雷达图中可以看出部分蒙皮先发生局部失稳后薄壳整体失效，光测也记录到薄壳失效前先发生了蒙皮局部失稳，与实验前的模拟失效模式一致。基于实验结果修正数值模型，利用模态缺陷模拟了薄壳真实的缺陷，数值模型预测的薄壳失效模式与实验结果基本一致。

金属筒的直径 $D = 1000$ mm，高度 $L = 600$ mm，蒙皮厚度 $t_s= 1.6$ mm，上下均有 5 mm 高的变厚度过渡段，以及宽度为 5 mm 的段框。金属筒外侧均匀布局 25 根桁条，基于蒙皮桁条薄壳承载力最大优化设计，确定承载效率最高的 Ω 型桁条及最优设计参数，桁条为缎纹编织 PEEK 基复合材料热压而成。桁条通过螺栓固定在金属筒外侧，螺钉直径为 4 mm，通过高精度数控机床对桁条及金属筒加工螺栓孔，保证螺栓孔的位置精度。

测点分布。在薄壳内侧的中部区域，每两个桁条之间安装一个应变片，环向共均匀安装了 25 个轴向应变片，以监测实验中载荷在轴向分布的均匀性，同时，在筒高度方向上均匀分布 8 个应变花，图 8.69 显示了筒内部每个应变片的位置。环向均匀 5 个桁条上分别安装 4 个应变花，测量加载过程中桁条的应变演变，图 8.70

图 8.68　金属蒙皮复合材料桁条薄壳结构

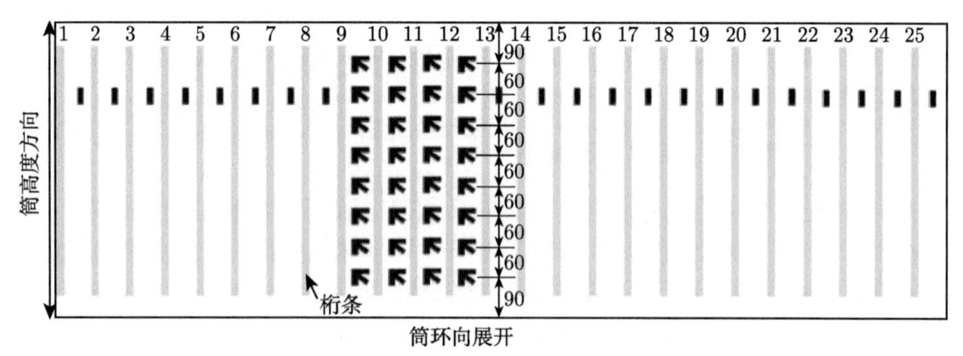

图 8.69　筒内侧蒙皮上的应变片分布

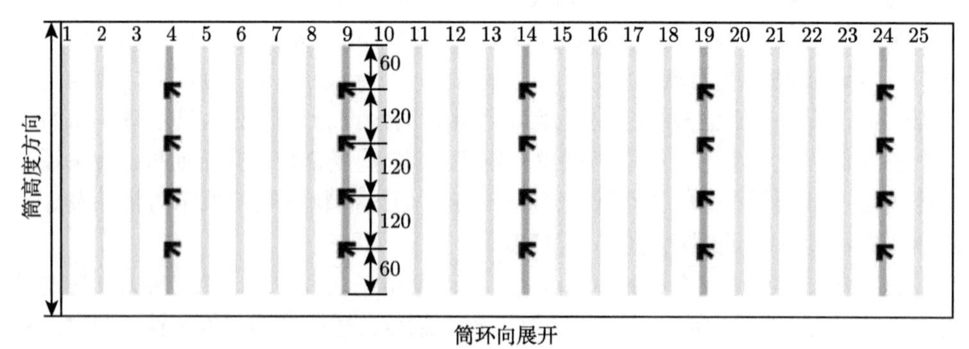

图 8.70　筒外侧桁条上的应变片分布

和图 8.71 显示了桁条上每个应变片的位置。另外，5 个电阻位移计机械固定在实验加载框上，并均匀分布在薄壳外侧，如图 8.72 所示。

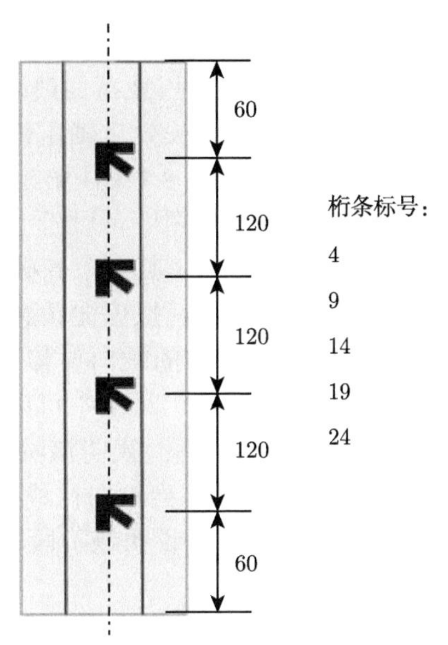

图 8.71 桁条上的应变片具体位置

图 8.72 位移传感器

正式实验。第一步实验设备调零准备，作动器以 5 mm/s 的速度向下运动，直至与加载边界接触，保持 1 min，进行各测量设备的调零，准备开始实验；第二步实验加载，以 1 kN/s 的加载速度缓慢加载，直至蒙皮桁条薄壳破坏失效。在测量系统的每个组件安装调试完成后，对实验现场的实验工装、加载测量系统等细节进行拍照记录。实验中，控制电子伺服系统，通过载荷监视系统确保载荷准确加载，其间进行数据采集工作。蒙皮桁条薄壳的正式轴压实验为轴压破坏实验，图 8.73(a) 给出了正式实验中轴压载荷曲线，从图中可以看出在薄壳破坏之前轴压载荷基本呈线性增加，薄壳失效后轴压载荷瞬间降低，最大轴压载荷为 809.8 kN，即轴压极限承载力。图 8.73(b) 给出了正式实验中薄壳顶端五个位置的轴向位移的历史变化曲线，从图中可以看出随着轴压载荷增加，薄壳顶端五个位置的轴向位移基本同步降低，其中薄壳破坏前传感器 4 区域的位移略大于其他区域的位移，最终薄壳破坏区域偏向传感器 4 区域。这里将薄壳顶端五个位置的位移取平均作为薄壳整体的轴向位移，获得如图 8.74 的蒙皮桁条薄壳的轴向载荷—轴向位移变化曲线，从图中可以看出当轴向位移小于 1 mm 时轴压载荷与轴向位移基本呈线性关系，表明该阶段薄壳处于线弹性阶段，最大轴压载荷对应的轴向位移为 1.3 mm，当轴向位移大于 1 mm 小于 1.3 mm 时，轴压载荷与轴向位移呈现非线性关系，说明该阶段薄壳发生塑性变形，直至破坏。

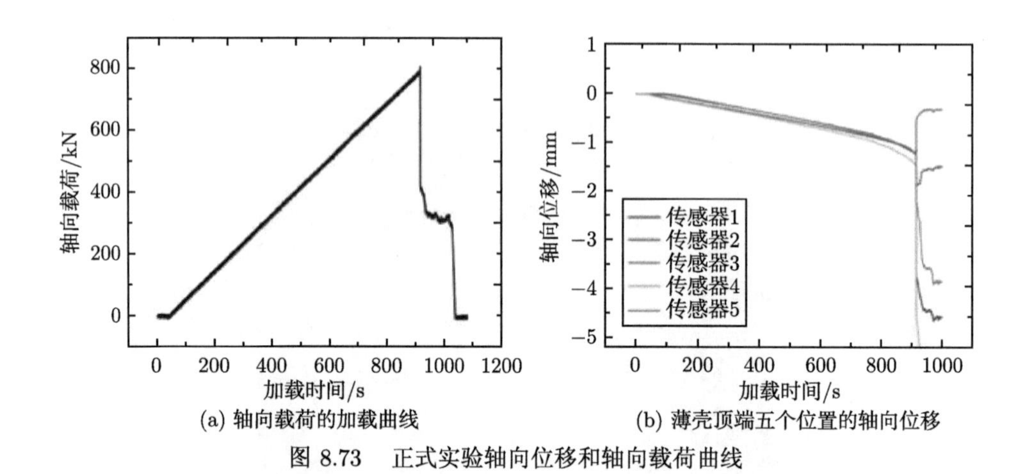

(a) 轴向载荷的加载曲线　　(b) 薄壳顶端五个位置的轴向位移

图 8.73 正式实验轴向位移和轴向载荷曲线

除了薄壳的轴压载荷—位移关系，分析轴压过程中的蒙皮和桁条变形历程也尤为重要，可以帮助理解金属蒙皮复合材料桁条薄壳轴压失效过程、变形过程及其中的机理问题。基于电测技术获得的蒙皮应变数据，分析加载过程中蒙皮的变形情况，图 8.75(a) 给出了五个代表区域的上端部蒙皮的轴向应变的历史变化曲线，从图中可以看出当加载时间小于 600 s 时，五个位置的轴向应变基本同步增

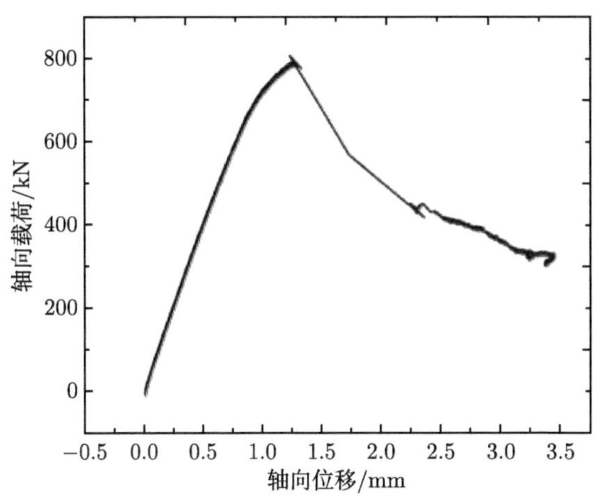

图 8.74　正式实验的轴向载荷—轴向位移变化曲线

加，当加载时间为 700 s 左右时 6 号、11 号和 21 号位置的轴向压缩应变突然减小，并逐渐变为拉应变，而 1 号和 16 号位置的轴向应变一直增加，表明不同区域的蒙皮发生不同的变形模式，在应变剧变的位置发生了蒙皮的局部失稳。图 8.75(b) 给出了加载过程中薄壳一周轴向应变的雷达图，当轴压载荷小于 508 kN 时随着载荷的增加，蒙皮一周的轴向应变均匀增加，并且一周应变之间的差距逐渐变小，加载趋于均匀化。当轴向载荷大于 643 kN 时，尤其为 664 kN 时蒙皮上许多点的轴向应变在降低，可见应变降低的蒙皮区域发生了蒙皮局部失稳。图 8.76(a) 给出了桁条上端部位的应变历史变化曲线，从图中可以看出在加载时间小于 700 s 时，桁条上端部的应变随着加载的进行不断增加，其中 4 号桁条的轴向应变最大可能存在偏心加载，当加载时间到 800 s 时，五根桁条的轴向应变由拉

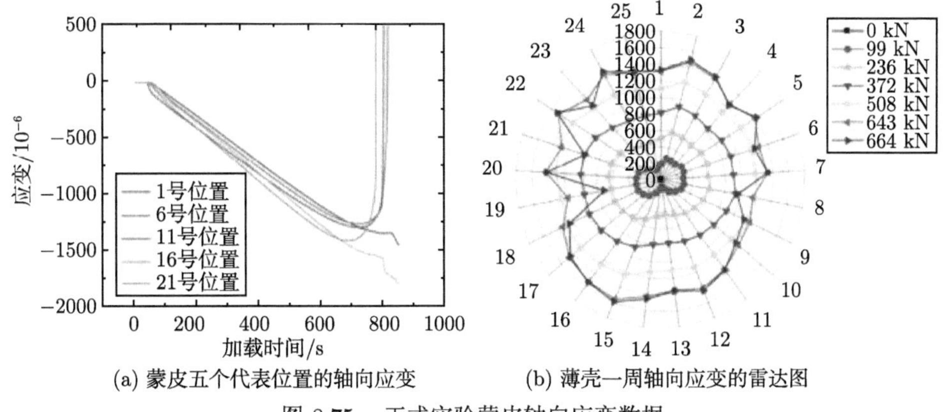

(a) 蒙皮五个代表位置的轴向应变　　(b) 薄壳一周轴向应变的雷达图

图 8.75　正式实验蒙皮轴向应变数据

应变转为压应变，从变化的时间点来看，这个变化是由于上端蒙皮的局部失稳导致。图 8.76(b) 给出了桁条中间部位的应变历史变化曲线，加载时间小于 400 s 时五个桁条的轴向应变基本同步增加，当加载时间大于 400 s 小于 900 s 时五根桁条的轴向应变出现差异，其中 4 号桁条的中间部位的轴向应变最大，在加载时间为 910 s 左右时轴向应变突然降低，从加载时间上看是由于薄壳破坏导致。

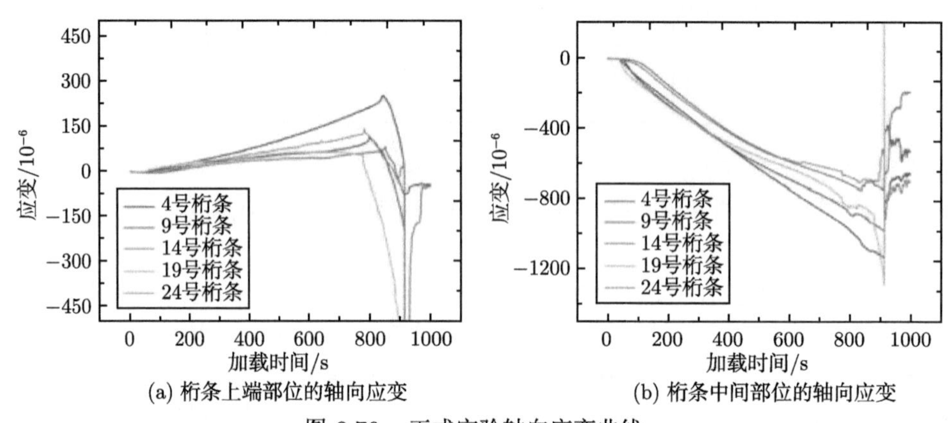

(a) 桁条上端部位的轴向应变 (b) 桁条中间部位的轴向应变

图 8.76 正式实验轴向应变曲线

为了多方面观察薄壳的变形失效模式，本实验中加采用 DIC 光测技术测量薄壳的变形云图。图 8.77 给出了加载 500 s 时薄壳各区域的轴向应变云图，从图中可以看出加载过程中桁条上端的蒙皮处的应变较大，由于该区域存在刚度不连续，会产生应力集中等导致该区域的轴向应变较大。此外，从图中还可以看到桁条上端部的轴向应变为红色，即应变值大于 0 为拉应变与图 8.75(a) 中桁条上端部的电测应变结果一致。图 8.78 给出了加载 800 s 时薄壳各区域的轴向应变云图，除了桁条上端蒙皮处存在局部应变较大的情况外，从图中还可以明显地看出蒙皮上下端处存在许多局部失稳的区域，与图 8.76 中两个图中结果相一致。电测技术可以准确给出某些区域的变形情况，但测量的区域点有限；而光测技术可以给出薄壳整个区域的变形云图，但应变精度有限，从本实验的结果看两种测试技术的结果基本一致。

金属蒙皮复合材料桁条最终在桁条上端连接的蒙皮处发生塑性失稳破坏，图 8.79 给出了薄壳破坏后的各区域轴向应变云图，从图中可以看出在桁条上端的蒙皮处发生一周失稳的波形，但在 6 号桁条和 8 号桁条中间没有发生破坏，说明加载的过程存在微小的偏心载荷。图 8.80 是薄壳轴压破坏后的薄壳外部破坏情况，图 8.81 薄壳轴压破坏后的薄壳内部破坏情况，可以看出图 8.79 中的变形云图与实验结果基本一致。

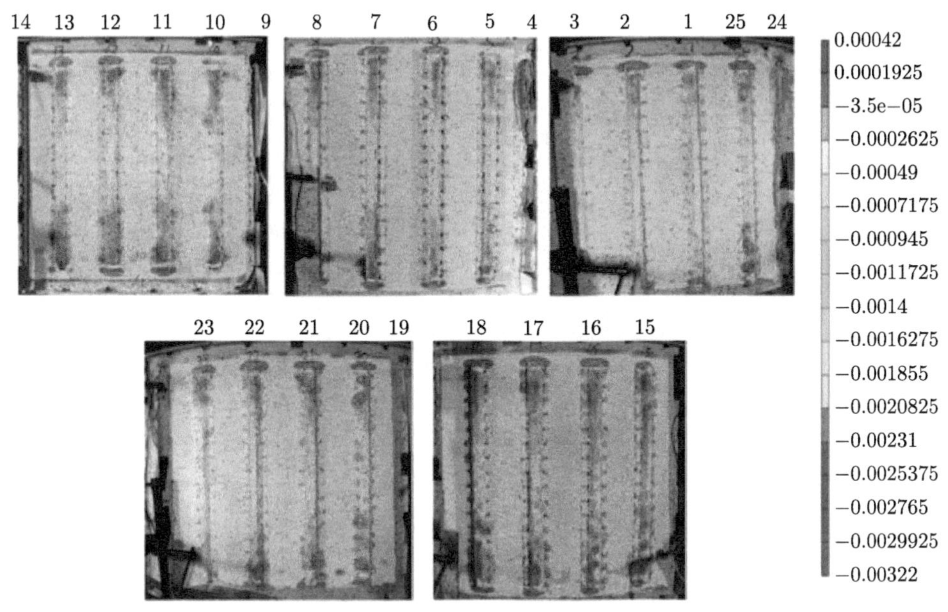

图 8.77 加载 500 s 时薄壳各区域的轴向应变云图 (DIC 光测)

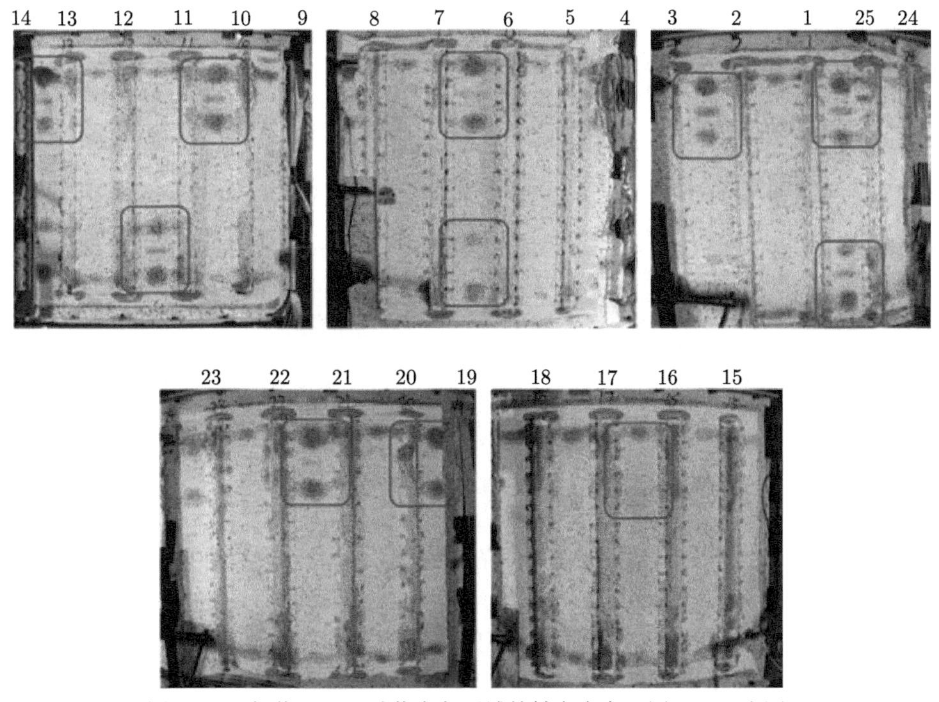

图 8.78 加载 800 s 时薄壳各区域的轴向应变云图 (DIC 光测)

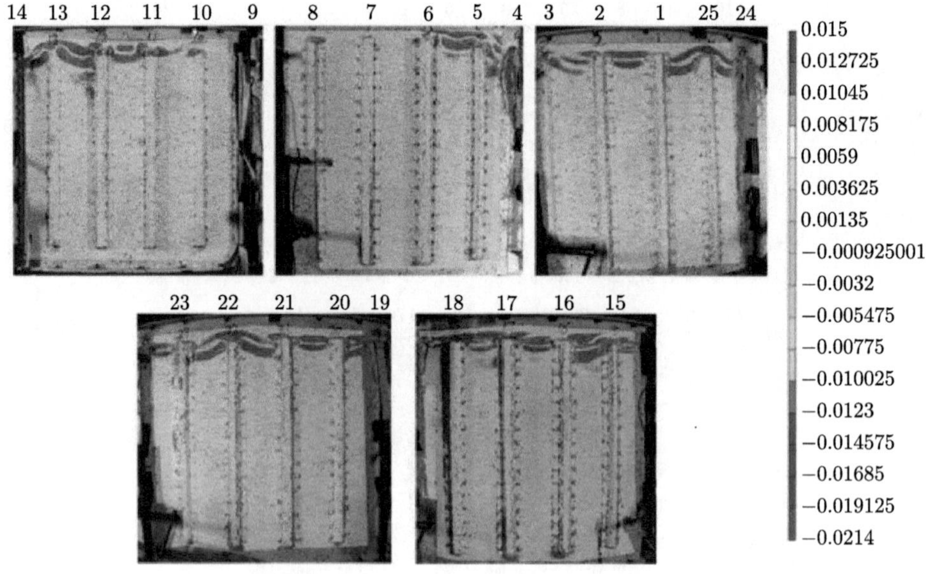

图 8.79　薄壳破坏后的各区域轴向应变云图 (DIC 光测)

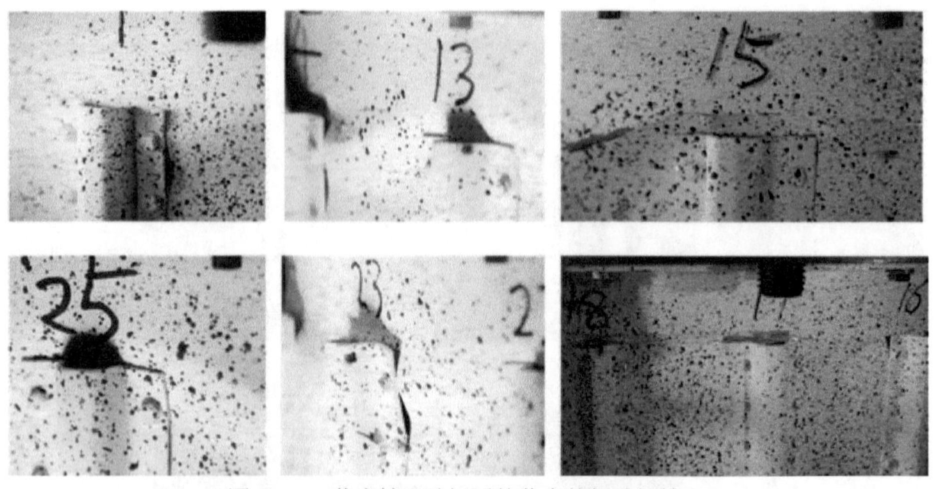

图 8.80　薄壳轴压破坏后的薄壳外部破坏情况

图 8.82 给出了热塑性复合材料桁条薄壳轴压载荷–位移曲线的数值与实验对比，从图中可以看出蒙皮桁条薄壳极限承载力的数值模拟结果比实验结果高 12%。原因包括：加载装置有微小偏心、薄壳的实际缺陷修正误差、复合材料和金属材料属性误差、实验测量误差等。

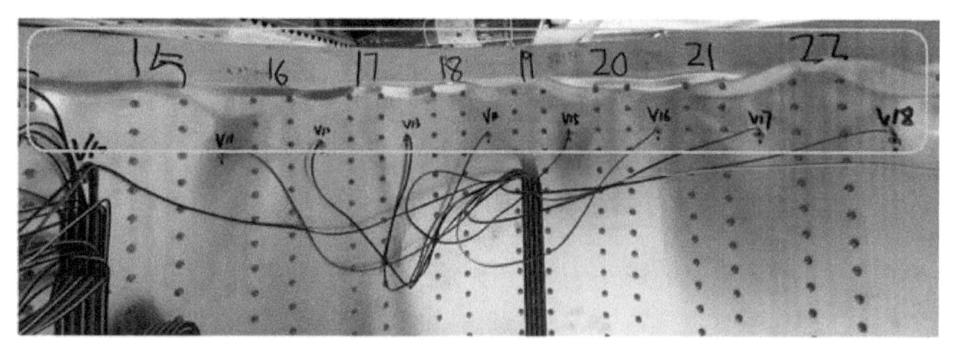

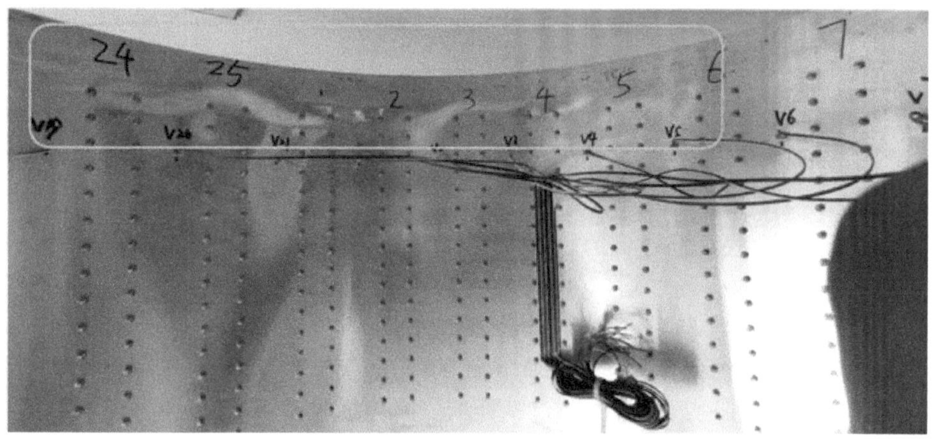

图 8.81 薄壳轴压破坏后的薄壳内部破坏情况

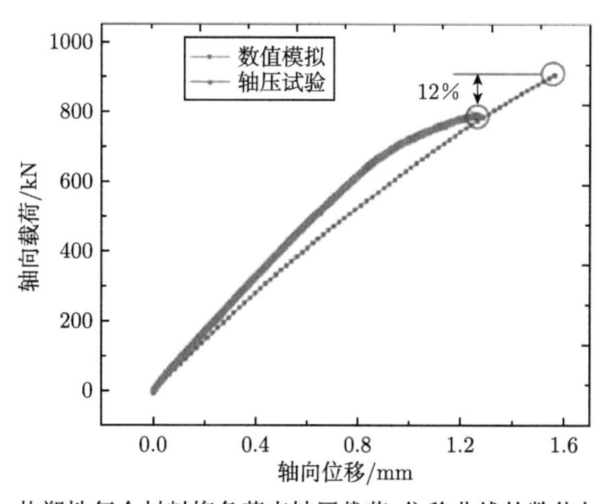

图 8.82 热塑性复合材料桁条薄壳轴压载荷–位移曲线的数值与实验对比

本节首先介绍了蒙皮桁条薄壳轴压实验的结构形式、工装设计、电测和光测系统和实验方法，其中热塑性复合材料桁条与金属蒙皮用螺栓连接，并均匀分布于薄壳外围，薄壳上下两端均有两个夹具用于固定和连接加载作动器，实验过程中通过应变片电测技术记录蒙皮各区域和桁条各区域的变形历史，通过 DIC 光测技术记录加载过程中的变形和位移场。三次预实验表明加载基本均匀，加载边界有一定的偏差，此外，三次预加载中金属蒙皮的变形基本一致，没有塑性变形，桁条的变形也基本一致，微小损伤可忽略。正式实验中蒙皮桁条薄壳承载的最大载荷为 809 kN，从蒙皮变形的雷达图中可以看出，部分蒙皮先发生局部失稳后薄壳整体失效，光测也记录到薄壳失效前先发生了蒙皮局部失稳，与实验前的模拟失效模式一致。

8.3.5　加筋圆柱壳轴外压稳定性实验案例

外压和轴压是水下结构加筋柱壳的常见载荷。一旦这两种载荷相互组合，尤其是当外压非均匀时，加筋柱壳的屈曲行为将变得非常复杂。作者 [66] 研究了外压与轴压同时施加对加筋柱壳的后屈曲行为的影响。然后，设计并构建了高精度测量系统以及加载非均匀外压与轴压的加载系统，进行了非均匀外压和轴压同时作用下的 1 m 直径加筋柱壳的屈曲实验。数值结果表明，轴压占比是加筋柱壳模态跳转的关键因素，通过均匀外压评估加筋柱壳的承载力过于保守。实验和数值结果的对比展现了实验系统的精准性与有效性。

作者采用了一个厚度 $t_s = 2.1$ mm 的 1 m 直径加筋柱壳试件用于非均匀轴外压加载的屈曲实验，如图 8.83 所示。该加筋柱壳采用整体锻造技术，然后通过铣削加工的方式形成，因此没有焊缝。该加筋柱壳的加筋类型为正置正交，共有 7 个轴向筋条和 45 个纵向筋条。筋条高度为 $h_r = 10$ mm，筋条厚度 $h_r = 3$ mm。试件采用 2024 铝合金材料，弹性模量 $E = 76169$ MPa，泊松比 $\nu = 0.3$，屈服强度 $\sigma_s = 339.6$ MPa，极限强度 $\sigma_b = 437.9$ MPa，密度 $\rho = 2.7\times 10^{-6}$ kg/mm^3。

(a) 试件外观

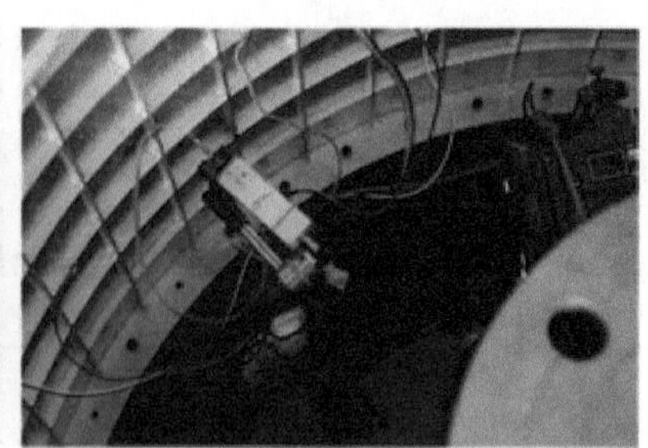
(b) 试件内部

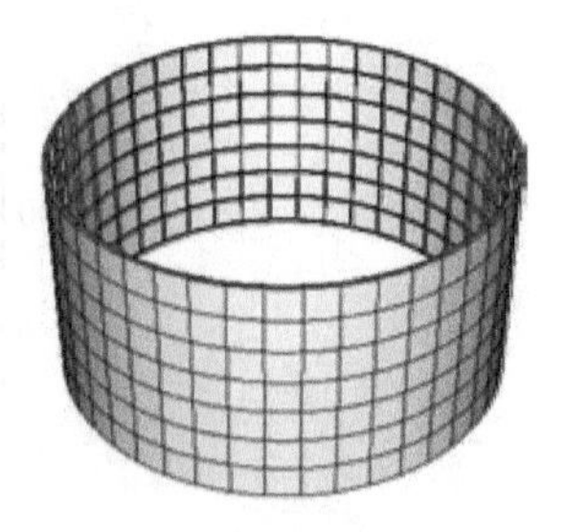
(c) 有限元模型

图 8.83　非均匀轴外压加载实验所用试件示意图

实验过程。非均匀轴外压实验的过程如下。图 8.10 给出了外压加载的比例。

本次实验采用的加载方法是：首先施加径向载荷到 670 kN(典型值)，然后施加非均匀外压，直至薄壳最终失稳。实验件的安装与加载方法如图 8.84 所示。

图 8.84　实验件的安装与加载方法

在本次实验中，加筋圆柱壳的下端框通过 36 个螺栓连接到底盘，上端自由。在非均匀的外压和轴压的同时作用下，加筋圆柱壳的位移载荷曲线 (轴压与最大外压处) 以及气囊的加载过程可以通过传感器获得，如图 8.85 所示。在实验的第一阶段，通过作动器缓慢施加轴压直到 670 kN。在该阶段，气囊的外压保持为零。然后轴压在 670 kN 处保持不变，如图 8.85 中的黄色曲线所示。在实验的第二阶段，缓慢增加气囊中的外压载荷，直到加筋柱壳失稳，如图 8.86 所示。当最大外压到达 0.66 MPa 时，加筋柱壳的径向位移突然变大，对应着加筋圆柱壳的最终失稳。

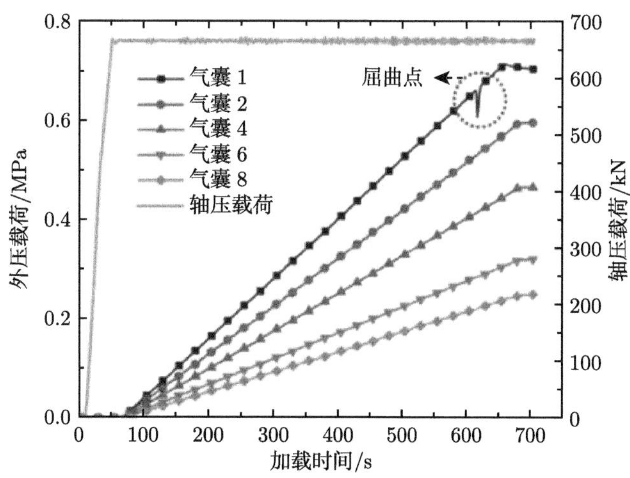

图 8.85　轴压与气囊的外压随加载时间的变化示意图

(a) 外侧最大外压加载处的失稳波

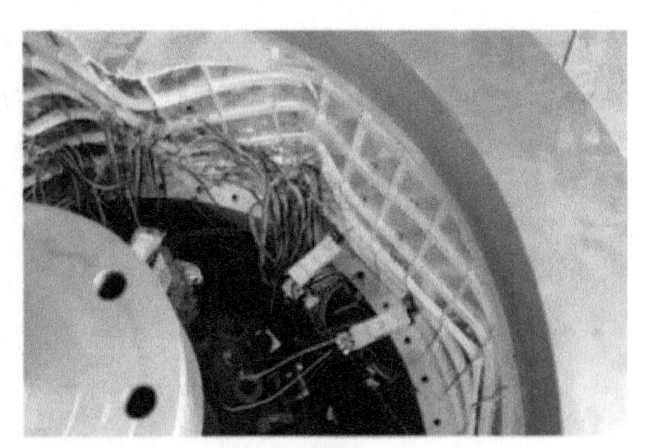

(b) 薄壳内部的失稳波

图 8.86　加筋柱壳的失稳模式示意图

将加筋柱壳数值结果与实验结果的比较如图 8.87 所示。由于本次实验采用的加筋柱壳使用了前文所述的高精度加工技术，几何缺陷幅值非常小，因此，折减因子高于文献 [67~69] 给出的预测值。数值方法与实验所得屈曲载荷相同，两者均为 0.66 MPa。在实验期间，加筋柱壳被气囊完全包裹，因此不能获得失稳波在实验期间的演变过程。通过实验和数值方法获得的失稳波非常相似。实验和数值结果的径向位移在拐点处略有不同，是因为加筋柱壳的径向位移在失稳过程中突然变大，此时通过气囊所提供的外压会瞬间变小。当气囊的外压返回正常值时，加筋柱壳的屈曲过程已经结束。因此，对于屈曲时的径向位移，数值结果略大于实验结果。

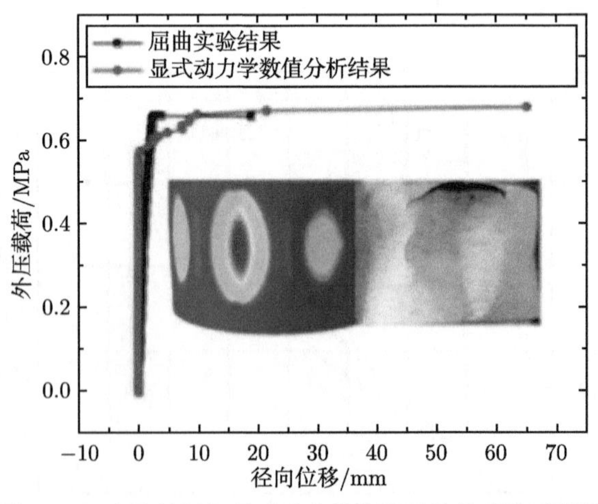

图 8.87　实验结果与显式动力学有限元结果对比示意图

进而，探索了轴压与外压组合作用对网格加筋圆柱壳屈曲行为的影响。搭建了一个可以同时施加复杂非均匀外压载荷与轴压载荷的高精度加载系统，开发了一种基于气囊加载的非均匀外压加载系统，实现了轴向分布外压的高精度加载。该高精度的实验系统具有广阔的应用范围，被证明可有效探索圆柱壳在轴压与外压组合作用下的屈曲行为。轴压占比的增加改变了失稳路径，从而导致了网格加筋圆柱壳失稳的模态跳转。轴压占比的增加也增加了网格加筋圆柱壳对初始几何缺陷的缺陷敏感性。施加非均匀外压得到的承载能力远高于均匀外压，分别从仿真和实验方面证明了传统的使用均匀外压幅值评价网格加筋圆柱壳承载能力的方法过于保守，非均匀外压下的实际失稳载荷比使用传统方法估计出的失稳载荷高约 30%。

参 考 文 献

[1] Singer J, Abramovich H. The development of shell imperfection measurement techniques[J]. Thin-Walled Structures, 1995, 23(1-4): 379-398.

[2] Ricardo O G S. An experimental investigation of the radial displacements of a thin-walled cylinder[R]. NASA Contractor Report, United States, 1967: 51.

[3] Mungan I. Buckling stress states of cylindrical shells[J]. Journal of the Structural Division, 1974, 100: 2289-2306.

[4] Yamaki N, Otomo K, Matsuda K. Experiments on the postbuckling behavior of circular cylindrical shells under compression[J]. Experimental Mechanics, 1975, 15(1):23-28.

[5] Schneider M H. Investigation of the stability of imperfect cylinders using structural models[J]. Engineering Structures, 1996, 18(10): 792-800.

[6] Tennyson R. Buckling modes of circular cylindrical shells under axial compression[J]. AIAA Jounal, 1969, 7(8): 1481-1487.

[7] Muggeridge D B, Tennyson R C. Buckling of axisymmetric imperfect circular cylindrical shells underaxial compression[J]. AIAA Journal, 1969, 7(11): 2127-2131.

[8] Hutchinson J W, Muggeridge D B, Tennyson R C. Effect of a local axisymmetric imperfection on the buckling behaviorof a circular cylindrical shell under axial compression[J]. AIAA Journal, 1971, 9(9): 48-52.

[9] Caswell R D, Muggeridge D B, Tennyson R C. Buckling of circular cylindrical shells having axisymmetric imperfection distributions[J]. AIAA Journal, 1971, 9(5): 924-930.

[10] Foster C G. Axial compression buckling of conical and cylindrical shells[J]. Experimental Mechanics, 1987, 27(3): 255-261.

[11] Krishnakumar S, Foster C G. Whole-field optical examination of cylindrical shell deformation[J]. Experimental Mechanics, 1989, 29(1): 16-22.

[12] Krishnakumar S, Foster C G. Axial load capacity of cylindrical shells with local eometric defects[J]. Experimental Mechanics, 1991, 31(2): 104-110.

[13] Luo P F, Chao Y J, Sutton M A, et al. Accurate measurement of three-dimensional deformations in deformable and rigid bodies using computer vision[J]. Experimental Mechanics, 1993, 33(2): 123-132.

[14] Li J, Xie X, Yang G, et al. Whole-field thickness strain measurement using multiple camera digital image correlation system[J]. Optics and Lasers in Engineering, 2017, 90: 19-25.

[15] Peters W H, Ranson W F. Digital imaging techniques in experimental stress analysis[J]. Optical Engineering, 1982, 21(3): 427-431.

[16] Tekieli M, De Santis S, de Felice G, et al. Application of digital image correlation to composite reinforcements testing[J]. Composite Structures, 2017, 160: 670-688.

[17] Zhang Z H, Li W Y, Feng Y, et al. Global anisotropic response of friction stir welded 2024 aluminum sheets[J]. Acta Materialia, 2015, 92: 117-125.

[18] Arrieta E, Haque M, Mireles J, et al. Mechanical behavior of differently oriented electron beam melting Ti–6Al–4V components using digital image correlation[J]. Journal of Engineering Materials and Technology, 2019, 141(1): 011004.

[19] Strauss A, Castillo P, Bergmeister K, et al. Shear performance mechanism description using digital image correlation[J]. Structural Engineering International, 2018, 28(3): 338-346.

[20] Chao Y J, Lam P S. Stress intensity factors of a three-point bend specimen under dynamic loading[C]. ASME 2015 Pressure Vessels and Piping Conference. American Society of Mechanical Engineers, 2015: V06AT06A028.

[21] Thompson J M T. Advances in shell buckling: Theory and experiments[J]. International Journal of Bifurcation and Chaos, 2015, 25(01): 272-349.

[22] Hilburger M W, Waters W A J, Haynie W T. Buckling test results from the 8-foot-diameter orthogrid-stiffened cylinder test article TA01[R]. NASA/TP-2015-218785, L-20490, NF1676L-20067, 2015.

[23] Hilburger M W , Waters W A J , Haynie W T, et al. Buckling test results and preliminary test and analysis correlation from the 8-foot-diameter orthogrid-stiffened cylinder test article TA02[R]. NASA/TP-2017-219587, L-20801, NF1676L-26704, 2017.

[24] Hilburger M W , Lovejoy A E , Thornburgh R P, et al. Design and analysis of subscale and full-scale buckling - critical cylinders for launch vehicle technology development[C]. AIAA/ASME/ASCE/AHS/ASC Structures, Structural Dynamics and Materials Conference, AIAA/ASME/AHS Adaptive Structures Conference, AIAA, 2012.

[25] Hao P, Wang B, Tian K, et al. Influence of imperfection distributions for cylindrical stiffened shells with weld lands[J]. Thin-Walled Structures, 2015, 93: 177-187.

[26] Wang B, Du K, Hao P, et al. Numerically and experimentally predicted knockdown factors for stiffened shells under axial compression[J]. Thin-Walled Structures, 2016, 109: 13-24.

[27] Wang B, Zhu S, Hao P, et al. Buckling of quasiperfect cylindrical shell under axial compression: a combined experimental and numerical investigation[J]. International

Journal of Solids and Structures, 2018, 130-131: 232-247.

[28] Lee K H, Woo H, Suk T. Data reduction methods for reverse engineering[J]. International Journal of Advanced Manufacturing Technology, 2001, 17(10): 735-743.

[29] Hamann B, Hamann B. A data reduction scheme for triangulated surfaces[M]. Science Publishers B. V.: Elsevier 1994.

[30] Lin D A C, Chen C F. Point-data processing and error analysis in reverse engineering[J]. International Journal of Advanced Manufacturing Technology, 1998, 14(11): 824-834.

[31] Huang M, Tai C. The pre-processing of data points for curve fitting in reverse engineering[J]. International Journal of Advanced Manufacturing Technology, 2000, 16(9): 635-642.

[32] Aleš Leonardis, Gupta A, Bajcsy R. Segmentation of range images as the search for geometric parametric models[J]. International Journal of Computer Vision, 1995, 14(3): 253-277.

[33] Milroy M J, Bradley C, Vickers G W. Segmentation of a wrap-around model using an active contour[J]. Computer-Aided Design, 1997, 29(4): 299-320.

[34] 邱彦杰. 反向工程中自动精确模型重建的关键技术研究 [D]. 上海: 上海交通大学, 2011.

[35] 慈瑞梅. 基于 CMM 测量数据的曲面重构关键技术研究与实现 [D]. 南京: 南京理工大学, 2006.

[36] Khakimova R, Wilckens D, Reichardt J, et al. Buckling of axially compressed CFRP truncated cones: experimental and numerical investigation[J]. Composite Structures, 2016, 146: 232-247.

[37] Khakimova R, Castro S, Wilckens D R K, et al. Buckling of axially compressed CFRP cylinders with and without additional lateral load: experimental and numerical investigation[J]. Thin-Walled Structures, 2017, 119: 178-189.

[38] Evkin A Y, Lykhachova O. Energy barrier as a criterion for stability estimation of spherical shell under uniform external pressure[J]. International Journal of Solids and Structures, 2017, 118-119: 14-23.

[39] Xin N, Pellegrino S. Experiments on imperfection insensitive axially loaded cylindrical shells[J]. International Journal of Solids and Structures, 2017, 115-116: 73-86.

[40] Wang B, Tian K, Zhou C, et al. Grid-pattern optimization framework of novel hierarchical stiffened shells allowing for imperfection sensitivity[J]. Aerospace Science and Technology, 2017, 62: 114-121.

[41] Singer J, Rosen A. The influence of boundary conditions on the buckling of stiffened cylindrical shells[J]. International Union of Theoretical and Applied Mechanics, 1976: 227-250.

[42] Friedrich L, Schmid-Fuertes T A, Schröder K U. Discrepancy between boundary conditions and load introduction of full-scale build-in and sub-scale experimental shell structures of space launcher vehicles[J]. Thin-Walled Structures, 2016, 98: 403-415.

[43] Winterstetter T A, Schmidt H. Stability of circular cylindrical steel shells under combined loading[J]. Thin-Walled Structures, 2002, 40(10): 893-910.

[44] Winterstetter T A, Schmidt H. Stability of circular cylindrical steel shells under combined loading[J]. Thin-Walled Structures, 2002, 40(10): 893-910.

[45] Hübner A, Albiez M, Kohler D, et al. Buckling of long steel cylindrical shells subjected to external pressure[J]. Steel Construction, 2007, 45(1): 1-7.

[46] Nash W A. Effect of large deflections and initial imperfections on the buckling of cylindrical shells subject to hydrostatic pressure[J]. Journal of the Aeronautical Sciences, 1955, 22(4): 264-269.

[47] Tian J, Wang C M, Swaddiwudhipong S. Elastic buckling analysis of ring-stiffened cylindrical shells under general pressure loading via the Ritz method[J]. Thin-Walled Structures, 1999, 35(1): 1-24.

[48] Aghajari S, Abedi K, Showkati H. Buckling and post-buckling behavior of thin-walled cylindrical steel shells with varying thickness subjected to uniform external pressure[J]. Thin-Walled Structures, 2006, 44(8): 904-909.

[49] Boot J C. Elastic buckling of cylindrical pipe linings with small imperfections subject to external pressure[J]. Tunnelling & Underground Space Technology, 1997, 12(1): 3-15.

[50] El-Sawy K M. Inelastic stability of liners of cylindrical conduits with local imperfection under external pressure[J]. Tunnelling & Underground Space Technology, 2013, 33(33): 98-110.

[51] Vasilikis D, Karamanos S A. Buckling design of confined steel cylinders under external pressure[J]. Journal of Pressure Vessel Technology, 2009, 133(1): 331-341.

[52] Vasilikis D, Karamanos S A. Stability of confined thin-walled steel cylinders under external pressure[J]. International Journal of Mechanical Sciences, 2009, 51(1): 21-32.

[53] Vasilikis D, Karamanos S A. Mechanics of confined thin-walled cylinders subjected to external pressure[J]. Applied Mechanics Reviews, 2014, 66(1):1-15.

[54] Pournara A E, Papatheocharis T, Karamanos S A, et al. Mechanical behavior of dented steel pipes subjected to bending and pressure loading[J]. Journal of Offshore Mechanics and Arctic Engineering, 2018, 141(1): 011702-011702-16.

[55] Vodenitcharova T, Ansourian P. Buckling of circular cylindrical shells subject to uniform lateral pressure[J]. Engineering Structures, 1996, 18(8): 604-614.

[56] Nguyen H L T, Elishakoff I, Nguyen V T. Buckling under the external pressure of cylindrical shells with variable thickness[J]. International Journal of Solids and Structures, 2009, 46(24): 4163-4168.

[57] Yang L, Luo Y, Qiu T, et al. An analytical method for the buckling analysis of cylindrical shells with non-axisymmetric thickness variations under external pressure[J]. Thin-Walled Structures, 2014, 85(85): 431-440.

[58] Salahshour S, Fallah F. Elastic collapse of thin long cylindrical shells under external pressure[J]. Thin-Walled Structures, 2018, 124: 81-87.

[59] Chen L, Rotter J M, Doerich C. Buckling of cylindrical shells with stepwise variable wall thickness under uniform external pressure[J]. Engineering Structures, 2011, 33(12): 3570-3578.

[60] Tu S T, Chen X, Zhu Y, et al. Buckling analysis of thin walled cylinder with combination of large and small stiffening rings under external pressure[J]. Procedia Engineering, 2015, 130(12): 364-373.

[61] Frano R L, Forasassi G. Experimental evidence of imperfection influence on the buckling of thin cylindrical shell under uniform external pressure[J]. Nuclear Engineering & Design, 2009, 239(2): 193-200.

[62] Aghajari S, Abedi K, Showkati H. Buckling and post-buckling behavior of thin-walled cylindrical steel shells with varying thickness subjected to uniform external pressure[J]. Thin-Walled Structures, 2006, 44(8): 904-909.

[63] 朱时洋, 面向大型薄壳的折减因子确定方法与实验验证 [D]. 大连: 大连理工大学, 2017.

[64] 杜凯繁. 航天薄壁薄壳结构高精度稳定性实验系统设计与应用研究 [D]. 大连: 大连理工大学, 2019.

[65] 杨浩等. 结构强度变差系数仿真及实验验证 [R]. 项目结题报告.

[66] Wang B, Yang M S, Zeng D J, et al. Post-buckling behavior of stiffened cylindrical shell and experimental validation under non-uniform external pressure and axial compression[J]. Thin-walled Structures, 2021, 161: 107481.

[67] Anonymous. Buckling of thin-walled circular cylinders[S]. NASA Space Vehicle Design Criteria, NASA SP-8007, 1965.

[68] Sim C H, Kim H I, Park J S, Lee K. Derivation of knockdown factors for gridstiffened cylinders considering various shell thickness ratios[J]. Aircraft Eng. Aero. Technol., 2019, 91(10): 1314-1326.

[69] Wagner H N R, Hühne C, Niemann S. Buckling of launch-vehicle cylinders under axial compression: a comparison of experimental and numerical knockdown factors[J]. Thin-Walled Structures, 2020, 155: 106931.

第 9 章　工程薄壳分析的若干新进展

9.1　工程薄壳 Hamilton 求解方法的应用与展望

9.1.1　Hamilton 求解方法的需求和优势

本书之前章节介绍了求解薄壳结构线性屈曲和后屈曲的数值方法，这些数值方法易于处理复杂形状和边界条件下的薄壳问题，因此在工程薄壳结构分析中获得了广泛应用。目前大多数数值方法是以能量泛函为基础，不可避免地需要处理近似场函数的“余量”问题。这就导致，一方面，近似场函数具有近似性，尤其是对复杂边界情况 (例如弹性边界) 常常难以给出理想的试函数；另一方面，利用瑞利-里茨法和 Galerkin 求解时控制方程不严格满足。上述因素限制了数值方法的准确性。因此如何精确求解薄壳理论下的高阶偏微分控制方程仍然是薄壳稳定性分析的重要挑战。

从高阶偏微分控制方程出发进行求解的解析方法，不仅能够对控制方程进行精确求解，还有利于直接反映出各物理参数之间的关联，指导力学实验设计，并且还是参数分析和优化设计的强有力工具。因为在大多数情况下，具有显式表达的解析解相比数值解更具效率优势，因此解析解的相关研究持续不断。

传统解析求解方法的思路是对方程进行消元，结果得到高阶的微分方程，然后对一类未知量进行求解，例如力法或位移法都是沿此思路的。从数学本质上讲，单类变量的解法是 Lagrange 体系方法，在求解高阶微分方程时，如分离变量以及本征展开等很多有效的数学物理方法都不能使用，因此一直未能突破半逆法求解的瓶颈。

事实上，采用辛状态空间下的对偶理论能突破上述瓶颈。具体的求解思路是将拉格朗日 (Lagrange) 体系过渡到哈密顿 (Hamilton) 体系当中，其数学的求解意义在于将传统的欧几里得形态过渡到辛几何形态中，从而创新性地将对偶的混合变量方法引入力学领域当中。

9.1.2　Hamilton 体系的发展

钟万勰教授及其课题组 [1] 首先将 Hamilton 体系及辛状态空间理论应用到弹性力学，从而突破了 Lagrange 体系下分离变量以及辛本征展开等方法无法实施的限制，开创了弹性力学的辛体系。辛体系中弹性力学问题的本征向量之间存在着共轭辛正交关系，钟万勰教授指出并证明了它与功的互等定理之间的关系 [2]。并已经在理论上证明了辛正交的完备性，使得传统的分离变量法导致自共轭算子谱的限制和欧几里得空间的限制得到了突破，保证了辛对偶体系下分离变量等方法的顺利实施，为其奠定了坚实的数学基础 [3]。

辛对偶体系自开创以来，经过二十年左右的快速发展，受到了研究者们的广泛关注。迄今为止，包括钟万勰教授及其课题组成员在内的国内外众多专家学者对辛体系进行了系统深入的研究，将它应用到力学等学科的多个领域 [4−9]。目前，辛体系方法已经成功用于解决梁、板、壳等典型结构元件的力学问题。Leunng 等 [10,11] 应用辛方法研究了梁的非线性振动；钟万勰教授等 [12] 研究了曲梁问题；马国军等 [13] 研究了弹性梁结构的振动问题；Lu 等研究了弹性地基梁的问题 [14]；徐新生、褚红杰等 [15,16] 研究了梁的非线性热屈曲；相比之下，利用辛方法求解板问题更是受到了广泛的关注，包括薄板 [17,18]、中厚板 [19,20]，以及层合板 [21,22] 问题等；辛方法也应用到薄壳结构 [23,24] 的研究当中。此外，该方法也被用来解决一些经典的固体力学问题。通过对平面弹性问题和多层层合板等问题的研究，钟万勰教授及其课题组 [25,26] 在辛对偶体系下对圣维南解做了空间定位：圣维南解就是零本征值对应的本征解。进而，研究了零本征向量的子空间，给出了圣维南问题的解析解法，同时还可以定量分析被圣维南原理所覆盖解的影响范围。此外，极坐标系下的弹性力学问题也能分别形成径向和环向的辛对偶体系。

除上述解析解法的研究之外，辛对偶体系已在半解析解法与数值方法、摄动、断裂、黏弹性、流体力学、控制、热效应、功能梯度效应、压电、电磁波导、弹性波以及电磁弹性等问题的研究中得到了应用。

9.1.3 Hamilton 求解体系的基础

Hamilton 体系的数学基础是辛空间。辛空间是研究面积或研究做功的，与研究长度的欧几里得空间不同。设 V 和 V' 分别是实数域 R 上的两个互相对应的 n 维线性空间，如果定义：

$$W = V \times V' = \left[\left(\begin{array}{c} \boldsymbol{q} \\ \boldsymbol{p} \end{array} \right) \middle| \boldsymbol{q} \in V,\ \boldsymbol{p} \in V' \right] \tag{9-1}$$

则称 W 为由 V 与 V' 构成的一个 $2n$ 维相空间。

实际中，线性空间 V 与 V' 通常量纲不一样，因此它们之间看似没有直接的关系，但它们的分量却可能存在一定的意义，例如在力学中，其中一个可以是位移，另一个可以是力，它们相乘之后量纲为功。

设 W 是实数域 R 上一个 $2n$ 维相空间，任给 W 中的两个向量 $\boldsymbol{\alpha}$，$\boldsymbol{\beta}$ 依某个法则对应一个实数，这个实数叫作辛内积，记为 $\langle \boldsymbol{\alpha}, \boldsymbol{\beta} \rangle$，而且 $\langle \boldsymbol{\alpha}, \boldsymbol{\beta} \rangle$ 运算满足

以下四个条件：

$$\langle \boldsymbol{\alpha}, \boldsymbol{\beta} \rangle = -\langle \boldsymbol{\beta}, \boldsymbol{\alpha} \rangle \tag{9-2}$$

$$\langle k\boldsymbol{\alpha}, \boldsymbol{\beta} \rangle = k\langle \boldsymbol{\alpha}, \boldsymbol{\beta} \rangle, \quad k \text{ 是任一实数} \tag{9-3}$$

$$\langle \boldsymbol{\alpha}+\boldsymbol{\gamma}, \boldsymbol{\beta} \rangle = \langle \boldsymbol{\alpha}, \boldsymbol{\beta} \rangle + \langle \boldsymbol{\gamma}, \boldsymbol{\beta} \rangle, \quad \boldsymbol{\gamma} \text{ 是 } W \text{ 中任一向量} \tag{9-4}$$

$$\text{若向量 } \boldsymbol{\alpha} \text{ 对任意} W \text{中的向量 } \boldsymbol{\beta} \text{ 均有 } \langle \boldsymbol{\alpha}, \boldsymbol{\beta} \rangle = 0, \quad \text{则 } \boldsymbol{\alpha} = \boldsymbol{0} \tag{9-5}$$

称定义有这种辛内积的相空间为辛空间。

在 $2n$ 维实向量空间 R^{2n} 中。对任意向量 $\boldsymbol{x} = [x_1, x_2, \cdots, x_{2n}]^{\mathrm{T}}$ 和 $\boldsymbol{y} = [y_1, y_2, \cdots, y_{2n}]^{\mathrm{T}}$，定义辛内积：

$$\langle \boldsymbol{x}, \boldsymbol{y} \rangle = (\boldsymbol{x}, \boldsymbol{J}_{2n}\boldsymbol{y}) = \sum_{i=1}^{n} (x_i y_{n+i} - x_{n+i} y_i) = \boldsymbol{x}^{\mathrm{T}} \boldsymbol{J}_{2n} \boldsymbol{y} \tag{9-6}$$

其中 $\boldsymbol{J}_{2n} = \begin{bmatrix} \boldsymbol{0} & \boldsymbol{I}_n \\ -\boldsymbol{I}_n & \boldsymbol{0} \end{bmatrix}$，称为单位辛矩阵，简记为 $\boldsymbol{J}$。容易验证式 (9-6) 满足辛内积的四条性质，于是就构成一个 $2n$ 维辛空间。对于一个相空间，针对不同的辛内积定义，可以构成各种形式的辛空间。式 (9-6) 定义的辛内积叫作 $2n$ 维实向量空间 R^{2n} 的标准辛内积。

若向量 $\boldsymbol{\alpha}$，$\boldsymbol{\beta}$ 的辛内积 $\langle \boldsymbol{\alpha}, \boldsymbol{\beta} \rangle = 0$，则称 $\boldsymbol{\alpha}$ 与 $\boldsymbol{\beta}$ 辛正交；否则称 $\boldsymbol{\alpha}$ 与 $\boldsymbol{\beta}$ 辛共轭。若向量组 $[\boldsymbol{\alpha}_1, \boldsymbol{\alpha}_2, \cdots, \boldsymbol{\alpha}_r, \boldsymbol{\beta}_1, \boldsymbol{\beta}_2, \cdots, \boldsymbol{\beta}_r]\,(r \leqslant n)$ 满足：

$$\left.\begin{array}{l} \langle \boldsymbol{\alpha}_i, \boldsymbol{\alpha}_j \rangle = \langle \boldsymbol{\beta}_i, \boldsymbol{\beta}_j \rangle = 0 \\ \langle \boldsymbol{\alpha}_i, \boldsymbol{\beta}_j \rangle = \begin{cases} k_{ii} \neq 0 & (i = j) \\ 0 & (i = j) \end{cases} \end{array}\right\} \quad (i, j = 1, 2, \cdots, r) \tag{9-7}$$

则称 $[\boldsymbol{\alpha}_1, \boldsymbol{\alpha}_2, \cdots, \boldsymbol{\alpha}_r, \boldsymbol{\beta}_1, \boldsymbol{\beta}_2, \cdots, \boldsymbol{\beta}_r]$ 为共轭辛正交向量组；当式 (9-7) 中 $k_{ii} \equiv 1$，则称 $[\boldsymbol{\alpha}_1, \boldsymbol{\alpha}_2, \cdots, \boldsymbol{\alpha}_r, \boldsymbol{\beta}_1, \boldsymbol{\beta}_2, \cdots \boldsymbol{\beta}_r]$ 为标准共轭辛正交向量组。由 $2n$ 个 (标准) 共轭辛正交向量组成的 $2n$ 维辛空间的基称为 (标准) 共轭辛正交基。$2n$ 维辛空间中的任意一个 (标准) 共轭辛正交向量组经过扩充都能称为一组 (标准) 共轭辛正交基。

如 $2n \times 2n$ 矩阵 $\boldsymbol{S}$ 满足 $\boldsymbol{S}^{\mathrm{T}}\boldsymbol{J}\boldsymbol{S} = \boldsymbol{J}$，则称 $\boldsymbol{S}$ 为辛矩阵，其中 $\boldsymbol{J}$ 为单位辛矩阵。辛矩阵具有如下性质：(1) 其逆矩阵仍为辛矩阵；(2) 其转置阵仍为辛矩阵；(3) 其行列式为 1 或 -1；(4) 其乘积仍为辛矩阵。

辛空间中最基本的线性算子 (变换) 即 Hamilton 算子。设 W 是 $2n$ 维辛空间，如果线性算子 $\tilde{\boldsymbol{H}}$ 对 W 中任意向量 $\boldsymbol{\alpha}$，$\boldsymbol{\beta}$ 满足 $\left\langle \boldsymbol{\alpha}, \tilde{\boldsymbol{H}}\boldsymbol{\beta} \right\rangle = \left\langle \boldsymbol{\beta}, \tilde{\boldsymbol{H}}\boldsymbol{\alpha} \right\rangle$ 则

称 $\tilde{\boldsymbol{H}}$ 为辛空间 W 的 Hamilton 算子。如果 $2n \times 2n$ 矩阵 $\boldsymbol{H}$ 对任意 $2n$ 为向量项 $\boldsymbol{x}$，$\boldsymbol{y}$ 满足 $\langle \boldsymbol{x}, \boldsymbol{H}\boldsymbol{y}\rangle = \langle \boldsymbol{y}, \boldsymbol{H}\boldsymbol{x}\rangle$，则称矩阵 $\boldsymbol{H}$ 为 Hamilton 矩阵。可以证明，Hamilton 矩阵也可以通过 $(\boldsymbol{J}\boldsymbol{H})^{\mathrm{T}} = \boldsymbol{J}\boldsymbol{H}$ 或 $\boldsymbol{J}\boldsymbol{H}\boldsymbol{J} = \boldsymbol{H}^{\mathrm{T}}$ 定义。

Hamilton 算子 $\tilde{\boldsymbol{H}}$ 在标准共轭辛正交基下的矩阵是 Hamilton 矩阵。Hamilton 矩阵 (Hamilton 算子) 本征问题是非自伴的，所以可能存在复数本征值，而且还可能有重本征值。关于 Hamilton 矩阵 (算子) 的本征值问题，有以下一些定理。

如 μ 为 Hamilton 矩阵 $\boldsymbol{H}$ 的本征值，重数为 m，则 $-\mu$ 也是其本征值，重数也是 m；如 Hamilton 矩阵 $\boldsymbol{H}$ 具有零本征值，则其重数为偶数。称 Hamilton 矩阵的本征值 $\pm\mu$ 互为辛共轭。零本征是特殊的辛本征值，与其自身互为辛共轭。

设 $\boldsymbol{H}$ 是 Hamilton 矩阵，$\boldsymbol{\psi}_i^{(0)}, \boldsymbol{\psi}_i^{(1)}, \cdots, \boldsymbol{\psi}_i^{(m)}$ 和 $\boldsymbol{\psi}_j^{(0)}, \boldsymbol{\psi}_j^{(1)}, \cdots, \boldsymbol{\psi}_j^{(m)}$ 分别为本征值 μ_i 和 μ_j 对应的基本本征向量和 Jordan 型本征向量，则当 $\mu_i + \mu_j \neq 0$ 时，有 $\left\langle \boldsymbol{\psi}_i^{(s)}, \boldsymbol{\psi}_j^{(t)} \right\rangle = \boldsymbol{\psi}_i^{(s)} \boldsymbol{J} \boldsymbol{\psi}_j^{(t)} = 0$ $(s = 0, 1, \cdots, m; t = 0, 1, \cdots, n)$。上述关系说明非辛共轭的本征值对应的本征向量间存在着辛正交性质。

设 $\pm\mu \neq 0$ 为 Hamilton 矩阵 $\boldsymbol{H}$ 的本征值，其重数为 m，则必存在共轭辛正交向量组 $\left[\boldsymbol{\psi}^{(0)}, \boldsymbol{\psi}^{(1)}, \cdots, \boldsymbol{\psi}^{(m-1)}, \boldsymbol{\varphi}^{(0)}, \boldsymbol{\varphi}^{(1)}, \cdots, \boldsymbol{\varphi}^{(m-1)}\right]$, 即

$$\left\langle \boldsymbol{\psi}^{(i)}, \boldsymbol{\varphi}^{(j)} \right\rangle = \begin{cases} (-1)^i a \neq 0 & (i + j = m - 1) \\ 0 & (i + j = m - 1) \end{cases} \tag{9-8}$$

其中 $\left[\boldsymbol{\psi}^{(0)}, \boldsymbol{\psi}^{(0)}, \cdots, \boldsymbol{\psi}^{(m-1)}\right]$ 和 $\left[\boldsymbol{\varphi}^{(0)}, \boldsymbol{\varphi}^{(0)}, \cdots, \boldsymbol{\varphi}^{(m-1)}\right]$ 分别是 μ 和 $-\mu$ 对应的基本本征向量和 Jordan 型本征向量。对于零本征值 $\mu = -\mu = 0$，其自身的本征向量即可以组成共轭辛正交向量组。

关于零本征问题，如果 Hamilton 矩阵 $\boldsymbol{H}$ 具有零本征，而 $[\boldsymbol{\psi}^{(0)}, \boldsymbol{\psi}^{(1)}, \cdots, \boldsymbol{\psi}^{(2m-1)}]$ 是其所对应的任意一组基本本征向量和 Jordan 型本征向量，那么对任意的 $1 \leqslant p \leqslant 2m-1$，$1 \leqslant q \leqslant 2m-2$ 有 $\left\langle \boldsymbol{\psi}^{(p)}, \boldsymbol{\psi}^{(q)} \right\rangle = -\left\langle \boldsymbol{\psi}^{(p-1)}, \boldsymbol{\psi}^{(q+1)} \right\rangle$。并且当 $p + q$ 为偶数时，$\left\langle \boldsymbol{\psi}^{(p)}, \boldsymbol{\psi}^{(q)} \right\rangle = 0$。

如 Hamilton 矩阵 $\boldsymbol{H}$ 具有零本征值，其重数为 $2m$，则必存在一组其对应的满足共轭辛正交关系的基本本征向量和 Jordan 型本征向量 $\left[\boldsymbol{\psi}^{(0)}, \boldsymbol{\psi}^{(1)}, \cdots, \boldsymbol{\psi}^{(2m-1)}\right]$，即

$$\left\langle \boldsymbol{\psi}^{(i)}, \boldsymbol{\psi}^{(j)} \right\rangle = \begin{cases} (-1)^i a \neq 0 & (i + j = 2m - 1) \\ 0 & (i + j = 2m - 1) \end{cases} \tag{9-9}$$

以上就是关于辛空间和 Hamilton 算子矩阵的基本性质。

9.1.4 封闭柱壳屈曲求解的 Hamilton 体系

辛方法是一种非常理性的、系统的解析方法，求解过程逻辑严谨、步骤清晰，并且无须假设任何满足给定条件的试函数。其次，在辛展开中包含了所有可能的基本本征解和约当型本征解，它们分别对应一些看似分散没有联系的刚体位移解和弹性变形解，但最终事实证明，任意一个解正是由这些基本问题的解叠加而成的 [1]。所以，辛展开方法较其他展开方法更具合理性和完整性。

在以往的研究中，人们往往使用近似方法对圆柱壳在简支边界条件下的线性屈曲问题进行求解。尽管相关的研究工作已经日臻完善，但并未就此问题提出一种系统的、完整的解决方法。下面，基于 Donnell 的薄壳理论，将拉格朗日体系下的高阶控制方程转化为 Hamilton 体系下的低阶 Hamilton 正则方程。

采用 Donnell 圆柱壳理论 [27]，如图 9.1(a)，柱坐标系 $\alpha O\beta$ 中，一段柱壳受到轴向压力 N_1 的作用，其中柱壳的高度为 L，半径为 R，柱壳沿坐标 α，β 和径向的位移分别是 u, v, w。如图 9.1(b)，拉压力 F_{T1}，F_{T2} 与平错力 F_{T12}，F_{T21} 与位移的关系是

$$\begin{aligned}
F_{T1} &= \frac{E\delta}{1-\nu^2}\left(\varepsilon_\alpha + \nu\varepsilon_\beta\right) + N_1\varepsilon_\alpha \\
F_{T2} &= \frac{E\delta}{1-\nu^2}\left(\nu\varepsilon_\alpha + \varepsilon_\beta\right) \\
F_{T12} &= \frac{E\delta}{2\left(1+\nu\right)}\gamma_{\alpha\beta} + N_1\frac{\partial v}{\partial \alpha} \\
F_{T21} &= \frac{E\delta}{2\left(1+\nu\right)}\gamma_{\alpha\beta}
\end{aligned} \tag{9-10}$$

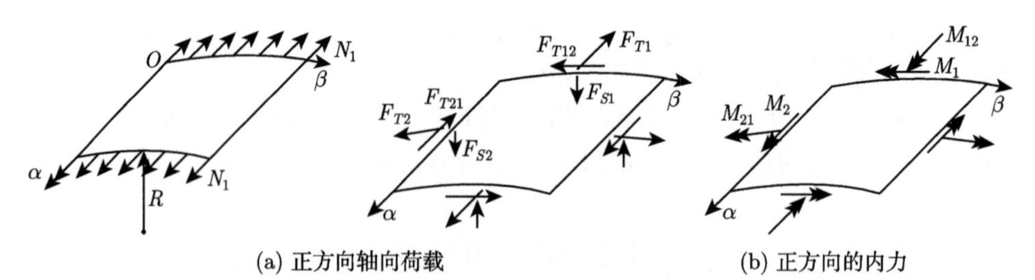

(a) 正方向轴向荷载　　　　(b) 正方向的内力

图 9.1　曲线坐标系 $\alpha O\beta$ 中的柱面曲板

其中，E 是弹性模量，δ 是壳的厚度，ν 是泊松比。ε_α，ε_β 分别是中面各点沿 α 和 β 方向的线应变，$\gamma_{\alpha\beta}$ 是应变中面内各点沿 α 和 β 方向的切应变，具体表达式如下：

$$\varepsilon_\alpha=\frac{\partial u}{\partial \alpha},\quad \varepsilon_\beta=\frac{\partial v}{\partial \beta}+\frac{w}{R},\quad \gamma_{\alpha\beta}=\frac{\partial u}{\partial \beta}+\frac{\partial v}{\partial \alpha} \tag{9-11}$$

如图 9.1(b)，弯矩 M_1 和 M_2，扭矩 M_{12} 和 M_{21} 与位移的关系是

$$\begin{aligned} &M_1=D\left(\kappa_\alpha+\nu\kappa_\beta\right)\\ &M_2=D\left(\kappa_\beta+\nu\kappa_\alpha\right)\\ &M_{12}=M_{21}=D\left(1-\nu\right)\kappa_{\alpha\beta} \end{aligned} \tag{9-12}$$

其中 $D=E\delta^3/[12(1-\nu^2)]$ 是柱壳的弯曲刚度。κ_α 和 κ_β 是中面内各点主曲率的改变，$\kappa_{\alpha\beta}$ 是中面内各点沿 α 及 β 方向扭率的改变，具体地：

$$\kappa_\alpha=-\frac{\partial^2 w}{\partial \alpha^2},\quad \kappa_\beta=-\frac{\partial^2 w}{\partial \beta^2},\quad \kappa_\alpha=-\frac{\partial^2 w}{\partial \alpha\partial \beta} \tag{9-13}$$

等效剪力 V_1 和 V_2 与位移的关系是

$$\begin{aligned} &V_1=-D\left[\frac{\partial^3 w}{\partial \alpha^3}+(2-\nu)\frac{\partial^3 w}{\partial \alpha\partial \beta^2}\right]+N_1\frac{\partial w}{\partial \alpha}\\ &V_2=-D\left[\frac{\partial^3 w}{\partial \beta^3}+(2-\nu)\frac{\partial^3 w}{\partial \beta\partial \alpha^2}\right] \end{aligned} \tag{9-14}$$

柱壳屈曲的能量泛函是

$$\varPi=U_s+U_b-V \tag{9-15}$$

其中，U_s，U_b 和 V 分别是膜应变能、弯曲应变能和外力功。它们的具体表达式是

$$U_s=\frac{1}{2}\iint\frac{E\delta}{1-\nu^2}\left[\left(\varepsilon_\alpha+\varepsilon_\beta\right)^2-2\left(1-\nu\right)\left(\varepsilon_\alpha\varepsilon_\beta-\frac{\gamma_{\alpha\beta}^2}{4}\right)\right]\mathrm{d}\alpha\mathrm{d}\beta$$

$$U_b=\frac{1}{2}\iint D\left[\left(\kappa_\alpha+\kappa_\beta\right)^2-2\left(1-\nu\right)\left(\kappa_\alpha\kappa_\beta-\kappa_{\alpha\beta}^2\right)\right]\mathrm{d}\alpha\mathrm{d}\beta$$

$$V=-\frac{1}{2}\iint N_1\left[\left(\frac{\partial u}{\partial \alpha}\right)^2+\left(\frac{\partial v}{\partial \alpha}\right)^2+\left(\frac{\partial w}{\partial \alpha}\right)^2\right]\mathrm{d}\alpha\mathrm{d}\beta \tag{9-16}$$

根据能量泛函 Π，柱壳屈曲的控制方程可以表示成如下的修正能量泛函 Π_H 形式：

$$\begin{aligned}\delta\Pi_H=\delta\iint\Bigg\{&\left[\frac{\nu}{\tilde{N}_1}\left(\frac{\partial v}{\partial \beta}+\frac{w}{R}\right)+\frac{\partial u}{\partial \alpha}\right]F_{T1}-\frac{(1-\nu^2)F_{T1}^2}{2\left[E\delta+N_1(1-\nu^2)\right]}\\&+\frac{E\delta+N_1}{2\tilde{N}_1}\left(\frac{\partial v}{\partial \beta}+\frac{w}{R}\right)^2-\frac{(1+\nu)F_{T12}^2}{E\delta+2N_1(1+\nu)}+\left[\frac{1}{\bar{N}_1}\frac{\partial u}{\partial \beta}+\frac{\partial v}{\partial \alpha}\right]F_{T12}\\&+\frac{N_1}{2\bar{N}_1}\left(\frac{\partial u}{\partial \beta}\right)^2+\frac{D(1-\nu^2)}{2}\left(\frac{\partial^2 w}{\partial \beta^2}\right)^2+D(1-\nu)\left(\frac{\partial \theta_1}{\partial \beta}\right)^2\\&+T_1\left(\theta_1-\frac{\partial w}{\partial \alpha}\right)-M_1\left(\frac{M_1}{2D}+\frac{\partial \theta_1}{\partial \alpha}+\nu\frac{\partial^2 W}{\partial \beta^2}\right)+\frac{1}{2}N_1\theta_1^2\Bigg\}\mathrm{d}\alpha\mathrm{d}\beta=0\end{aligned} \tag{9-17}$$

其中，$\bar{N}_1=[E\delta+2N_1(1+\nu)]/(E\delta)$，$\tilde{N}_1=\left[E\delta+N_1\left(1-\nu^2\right)\right]/(E\delta)$，$\theta_1=\partial w/\partial\alpha$。对式 (9-17) 变分，并分别提取 δF_{T1}，δF_{T12}，δw，$\delta\theta_1$，δu，δv，δT_1 和 δM_1 前的系数，可以得到下式：

$$\frac{\partial u}{\partial \alpha}=-\frac{\nu}{\tilde{N}_1}\frac{\partial v}{\partial \beta}-\frac{\nu}{R\tilde{N}_1}w+\frac{1-\nu^2}{E\delta\tilde{N}_1}F_{T1}$$

$$\frac{\partial v}{\partial \alpha}=-\frac{1}{\bar{N}_1}\frac{\partial U}{\partial \beta}+\frac{2(1+\nu)}{E\delta\bar{N}_1}F_{T12}$$

$$\frac{\partial T_1}{\partial \alpha}=-D\left(1-\nu^2\right)\frac{\partial^4 w}{\partial \beta^4}+\nu\frac{\partial^2 M_1}{\partial \beta^2}-\frac{E\delta+N_1}{R\tilde{N}_1}\frac{\partial v}{\partial \beta}-\frac{E\delta+N_1}{R^2\tilde{N}_1}w-\frac{\nu}{R\tilde{N}_1}F_{T1}$$

$$\frac{\partial M_1}{\partial \alpha}=2D(1-\nu)\frac{\partial^2\theta_1}{\partial \beta^2}-N_1\theta_1-T_1$$

$$\frac{\partial F_{T1}}{\partial \alpha}=-\frac{N_1}{\bar{N}_1}\frac{\partial^2 u}{\partial \beta^2}-\frac{1}{\bar{N}_1}\frac{\partial F_{T12}}{\partial \beta}$$

$$\frac{\partial F_{T12}}{\partial \alpha}=-\frac{E\delta+N_1}{\tilde{N}_1}\frac{\partial^2 v}{\partial \beta^2}-\frac{E\delta+N_1}{R\tilde{N}_1}\frac{\partial w}{\partial \beta}-\frac{\nu}{\tilde{N}_1}\frac{\partial F_{T1}}{\partial \beta}$$

$$\frac{\partial w}{\partial \alpha} = \theta_1$$

$$\frac{\partial \theta_1}{\partial \alpha} = -\nu \frac{\partial^2 W}{\partial \beta^2} - \frac{M_1}{D} \tag{9-18}$$

定义 $T_1 = -V_1$ 为拉格朗日乘子。公式 (9-18) 可以改写为

$$\frac{\partial \boldsymbol{Z}}{\partial \alpha} = \boldsymbol{H}\boldsymbol{Z} \tag{9-19}$$

其中，

$$\bar{\boldsymbol{H}} = \begin{bmatrix} 0 & -\frac{\nu}{\tilde{N}_1}\frac{\partial}{\partial \beta} & 0 & 0 & \frac{1-\nu^2}{E\delta \tilde{N}_1} & 0 & -\frac{\nu}{R\tilde{N}_1} & 0 \\ -\frac{1}{\bar{N}_1}\frac{\partial}{\partial \beta} & 0 & 0 & 0 & 0 & \frac{2(1+\nu)}{E\delta \bar{N}_1} & 0 & 0 \\ 0 & -\frac{E\delta + N_1}{R\tilde{N}_1}\frac{\partial}{\partial \beta} & 0 & \nu\frac{\partial^2}{\partial \beta^2} & -\frac{\nu}{R\tilde{N}_1} & 0 & \begin{matrix} -\frac{(E\delta + N_1)}{R^2\tilde{N}_1} \\ -D\left(1-\nu^2\right)\frac{\partial^4}{\partial \beta^4} \end{matrix} & 0 \\ 0 & 0 & -1 & 0 & 0 & 0 & 0 & \begin{matrix} -N_1 + 2D \\ \times (1-\nu)\frac{\partial^2}{\partial \beta^2} \end{matrix} \\ -\frac{N_1}{\bar{N}_1}\frac{\partial^2}{\partial \beta^2} & 0 & 0 & 0 & 0 & -\frac{1}{\bar{N}_1}\frac{\partial}{\partial \beta} & 0 & 0 \\ 0 & -\frac{E\delta + N_1}{\tilde{N}_1}\frac{\partial^2}{\partial \beta^2} & 0 & 0 & -\frac{\nu}{\tilde{N}_1}\frac{\partial}{\partial \beta} & 0 & -\frac{E\delta + N_1}{R\tilde{N}_1}\frac{\partial}{\partial \beta} & 0 \\ 0 & 0 & 0 & 0 & 0 & 0 & 0 & 1 \\ 0 & 0 & 0 & -\frac{1}{D} & 0 & 0 & -\nu\frac{\partial^2}{\partial \beta^2} & 0 \end{bmatrix} \tag{9-20}$$

上式满足 $(\boldsymbol{JH})^{\mathrm{T}} = \boldsymbol{JH}$，其中 $\boldsymbol{J} = \begin{bmatrix} \boldsymbol{0} & \boldsymbol{I}_4 \\ -\boldsymbol{I}_4 & \boldsymbol{0} \end{bmatrix}$，$\boldsymbol{I}_4$ 是一个 4×4 单位矩阵，是一个哈密顿算子矩阵，$\boldsymbol{Z} = [u, v, T_1, M_1, F_{T1}, F_{T12}, w, \theta_1]^{\mathrm{T}}$。因此公式 (9-19) 是一个基于哈密顿体系的柱壳屈曲控制方程，公式 (9-17) 可以视为哈密顿变分原理。

其后，将外压柱壳的控制方程导入 Hamilton 体系。Donnell 薄壳理论下，外压柱壳的拉格朗日密度函数 L_g 是

$$
\begin{aligned}
L_g = & F_{T1}\frac{\partial u}{\partial \alpha} + \left(F_{T2}\frac{\partial v}{\partial \beta} - \frac{w}{R}\right) + F_{T2}\left(\frac{\partial u}{\partial \beta} + \frac{\partial v}{\partial \alpha}\right) \\
& - \frac{1}{2E\delta}\left(F_{T1}+F_{T2}\right)^2 + \frac{D}{2}\left(\frac{\partial^2 w}{\partial \alpha^2} + \frac{\partial^2 w}{\partial \beta^2}\right)^2 + \frac{N_2}{2}\left(\frac{\partial w}{\partial \beta}\right)^2
\end{aligned} \tag{9-21}
$$

对于受均布外压 q_3 的柱壳，$N_2 = Rq_3$。为了将拉格朗日体系下的基本方程转换为哈密顿正则方程进行求解，引入一组原变量为 $\boldsymbol{q} = [u, v, w, \dot{w}]^{\mathrm{T}}$，· 表示对 x 求偏导，通过对 L_g 求变分得到

$$
\boldsymbol{p} = \frac{\partial L_g}{\partial \dot{\boldsymbol{q}}} = \begin{Bmatrix} p_1 \\ p_2 \\ p_3 \\ p_4 \end{Bmatrix} = \begin{Bmatrix} F_{T1} \\ F_{T12} \\ F_{S1} + N_1\dfrac{\partial w}{\partial \alpha} \\ -M_m \end{Bmatrix} \tag{9-22}
$$

取状态向量 $\boldsymbol{Z} = [q_1, q_1, -p_3, -p_4, p_1, p_2, q_3, q_4]^{\mathrm{T}}$，其中 $\theta_\alpha = \partial w/\partial \alpha$。结合平衡方程：

$$
\begin{aligned}
& \frac{\partial F_{T1}}{\partial \alpha} + \frac{\partial F_{T12}}{\partial \beta} = 0 \\
& \frac{\partial F_{T2}}{\partial \beta} + \frac{\partial F_{T12}}{\partial \alpha} = 0 \\
& \frac{\partial F_{S1}}{\partial \alpha} + \frac{\partial F_{S2}}{\partial \beta} - \frac{F_{T2}}{R} = 0
\end{aligned} \tag{9-23}
$$

其中 $F_{S2} = -D\left(\dfrac{\partial^3 w}{\partial \beta^3} + \dfrac{\partial^3 w}{\partial \beta \partial \alpha^2}\right) + N_2\dfrac{\partial w}{\partial \beta}$，可以得到如下形式的矩阵方程：

$$
\frac{\partial \boldsymbol{Z}}{\partial \alpha} = \boldsymbol{HZ} \tag{9-24}
$$

其中，

$$
\boldsymbol{H}=\begin{bmatrix}
0 & -\nu\dfrac{\partial}{\partial\beta} & 0 & 0 & \dfrac{1-\nu^2}{E\delta} & 0 & -\dfrac{\nu}{R} & 0\\
-\dfrac{\partial}{\partial\beta} & 0 & 0 & 0 & 0 & \dfrac{2(1+\nu)}{E\delta} & 0 & 0\\
0 & -\dfrac{E\delta}{R}\dfrac{\partial}{\partial\beta} & 0 & \dfrac{\partial^2}{\partial\beta^2} & -\dfrac{\nu}{R} & 0 & -\dfrac{E\delta}{R^2}+N_2\dfrac{\partial^2}{\partial\beta^2} & 0\\
0 & 0 & -1 & 0 & 0 & 0 & 0 & 0\\
0 & 0 & 0 & 0 & 0 & -\dfrac{\partial}{\partial\beta} & 0 & 0\\
0 & -E\delta\dfrac{\partial^2}{\partial\beta^2} & 0 & 0 & -\nu\dfrac{\partial}{\partial\beta} & 0 & -\dfrac{E\delta}{R}\dfrac{\partial}{\partial\beta} & 0\\
0 & 0 & 0 & 0 & 0 & 0 & 0 & 1\\
0 & 0 & 0 & -\dfrac{12(1-\nu^2)}{E\delta^3} & 0 & 0 & -\dfrac{\partial^2}{\partial\beta^2} & 0
\end{bmatrix}
\tag{9-25}
$$

因为满足 $(\boldsymbol{JH})^{\mathrm{T}}=\boldsymbol{JH}$，所以 $\boldsymbol{H}$ 是一个哈密顿算子矩阵。

9.1.5 柱面曲板屈曲求解的辛叠加方法

辛叠加方法是李锐等 [28] 最近提出的一种求解板壳力学问题的新方法，目前被广泛应用于板壳力学的弯曲 [29,30]、振动 [31,32]、屈曲 [33,34] 问题的求解。该方法求解复杂边界下的板壳力学问题的求解步骤是：首先，将板壳力学问题控制方程导入 Hamilton 体系；然后，将复杂边界条件下的问题拆分为简单边界条件下的子问题的叠加，利用辛几何、辛本征方法对子问题进行解析求解；最后，叠加得到原问题的解析解。辛叠加方法兼备了辛方法的理性以及叠加法程式化的优点，并且不涉及变分方程，同时回避了求解复杂超越方程以及含有复数与积分的无穷方程组带来的挑战，因此是一种求解板壳问题的通用、有效的方法。

首先介绍非莱维型柱面曲板的辛叠加方法，叠加系统如图 9.2 所示。

如图 9.2(a) 所示，求解的柱面曲板屈曲问题的边界条件是：

$$
\begin{aligned}
&w|_{\alpha=0,a}=0,\quad \left.\frac{\partial w}{\partial \alpha}\right|_{\alpha=0,a}=0,\quad F_{T1}|_{\alpha=0,a}=0,\quad F_{T12}|_{\alpha=0,a}=0\\
&w|_{\beta=0,b}=0,\quad M_2|_{\beta=0,b}=0,\quad F_{T2}|_{\beta=0,b}=0,\quad F_{T21}|_{\beta=0,b}=0
\end{aligned}
\tag{9-26}
$$

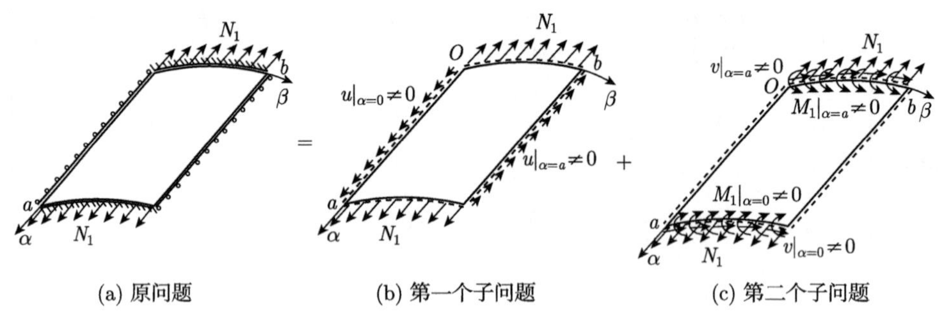

(a) 原问题　　(b) 第一个子问题　　(c) 第二个子问题

图 9.2　复杂边界的柱面曲板屈曲的辛叠加示意图

为了方便，用“C2”代表这个边界条件，这表示在 $\alpha=0$ 和 $\alpha=a$ 有两个转角约束。此边界条件可以拆分为两个对边简支边界条件下子问题的叠加。如图 9.2(b) 所示第一个子问题，是 α 方向对边简支的柱面曲板沿 $\beta=0$ 和 $\beta=b$ 边强制施加了以三角级数表示的非零的切向位移。在图 9.2(c)，第二个子问题，是 β 方向对边简支的柱面曲板沿 $\alpha=0$ 和 $\alpha=a$ 边强制施加了以三角级数表示的非零的切向位移和弯矩。具体地，两个子问题的强制施加边界的边界条件具体表达式是，对于第一个子问题：

$$
\begin{aligned}
&u_1|_{\beta=0}=\sum_{n=0,1,2,\cdots}^{\infty}u_{n0}\cos(a_n\alpha)\\
&u_1|_{\beta=b}=\sum_{n=0,1,2,\cdots}^{\infty}u_{nb}\cos(a_n\alpha)\\
&w_1|_{\beta=0,b}=0\\
&M_2|_{\beta=0,b}=0\\
&F_{T2}|_{\beta=0,b}=0
\end{aligned}
\tag{9-27}
$$

其中，u_{0n} 和 u_{bn} 是三角级数的待定参数。对于第二个子问题有边界条件：

$$
v_2|_{\alpha=0}=\sum_{n=0,1,2,\cdots}^{\infty}v_{n0}\cos(b_n\beta)
$$

$$
\begin{aligned}
&v_2|_{\alpha=a} = \sum_{n=0,1,2,\cdots}^{\infty} v_{na}\cos(b_n\beta) \\
&w_2|_{\alpha=0,a} = 0 \\
&M_1|_{\alpha=0} = \sum_{n=1,2,3,\cdots}^{\infty} M_{n0}\sin(b_n\beta) \\
&M_1|_{\alpha=a} = \sum_{n=1,2,3,\cdots}^{\infty} M_{na}\sin(b_n\beta) \\
&F_{T1}|_{\alpha=0,a} = 0
\end{aligned}
\tag{9-28}
$$

其中，v_{0n}，v_{na}，M_{n0} 和 M_{na} 是三角级数的待定参数。

将两个子问题叠加，还需要满足的边界条件是：

$$
\begin{aligned}
&F_{T12}|_{\alpha=0,a} = \sum_{i=1}^{2}\left[\frac{E\delta}{2(1+\nu)}\left(\frac{\partial u_i}{\partial\beta}+\frac{\partial v_i}{\partial\alpha}\right)+N_1\frac{\partial v_i}{\partial\alpha}\right]\Bigg|_{\alpha=0,a} = 0 \\
&\left.\frac{\partial w}{\partial\alpha}\right|_{\alpha=0,a} = \sum_{i=1}^{2}\left.\frac{\partial w_i}{\partial\alpha}\right|_{\alpha=0,a} = 0 \\
&F_{T21}|_{\beta=0,b} = \sum_{i=1}^{2}\frac{E\delta}{2(1+\nu)}\left(\frac{\partial u_i}{\partial\beta}+\frac{\partial v_i}{\partial\alpha}\right)\Bigg|_{\beta=0,b} = 0
\end{aligned}
\tag{9-29}
$$

为了求解第一个子问题 (图 9.2(b))，还需要建立另一方向的 Hamilton 形式的柱壳屈曲控制方程。定义 $\bar{v}=-v$ 和 $T_{21}=-F_{T21}$，柱壳屈曲的控制方程同样可以用能量泛函描述：

$$
\begin{aligned}
\delta\bar{\Pi}_H = \delta\iint\Bigg\{&\left(-\frac{\partial\bar{v}}{\partial\beta}+\frac{w}{R}+\nu\frac{\partial u}{\partial\alpha}\right)F_{T2}-\frac{1-\nu^2}{2E\delta}F_{T2}^2 \\
&+\frac{E\delta}{2}\left(\frac{\partial u}{\partial\alpha}\right)^2-\frac{(1+\nu)}{E\delta}T_{21}^2-T_{21}\left(\frac{\partial u}{\partial\beta}-\frac{\partial\bar{v}}{\partial\alpha}\right) \\
&+\frac{D(1-\nu^2)}{2}\left(\frac{\partial^2 w}{\partial\alpha^2}\right)^2+D(1-\nu)\left(\frac{\partial\theta_2}{\partial\alpha}\right)^2
\end{aligned}
$$

$$+ T_2\left(\theta_2 - \frac{\partial w}{\partial \beta}\right) - M_2\left(\frac{M_2}{2D} + \frac{\partial \theta_2}{\partial \beta} + \nu\frac{\partial^2 w}{\partial \alpha^2}\right)$$

$$+\frac{1}{2}N_1\left[\left(\frac{\partial u}{\partial \alpha}\right)^2 + \left(\frac{\partial \bar{v}}{\partial \alpha}\right)^2 + \left(\frac{\partial w}{\partial \alpha}\right)^2\right]\Bigg\}\mathrm{d}\alpha\mathrm{d}\beta = 0 \tag{9-30}$$

其中通过引用拉格朗日乘子 T_2,新加项 $T_2(\theta_2 - \partial w/\partial\beta)$ 是为了导出 $\theta_2 = \partial w/\partial\beta$。通过对公式 (9-30) 进行变分，分别提取 δT_{21}，δF_{T2}，δT_2，δM_2，δu，$\delta \bar{v}$，δw 和 $\delta\theta_2$ 前的系数，有

$$\begin{aligned}
&\frac{\partial u}{\partial \beta} = \frac{\partial \bar{v}}{\partial \alpha} - \frac{2(1+\nu)}{E\delta}T_{21}\\
&\frac{\partial \bar{v}}{\partial \beta} = \nu\frac{\partial u}{\partial \alpha} + \frac{w}{R} - \frac{1-\nu^2}{E\delta}F_{T2}\\
&\frac{\partial w}{\partial \beta} = \theta_2\\
&\frac{\partial \theta_2}{\partial \beta} = -\nu\frac{\partial^2 w}{\partial \alpha^2} - \frac{M_2}{D}\\
&\frac{\partial T_{21}}{\partial \beta} = (E\delta + N_1)\frac{\partial^2 u}{\partial \alpha^2} + \nu\frac{\partial F_{T2}}{\partial \alpha}\\
&\frac{\partial F_{T2}}{\partial \beta} = \frac{\partial T_{21}}{\partial \alpha} + N_1\frac{\partial^2 \bar{v}}{\partial \alpha^2}\\
&\frac{\partial T_2}{\partial \beta} = -D\left(1-\nu^2\right)\frac{\partial^4 w}{\partial \alpha^4} + \nu\frac{\partial^2 M_2}{\partial \alpha^2} - \frac{F_{T2}}{R} + N_1\frac{\partial^2 w}{\partial \alpha^2}\\
&\frac{\partial M_2}{\partial \beta} = 2D(1-\nu)\frac{\partial^2 \theta_2}{\partial \alpha^2} - T_2
\end{aligned} \tag{9-31}$$

公式 (9-31) 的矩阵形式是

$$\frac{\partial \bar{\boldsymbol{Z}}}{\partial \beta} = \bar{\boldsymbol{H}}\bar{\boldsymbol{Z}} \tag{9-32}$$

其中 $\bar{\boldsymbol{Z}} = [u, \bar{v}, w, \theta_2, T_{21}, F_{T2}, T_2, M_2]^{\mathrm{T}}$,

$$
\bar{\boldsymbol{H}}=\begin{bmatrix}
0 & \frac{\partial}{\partial\alpha} & 0 & 0 & -\frac{2(1+\nu)}{E\delta} & 0 & 0 & 0\\
\nu\frac{\partial}{\partial\alpha} & 0 & \frac{1}{R} & 0 & 0 & -\frac{1-\nu^2}{E\delta} & 0 & 0\\
0 & 0 & 0 & 1 & 0 & 0 & 0 & 0\\
0 & 0 & -\nu\frac{\partial^2}{\partial\alpha^2} & 0 & 0 & 0 & 0 & -\frac{1}{D}\\
(E\delta+N_1)\times\frac{\partial^2}{\partial\alpha^2} & 0 & 0 & 0 & 0 & \nu\frac{\partial}{\partial\alpha} & 0 & 0\\
0 & N_1\frac{\partial^2}{\partial\alpha^2} & 0 & 0 & \frac{\partial}{\partial\alpha} & 0 & 0 & 0\\
0 & 0 & -D\left(1-\nu^2\right)\frac{\partial^4}{\partial\alpha^4}+N_1\frac{\partial^2}{\partial\alpha^2} & 0 & 0 & -\frac{1}{R} & 0 & \nu\frac{\partial^2}{\partial\alpha^2}\\
0 & 0 & 0 & 2D(1-\nu)\times\frac{\partial^2}{\partial\alpha^2} & 0 & 0 & -1 & 0
\end{bmatrix}
\tag{9-33}
$$

同样，$\bar{\boldsymbol{H}}$ 也是哈密顿算子矩阵。因此，公式 (9-32) 也是哈密顿对偶方程。具体求解过程读者可以参考文献。具体地，图 9.1 展示了辛叠加方法在收敛性和计算效率方面的优势。解析结果是通过软件 Mathematica11.1 计算的，有限元计算结果是通过商用有限元软件 ABAQUS 计算完成的，其中单元类型选为 S8R。计算机内存 128GB，CUP 型号 Intel® Xeon®E5-2697 v4。计算的物理模型都是轴压 $a=b=R=1$，C2 型边界的柱面曲板。

从表 9.1 的数据可以看出，当叠加项数逐渐由 5 增加到 25，解析解结果迅速收敛到五位有效数字。在解析解和有限元结果都达到五位有效数字收敛时，两者数值结果非常接近，而解析解的计算效率相比有限元方法提升接近一个数量级，由此可见辛叠加方法在收敛性和计算效率方面的显著优势。

表 9.1 解析方法与有限元方法的收敛性，计算效率对比

叠加项数	解析解结果	计算时间/s	网格尺寸	有限元结果	计算时间/s
5	518.31	4	$a/10$	568.06	30
10	517.08	8	$a/25$	514.65	35
15	517.02	11	$a/50$	513.75	45
20	517.01	17	$a/100$	513.73	126
25	517.01	37	$a/160$	513.73	328

9.1.6 小结

封闭柱壳和柱面曲板的屈曲问题涉及高阶偏微分方程复杂边值问题的求解,在现有研究中,此类问题的解析求解大多基于传统的 Lagrange 求解体系,需要采用半逆法事先假定解的形式。而半逆法实际上是一种凑合解法,它依赖于具体问题而缺乏一般性,往往只能找到某些解而无法证明已找到全部解。对于一个特定的问题,能不能凑合以及如何凑合都是半逆法难以回答的。本节介绍的辛方法则是基于 Hamilton 体系的求解方法,它的求解思路是,通过将边值问题导入 Hamilton 体系,完成传统的欧几里得形态到辛几何形态的过渡,进而利用分离变量和辛本征展开等很多在 Lagrange 体系下无法施行的有效数学物理方法,解析严格地获得问题的解。在辛方法基础上发展起来的辛叠加方法继承了这一求解思路,并且在处理复杂边值问题时,将原问题拆分为若干子问题,利用辛几何方法求解子问题,最后叠加得到原问题的解。利用这一思路,辛叠加方法获得了一系列传统辛方法难以获得的板壳复杂边值问题新解析解。以本节求解的柱面曲板屈曲问题为例,如果直接利用辛方法求解非莱维型边值问题,将导致同时包含本征值和待求屈曲载荷的超越方程无法求解的问题,而辛叠加方法则是通过合理拆分原问题,使得子问题当中的本征值和待求屈曲载荷解耦,巧妙回避了复杂超越方程无法求解的问题。算例结果也验证了本节方法的正确性和有效性。基于上述优势,辛方法和辛叠加方法有望为工程薄壳稳定性分析提供求解新方法,获得传统解析方法难以获得的新解析解。本节只是对封闭柱壳和柱面曲板在某些载荷和边界下的稳定性问题做了初步探索,对于更加复杂的载荷和边界下的薄壳稳定性问题还有待进一步研究。

9.2 工程薄壳缺陷敏感性分析的随机场建模应用与展望

薄壳类结构在实际生产制造和运维过程中,不可避免地会产生各类缺陷。而根据薄壳结构稳定性的缺陷敏感性理论,即使是很小的缺陷变化,也可能会导致结构临界屈曲载荷很大的改变。因此,仅通过对某种特定缺陷形式的分析并不能实现对实际薄壳结构承载能力的完整预测。目前被广泛使用的一致缺陷模态法、特征值屈曲模态法等方法,其基本出发点是从最不利缺陷的角度来估计薄壳结构极限承载力的下限值。但是,由于所设定的最不利缺陷在实际应用中出现的可能性较低,导致其给出的设计往往偏保守。另一方面,薄壳缺陷成因的复杂性和不确定性也决定了无法通过遍历所有缺陷形式来估算实际薄壳的极限承载力。为此,采用概率统计的手段来研究实际薄壳结构极限承载力与初始缺陷之间的关系被认为是一种可行且有意义的途径 [35]。从概率统计的角度研究工程薄壳结构的缺陷敏感性,如图 9.3 所示,其切入点是将薄壳初始缺陷的不确定性利用概率模型来表征，并通过随机分析方法将缺陷的不确定性传播至薄壳结构的屈曲载荷，从而给出基于可靠度的极限承载力预测结果。

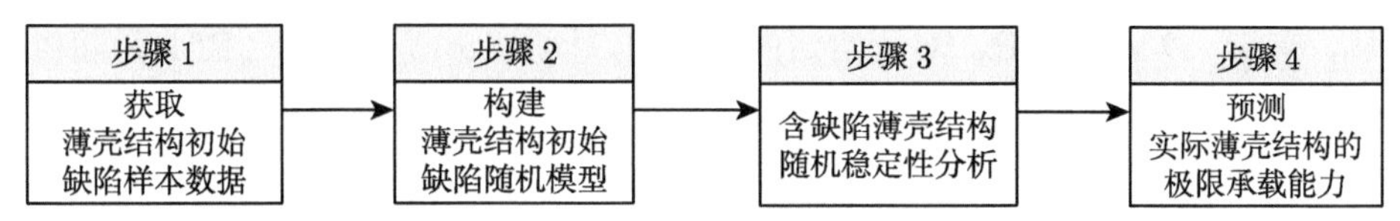

图 9.3 工程薄壳结构缺陷敏感性分析的概率统计方法示意图

通过对相同条件下制造出的若干个薄壳结构进行测量，获取如初始几何缺陷、初始壁厚缺陷等缺陷样本数据，这是进一步获取薄壳结构初始缺陷统计特征的基础，具有重要意义和价值。国内外多个研究单位都开展了薄壳结构初始缺陷数据库建设方面的工作，例如由加州理工大学、代尔夫特理工大学等大学联合构建的 International Imperfection Data Bank[38]。

在获取缺陷样本数据的基础上，将缺陷的分布形式和幅值等信息的统计特征提取出来，并利用统计推断的手段确定缺陷的模型及其参数，从而实现薄壳结构初始缺陷随机模型的构建。Arbocz 等 [38] 在利用双傅里叶级数拟合样本数据的基础上，将其中的傅里叶系数设为高斯随机向量，并通过样本数据确定该随机向量的均值和协方差信息。该随机模型的不足在于缺乏明确的物理意义，且随机向量的维数往往较高，不利于后续的随机模拟计算。利用随机场对初始缺陷进行建模是近年来发展起来的另一种随机建模方法 [39]。初始缺陷的随机场模型具有明确的物理意义，一方面薄壳结构上不同位置的缺陷幅值表征为随机变量，另一方面不同位置缺陷之间的关系由随机场的相关结构表征。此外，利用随机场 Karhunen-Loeve 展开理论或随机场 (谱表示法，Spectral Representation Method)，可以实现对初始缺陷的高效随机模拟计算。构建缺陷随机场模型的难点在于随机场相关结构和随机变量概率密度函数的确定。

本章后续的内容以轴向压缩圆柱薄壳为例，具体阐释工程薄壳结构缺陷敏感性分析的随机场方法，并重点介绍一种基于极大熵原理的随机场模型构建方法。

9.2.1 随机场简介

1. 随机场的数字特征

随机场是随机过程的概念在空间域上的推广 [40]。一个随机过程 $\{u(t,\omega):t\geqslant 0,\omega\in\Omega\}$ 一般用来描述随时间变化的物理量，它的基本参数是时间变量 t。而随机场 $\left\{u\left(x,\omega\right):x\in D\subset\mathbb{R}^d,\omega\in\Omega\right\}$ 一般用来描述随空间位置变化的物理量，它的基本参数是 $d\geqslant 1$ 维空间的位置向量 x，其中 D 为 $u\left(x,\omega\right)$ 的定义域，也称为场域，$\mathbb{R}^d$ 为 d 维欧几里得空间。

随机场可以视为定义在场域上的一族随机变量，即对于给定的概率空间 $(\Omega, \mathcal{F}, \mathbb{P})$，场域参数集内的任意一点 x_i 都有随机变量 $u(x_i, \omega)$ 与其相对应，其中 Ω 表示样本总体，$\omega \in \Omega$ 为样本，$\mathcal{F}$ 表示事件域，$\mathbb{P}$ 为概率测度。对于实数值随机场，有 $u: D \times \Omega \to \mathbb{R}$。对于给定的 $\omega \in \Omega$，$\left\{u(x, \omega): x \in D \subset \mathbb{R}^d\right\}$ 是随机场的一个实现。

若随机场 $u(x, \omega) \in L^2(\Omega, \mathcal{F}, \mathbb{P})$，则称它是一个二阶随机场，其中 $L^2(\Omega, \mathcal{F}, \mathbb{P})$ 表示内积定义为二阶矩的范数有限的泛函空间。二阶随机场的均值函数和协方差函数定义为：

$$\mu(x) := \mathbb{E}[u(x)] \tag{9-34}$$

$$C(x, y) = \mathrm{Cov}(u(x), u(y)) := \mathbb{E}[(u(x) - \mu(x))(u(y) - \mu(y))], \quad (x, y \in D) \tag{9-35}$$

其中 $\mathbb{E}[\cdot]$ 为求均值运算。若二阶随机场 $\{u(x, \omega): x \in D, \omega \in \Omega\}$ 的均值函数 $\mu(x)$ 在场域 $D \subset \mathbb{R}^d$ 内是常数，且其协方差函数 $C(x, y) = c(x - y)$，则称该随机场为平稳随机场 (Stationary Random Field)，$c(\cdot)$ 为平稳协方差函数。进一步地，若 $c(x - y) = c^0(r)$，其中 $r := x - y_2$，则称该随机场为各向同性随机场 (Isotropic Random Field)，$c^0: \mathbb{R}^+ \to \mathbb{R}$ 称为各向同性协方差函数。

对于任意点列 $x_1, x_2, \ldots, x_M \in D$，若随机向量 $u = [u(x_1, \omega), u(x_2, \omega), \cdots, u(x_M, \omega)]^{\mathrm{T}}$ 的联合概率分布为多元高斯分布，则称 $\{u(x, \omega): x \in D, \omega \in \Omega\}$ 为高斯随机场，记为 $u \sim \mathcal{N}(\mu, C)$，其中 $\mu_i = \mu(x_i)$，$c_{ij} = C(x_i, x_j)$。

2. 二阶随机场的 Karhunen-Loeve 展开

利用 Karhunen-Loeve 展开 [41]，可以将二阶随机场展开为傅里叶级数形式，即

$$u(x, \omega) = \mu(x) + \sum_{j=1}^{\infty} \sqrt{\lambda_j} \phi_j(x) \xi_j(\omega) \tag{9-36}$$

其中 $\{\phi_j(x)\}_{j=1}^{\infty}$，$\{\lambda_j\}_{j=1}^{\infty}$ 为随机场协差函数核的特征函数和特征值，它们是如下积分方程的解：

$$\int_D C(x, y) \phi_i(x) \, \mathrm{d}x = \lambda_i \phi_i(y) \tag{9-37}$$

由于协方差函数核的对称性和正定性，其特征函数满足正交条件：

$$\int_D \phi_i(x) \phi_j(x) \, \mathrm{d}x = \delta_{ij} \tag{9-38}$$

式中 δ_{ij} 为 Kronerker-delta 函数。特征函数 $\{\phi_j(x)\}_{j=1}^{\infty}$ 构成一族完备的正交基函数，并有

$$C(x,y)=\sum_{j=1}^{\infty}\lambda_j\phi_j(x)\phi_j(y) \tag{9-39}$$

特征值 $\{\lambda_j\}_{j=1}^{\infty}$ 的数值大小满足条件 $\lambda_1\geqslant\lambda_2\geqslant\cdots\geqslant 0$。随机变量 $\{\xi_j(\omega)\}_{j=1}^{\infty}$ 满足条件：

$$\xi_j(\omega):=\frac{1}{\sqrt{\lambda_j}}\int_D(u(x,\omega)-\mu(x))\phi_j(x)\,\mathrm{d}x \tag{9-40}$$

它们是均值为 0，方差为 1 的一族互不相关的随机变量，即

$$\mathbb{E}[\xi_j(\omega)]=0,\quad \mathbb{E}[\xi_i(\omega)\xi_j(\omega)]=\delta_{ij} \tag{9-41}$$

若随机场 $u(x,\omega)$ 为高斯随机场，则 $\xi_j(\omega)\sim N(0,1)$ 为独立同分布高斯随机变量。

对随机场 $u(x,\omega)$ 的 Karhunen-Loeve 展开级数进行截断，有

$$u_J(x,\omega)=\mu(x)+\sum_{j=1}^{J}\sqrt{\lambda_j}\phi_j(x)\xi_j(\omega) \tag{9-42}$$

则随机场 $u_J(x,\omega)$ 的均值为 $\mu(x)$，协方差函数为

$$C_J(x,y)=\sum_{j=1}^{J}\lambda_j\phi_j(x)\phi_j(y) \tag{9-43}$$

可以证明 [37]，协方差函数 $C_J(x,y)$ 一致收敛于 $C(x,y)$，并且 $u_J(x,\omega)$ 是随机场 $u(x,\omega)$ 的最小均方差逼近。

9.2.2 圆柱薄壳初始几何缺陷的随机场模型

圆柱薄壳结构的初始几何缺陷表现为实际形状与理想形状之间的形貌偏差，形状偏差具体表现为圆柱壳壁的非直度、圆柱截面的非圆度、局部表面的凹陷等多种形式。圆柱薄壳结构初始几何缺陷的形状、位置和幅值大小等特征具有随机性，因此在数学上可以将其表征为随机场模型。图 9.4 所示为圆柱薄壳结构，高 H，半径 R，壁厚 t。将圆柱薄壳沿其任一母线展开后，令 $z=(x,y)$ 为圆柱壳壁面各点坐标，其中 x 为环向坐标值 $(0\leqslant x\leqslant 2\pi R)$，$y$ 为轴向坐标值 $(0\leqslant y\leqslant H)$。将几何缺陷表征为圆柱实际半径与理想半径之间的偏差，并假设该偏差值为二阶连续随机场 $w(z,\omega)\in L^2(\Omega,\mathcal{F},\mathbb{P})$。

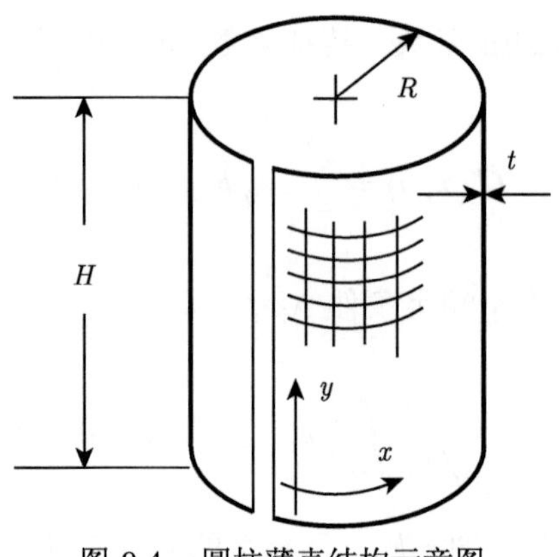

图 9.4 圆柱薄壳结构示意图

利用随机场对圆柱薄壳结构的初始几何缺陷进行建模时，随机场模型及其参数的确定还依赖于对实际样本筒测量数据的统计分析。图 9.5 展示了 International Imperfection Data Bank[38] 中的 A-Shell 缺陷测量结果。

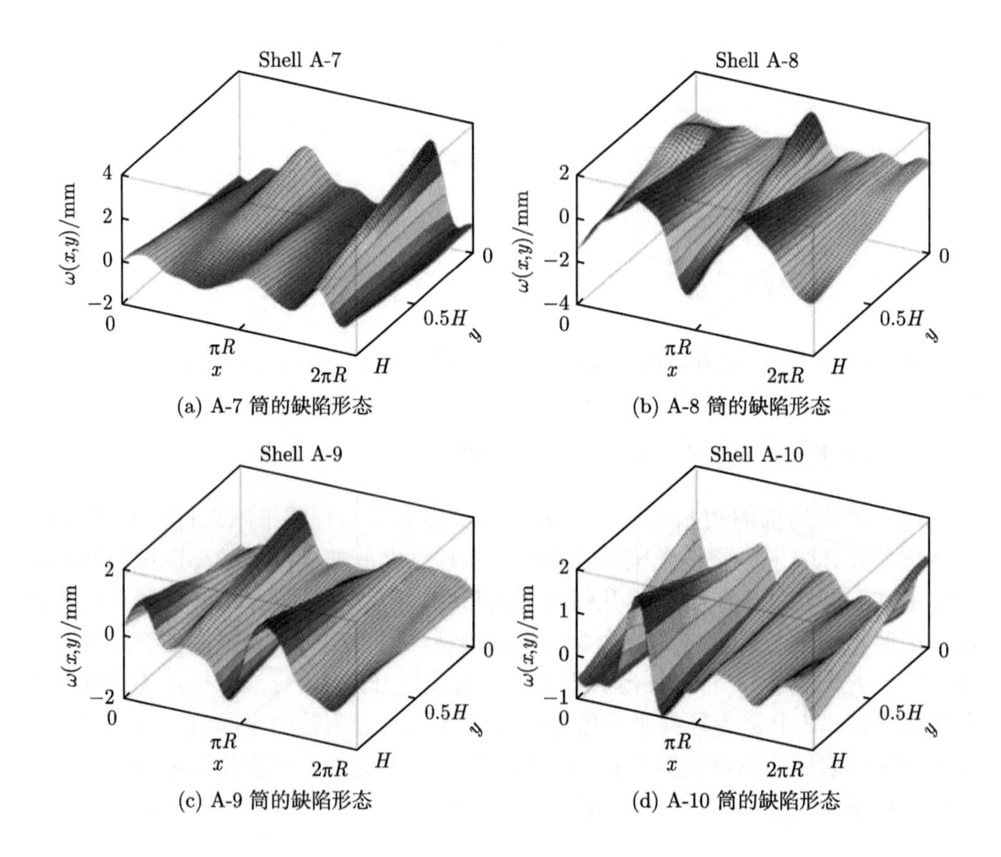

(a) A-7 筒的缺陷形态 (b) A-8 筒的缺陷形态

(c) A-9 筒的缺陷形态 (d) A-10 筒的缺陷形态

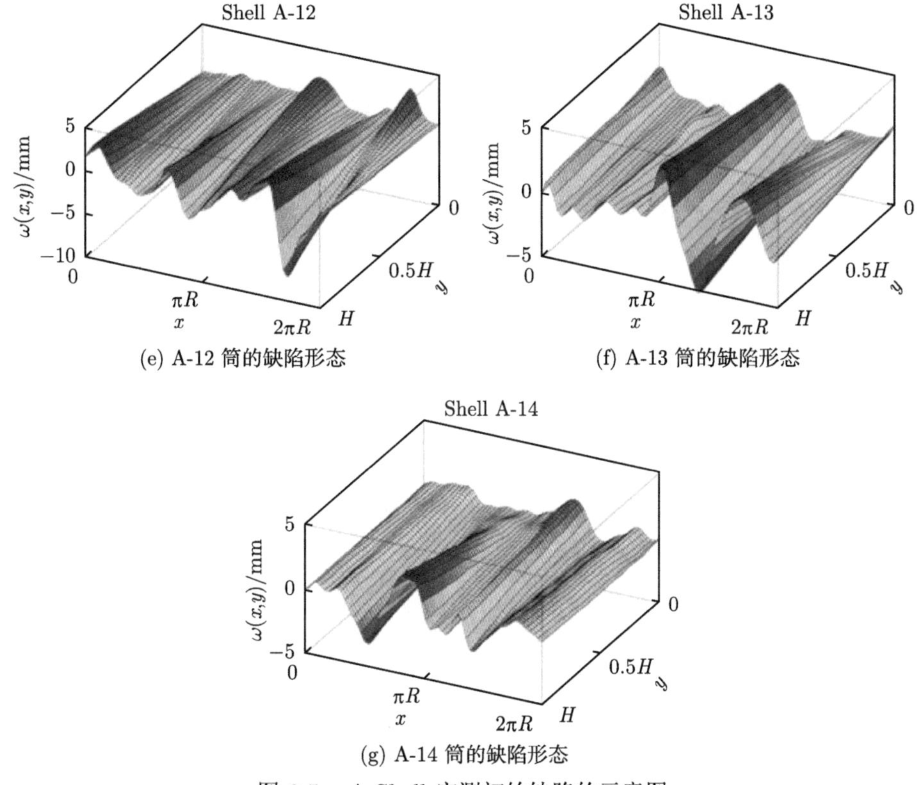

(e) A-12 筒的缺陷形态

(f) A-13 筒的缺陷形态

(g) A-14 筒的缺陷形态

图 9.5 A-Shell 实测初始缺陷的示意图

若均值函数和协方差函数信息已知，就能确定初始几何缺陷的二阶随机场模型。一种常用的建模方法是，首先假设随机场的均值函数和协方差函数的函数形式，然后利用测量数据拟合函数中的未知参数，例如较早被使用的高斯随机场模型 [39]。利用高斯随机场模型对初始几何缺陷建模时，通常作如下假设：

(1) 初始几何缺陷随机场 $w(z,\omega)$ 的均值为零，方差为常数；

(2) 初始几何缺陷沿轴向和环向的变化是独立的，其中环向方向上几何缺陷的相关性具有对称性；

(3) 初始几何缺陷为二维平稳高斯随机场。

基于上述假设，初始几何缺陷随机场模型的协方差函数具有如下形式：

$$C_w(z_1,z_2)=\sigma^2\rho_x(\Delta x)\rho_y(\Delta y) \tag{9-44}$$

其中，$\rho_x(\cdot)$,$\rho_y(\cdot)$ 分别表示随机场沿环向和轴向的自相关函数，σ^2 为随机场的方差，Δx 和 Δy 的含义如下式：

$$\Delta x=\min\left\{\left|x_1-x_2\right|,2\pi R-\left|x_1-x_2\right|\right\} \tag{9-45}$$

$$\Delta y = |y_1 - y_2| \tag{9-46}$$

常用的自相关函数 $\rho_x(\cdot)$,$\rho_y(\cdot)$ 有指数型、高斯型、线性–余弦函数型函数等。将轴向自相关函数假设为高斯型，将环向自相关函数假设为线性–余弦函数型，即

$$\rho_x(\Delta x) = \left(1 - \frac{\Delta x}{l_x}\right)\cos\left(\frac{2\pi\Delta x}{T}\right) \tag{9-47}$$

$$\rho_y(\Delta y) = e^{-\frac{\Delta y^2}{l_y^2}} \tag{9-48}$$

其中，l_x 和 l_y 分别表示环向和轴向的相关长度参数，T 为周期长度参数。

所假定的初始几何缺陷随机场协方差函数中包含了未知参数需要确定，如模型中的 σ, l_x, l_y, T。这些模型参数的值可以利用缺陷的测量数据对协方差函数进行最小二乘法拟合获得，具体过程如下。

首先，假设已经对 M 个圆柱薄壳的初始几何缺陷进行了独立观测，并令 $a_1, a_2, \cdots, a_M$ 表示对圆柱薄壳径向缺陷 $a(z,\omega) = [a(z_1,\omega), (z_2,\omega), \cdots, (z_N,\omega)]$ 的 M 次独立观测结果，其中 N 表示每个样本筒上的观测点数，$[z_1, z_2, \cdots, z_N]$ 表示 N 个观测点的位置。基于观测数据，可获得观测点集上缺陷随机场的均值和协方差矩阵的统计结果，即

$$\bar{\mu} = \frac{1}{M}\sum_{i=1}^{M} a_i \tag{9-49}$$

$$\bar{C}_w = \frac{1}{M-1}\sum_{i=1}^{M}(a_i - \bar{\mu})^{\mathrm{T}}(a_i - \bar{\mu}) \tag{9-50}$$

其中，$\bar{\mu} \in \mathbb{R}^N$ 为缺陷随机场测量样本的统计均值，$\bar{C}_w \in \mathbb{R}^{N\times N}$ 为样本统计协方差矩阵。

其次，基于观测点集上的样本统计协方差矩阵元素值，利用最小二乘法拟合协方差函数中的模型参数 $\sigma^*, l_x^*, l_y^*, T^*$，即

$$(\sigma^*, l_x^*, l_y^*, T^*) = \mathop{\arg\min}_{\sigma, l_x, l_y, T} \sum_{i=1}^{N} \frac{1}{2}(C_w(z_i, z_j, \sigma, l_x, l_y, T) - \bar{C}_{wi,j})^2 \tag{9-51}$$

通过假定随机场均值函数和协方差函数形式，并利用样本观测数据拟合确定模型参数值后，就完成了圆柱薄壳初始几何缺陷随机场模型的构建。为了便于应用，还需要将随机场模型转化为有限维随机向量的模型，这可以利用各类随机场的离散化方法实现，如中心点法、局部平均法、插值法、扩展最优线性估计 (Expansion Optimal Linear Estimation，EOLE) 法等，相关细节可参见文献 [44]。

9.2.3　随机屈曲载荷分析

1. 基于 MCMC 抽样的随机屈曲载荷分析

在建立了圆柱薄壳初始几何缺陷的随机场模型后，就可以在薄壳结构稳定性分析模型的基础上进行随机屈曲载荷分析，从而获得屈曲载荷的统计信息或概率分布。可用于随机屈曲载荷分析的方法包括蒙特卡罗 (Monte Carlo，MC) 法、模拟法、矩方法和混沌多项式展开法等。其中蒙特卡罗法虽然存在计算成本高的不足，但是由于其在应用中几乎没有限制条件，而且算法极其简便，成为实际应用中最为广泛使用的一种随机分析方法。

蒙特卡罗法的一般过程是：首先抽取一定量的样本，然后计算样本点上的响应函数值，最后对响应函数的随机特性进行统计估计。基于这个思路，建立了如下含缺陷圆柱薄壳的随机屈曲载荷分析流程。

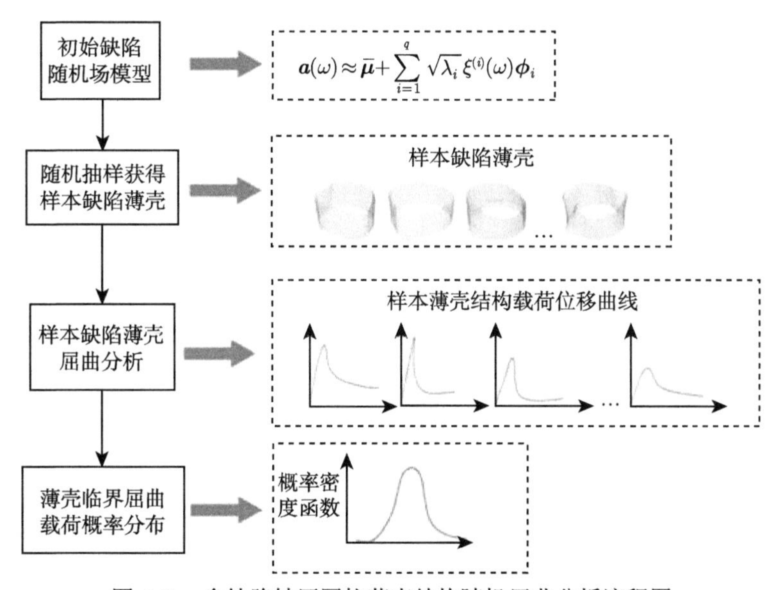

图 9.6　含缺陷轴压圆柱薄壳结构随机屈曲分析流程图

若圆柱薄壳初始几何缺陷的随机场模型为高斯场模型，如 9.2.2 节所建立的模型，其抽样过程归结为对标准正态随机变量的随机抽样，抽样方法和相关的程序软件已经非常成熟，这里不再赘述。若随机场模型为 9.2.3 节所建立的极大熵模型，其抽样方法需采用马尔可夫链蒙特卡罗 (Markov Chain Monte Carlo，MCMC) 方法。MCMC 抽样的主要思想是构造具有特定状态转移概率的马尔可夫链 $\{X_t|t=0,1,2,\cdots\}$ 使其样本点的平稳状态符合目标分布。MCMC 抽样算法中的关键步骤是如何由当前状态 X_t 产生新的状态 X_{t+1}，根据产生新状态的方

式进行分类，MCMC 抽样又具体可以分为 Metropolis-Hasting 抽样、Gibbs 抽样、独立抽样和随机游走抽样等 [45]。下面以 Metropolis-Hastings (简称 MH) 抽样为例简要介绍 MCMC 抽样的基本过程。

在 MH 抽样算法中，首先通过一个建议分布 $g(\cdot|X_t)$ 获得一个备选样本 Y，然后通过计算接受概率确定该备选样本是否被接受。如果被接受，则马尔可夫链由状态 X_t 移动到状态 $X_{t+1}=Y$；否则，保持原状态 $X_{t+1}=X_t$。建议分布 $g(\cdot|X_t)$ 一般是某个便于抽样的标准分布，且可以依赖于当前状态 X_t，例如正态分布 $g(\cdot|X_t):=\mathcal{N}\left(X_t,\sigma^2\right)$，其中 σ^2 为给定方差值。表 9.2 给出 MH 算法的具体实现过程。

表 9.2　Metropolis-Hastings 抽样算法

步骤 0: 给定待抽样目标分布 $p(X)$，选择建议分布 $g(\cdot\|X_t)$，给定初始样本 $X_0\sim g_0$, $t:=0$;
步骤 1: 抽样 $Y\sim g(\cdot\|X_t)$;
步骤 2: 抽样 $U\sim\mathrm{Uniform}(0,1)$;
步骤 3: 计算接受概率 $r(X_t,Y)=\min\left\{\dfrac{p(Y)\,g(X_t\|Y)}{p(X_t)\,g(Y\|X_t)},1\right\}$;
步骤 4: 判断是否接受 Y，若 $U\leqslant r(X_t,Y)$，接受 Y，令 $X_{t+1}=Y$；否则，$X_{t+1}=X_t$;
步骤 5: 判断是否接受抽样过程，若继续抽样，则令 $t:=t+1$，转**步骤 1**。

2. 基于可靠度的折减因子估计

根据第 6 章关于缺陷敏感性内容的介绍，可使用折减因子 KDF 来度量轴压圆柱薄壳屈曲载荷的缺陷敏感性。令 P_{C_0} 表示理想圆柱薄壳的临界载荷，P_{C_r} 为含缺陷圆柱薄壳的屈曲载荷，定义归一化因子 α_c：

$$\alpha_c=\frac{P_{C_r}}{P_{C_0}} \tag{9-52}$$

将圆柱薄壳初始几何缺陷表征为随机场模型后，含缺陷圆柱薄壳的屈曲载荷实为一个随机变量，因而定义了一个随机变量，记为 $\boldsymbol{A}_C$，其概率分布函数为

$$F_{\boldsymbol{A}_C}(\alpha_c)=\mathrm{Prob}\left(\boldsymbol{A}_C\leqslant\alpha_c\right)=\int_{-\infty}^{\alpha_c}p_{\boldsymbol{A}_C}(x)\,\mathrm{d}x \tag{9-53}$$

其中 $p_{\boldsymbol{A}_C}(x)$ 为随机变量 $\boldsymbol{A}_C$ 的概率密度函数。在随机屈曲分析的基础上，对含缺陷圆柱薄壳屈曲载荷的样本计算结果进行统计估计，可得 $p_{\boldsymbol{A}_C}(x)$。基于式 (9-53)，定义可靠度 $R(\alpha_0)$：

$$R(\alpha_0)=\mathrm{Prob}\left(\boldsymbol{A}_C\geqslant\alpha_0\right)=1-F_{\boldsymbol{A}_C}(\alpha_0)=1-\int_{-\infty}^{\alpha_0}p_{\boldsymbol{A}_C}(x)\,\mathrm{d}x \tag{9-54}$$

其中 α_0 为可靠度标准，例如取 $\alpha_0 = 0.95$。可给出基于可靠度的 KDF 估算方法，即将可靠度为 $R(\alpha_0)$ 的 α_c 的估计值为 KDF 值。

9.2.4 数值算例

下面给出圆柱薄壳结构缺陷随机场模型的一些具体计算结果。其中圆柱薄壳的缺陷数据取自 Initial Imperfection Data Bank[38] 中的 A-Shell 测量结果。

这里将缺陷数据库中提供的 7 个 A-Shell 筒视为对同一批次生产的圆柱薄壳的 7 次独立观测，利用式 (9-47) 计算其协方差矩阵，并图形化显示为图 9.7。由图可见，协方差矩阵的数值不仅取决于两个节点的相对距离，而且与节点的位置有关，这说明初始几何缺陷随机场不具备文献 [39,46] 所假设的平稳性。

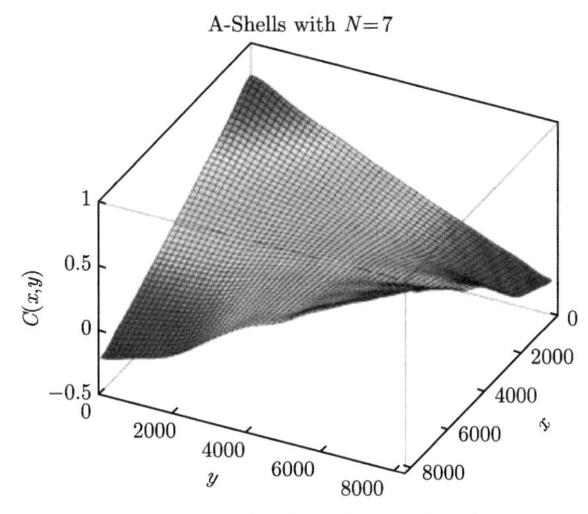

图 9.7 缺陷随机场的协方差矩阵

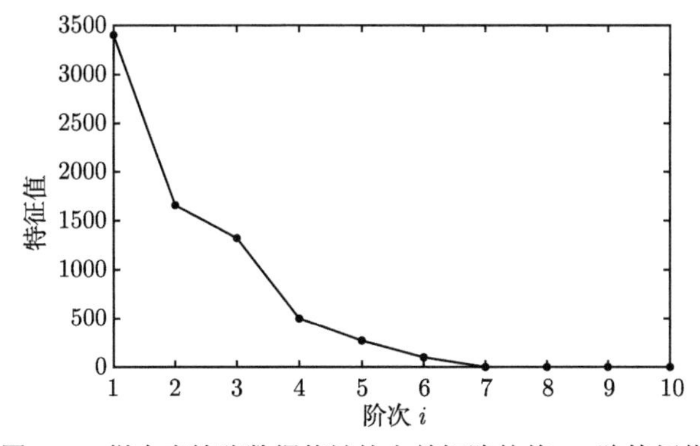

图 9.8 样本壳缺陷数据统计协方差矩阵的前 10 阶特征值

利用缺陷测量结果统计协方差矩阵进行随机场建模，图 9.8 给出其协方差矩阵的特征值变化趋势，其特征值自第六阶开始接近 0。在确保包含实测缺陷数据主要特征信息的基础上进行降噪去冗余，截取前 6 阶特征值即可使累计方差贡献率达到 99%。

将截取的前 6 阶特征值及其特征向量分别代入式 (9-50)，获取 6 维随机向量 ξ，并利用极大熵方法估计其概率密度函数，图 9.9 给出其概率密度函数示意图。由图可见，随机向量 ξ 是非高斯型的。

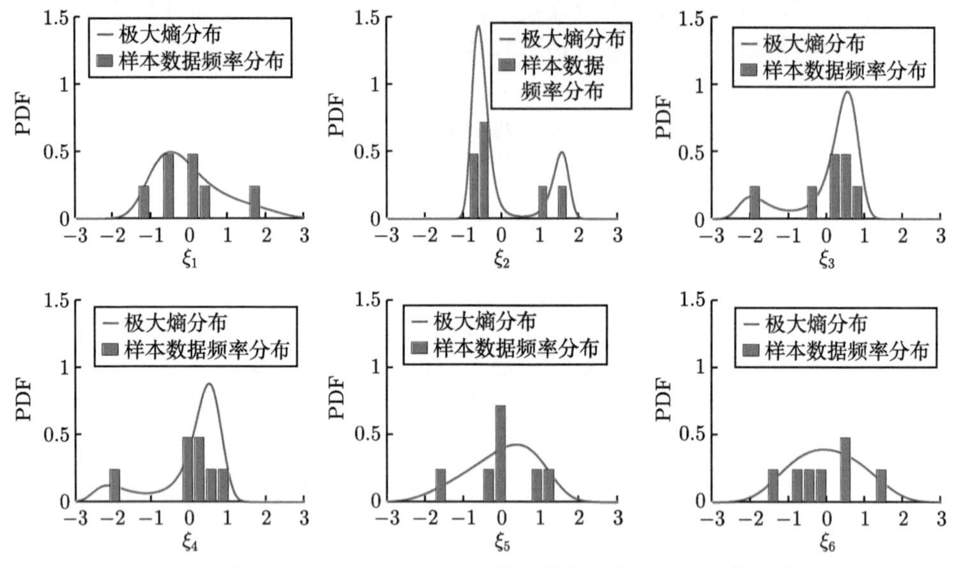

图 9.9　随机变量 $\xi_i(i=1,\cdots,6)$ 的样本数据频率直方图及极大熵分布

进一步利用 Shapro-Wilk 方法对其进行高斯性检验，由表 9.3 可以看出 ξ_2 与 ξ_4 两项显著拒绝高斯性假设。

表 9.3　随机向量 ξ 的正态性检验

名称	样本量	均值	标准差	偏度	峰度	统计量 w	p
ξ_1	7	−0.000	1.000	0.910	1.890	0.929	0.538
ξ_2	7	0.000	1.000	1.238	−0.191	0.785	0.029
ξ_3	7	−0.000	1.000	−1.682	3.012	0.829	0.079
ξ_4	7	−0.000	1.000	−1.827	4.303	0.809	0.050
ξ_5	7	0.000	1.000	−0.492	1.036	0.955	0.771
ξ_6	7	0.000	1.000	0.075	0.579	0.987	0.985

利用 MCMC 方法抽取随机向量的样本值，代入式 (9-51) 获取相应几何缺

陷样本数据，并对含缺陷圆柱薄壳利用显式动力学分析方法进行屈曲载荷分析。图 9.10 展示了 50 个样本缺陷圆柱薄壳的轴向承载力的载荷位移曲线。以每条载荷位移曲线的最大载荷为临界屈曲载荷，其中临界屈曲载荷最大的曲线对应理想薄壁圆柱壳的载荷位移曲线。

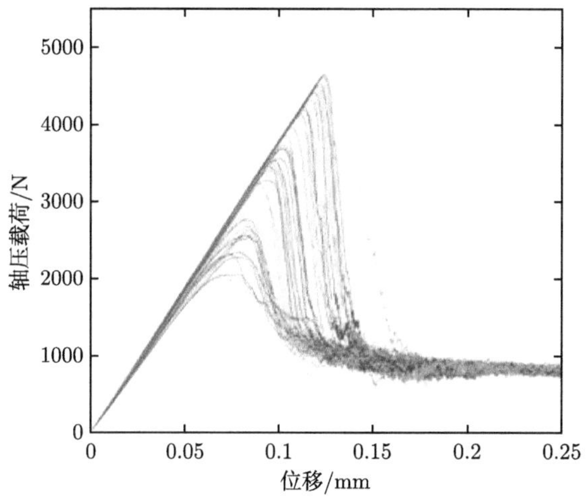

图 9.10 轴压圆柱薄壳的载荷位移曲线图

表 9.4 列出了实验数据 [38]、高斯随机场模型 [46]，以及极大熵模型 [43] 的计算结果。从表中的数据可以看出，高斯随机场模型所得到的 α_c 的均值明显偏大，从而导致对圆柱薄壳承载能力偏危险的预测。极大熵模型所得 α_c 的变异系数相较实验结果偏大，但其均值与实验结果基本一致。

表 9.4 薄壁圆柱壳的均值 ($\bar{\alpha}_c$) 与变异系数 (COV)

	$\bar{\alpha}_c$	COV
实验结果	0.64	0.087
高斯随机场模型	0.78	0.082
极大熵模型	0.63	0.282

极大熵模型预测结果分散性偏大的原因有，一方面极大熵方法给出的是已知信息条件下概率分布的最无偏估计，而已知信息依赖于已知的数据量及其统计矩信息，越少的数据和越低的统计矩信息，会导致相应的极大熵分布越接近均匀分布；另一方面，实验结果给出的屈曲载荷，不仅受到初始几何缺陷的影响，还受到材料不均匀性、非完美边界条件、荷载对中性偏差及结构尺寸偏差非传统缺陷的影响，而这里在进行屈曲分析时并未考虑这些因素，这也导致屈曲载荷计算结

果与实验结果的差异。

利用 9.2.3 节第 2 部分基于可靠度的折减因子估算方法，可得可靠度为 0.95 时 $R(\alpha)$ 所对应的 KDF 为 0.417，如图 9.11 所示，这相较于 NASA SP-8007 屈曲载荷下限法给出的 0.241 更为经济。

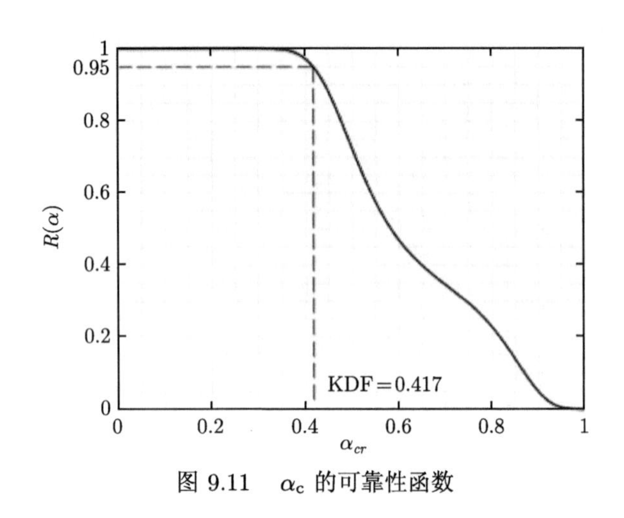

图 9.11　α_{c} 的可靠性函数

9.2.5　小结

近年来，随机场理论逐渐被用于对圆柱薄壳初始缺陷的建模表征，如这里提到的高斯随机场模型和极大熵模型。利用随机场理论对缺陷进行建模，具有物理意义明确、数学模型简洁的优点，特别是对于相关长度较大的随机场，经 Karhunen-Loeve 展开后转化为关于少量不相关随机变量的概率模型，在计算方面更有优势。但目前的随机场建模方法也有不足，一方面，由于实测数据的缺乏，在构建缺陷的随机场模型时仍需要施加各类假设条件，如随机场的齐次性、高斯性和各态历经性等。事实上，通过对已有实验数据的统计检验，发现真实的初始缺陷大多不具备这些性质，这导致由此所预测的屈曲载荷往往是有偏的，进而导致不安全的薄壳设计。另一方面，实测数据的缺乏，本身也是一种不确定性，即认知不确定性，实测数据越少，由其确定的概率模型的不确定性越大。针对上述两方面的不足，建立更为合理的缺陷随机场模型是值得深入研究的工作。

参 考 文 献

[1] 姚伟岸, 钟万勰. 辛弹性力学 [M]. 北京: 高等教育出版社, 2002.

[2] 钟万勰. 互等定理与共轭辛正交关系 [J]. 力学学报, 1992, 24: 432-437.

[3] 张洪庆, 阿拉坦仓, 钟万勰. Hamilton 体系与辛正交系的完备关系 [J]. 应用数学和力学, 1997, 18: 217-221.

[4] 钟万勰. 弹性平面扇形域问题及哈密顿体系 [J]. 应用数学和力学, 1994, 15(12): 1057-1066.

[5] Zhang H W, Zhong W X, Li Y P. Stress singularity analysis at crack tip on bi-material interfaces based on Hamiltonian principle[J]. Acta Mechanica Solid Sincia, 1996, 9(2): 124-138.

[6] Zhong W X, Xu X S, Zhang H W. Hamiltonian system and the Saint Venant problem in elasticity[J]. Applied Mathematics & Mechanics, 1996, 17(9): 827-836.

[7] 马坚伟, 徐新生, 杨慧珠, 等. 平面粘性流体扰动与哈密顿体系 [J]. 应用力学学报, 2001, 18(4): 82-86.

[8] 钟万勰. 电磁波导的辛体系 [J]. 大连理工大学学报, 2001, 41(4): 379-387.

[9] Hu C, Fang X Q, Gang L, et al. Hamiltonian systems of propagation of elastic waves and localized vibrations in the strip plate[J]. International Journal of Solids & Structures, 2006, 43(21): 6568-6573.

[10] Leung A Y T, Mao S G. A symplectic galerkin method for nonlinear vibration of beams and plates[J]. Journal of Sound and Vibration, 1995, 183: 475-491.

[11] Leung A Y T, Mao S G. Symplectic integration of an accurate beam finite-element in nonlinear vibration[J]. Computers & Structures, 1995, 54: 1135-1147.

[12] 钟万勰, 徐新生, 张洪武. 弹性曲梁问题的直接法 [J]. 工程力学, 1996, 13: 1-8.

[13] 马国军, 徐新生, 郭杏林. 旋转运动中弹性梁耦合振动的辛方法 [J]. 计算力学学报, 2004, 21: 671-677.

[14] Lu C F, Lim C W, Yao W A. A new analytic symplectic elasticity approach for beams resting on pasternak elastic foundations[J]. Journal of Mechanics of Materials and Structures, 2009, 4: 1741-1754.

[15] 徐新生, 马春泓, 褚红杰, 等. 在热冲击下弹性梁非线性热局部屈曲 [J]. 兵工学报, 2010, 31: 131-135.

[16] 褚红杰, 徐新生, 林志华, 等. 弹性梁非线性热屈曲行为与辛本征解展开方法 [J]. 大连理工大学学报, 2011, 51: 1-6.

[17] 钟万勰, 姚伟岸. 板弯曲求解辛体系及其应用 [J]. 力学学报, 1999, 29: 617-626.

[18] 钟阳, 李锐, 田斌. 四边固支矩形薄板自由振动的哈密顿解析解.[J] 应用力学学报, 2011, 28: 323-327.

[19] 鞠伟, 岑松, 傅向荣, 等. 基于哈密顿解法的厚板边界效应典型算例分析 [J]. 工程力学, 2008, 25: 1-8.

[20] 陈晓敏, 侯国林, 程婷, 等. 矩形中厚板 Hamilton 正则方程的解析解 [J]. 固体力学学报, 2011, 32: 611-618.

[21] 邹贵平. 考虑剪切效应层合板的 Hamilton 体系及辛几何方法 [J]. 应用力学学报, 1999, 16: 149-153.

[22] 杨有贞, 王燕昌, 马文国, 等. 正交叠层复合材料板弯曲问题的辛方法研究 [J]. 地下空间与工程学报, 2011, 7: 1134-1137.

[23] Xu X S, Chu H J, Lim C W, et al. A symplectic hamiltonian approach for thermal buckling of cylindrical shells[J]. International Journal of Structural Stability and Dynamics,

2010, 10: 273-286.

[24] Xu X S, Ma J Q, Lim C W, et al. Dynamic torsional buckling of cylindrical shells[J]. Computers & Structures, 2010, 88: 322-332.

[25] 钟万勰, 徐新生. Hamilton 体系与弹性力学 Saint-Venant 问题 [J]. 应用数学和力学, 1996, 17(9): 781-789.

[26] 钟万勰, 姚伟岸. 多层层合板圣维南问题的解析解 [J]. 力学学报, 1997, 29(5): 617-626.

[27] Leissa A W. Vibration of Shells, scientific and technical information office[R]. National Aeronautics and Space Administration, 1973, 288.

[28] Li R, Zhong Y, Li M. Analytic bending solutions of free rectangular thin plates resting on elastic foundations by a new symplectic superposition method[J]. Proceedings of the Royal Society A: Mathematical, Physical and Engineering Sciences, 2013, 469(2153): 20120681.

[29] Li R, Wang B, Li G. Benchmark bending solutions of rectangular thin plates point-supported at two adjacent corners[J]. Applied Mathematics Letters, 2015, 40: 53-58.

[30] Zheng X, Sun Y, Huang M, et al. Symplectic superposition method-based new analytic bending solutions of cylindrical shell panels[J]. International Journal of Mechanical Sciences, 2019, 152: 432-442.

[31] Li R, Wang P, Wang B, et al. New analytic free vibration solutions of rectangular thick plates with a free corner by the symplectic superposition method[J]. Journal of Vibration and Acoustics, 2018, 140(3): 031016.

[32] Li R, Wang P, Zheng X, et al. New benchmark solutions for free vibration of clamped rectangular thick plates and their variants[J]. Applied Mathematics Letters, 2018, 78: 88-94.

[33] Wang B, Li P, Li R. Symplectic superposition method for new analytic buckling solutions of rectangular thin plates[J]. International Journal of Mechanical Sciences, 2016, 119: 432-441.

[34] Li R, Zheng X, Wang H, et al. New analytic buckling solutions of rectangular thin plates with all edges free[J]. International Journal of Mechanical Sciences, 2018, 144: 67-73.

[35] Budiansky B, Hutchinson J W. A survey of some buckling problems[J]. AIAA Journal, 1966, 4(9): 1505-1510.

[36] Lord G., Powell C, Shardlow T. An Introduction to Computational Stochastic PDEs[M]. Cambridge University Press, 2014.

[37] Ghanem R G, Spanos P D. Stochastic Finite Elements: A Spectral Approach[M]. Springer-Verlag, 1992.

[38] Arbocz J, Abramovich H. The initial imperfection data bank at the Delft University of Technology: Part I[R]. Delft University of Technology, Faculty Department of Aerospace Engineering, Report LR-290, 1979.

[39] Schenk C A, Schuëller G I. Buckling analysis of cylindrical shells with random geometric imperfections[J]. International Journal of Non-Linear Mechanics, 2003, 38(7): 1119-

1132.

[40] Carl Edward Rasmussen, Christopher K I. Williams. Gaussian Processes for Machine Learning[M]. The MIT Press, 2006.

[41] Fina M, Weber P, Wagner W. Polymorphic uncertainty modeling for the simulation of geometric imperfections in probabilistic design of cylindrical shells[J]. Structural Safety, 2020, 82: 101894.

[42] Sudret B, Der Kiureghian A. Stochastic Finite Element Methods and Reliability: A State-of-the-Art Report[M]. Department of Civil and Environmental Engineering, University of California, 2000.

[43] 李建宇, 佘昌宗, 张丽丽, 等. 薄壁圆筒壳初始几何缺陷不确定性量化的极大熵方法 [J]. 计算力学学报, 2022, 39(4): 443-449.

[44] Soize C. Uncertainty Quantification[M]. Springer International Publishing AG, 2017.

[45] Kapur J N. Maximum-Entropy Models in Science and Engineering[M]. John Wiley & Sons, 1989.

[46] Craig K J, Roux W J. On the investigation of shell buckling due to random geometrical imperfections implemented using Karhunen–Loève expansions[J]. International Journal for Numerical Methods in Engineering, 2008, 73(12): 1715-1726.